U0182732

普通高等教育计算机类系列教材

数据结构与算法

主　编　邓丹君　祁文青
副主编　纪　鹏
参　编　冯　珊　程细才

本教材配有以下授课资源：
★ 电子课件
★ 源代码
★ 习题答案

机械工业出版社

本教材详细讲述了数据结构的含义，以及线性结构、树结构和图结构中的数据描述、存储、处理的方法，并对查找和排序的相关算法做了详细探讨。

本教材包括3大部分，共8章。第1部分：数据结构的基本概念（第1章）；第2部分：基本的数据结构，包括线性结构——线性表、栈和队列、串、数组与广义表（第2～4章），非线性结构——树、图（第5、6章）；第3部分：基本技术，包括查找技术与排序技术（第7、8章）。本书内容采用“案例导引”→“知识讲解”→“案例实现”的框架结构，通过选用应用性强且难度适中的案例，用通俗易懂的语言，由浅入深，带你走进数据描述、数据存储和处理的数据结构世界，书中还讲述了常见的算法，比较了各类算法在效率上的优劣，为后期其他课程的学习打下基础。

本教材可作为普通高等院校计算机和信息类相关专业“数据结构与算法”课程的教材。

本教材配有以下授课资源：电子课件、源代码及习题答案，欢迎选用本教材的教师登录 www.cmpedu.com 注册下载，也可联系微信 jinaqing_candy 或发邮件 jinacmp@163.com 索取（注明姓名、学校、专业等信息）。

图书在版编目（CIP）数据

数据结构与算法/邓丹君，祁文青主编. —北京：机械工业出版社，2020.8（2024.1 重印）
普通高等教育计算机类系列教材
ISBN 978-7-111-65983-9

Ⅰ.①数… Ⅱ.①邓… ②祁… Ⅲ.①数据结构－高等学校－教材②算法分析－高等学校－教材 Ⅳ.①TP311.12

中国版本图书馆 CIP 数据核字（2020）第 115390 号

机械工业出版社（北京市百万庄大街22号 邮政编码100037）
策划编辑：吉 玲 责任编辑：吉 玲 侯 颖
责任校对：赵 燕 封面设计：张 静
责任印制：李 昂
北京捷迅佳彩印刷有限公司印刷
2024年1月第1版第4次印刷
184mm×260mm · 19.5 印张 · 480 千字
标准书号：ISBN 978-7-111-65983-9
定价：53.00 元

电话服务
客服电话：010-88361066
010-88379833
010-68326294

网络服务
机 工 官 网：www.cmpbook.com
机 工 官 博：weibo.com/cmp1952
金 书 网：www.golden-book.com
机工教育服务网：www.cmpedu.com

前　言

“数据结构与算法”是计算机相关专业的一门核心专业基础课程，介于数学、计算机硬件和计算机软件三者之间。“数据结构”这门课程的内容不仅是一般程序设计（特别是非数值性程序设计）的基础，而且是设计和实现编译程序、操作系统、数据库系统及其他系统程序的重要基础。

本教材的编排模式

本教材主要面向应用型本科、高职高专的在校大学生，针对应用型高校的学生的特点，采用通俗易懂的方式进行理论知识的讲解，注重实践能力的培养和训练。本教材知识点的讲解选用了案例导引→知识讲解→案例实现的结构。在介绍每个知识点的内容之前，通过选用有应用价值并且难度适中的案例，激发学生的兴趣，引起学生的思考，使其自然地进入到知识点的学习中；继而解决案例中的问题。这样的结构既强调了数据结构的理论知识，还能培养学生的实践能力。另外，每章的最后附有习题，以便于学生做配套练习以巩固知识点的学习。

本教材的内容

本教材的内容分为以下三大部分：

第 1 部分：数据结构的基本概念（第 1 章）。

第 2 部分：基本的数据结构，包括线性结构——线性表、栈和队列、串、数组与广义表（第 2 ~ 4 章），非线性结构——树、图（第 5、6 章）。

第 3 部分：基本技术，包括查找技术与排序技术（第 7、8 章）。

为了引入每章的知识内容，在每章的开始均有“知识导航”，其后的“学习路线”和“本章目标”可以明确本章的教学目的和技能目标，使学生对这一章的学习内容和学习方法在一开始就有明确的认识。

在知识的介绍过程中，尽量以图、表等多种形式展现，同时也安排了相关案例和例题，使学生更容易理解这些知识。例如，在描述排序算法时，以扑克牌为图例讲解排序的过程，从而让一些枯燥的内容生动有趣。

本教材在讲解知识点时所采用的案例都接近于实际应用，案例中的数据贴近真实生活。例如：在描述图的最短路径问题时，采用“广州”和“上海”等城市名称作为数据；在描述查找算法时，以“通讯录”作为数据，使学生更容易理解。

本教材配套的教学资源

为便于读者上机调试，随书附有电子教学资源，包括每章后已列出的与本章相关的结构类型定义与 C 语言函数原型定义。另外，每章另附有演示示例，考虑教材篇幅与教学重点要求，这一部分内容未编入书中，请参考电子教学资源。

此外，本教材还提供教学大纲、教学课件、源代码、习题库及其答案等内容，均可到

www. cmpedu. com（机工教育服务网）免费下载。

本教材的特点

1. 实用性强。本教材针对应用型高校学生的特点，坚持以“面向应用、易教易学”为目标，在每个知识点的讲解中采用“案例导引”的方式，从而引起学生的兴趣。案例以接近于实际应用为主，案例中的数据采用贴近于真实生活中的数据。

2. 内容充实。每章含有大量的图、表等多种形式的内容，语言叙述通俗易懂，讲解由浅入深，同时也穿插了相关案例和例题，使读者更容易理解。

3. 专业性强。本教材中的程序均在标准的 C 编译器中调试通过，所有算法均采用 C 语言进行严谨的描述算法的基本处理，只需加以必要的类型定义（参见本书中用 C 语言描述的类型定义）与调用，就可上机运行使用。

4. 资源丰富。本教材提供多种教学资源，包括电子课件、源代码、演示示例等。

虽然本教材的编者均是长期工作在教学一线的教师，具有多年的“数据结构与算法”课程的教学经验，但书中依然难免有错误和疏漏之处，恳请广大读者批评指正。

编　者

目　录

第1章 绪论

知识导航

计算机科学的核心领域就是研究信息在计算机内如何表述、存储和处理，20 世纪中叶后，计算机不再是一个只对数值进行计算的工具，它所处理的对象已扩展到文字、声音、图像及现实世界中的其他信息。不论这些信息类型、结构如何千差万别，它们在计算机内部都要转化为数据的形式。那么，如何在计算机中组织、存储和操作数据，就成为计算机进行普适计算的前提和关键。下面通过几个例子理解不同类别信息所对应数据的结构特点。

【例 1-1】 学生成绩管理系统。假设有一个班的学生成绩表，记录了学生各门课的成绩。学生成绩表包括了许多学生的信息，按照每个学生的学号递增的次序，这些信息被顺序地存放在学生成绩表中，见表 1-1。

表 1-1 学生成绩表

学　号	姓　名	性　别	籍　贯	出生年月	语　文	数　学
2018101	刘激扬	男	北京	1999.12	85	95
2018102	衣春生	女	青岛	1999.07	83	63
2018103	卢声凯	男	天津	1998.02	50	70
2018104	袁秋慧	女	广州	1999.10	67	68
2018105	林德康	男	上海	1998.05	91	61
2018106	洪伟	男	太原	1997.01	73	83
⋮	⋮	⋮	⋮	⋮	⋮	⋮

在学生成绩表中，所有学生记录按学号顺序排列，形成学生记录的线性序列，如图 1-1 所示。

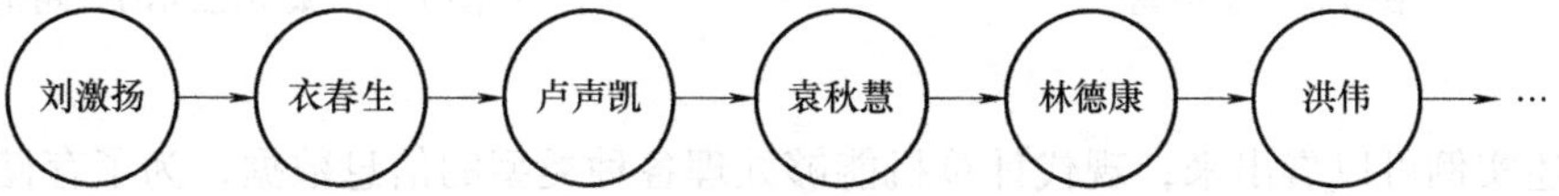

图 1-1 线性结构示例

【例 1-2】 简易家谱系统。假设有一个家族的成员信息表，见表 1-2。

表 1-2　家族成员表

序号	身份证号	姓　　名	性　　别	居 住 地	出 生 年 月
1	420202193712＊＊＊＊31	刘激扬	男	北京	1937. 12
2	420202196207＊＊＊＊63	刘春生	男	青岛	1962. 07
3	420202196802＊＊＊＊96	刘声凯	男	天津	1968. 02
4	420202197010＊＊＊＊50	刘秋慧	女	广州	1970. 10
5	420202197305＊＊＊＊31	刘德康	男	上海	1973. 05
6	420202198901＊＊＊＊61	刘伟	男	太原	1989. 01
7	420202199003＊＊＊＊32	刘南燕	女	苏州	1990. 03
8	420202199301＊＊＊＊63	刘力	男	北京	1993. 01

表 1-2 中列举的家族成员存在着亲戚关系，每个成员虽然只有一个父亲，但可以有多个子女，因此这种家谱类型的信息用线性结构是无法表示的，这时，我们可以用树结构（分支关系定义的层次结构）来描述。如图 1-2 所示，成员刘激扬和他的四个子女之间的亲属关系就被准确描述出来。

【例 1-3】 导航系统。假设需要在中国九个城市之间进行自驾旅游，这些城市的基本信息可以用二维表格表示，但有些信息，如城市之间的公路信息就无法用一张二维表格表示，因为每个城市都有可能有公路与其他城市连接，因此，采用前面的线性结构和树结构都不能完整地描述公路信息。这时，就需要一种新的描述方法，即图（网）结构才能准确、简洁地描述公路信息，如图 1-3 所示。

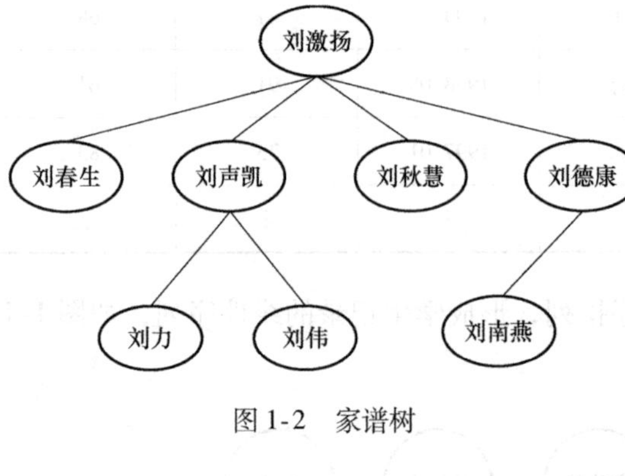

图 1-2　家谱树

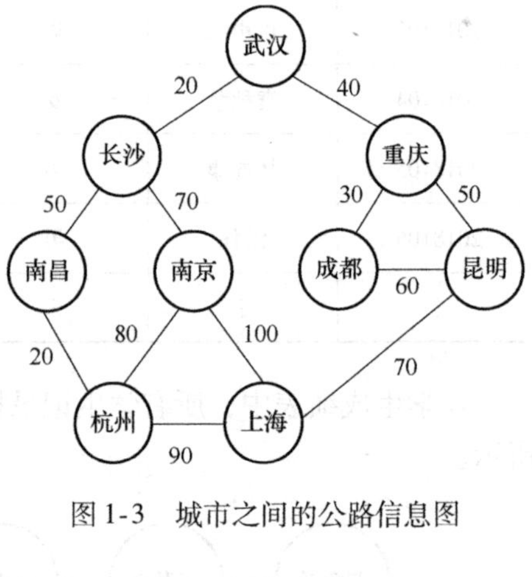

图 1-3　城市之间的公路信息图

从上述实例可以看出来，现代计算机能够处理各种类型的信息数据，为了存储和组织它们，需要讨论它们的归类及之间的关系，从而建立相应的数据结构，并依此实现相应的功能。本课程的目的就是为读者提供解决问题的基本知识，并运用知识来选择和设计合理的解决方案，正确、高效地实现系统功能。

上世纪60年代后，随着计算机应用范围的不断扩大，传统的数值型数据不再是计算机所能处理的主体，一些诸如文字、声音、图像等非数值数据类型正成为计算机处理的数据对象，而且这些数据的规模越来越大，结构越来越复杂，行业发展亟需建立一门新的研究分支，来分析数据对象的特征及对象之间存在的关系。1968年美国唐·欧·克努特教授，发表了著作《计算机程序设计技巧第一卷基本算法》，较为系统地阐述了数据的逻辑结构和存储结构及其操作。这也是“数据结构与算法”作为一门独立课程出现的标志。

“数据结构与算法”在计算机科学中是一门核心的专业基础课。它所研究的范畴横跨数学、计算机硬件和计算机软件。因此这门课不仅是应用程序设计（特别是非数值性程序设计）的基础，而且是编译系统、操作系统、数据库系统等系统程序的重要基础，如图1-4所示。

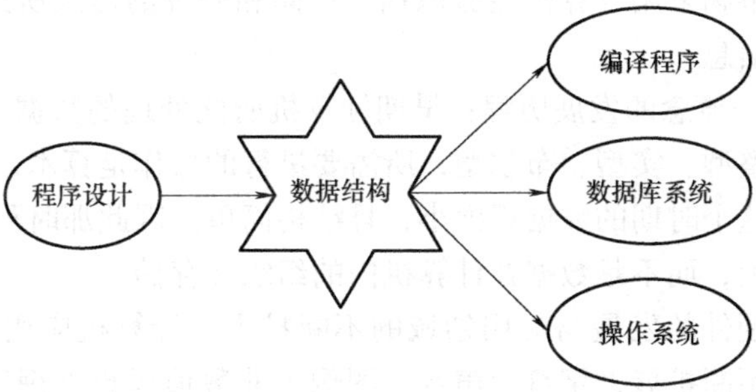

图1-4 数据结构课程的地位

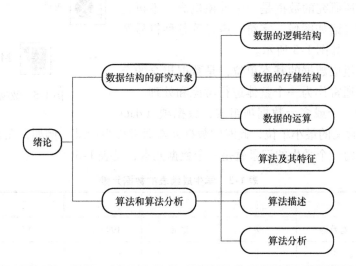

学习路线

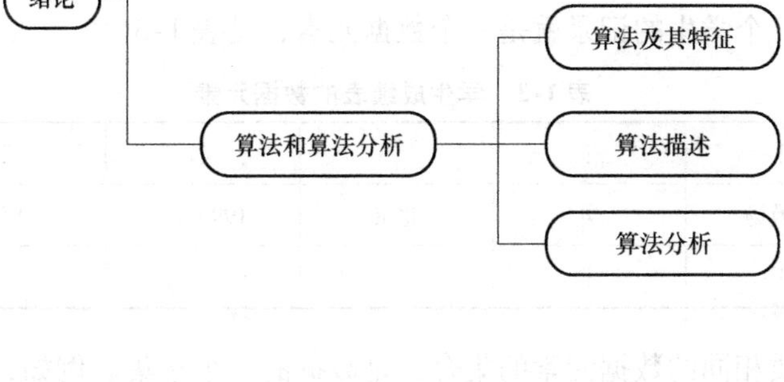

本章目标

知识点	了解	掌握	动手练习
数据结构的研究对象	★		
算法的相关概念	★		
算法性能评价		★	★

1.1 数据结构的研究对象

数据是描述客观事物的数值、字符以及能输入机器且能被处理的各种符号的集合。换句话说，数据是对客观事物采用计算机能够识别、存储和处理的形式所进行的描述。简言之，数据就是计算机化的信息。

回顾“数据”这一概念的发展历程：早期计算机所能处理的数据是传统意义上的数值，涉及的数值类型包括整型、实型、布尔型，所需要进行的操作是算术运算与逻辑运算，如炮弹飞行轨迹的模拟，这个时期的数据规模小，且结构简单。因此那时程序工作者的主要精力放在程序设计的技巧上，而不是数据在计算机内的组织和存储。

随着计算机软件硬件的发展与应用领域的不断扩大，计算机应用领域发生了战略性转移，传统的数据范畴不断扩展，字符、声音、图像等非数值运算处理所占的比例越来越大，现在几乎达到90%以上。同时，大数据、互联网、云存储、人工智能等新技术的发展，也迫使人们更加注重探索如何描述数据之间关系，并采用更高效率的存储和操作方法来提高计算性能。

因此，我们所研究的数据是一个抽象概念，不再是狭义的数值，而是诸如图像、字符、声音等各种符号及传统数值的统称，如图 1-5 所示。

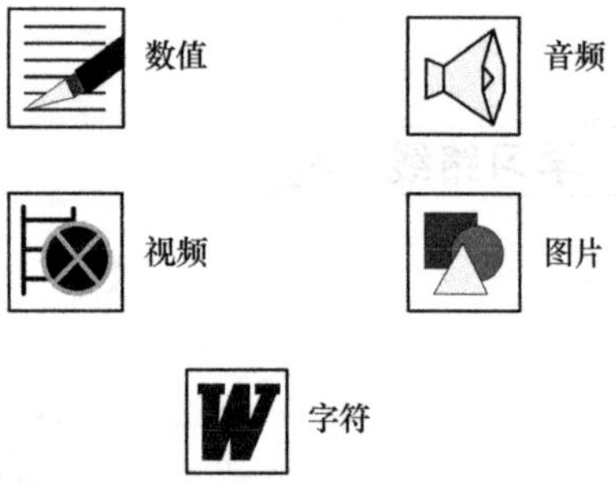

图 1-5 数据的范畴

数据元素是组成数据的基本单位，是数据集合的个体，在计算机中通常作为一个整体进行考虑和处理。一个数据元素可由一个或多个数据项组成，数据项（data item）是有独立含义的最小单位，此时的数据元素通常称为记录。例如，在表 1-1 中，学生成绩表是数据，每一个学生的记录就是一个数据元素，见表 1-3。

表 1-3 学生成绩表的数据元素

⋮	⋮	⋮	⋮	⋮	⋮	⋮
2018101	刘激扬	男	北京	1999. 12	85	95
⋮	⋮	⋮	⋮	⋮	⋮	⋮

数据对象是性质相同的数据元素的集合，是数据的一个子集。例如，整数数据对象是集合 **N** = {0, ±1, ±2,…}，大写字母字符数据对象是集合 **C** = {'A', 'B', …, 'Z'}，表 1-1 学

生成绩表也可被看作是一个数据对象。由此可看出，不论数据元素集合是无限集（如整数集），是有限集（如字符集），还是由多个数据项组成的复合数据元素集（如学生成绩表），只要性质相同，都是同一个数据对象。

综上所述，数据是可存入机器（与机器的关联性），可被加工（能被处理）的。数据元素组成数据的基本单位，数据对象是性质相同的数据元素的集合。以例1-1的数据为例，数据、数据元素和数据对象的关系如图1-6所示。

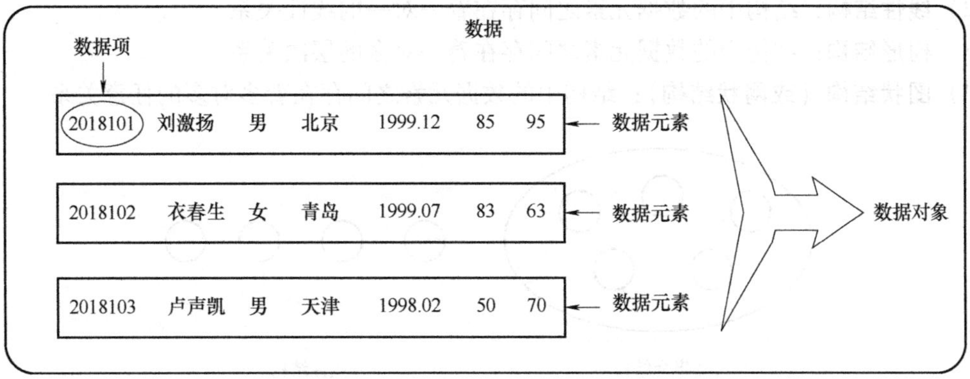

图1-6 数据、数据元素和数据对象的关系

数据结构是指相互之间存在一种或多种特定关系的数据元素的集合，是带有结构的数据元素的集合。由此可见，计算机所处理的数据并不是杂乱堆积的，而是具有内在联系的，如图1-7所示。

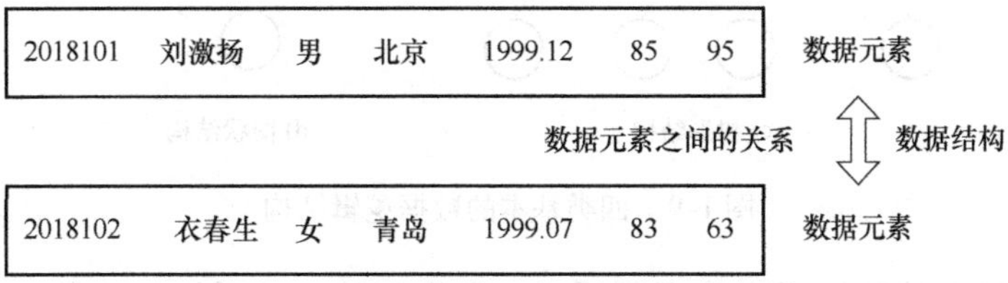

图1-7 数据结构的简单含义

数据类型是一组性质相同的值集合以及定义在这个值集合上的一组操作的总称。数据类型中定义了两个集合，即该类型的取值范围，以及该类型中可允许使用的一组运算。数据类型是高级语言中允许的变量种类，是程序语言中已经实现的数据结构（即程序中允许出现的数据形式）。例如，C语言中的整型类型，则它可能的取值范围是 -32768 ~ +32767，可用的运算符集合为加、减、乘、除、求余（如C语言中+、-、*、/、%）。

数据结构是指相互之间存在一种或多种特定关系的数据元素集合。这个描述是一种非常简单的解释。数据元素间的相互关系具体应包括三个方面：数据的逻辑结构、数据的存储结构和数据的运算集合，如图1-8所示。

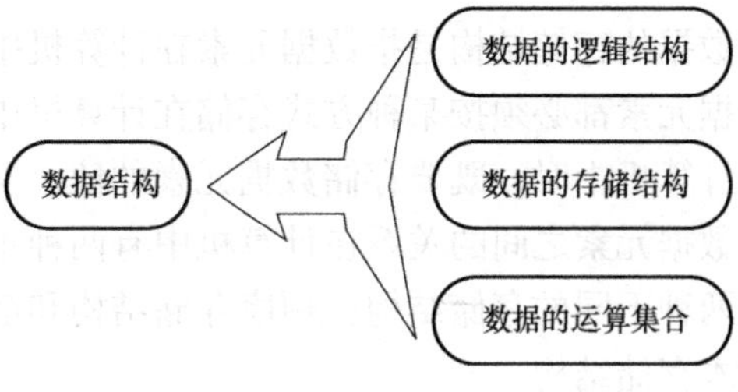

图1-8 数据结构的具体含义

1.1.1 数据的逻辑结构

数据的逻辑结构是指数据元素之间逻辑关系的描述。

根据数据元素之间关系的不同特性，通常有下列四类基本的逻辑结构（见图 1-9）：

1）**集合结构**：结构中的数据元素之间除了同属于一个集合的关系外，无任何其他关系。

2）**线性结构**：结构中的数据元素之间存在着一对一的线性关系。

3）**树形结构**：结构中的数据元素之间存在着一对多的层次关系。

4）**图状结构（或网状结构）**：结构中的数据元素之间存在着多对多的任意关系。

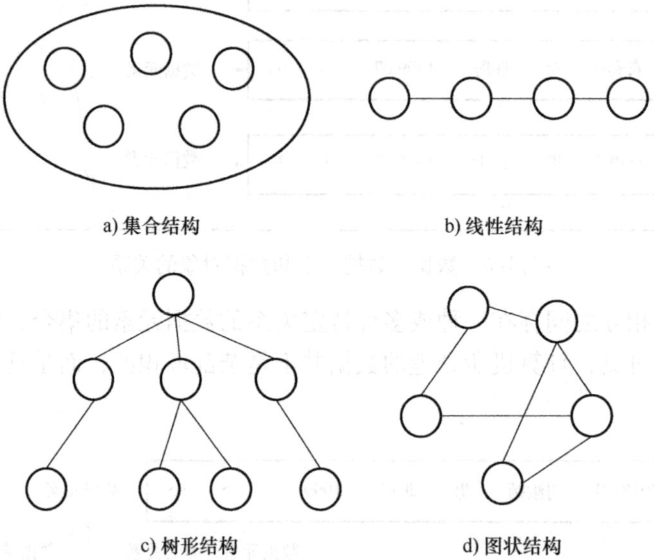

图 1-9 四类基本的数据逻辑结构

由于集合结构中的数据元素除了同属于一种类型外，关系极为松散，无其他关系，因此一般用其他结构来代替它。故数据的逻辑结构可概括为两种，即线性结构和非线性结构。

数据的逻辑结构可以看作是从具体问题抽象出来的数据模型，是面向问题的，与数据的存储无关，反映的是数据元素之间的关联方式或邻接关系。

1.1.2 数据的存储结构

数据的存储结构是指数据元素在计算机中的存储表示，任何需要计算机进行管理和处理的数据元素都必须按某种方式存储在计算机中。数据的存储结构是面向计算机的，把数据存储到计算机中时，既要存储数据元素的值，又要存储数据元素之间的关系。

数据元素之间的关系在计算机中有两种不同表达方式：顺序映像和非顺序映像，并由此得到两种不同的存储结构：顺序存储结构和链式存储结构。下面以例 1-1 为例，简要介绍两种基本存储结构。

1. 顺序存储结构

把逻辑上相邻的结点存储在物理位置相邻的存储单元里，结点间的逻辑关系由存储单元的邻接关系来体现，由此得到的存储表示称为顺序存储结构，如图1-10所示。

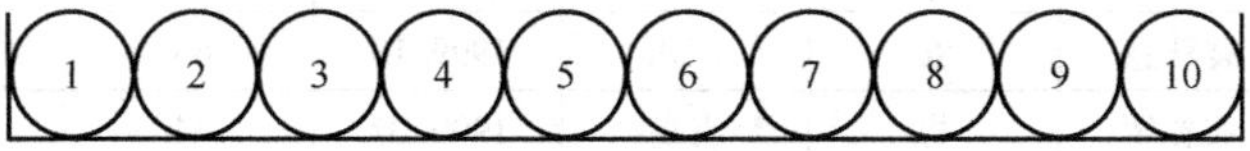

图1-10 顺序存储结构

顺序存储结构是一种最基本的存储表示方法，通常借助程序设计语言中的数组来实现。

假定每个学生的记录占用40个存储单元，数据从1000号存储单元开始由低地址向高地址存放，对应的顺序存储结构见表1-4。

表1-4 顺序存储的学生成绩表

地址	学号	姓名	性别	籍贯	出生年月	语文	数学
1000	2018101	刘激扬	男	北京	1999.12	85	88
1040	2018102	衣春生	男	青岛	1999.07	74	85
1080	2018103	卢声凯	男	天津	1998.02	61	87
1120	2018104	袁秋慧	女	广州	1999.10	63	74
1160	2018105	林德康	男	上海	1998.05	62	71
1200	2018106	洪伟	男	太原	1997.01	89	72
1240	2018107	熊南燕	女	苏州	1999.12	91	68
1280	2018108	宫力	男	北京	1999.07	76	64
1320	2018109	蔡晓莉	女	昆明	1998.02	75	85
1360	2018110	陈健	男	杭州	1999.10	79	95

2. 链式存储结构

链式存储结构不要求逻辑上相邻的结点在物理位置上亦相邻，如图1-11所示。

由图1-11可以看出，每个数据元素的存储位置（地址）是由系统单独分配的，所有的结点地址不一定连续，因此，存储地址不能反映其逻辑关系。这时为了表示结点之间的逻辑关系，通常要借助于程序设计语言中的指针类型，给每个数据元素（结点）附加指针域，用于存放有逻辑关系的数据元素的存储地址，由此得到的存储表示称为链式存储结构。

例如给学生成绩表的每个数据元素（结点）附加一个指针域，将结点扩大为两个部分，一部分存放数据元素信息，一部分存放后继结点的地址，则可得到学生成绩表的链式存储结构，见表1-5。

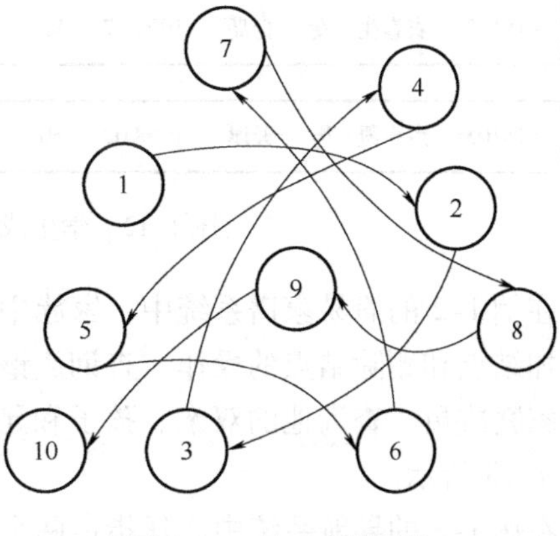

图1-11 链式存储结构

表 1-5 链式存储的学生成绩表

地址	学号	姓名	性别	籍贯	出生年月	语文	数学	下一个结点的地址
1000	2018101	刘激扬	男	北京	1999.12	85	88	1084
1044	2018104	袁秋慧	女	广州	1999.10	63	74	1124
1084	2018102	衣春生	男	青岛	1999.07	74	85	1164
1124	2018105	林德康	男	上海	1998.05	62	71	1364
1164	2018103	卢声凯	男	天津	1998.02	61	87	1044
1204	2018109	蔡晓莉	女	昆明	1998.02	75	85	1284
1244	2018107	熊南燕	女	苏州	1999.12	91	68	1324
1284	2018110	陈健	男	杭州	1999.10	79	95	无
1324	2018108	宫力	男	北京	1999.07	76	64	1204
1364	2018106	洪伟	男	太原	1997.01	89	72	1244

数据结构是相互之间存在一种或多种特定关系的数据元素的集合，即带“结构”的数据元素的集合。数据的逻辑结构和物理结构是数据结构的两个密切相关的方面，同一逻辑结构可以对应不同的存储结构。算法的设计取决于数据的逻辑结构，而算法的实现依赖于指定的存储结构。

1.1.3 数据的运算

讨论数据结构的目的是为了在计算机中实现施加于数据上的运算操作，现在来讨论在上面所举的三个系统中，通常要进行哪一些相关的运算操作。

在例 1-1 的学生成绩管理系统中，如果班级转来一名新同学，就需要在表中增加一条记录，如果有一名同学退学了，就需删除这名同学的记录，这就是增加和删除的操作，如图 1-12 所示。或者要查询班级人数，这是计算表长的操作。

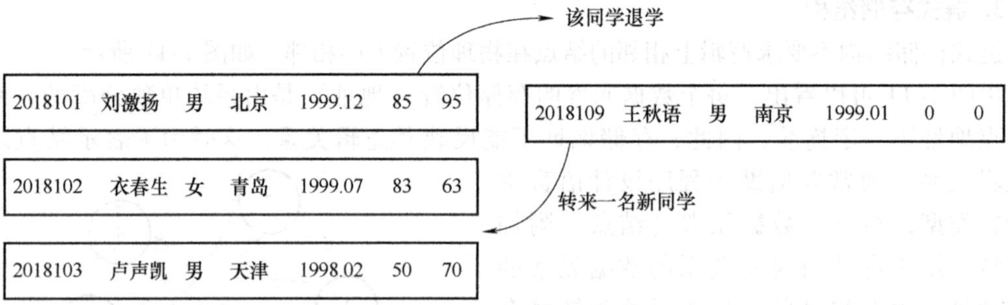

图 1-12 学生成绩管理系统进行的增删运算

在例 1-2 的简易家谱系统中，家族中诞生了某个新家庭成员，或者某个成员去世，这就是增加结点和删除结点的操作。查询族谱记录了几代人，这是求树的高度的操作。任意输入一个家庭成员，查询他的双亲、孩子和兄弟，这是求树中结点的双亲、孩子和兄弟的操作，如图 1-13 所示。

在例 1-3 的导航系统中，任指定两个城市，如南昌和昆明，求从南昌出发到昆明的最佳路线，这是求最短路径的运算操作；或者在若干个城市之间建立通信联络网，考虑如何在最节省经费的前提下建立这个通信网，这是求图的最小生成树操作，如图 1-14 所示。

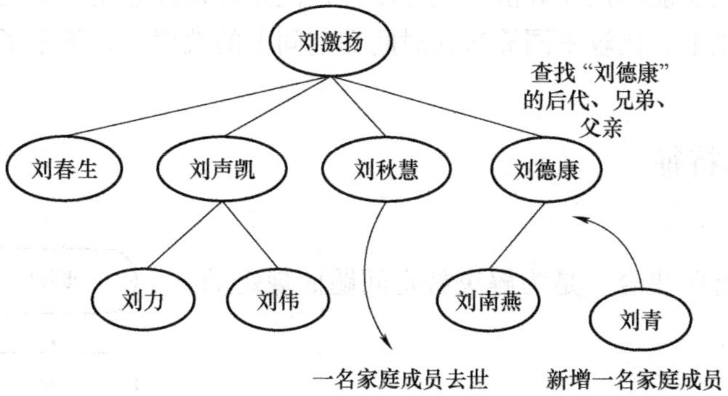

图 1-13 简易家谱系统进行的运算

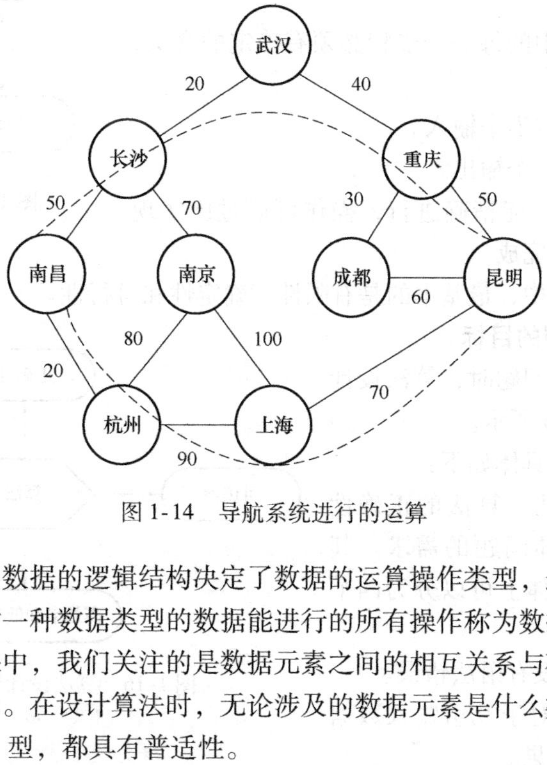

图 1-14 导航系统进行的运算

从上述示例来看，数据的逻辑结构决定了数据的运算操作类型，运算的具体实现又依赖于数据的存储结构。对一种数据类型的数据能进行的所有操作称为数据的运算集合。

在数据结构这门课中，我们关注的是数据元素之间的相互关系与存储组织方式，及对其施加的运算及运算规则。在设计算法时，无论涉及的数据元素是什么类型，比如整型、字符型、或结构体（记录）型，都具有普适性。

综上所述，数据结构的内容可归纳为三个部分：逻辑结构、存储结构、运算集合。按某种逻辑关系组织起来的一批数据，按一定的映像方式把它存放在计算机的存储器中，并在这些数据上定义了一个运算的集合，就叫作数据结构。

1.2 算法和算法分析

从本质上来说，我们研究数据元素之间的逻辑关系和存储方式，是为了通过各类操作算法，实现系统功能。具体来讲，数据的逻辑关系和存储方式决定了能进行哪些操作，另一方面，各类操作算法实现依赖于数据的逻辑关系和存储方式。

当然，实现系统功能的操作算法可能有多种，但是要设计通用高效的算法，必须在深入了解数据结构的基础上，比较不同算法在时间和空间上的效率。以下来了解什么是算法，如何分析算法的效率。

1.2.1 算法及其特征

1. 算法的定义

算法是规则的有限集合，是为解决特定问题而规定的一系列操作。

2. 算法的特性

算法具有以下五个特性（见图1-15）：

1）有限性：有限步骤之内正常结束，不能形成无穷循环。

2）确定性：算法中的每一个步骤必须有确定的含义，无二义性得以实现。

3）输入：有多个或零个输入。

4）输出：至少有一个输出。

5）可行性：原则上能精确进行，操作可通过已实现基本运算执行有限次而完成。

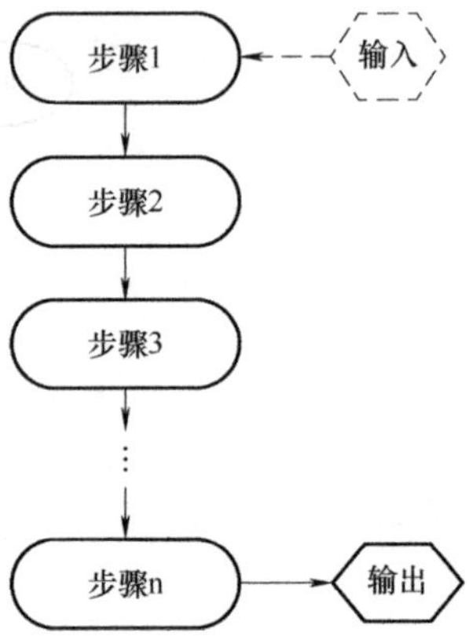

图1-15 算法的特性

在算法的五大特性中，最基本的是有限性、确定性和可行性。

3. 算法设计要达到的目标

当用算法来解决某问题时，算法设计要达到的目标如图1-16所示。

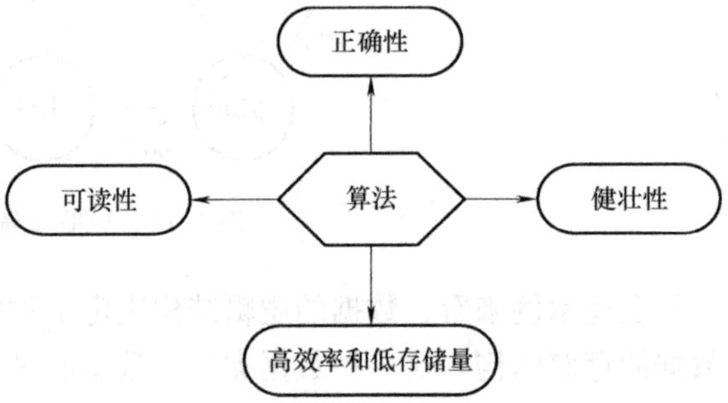

图1-16 算法设计要达到的目标

这几个目标的含义具体如下：

（1）算法的正确性 算法的正确性是指算法应该满足具体问题的需求。其中，“正确”的含义大体上可以分为四个层次：

1）所设计的程序没有语法错误。

2）所设计的程序对于几组输入数据能够得出满足要求的结果。

3）所设计的程序对于精心选择的典型、苛刻而带有刁难性的几组输入数据能够得到满足要求的结果。

4）程序对于一切合法的输入数据都能产生满足要求的结果。

对于这四层含义，其中达到第4）层含义下的正确是极为困难的。一般情况下，以第3）层含义的正确作为衡量一个程序是否正确的标准。

例如，要求n个数的最大值问题，给出示意算法如下：

```
max = 0;
for(i = 1;i < = n;i ++){
    scanf("% f",&x);
    if(x > max)
        max = x;
}
```

该算法无语法错误，且当输入数据均为正数时，结果正确，但当输入数据均为负数时，求到的最大值为0，显然这个结果不对。那么请读者思考该算法的正确性如何，该算法是否能算是正确算法，该算法应当属于第几层次的正确性算法。

（2）可读性　一个好的算法首先应该便于人们理解和相互交流，其次才是机器可执行。可读性好的算法有助于人们对算法的理解。难懂的算法易于隐藏错误且难于调试和修改。

（3）健壮性　作为一个好的算法，当输入的数据非法时，也能适当地做出正确的反应或进行相应的处理，而不会产生一些莫名其妙的输出结果。

（4）高效率和低存储量　算法的效率通常是指算法的执行时间。对于一个具体问题的解决通常可以有多个算法，执行时间短的算法其效率就高。所谓的存储量是指算法在执行过程中所需要的最大存储空间。效率和存储量都与问题的规模有关。

1.2.2 算法描述

下面先来分析数据结构中**算法、语言、程序的关系**。

1）算法：描述了数据对象中数据元素之间的关系（包括数据逻辑关系、存储关系描述）。

2）描述算法的工具：算法的描述可用自然语言、框图或高级程序设计语言。自然语言简单但易产生二义性。框图直观但不擅长表达数据组织结构，而其中以高级程序语言较为准确且比较严谨。

3）程序是算法在计算机中的实现（与所用计算机及所用语言有关）。

通常，设计实现算法都要经过以下步骤：分析问题，从问题中提取出有价值的数据，将其存储；对存储的数据进行处理，具体过程见图1-17。

以计算“1 × 2 × 3 × 4 × 5”的值为例，举例说明算法、语言、程序的关系，见图1-18。

常有初学者说，算法是能看懂，但实现算法时出现障碍，这对程序设计的功底并不很深的初学者形成了阻力。学习数据结构时，将各种算法通过程序实现，可以加深对算法的理解，也是提高编程能力的一种有效手段。算法实现还要考虑代码的通用性，为此我们通常将要处理的数据类型加以抽象，使其适用于不同类型的数据。

在计算机科学研究、系统开发、教学以及应用开发中，C语言的使用较为普遍，且现今流行的Python、Java等语言的底层实现也以C语言为主，因此它成为高校计算机及相关专业常见的入门语言。

本书采用的是C语言，作如下说明：

1）预定义常量和类型。本教材中用到以下常量符号，如TRUE、FALSE、MAXSIZE等，约定用如下宏定义预先定义：

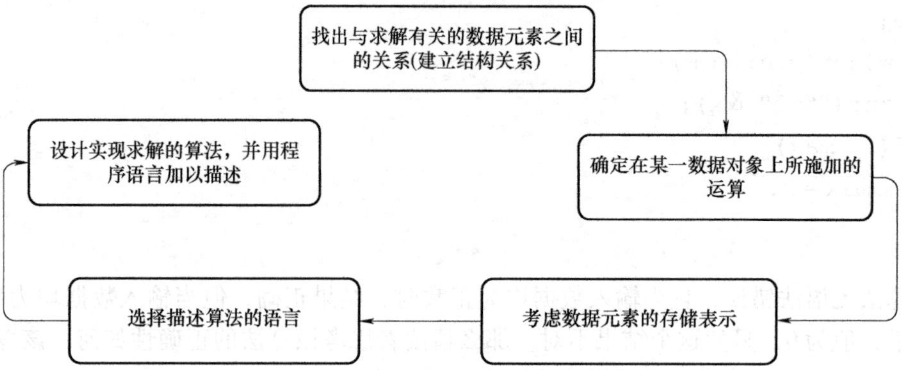

图 1-17　设计实现算法过程步骤

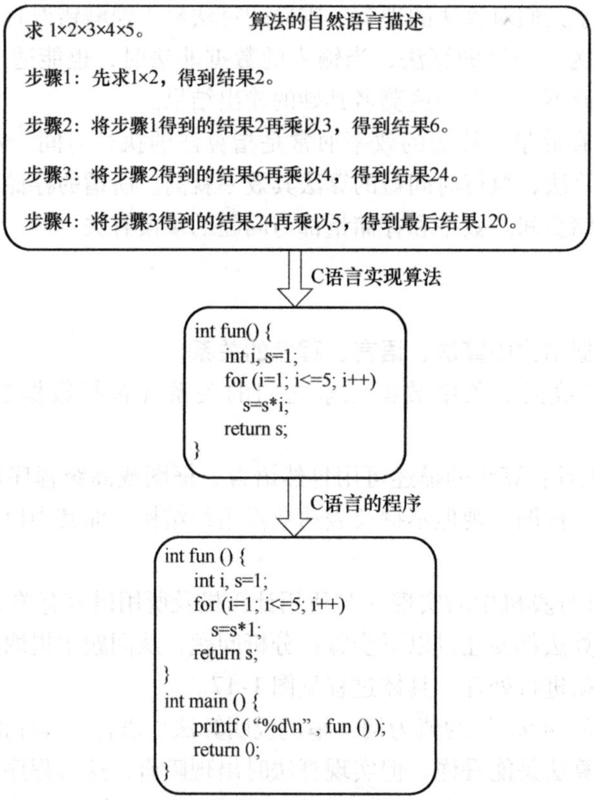

图 1-18　算法、语言、程序的关系

```
# define TRUE 1
# define FALSE 0
# define MAXSIZE 100
# define OK 1
# define ERROR 0
```

2）数据结构的表示（存储结构）用类型定义（typedef）描述。数据元素的类型约定为

ElemType，由用户在使用该数据类型时自行定义。

3）本教材中基本操作的算法都用以下形式的函数描述：

［数据类型］ 函数名（［形式参数及说明］）

{ 内部数据说明；

执行语句组；

}

为了便于算法描述，除了值调用方式外，增添了C++语言的引用调用的参数传递方式。在形参表中，以&打头的参数即为引用参数。具体概念可参照C++相关教程。

1.2.3 算法分析

通常对于一个实际问题的解决，可以提出若干个算法，那么如何从这些可行的算法中找出最有效的算法；或者有了一个解决实际问题的算法，我们如何来评价判断一个算法的优劣，这些问题需要通过算法分析来确定。算法分析是对一个算法需要多少计算时间和存储空间做定量的分析。计算机的资源主要是CPU时间和内存空间，分析算法占用CPU时间的多少称为时间性能分析，分析算法占用内存空间的多少称为空间性能分析，即一个算法的评价主要是从算法时间复杂度和空间复杂度来考虑。

1. 算法的时间复杂度

算法的执行时间需依据该算法编制程序在计算机上运行时所消耗的时间来度量。而衡量一个程序的执行时间通常有事后统计和事前分析估算两种方法。

（1）事后统计 主要是设计好的一组或若干组相同的测试数据，利用计算机内部的计时器对根据不同算法编制的程序的运行时间进行比较，从而确定算法效率的高低。但该方法存在一定的缺陷：一是必须依据算法事先编制好测试程序，耗时耗力；二是计算机硬件和软件等环境因素将会影响测试的准确性，甚至会掩盖算法本身的优劣。

（2）事前分析估算 是不上机运行根据算法编制的程序，撇开与计算机硬件和软件等有关的因素，而是依据统计方法对算法执行时间进行估算。可以认为一个特定算法的“运行工作量”的大小只依赖于问题的规模（通常用整数n表示），或者说算法的执行时间是问题规模的函数，因此后面主要采用事前分析估算法来分析算法的时间性能。

一个算法花费的时间与算法中语句的执行次数成正比例，哪个算法中语句执行次数多，所花费的时间就多。

一般情况下，算法中基本操作重复执行的次数称为**语句频度**或时间频度，它是问题规模n的某个函数，用T（n）表示。

```
int sum =0, i;
for(i =1;i < =n;i + +)
    sum + =i;
```

第一句是初始化sum为0，它的语句频度是1，因为它只被执行了一次。第二个是循环体中的语句sum + =i，根据它的判断条件，可以知道它执行了n次，所以该条语句的语句频度是n。那么该段代码的语句频度之和就是T(n) =1 +n 。

上述算法中语句的总执行次数为T(n) =1 +n，从中可以看出，语句总的执行次数是n

的函数 f(n)，n 就是给定问题的规模。我们关心的是算法中语句总的执行次数 T(n) 是关于问题规模 n 的函数，进而分析 T(n) 随 n 的变化情况并确定 T(n) 的数量级。在这里，我们用“O”来表示数量级，这样我们可以给出算法的时间复杂度概念。所谓算法的时间复杂度，即是算法的时间量度，记作：

$$T(n)=O(f(n))$$

表示随问题规模 n 的增大，算法的执行时间的增长率和 f（n）的增长率相同，称作算法的渐进时间复杂度，简称**时间复杂度**。

多数情况下，一个算法的执行时间可以由基本操作也就是最深层循环内的语句的执行次数来计量。

一般情况下，随着 n 的增大，T(n) 的增长较慢的算法为最优的算法。例如：在下列三段程序段中，给出语句 x=x+1 的时间复杂度分析。

（1）x=x+1;

语句执行次数与问题规模 n 没有关系，其时间复杂度为 O(1)，我们称之为常量阶。

（2）for(i=1; i<=n; i++)x=x+1;

语句 x=x+1; 的执行次数为 n，其时间复杂度为 O(n)，称之为线性阶。

（3）for (i=1;i<=n;i++)

　　　for(j=1;j<=n;j++)x=x+1;

语句 x=x+1; 的执行次数为 n^2，其时间复杂度为 $O(n^2)$，称之为平方阶。

【例 1-4】 以下是计算 f=1! +2! +3! +…+n! 的两个算法，请计算并比较这两个算法的时间复杂度。

算法 1：

```
long  factorsum1(int  n){
    int i, j;long f=0, w;
    for(i=1;  i<=n;  i++){
        w=1;
        for(j=1;j<=i;j++)
            w=w* j;
        f=f+w;
    }
    return f;
}
```

算法 2：

```
long factorsum2(int  n){
    int i,j;long f=0, w=1;
        for(i=1;i<=n;i++){
            w* =i;
```

```
        f + =w;
    }
    return f;
}
```

【解】

在算法1中，选择循环体语句 w = w * j 的执行次数来计量时间复杂度，该语句的执行次数是：$f(n) = 1 + 2 + 3 + \cdots + n = n(n+1)/2 = 1/2 * n^2 + 1/2 * n$，由于算法的时间复杂度，考虑的只是对于问题规模 n 的增长率，只需求出它关于 n 的增长率或阶即可，忽略其低阶项和，像常系数，因此算法1时间复杂度为 $T(n) = O(n^2)$。

在算法2中，循环体语句有两条，只需选择一条语句来讨论算法的时间复杂度，循环体语句 w = w * i 的执行次数是：$f(n) = n$，因此时间复杂度为 $T(n) = O(n)$。

比较上述两个算法，显然算法2时间性能是线性阶的，算法1时间性能是平方阶的，算法2时间性能优于算法1。

【例1-5】 计算以下两个算法的时间复杂度。

(1)

```
i =0;sum =0;
while(sum <n){
    i =i +1;
    sum + =i;
}
```

(2)

```
i =1;
while(i < =n){
    i =i* 2;
}
```

(3)

```
int sum =0;
for(int i =1;i < =n;i + +)
    sum + =i;
for(int i =1;i < =n;i + +)
    for(int j =1;j < =n;j + +)
        sum + =i +j;
```

【解】

(1) 选择循环体语句 sum + =i；的执行次数来计量时间复杂度，该语句的执行次数是 f

(n)，则要满足 sum = 1 + 2 + 3 + … + f(n) = f(n)(f(n) + 1)/2 < n，即 $f(n) < \sqrt{2n}$，时间复杂度为 $T(n) = O(\sqrt{n})$。

(2) 语句 i = i * 2；的执行次数是 f(n)，则要满足 $2^{f(n)} \leqslant n$，即 $f(n) < \log_2 n$，时间复杂度为 $T(n) = O(\log_2 n)$，称为对数阶。

(3) 这段代码中，单循环里语句 sum + = i；执行 n 次，双层循环里语句 sum + = i + j；执行 n^2 次，当对两个时间复杂度进行求和运算时，可以将较大数量级的代码的时间复杂度作为它们的和，所以这段代码的时间复杂度是 $O(n^2)$。

数据结构中常用的时间复杂度频率计数有 7 个：

$O(1)$ 常数型　$O(n)$ 线性型　$O(n^2)$ 平方型　$O(n^3)$ 立方型

$O(2^n)$ 指数型　$O(\log_2 n)$ 对数型　$O(n\log_2 n)$ 二维型

按时间复杂度由小到大递增排列成图 1-19（当 n 充分大时）。

一般情况下，随 n 的增大，T(n) 的增长较慢的算法为最优的算法。从中我们应该选择使用多项式阶 $O(n^k)$ 的算法，而避免使用指数阶的算法。表 1-6 为时间复杂度由小到大递增排列顺序。

表 1-6　时间复杂度由小到大递增排列顺序

函数	输入规模 n					
	1	2	4	8	16	32
1	1	1	1	1	1	1
$\log_2 n$	0	1	2	3	4	5
n	1	2	4	8	16	32
$n\log_2 n$	0	2	8	24	64	160
n^2	1	4	16	64	256	1024
n^3	1	8	64	512	4096	32768
2^n	2	4	16	256	65536	4294967296
n!	1	2	24	40326	2092278988000	26313×10^{33}

算法中基本操作重复执行的次数还随问题的输入数据集的不同而不同。例如下面冒泡排序算法：

```
void bubble(int a[], int length){     /* 对整数数组 a 递增排序* /
    inti = 0, j, temp;
    int change ;
    do{
        change = false ;
        for(j =1;j < length-i;j + +)
            if(a[j] > a[j +1]){
                temp = a[j];  a[j] = a[j +1];  a[j +1] = temp;
                change = true;
            }
        i = i +1 ;
```

```
    } while(i < length || change = = true);
}
```

在这个算法中，“交换序列中相邻的两个整数”为基本操作。当 a 中初始序列为自小到大有序，n 为 length，基本操作的执行次数为 0；当初始序列为自大到小有序时，基本操作的执行次数为 n（n - 1）/2。对于这类算法的分析，一种解决的方法是计算它的平均值，即考虑它对所有可能输入数据集的期望值，此时相应的时间复杂度为算法的平均时间复杂度。然而在很多情况下，算法的平均时间复杂度也难于确定。因此，我们可以讨论算法在最坏情况的时间复杂度，即分析最坏情况以估计出算法执行时间的上界。例如冒泡排序在最坏情况下的时间复杂度就为 $T(n) = O(n^2)$。在本书中，如不做特殊说明，所讨论的各算法的时间复杂度均指最坏情况下的时间复杂度。

时间复杂度有三种分类：最坏时间复杂度、最好时间复杂度、平均时间复杂度。

2. 算法的空间复杂度

关于算法的存储空间需求，类似于算法的时间复杂度，我们采用空间复杂度作为算法所需存储空间的量度，记作：$S(n) = O(f(n))$。

其中 n 为问题的规模。一般情况下，一个程序在机器上执行时，除了需要存储本身所用的指令，常数，变量和输入数据以外，还需要一些对数据进行操作的辅助存储空间。其中对于输入数据所占的具体存储量只取决于问题本身，与算法无关，这样我们只需要分析该算法在实现时所需要的辅助空间单元个数就可以了。若算法执行时所需要的辅助空间相对于输入数据量而言是个常数，则称这个算法为原地工作，辅助空间为 $O(1)$。

【例 1-6】 以下是输入 x 的值计算 $f(x) = a_0 + a_1x + a_2x^2 + a_3x^3 + \cdots + a_nx^n$ 的两个算法，请计算并比较这两个算法的空间复杂度。

算法 1：先计算 x 的幂，存于 power［ ］中，再分别乘以相应的系数。

```
#define N 100
float evaluate1(float coef[ ], float x , int n){
    float power[N], f;int i;
    for(power[0] =1, i =1;i < =n;i + +)
        power[i] =x* power[i-1];
    for(f =0, i =0;i < =N;i + +)
        f =f +coef[i]* power[i];
    return(f);
}
```

利用秦九韶算法计算多项式的值，只需要 n 次乘法和 n 次加法即可，如下面的算法 2 公式表示：

算法 2：$f(x) = a_0 + (a_1 + a_2 + \cdots + (a_{n-1} + a_nx)x)..x)x$

```
#define N 100
float evaluate2(float coef [ ], float x , int n){
    float f;int i;
```

```
    for(f=coef[n], i=n-1;i >=0;i--)
        f=f* x+coef[i];
    return(f);
}
```

【解】

算法 1 多项式的最高阶 n 为问题规模，在计算多项式值过程中使用了额外的辅助数组算法 power [N]，空间复杂度为 O(n)。

算法 2 只使用了辅助变量 f 来保存多项式的值，空间复杂度为 O(1)。

算法的执行时间的耗费和所需的存储空间的耗费这两者是矛盾的，难以兼得，即算法执行时间上的节省一定是以增加空间存储为代价的，反之亦然。不过，就一般情况而言，常常以算法执行时间作为算法优劣的主要衡量指标。

本章总结

本课程的教学目标是学会分析数据对象特征，掌握数据组织方法和计算机的表示方法，以便为所涉及的数据选择适当的逻辑结构、存储结构及相应算法；初步掌握算法时间、空间分析的技巧，培养良好的程序设计技能。

数据关系制约着数据的存储，数据存储又决定了其基本运算，因此，在对具体问题做分析的时候，不妨先考虑数据之间的关系，同时确定常用的基本运算，最后选择一个合适的存储方式，有利于基本运算的实现。为了帮助读者对本书列出的数据结构有一个整体的认识，下面将基本数据结构整理成表 1-7。

表 1-7 基本数据结构总结

数据结构	数据关系	数据存储	数据的基本运算
线性表	线性（1 对 1）	静态顺序、动态链表（单链、循环，双向）	建立、插入、删除、求表长、取元素、确定元素位置
栈	线性（1 对 1），FILO	静态顺序、链栈	初始化、清空、入栈、出栈、取栈顶元素
队列	线性（1 对 1），FIFO	静态循环、链队列	初始化、清空、入队列、出队列、取队头元素
字符串	线性（1 对 1），数据整体操作	一维数组（整体运算）	求串长、复制串、连接、求子串、替换、查找、删除
数组	多维线性（每一维上都是线性关系）	二维数组、一维数组、三元组表	构造、压缩与还原、取数组元素、加、减、乘、输出
二叉树	非线性（1 对多）	顺序存储、二叉链表、三叉链表	构造、求左右、求子女、求双亲、遍历、求叶子、求深度、左右子树交换、插入/删除结点
树	非线性（1 对多）	双亲表示、孩子表示、孩子兄弟链表	构造、求子女、求双亲、遍历、求叶子、求深度、插入和删除结点
图	非线性（多对多）	邻接矩阵、邻接表	构造、取顶点、取边或弧、求顶点 v 的相邻点、遍历、最小生成树、最短路径、拓扑排序、关键路径
哈希表	集合、线性	静态存储（地址由哈希函数计算），链地址	确定哈希函数、建哈希表确定解决冲突的方法、取元素、存元素

“数据结构”是一门综合性非常强的学科，在学习的过程中需要注意以下几点：

1）对于相同的数据关系，存储不同，其数据结构就不同（例如，静态顺序存储的栈和链栈）；运算不同，也构成不同的数据结构（例如，队列与栈，一个限制为先进先出的运算，一个限制为先进后出的运算）。

2）树立结构化的思想。在编程中，不能满足于用程序设计解决一个问题，而应该考虑怎样解决一类问题。因此，在建立数据结构时，就不能怕麻烦，要尽可能地考虑周全。

3）数据结构与算法有着紧密的联系。遇到实际问题，首先考虑解决问题的步骤，再根据算法来选择合适的数据结构。

4）对所学过的数据结构在理解的基础上，可以考虑进行改进，使之变成新的数据结构，以适应新的应用。

学习本书的过程是进行复杂程序设计的训练过程。技能培养的重要程度不亚于知识传授。学习难点在于，理解授课内容与应用知识解决复杂问题之间的素质能力差距。培养优良的算法设计思想、方法技巧与风格，进行构造性思维训练，强化程序抽象能力，培养数据抽象能力。“数据结构”从某种意义上说，是程序设计的后继课程。因此，学习数据结构，仅通过书本学习是不够的，必须经过大量的实践，在实践中体会构造性思维方法，掌握数据组织与算法设计的方法。

习 题 1

一、单项选择题

1. 数据结构是指（　　）。

A. 数据元素的组织形式　　B. 数据的类型

C. 数据的存储结构　　D. 数据的定义

2. 数据在计算机存储器内表示时，物理地址与逻辑地址不相同的称之为（　　）。

A. 存储结构　　B. 逻辑结构

C. 链式存储结构　　D. 顺序存储结构

3. 树形结构的数据元素之间存在（　　）。

A. 一对一关系　　B. 多对多关系

C. 多对一关系　　D. 一对多关系

4. 设语句“x ++ ;”的执行时间是单位时间，则以下语句的时间复杂度为（　　）。

```
for(i =1;i < =n;i ++)
    for(j =i;j < =n;j ++)
        x ++;
```

A. $O(1)$　　B. $O(n^2)$　　C. $O(n)$　　D. $O(n^3)$

5. 算法分析的目的是（　　），算法分析的两个主要方面是（　　）。

A. 找出数据结构的合理性　　B. 研究算法中的输入和输出关系

C. 分析算法的效率以求改进　　D. 分析算法的可读性和文档性

E. 空间复杂度和时间复杂度　　F. 正确性和简明性

G. 可读性和文档性　　H. 数据复杂性和程序复杂性

6. 计算机算法指的是（　　），它具备输入、输出以及（　　）五个特性。

A. 计算方法　　B. 排序方法
C. 解决问题的有限运算序列　　D. 调度方法
E. 可行性、可移植性和可扩充性　　F. 可行性、确定性和有穷性
G. 确定性、有穷性和稳定性　　H. 可读性、稳定性和安全性

7. 数据在计算机内有链式和顺序两种存储方式，在存储空间使用的灵活性上，链式存储比顺序存储要（　　）。

A. 低　　B. 高　　C. 相同　　D. 不好说

8. 数据结构作为一门独立的课程出现是在（　　）年。

A. 1946　　B. 1953　　C. 1964　　D. 1968

9. 数据结构只是研究数据的逻辑结构和物理结构，这种观点（　　）。

A. 正确　　B. 错误
C. 前半句对，后半句错　　D. 前半句错，后半句对

10. 计算机内部数据处理的基本单位是（　　）。

A. 数据　　B. 数据元素　　C. 数据项　　D. 数据库

二、填空题

1. 数据结构按逻辑结构可分为两大类，分别是________和________。

2. 数据的逻辑结构有四种基本形态，分别是________、________、________和________。

3. 线性结构反映结点间的逻辑关系是________的，非线性结构反映结点间的逻辑关系是________的。

4. 一个算法的效率可分为________效率和________效率。

5. 在树形结构中，根结点没有________结点，其余每个结点有且只有________个前驱结点；叶子结点没有________结点；其余每个结点的后续结点可以________。

6. 在图状结构中，每个结点的前驱结点数和后续结点数可以________。

7. 状线性结构中元素之间存在________关系；树形结构中元素之间存在________关系；图状结构中元素之间存在________关系。

8. 下面程序段的时间复杂度是________。

```
for(i=0;i<n;i++)
    for(j=0;j<n;j++)
        A[i][j]=0;
```

9. 下面程序段的时间复杂度是________。

```
i=s=0;
while(s<n){
    i++;
    s+=i;
}
```

10. 下面程序段的时间复杂度是________。

```
s=0;
for(i=0;i<n;i++)
```

```
    for(j=0;j<n;j++)
        s+=B[i][j];
    sum=s;
```

11. 下面程序段的时间复杂度是______________。

```
i=1;
while(i<=n)
    i=i*3;
```

12. 对衡量算法正确性的标准通常是______________________________。

13. 对算法时间复杂度的分析通常有两种方法，即______________和______________的方法。通常求算法时间复杂度时，采用后一种方法。

三、求下列程序段的时间复杂度

1.

```
x=0;
for(i=1;i<n;i++)
    for(j=i+1;j<=n;j++)
        x++;
```

2.

```
x=0;
for(i=1;i<n;i++)
    for(j=1;j<=n-i;j++)
        x++;
```

3.

```
int i,j,k;
for(i=0;i<n;i++)
    for(j=0;j<=n;j++)
    {  c[i][j]=0;
        for(k=0;k<n;k++)
            c[i][j]=a[i][k]*b[k][j];
    }
```

4.

```
i=n-1;
while((i>=0)&&A[i]!=k))
    j--;
return(i);
```

5.

```
facT(n){
    if(n<=1)   return(1);
    else   return(n*facT(n-1));
}
```

第2章 线性表

知识导航

日常生活中，经常会遇到一些有序的序列，这些序列的第一个元素只有后继没有前驱，最后一个元素只有前驱没有后继。除了第一个和最后一个元素外，其余元素都有一个前驱和一个后继。

例如，26个英文字母的字母表，表中的每一个英文字母是一个数据元素，每个元素之间存在唯一的顺序关系，如字母B的前面是字母A，而字母B后面是字母C，即每个数据元素最多有一个直接前驱和一个直接后继。

又如十二星座列表，如图2-1所示。

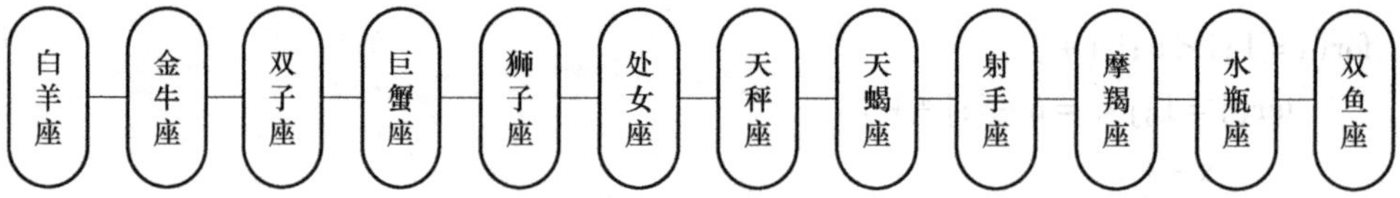

图2-1　十二星座列表

白羊座是十二星座列表的第一个元素，双鱼座是最后一个元素，中间的星座都有前驱和后继。

在较为复杂的序列中，如表2-1所示的学生高考成绩表，每个学生及其高考成绩是一个数据元素，它由学号、姓名、出生年及高考成绩几个数据项组成。数据对象是性质相同的数据元素的集合。

表2-1　学生高考成绩表

学　号	姓　名	出生年	高考成绩
201640520101	王晓佳	2002	493
201640520102	成平	2002	522
201640520103	林一鹏	2001	458
201640520104	谢宁	2000	501
201640520105	江永康	1999	510
201640520106	李小燕	2001	490
201640520107	赵学意	2000	488
201640520108	刘家琪	2000	472

（续）

学 号	姓 名	出 生 年	高考成绩
201640520109	郑可欣	2000	497
201640520110	张丽娟	1999	488

这种有序序列称为线性表。线性表是“数据结构”课程中介绍的第一种数据结构，是软件设计中最常用也是最基本的一种数据结构。线性表是 n 个数据元素的有限序列，数据元素之间的逻辑结构是线性的，数据元素之间是一对一的关系。数据对象可以是整数集、字符集，或是由多个数据项组成的复合数据元素（如学生成绩表）。

本章介绍实现线性表的两种存储结构——顺序存储结构与链式存储结构，分别讨论顺序存储方式和链式存储方式下线性表基本运算的算法实现及性能比较，并通过实例说明线性表的应用。

学习路线

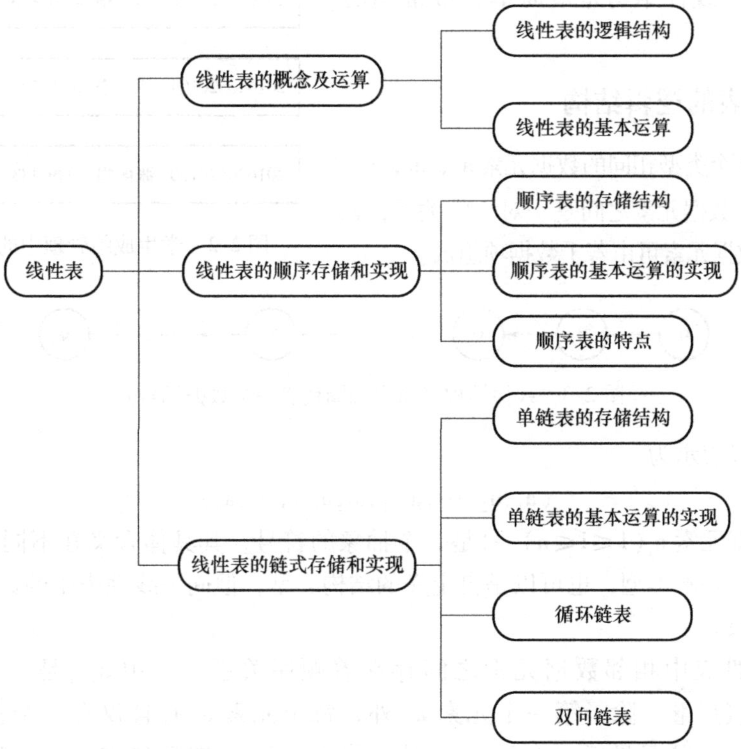

本章目标

知 识 点	了 解	掌 握	动手练习
线性表的概念	★		
线性表的顺序存储		★	★
线性表的链式存储		★	★

2.1 线性表的概念及运算

2.1.1 案例导引

【案例】

编写一个用于学生成绩管理的程序，实现对学生信息的插入、删除、查找等功能。要求记录每个学生的学号、姓名、年龄和高考成绩信息。

【案例分析】

对于学生成绩管理中的学生需要管理其学号、姓名、年龄和高考成绩信息，每个学生所需要存储的信息类型是相同的，也就是说各个结点应该具有相同的结构。同时，各个学生的信息记录之间按顺序排列，形成了线性结构，如图 2-2 所示。线性结构是最简单、最常用的数据结构。

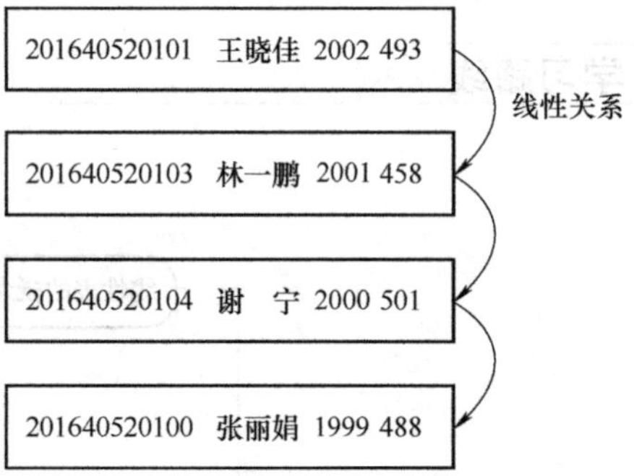

图 2-2 学生成绩管理中的线性结构

2.1.2 线性表的逻辑结构

线性表是 n 个类型相同的数据元素 a_1，a_2，…，a_n 的有限序列，数据元素之间是一对一的关系，如图 2-3 所示。数据元素可由若干数据项组成。

图 2-3 线性结构（每个圆圈代表一个数据元素）

线性表可以表示为

$$(a_1, a_2, \cdots, a_{i-1}, a_i, a_{i+1}, \cdots, a_n)$$

这里的数据元素 $a_i(1\leqslant i\leqslant n)$ 只是一个抽象的符号，其具体含义在不同系统里是不同的。它既可以是基本类型，也可以是自定义的结构类型，但同一线性表中的数据元素必须属于同一数据对象。

此外，线性表中相邻数据元素之间存在着顺序关系，表中 a_{i-1} 是 a_i 的直接前驱，a_{i+1} 是 a_i 的直接后继。除了第一个元素 a_1 外，每个元素 a_i 有且仅有一个被称为其直接前驱的结点 a_{i-1}；除了最后一个元素 a_n 外，每个元素 a_i 有且仅有一个被称为其直接后继的结点 a_{i+1}。线性表中元素的个数 n 被定义为**线性表的长度**，n = 0 时称为**空表**，如图 2-4 所示。

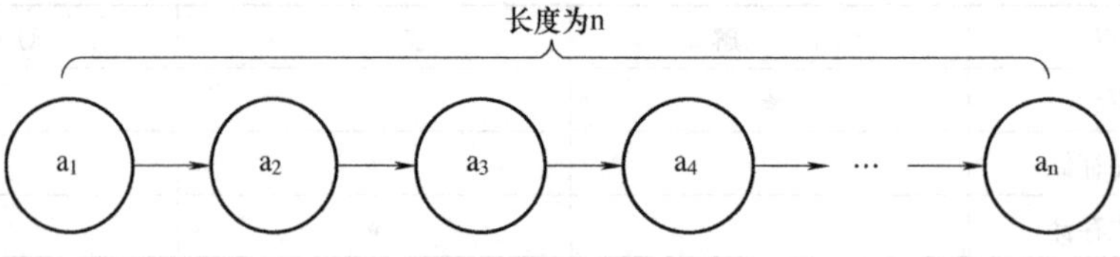

图 2-4 线性表的长度

线性表是一种最简单的数据结构，又是一种最常见的数据结构，堆栈、队列、字符串、矩阵、数组等都符合线性条件。

2.1.3 线性表的基本运算

在表2-1学生高考成绩表中，当有一个新的学生转学进来时，需要进行插入到线性表的操作；当有学生退学时，需要进行删除该学生记录的操作，等等。下面是线性表的几种常用的基本运算：

（1）InitList(L)

操作前提：L为未初始化线性表。

操作结果：将L初始化为空表。

（2）DestroyList(L)

操作前提：线性表L已存在。

操作结果：将L销毁。

（3）ClearList(L)

操作前提：线性表L已存在。

操作结果：将表L置为空表。

（4）ListEmpty(L)

操作前提：线性表L已存在。

操作结果：如果L为空表，返回真；否则，返回假。

（5）ListLength(L)

操作前提：线性表L已存在。

操作结果：如果L为空表，返回0；否则，返回表中元素的个数。

（6）LocateElem(L,e)

操作前提：表L已存在，且e为合法元素值。

操作结果：如果L中存在元素e，则将“当前指针”指向元素e所在的位置，并返回真；否则，返回假。

（7）GetElem(L,i)

操作前提：表L存在，且i值合法，即1≤i≤ListLength(L)。

操作结果：返回线性表L中第i个元素的值。

（8）ListInsert(L,i,e)

操作前提：表L已存在，e为合法元素值，且1≤i≤ListLength(L)+1。

操作结果：在L中第i个位置之前插入新的数据元素e，L的长度加1。

（9）ListDelete(L,i,&e)

操作前提：表L已存在且非空，1≤i≤ListLength(L)。

操作结果：删除L的第i个数据元素，并用e返回其值，L的长度减1。

（10）ListTraverse(L)

操作前提：顺序线性表L已存在。

操作结果：依次输出L的每个数据元素。

对于不同的应用，线性表的基本操作是不同的。上述操作是最基本的。对于实际问题中涉及的关于线性表的更复杂操作，如需要将两个或两个以上的线性表合并成一个线性表，把一个线性表分拆成两个或两个以上的线性表，多种条件的合并、分拆、复制、排序等运算，完全可以用这些基本操作的组合来实现。

线性表的各种操作是定义在线性表的逻辑结构上的。各种操作的具体实现与线性表具体采用哪种存储结构有关。

在计算机内存放线性表，主要有两种基本的存储结构：顺序存储结构和链式存储结构。下面首先介绍采用顺序存储结构的线性表。

2.2 线性表的顺序存储和实现

2.2.1 案例导引

【案例】

如何存储表 2-1 所示的学生高考成绩表？如何进行插入、删除学生记录等操作呢？

【案例分析】

根据线性表的特点，可以用一组地址连续的存储单元依次存储学生高考成绩表中的各个元素，使得表中在逻辑结构上相邻的学生记录存储在相邻的物理存储单元中。假设每个学生的记录信息在内存中需要占据 20 字节的存储空间，在这种形式下，表 2-1 学生高考成绩表在存储空间的地址见表 2-2。

表 2-2 学生高考成绩表的顺序存储

物理地址	学号	姓名	出生年	高考成绩
1000	201640520101	王晓佳	2002	493
1020	201640520102	成平	2002	522
1040	201640520103	林一鹏	2001	458
1060	201640520104	谢宁	2000	501
1080	201640520105	江永康	1999	510
1100	201640520106	李小燕	2001	490
1120	201640520107	赵学意	2000	488
1140	201640520108	刘家琪	2000	472
1160	201640520109	郑可欣	2000	497
1180	201640520110	张丽娟	1999	488

这种形式的存储结构就是线性表的顺序存储结构。

2.2.2 顺序表的存储结构

线性表的顺序存储是指用一组地址连续的存储单元依次存储线性表中的各个数据元素，使得线性表中在逻辑结构上相邻的数据元素存储在相邻的物理存储单元中，即通过数据元素物理存储的相邻关系来反映数据元素之间逻辑上的相邻关系。采用顺序存储结构的线性表通常称为顺序表。

假设线性表中有n个元素，每个元素占c个单元，第一个元素的地址为$loc(a_1)$，第i个元素a_i之前有$i-1$个元素，则可以通过下式计算出第i个元素的地址$loc(a_i)$：

$$loc(a_i) = loc(a_1) + (i-1) \times c$$

其中，$loc(a_1)$称为基址。

图2-5为线性表的顺序存储结构示意图。从图中可看出，由于顺序表需要进行插入和删除操作，所以需要预留足够多的存储空间提供给顺序表。在顺序表中，每个结点a_i的存储地址是该结点在表中的逻辑位置i的线性函数，只要知道线性表中第一个元素的存储地址（基地址）和表中每个数据元素所占存储单元的多少，就可以计算出线性表中任意一个数据元素的存储地址，从而实现对顺序表中数据元素的随机存取。

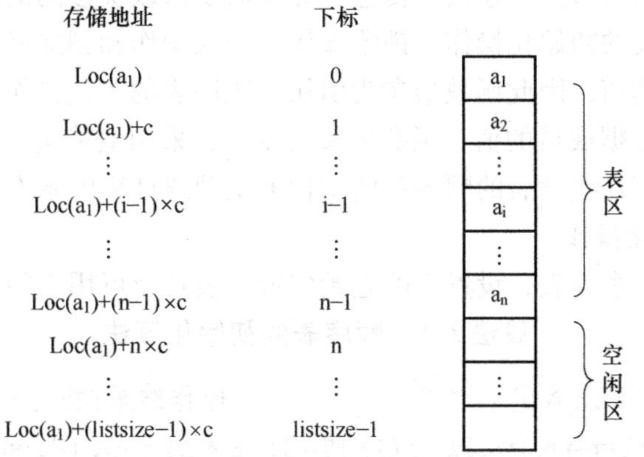

图2-5 顺序存储结构意图

从图2-5可以看出，描述顺序存储结构需要三个属性：

1）存储空间的起始位置：elem，它的存储位置就是存储空间的起始存储位置。

2）线性表的最大存储容量：listsize，即顺序表当前分配的存储空间容量。

3）线性表的当前长度：length。

顺序表的存储结构可以借助于高级程序设计语言中的数组来表示。一维数组的下标与元素在线性表中的序号相对应。线性表的顺序存储结构可用C语言中动态分配的一维数组表示，定义如下：

```
/*线性表的动态分配顺序存储结构(用一维数组)*/
#define INIT_SIZE 100                //线性表存储空间的初始分配量
#define INCREMENT 10                 //线性表存储空间的分配增量
typedef struct{
   ElemType *elem;                   //存储空间基地址
   int length;                       //当前长度
   int listsize;                     //当前分配的存储容量
}SqList;
```

在上述定义中，ElemType为顺序表中数据元素的类型，SqList是顺序表类型名。

ElemType根据线性表的数据元素类型灵活定义，如果是表2-1学生高考成绩表，则

ElemType为结构体类型，该结构体包含学号、姓名、出生年、高考成绩四个成员。

2.2.3 顺序表基本运算的实现

函数基本的参数传递机制是值传递，值传递的特点是被调函数对形式参数的任何操作都是作为局部变量进行的，不会影响主调函数的实参变量的值。如果需要将函数中变化的形式参数的值反映在实际参数中，在C语言中就需要通过指针变量作形式参数，接收变量的地址，达到修改实参变量值的目的；在C++语言中用引用作函数的形参，被调函数对形参做的任何操作都会影响主调函数中的实参变量值。而操作一个变量比操作一个指针要简单得多。为了便于算法描述，本书函数参数传递机制采用有两种方式：值传递和引用传递。如果不想修改实参的值，函数参数传递按值传递；如果需要修改实参的值，则使用引用传递。

举例说明，顺序表的初始化操作、销毁操作、插入操作和删除操作，在函数体内改变了顺序表L的数据成员的值，因此函数形参为引用。顺序表的查找操作、遍历操作，在函数体内不改变顺序表L的数据成员的值，函数形参为变量，采用值传递。

下面举例说明如何在线性表的顺序存储结构上实现线性表的基本运算。

1. 顺序表的初始化操作

算法思想：构造一个空表，设置表的起始位置、表长及可用空间。

算法2.1 顺序表的初始化算法

```
void InitList(SqList &L){                    //操作结果:构造一个空的顺序表 L
    L.elem = (ElemType * )malloc(INIT_SIZE * sizeof(ElemType));
    if(!L.elem)
        exit(-1);                            //存储分配失败
    L.length =0;                             //空表长度为 0
    L.listsize = INIT_SIZE;                  //初始存储容量
}
```

顺序表初始化过程如图2-6所示。

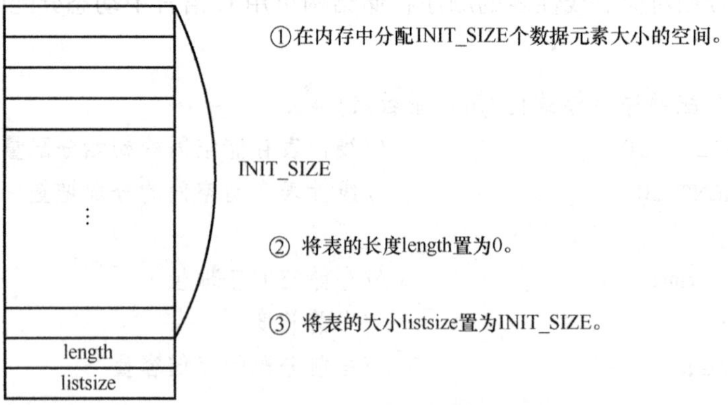
①在内存中分配INIT_SIZE个数据元素大小的空间。
INIT_SIZE
⋮
② 将表的长度length置为0。
③ 将表的大小listsize置为INIT_SIZE。
length
listsize

图2-6 顺序表初始化过程

C语言动态内存分配是通过系统提供的库函数来实现的。下面主要介绍malloc( )、free( )和realloc( )这三个函数。

（1） malloc( ) 函数　malloc( ) 函数的原型为

void * malloc(unsigned int size);

其作用是在内存的动态存储区中分配一个长度为 size 的连续空间。其参数是一个无符号整型数，返回值是一个指向所分配的连续存储区域的起始地址的指针，指针的类型为 void *，当函数未能成功分配存储空间（如内存不足）就会返回一个 NULL 指针。所以，在调用该函数时应该检测返回值是否为 NULL，并执行相应的操作。

下例是一个动态分配的程序：

```
#include <stdio.h>
#include <stdlib.h>
int  main(){
    int i, * array;
    /* array 是一个整型指针,也可以理解为指向一个整型数组的指针变量 */
    if((array = (int *)malloc(10 * sizeof(int))) == NULL){
        printf("不能成功分配存储空间。");
        exit(1);
    }
    for(i =0;i <10;i ++)                    /* 给数组赋值 */
        array[i] =i;
    for(i =0;i <10;i ++)                    /* 打印数组元素 */
        printf("%2d",array[i]);
    return 0;
}
```

上例动态分配了 10 个整型数据存储区域，然后进行赋值并输出。例中 if((array = (int *) malloc(10 * sizeof(int))) == NULL) 语句可以分为以下几步进行：

1） 用 malloc( ) 函数开辟一个用来存放 10 个整型数据的连续存储空间，并返回这个连续存储空间的首地址，它的类型是 void * 型。

2） 把 malloc( ) 函数返回的 void * 型指针转换为 int * 型指针，然后赋给 array。

3） 检测返回值是否为 NULL。

（2） free( ) 函数　free( ) 函数的原型为：

void free (void * p);

其作用是释放指针 p 所指向的内存区。其中，参数 p 必须是先前调用 malloc( ) 函数时返回的指针。给 free( ) 函数传递其他的值很可能造成死机或其他灾难性的后果。注意：这里重要的是指针的值，而不是用来申请动态内存的指针变量本身。

由于内存区域总是有限的，不能无限制地分配下去，而且一个程序要尽量节省资源，所以当所分配的内存区域不用时，就要释放它，以便其他的变量或者程序使用。这时就要用到 free( ) 函数。

malloc( ) 函数是对存储区域进行分配的，free( ) 函数是释放已经不用的内存区域的。所以，使用这两个函数就可以实现对内存区域进行动态分配并进行简单的管理了。

（3）realloc( ) 函数 realloc( ) 函数原型为：

void * realloc(void * p, unsigned int size) ;

已经通过 malloc( ) 函数获得的动态空间，想改变其大小，可以使用 realloc( ) 函数。用 realloc( ) 函数将 p 所指向的动态空间的大小改变为 size，无论是扩大或是缩小，原有内存的中内容将保持不变，当然，如果是缩小，则被缩小的那一部分的内容会丢失，realloc( ) 函数并不保证调整后的内存空间和原来的内存空间保持同一内存地址，realloc( ) 返回的指针很可能指向一个新的地址。如果重新分配不成功，返回 NULL。例如，“p = (int *) realloc (p, sizeof(int) * 15) ;”表示将 p 所指向的已分配的动态空间改为 60 字节。

以上三个函数的声明在 stdlib. h 头文件中，在用到这些函数时应当用“#include <stdlib. h>”指令把 stdlib. h 头文件包含到程序文件中。

2. 顺序表的销毁操作

算法思想：顺序表已存在，销毁顺序表，释放整个顺序表占用的空间。

算法 2.2 顺序表的销毁操作

```
void DestroyList(SqList &L){
    //初始条件:顺序表 L 已存在。操作结果:销毁顺序表 L
    free(L.elem);
    L.elem = NULL;
    L.length = 0;
    L.listsize = 0;
}
```

3. 顺序表的清空操作

算法思想：清除顺序表中原来存储的那些数据元素，类似于把原顺序表改成一个空的顺序表，这个顺序表占用的空间还存在。

算法 2.3 顺序表的清空操作

```
void ClearList(SqList &L){   //初始条件:顺序表 L 已存在。操作结果:将 L 重置
                                为空表
    L.length = 0;
}
```

4. 判断顺序表是否为空的操作

算法思想：顺序表判断为空的条件是顺序表的长度为 0。

算法 2.4 判断顺序表是否为空的操作

```
int ListEmpty(SqList L){ //初始条件:顺序表 L 已存在
    //操作结果:若 L 为空表,则返回 1,否则返回 0
    if(L.length == 0)
         return 1;
    else
```

```
        return 0;
}
```

5. 求顺序表中元素个数的操作

算法思想：返回顺序表中已有数据元素的个数。

算法 2.5　求顺序表中的元素个数的操作

```
int ListLength(SqList L){
    //初始条件:顺序表 L 已存在。操作结果:返回 L 中数据元素的个数
    return L.length;
}
```

6. 查找顺序表中第 i 个数据元素的值的操作

算法思想：顺序线性表 L 已存在，先判断 i 值是否合法，如果合法，将 L 中第 i 个数据元素的值赋给 e，e 的值要带出函数体，类型声明为引用。

算法 2.6　查找顺序表中第 i 个数据元素的值的操作

```
Status GetElem(SqList L,int i,ElemType &e){
    //初始条件:顺序表 L 已存在,且 1≤i≤ListLength(L)
    //操作结果:用 e 返回 L 中第 i 个数据元素的值
    if(i<1||i>L.length)
        return 0;
    e=*(L.elem+i-1);
    return 1;
}
```

7. 查找顺序表中值为 e 的结点的操作

算法思想：从第一个元素开始，依次将表中元素与 e 相比较，若相等，则查找成功，返回该元素在表中的序号；若 e 与表中的所有元素都不相等，则查找失败，返回“0”。

算法 2.7　查找顺序表中值为 e 的结点的操作

```
int LocateElem(SqList L,ElemType e,int(*equal)(ElemType,ElemType)){
    //初始条件:顺序表 L 已存在,equal()是比较两个数据元素是否相等的判定函数,相
      等返回 1,否则为 0
    //操作结果:返回 L 中第 1 个与 e 满足关系 equal()的数据元素的位序
    //若这样的数据元素不存在,则返回值为 0
    ElemType *p;
    int i=1;               //i 的初值为第 1 个元素的位序
    p=L.elem;              //p 的初值为第 1 个元素的存储位置
    while(i<=L.length){
```

```
    if(! equal(*p++,e))
        i++;
    }
    if(i<=L.Length)
        return i;
    else return 0;
    }
```

查找顺序表中值为 e 的结点的操作过程如图 2-7 所示。

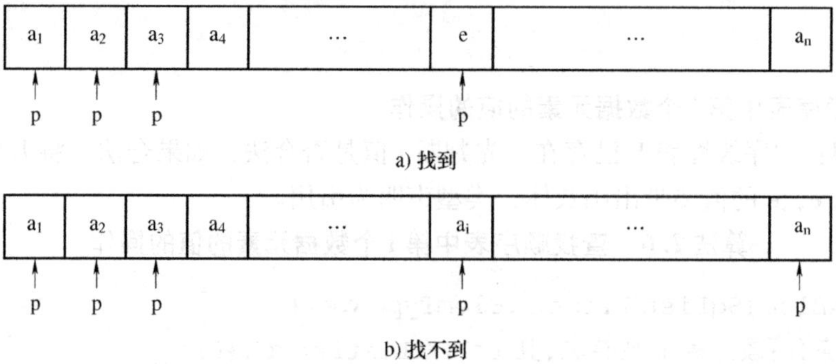

图 2-7　查找顺序表中值为 e 的结点的操作过程

equal 为指向函数的指针。函数指针变量指向函数。在编译时，一个函数总是占用一段连续的内存区域，每一个函数都有一个入口地址，函数名为该函数所在内存区域的首地址，这和数组名非常类似，把函数的这个首地址（或称入口地址）赋予一个指针变量，使指针变量指向函数所在的内存区域，然后通过指针变量就可以找到并调用该函数。函数指针有两个用途：调用函数和做函数的参数。

在算法实现时，应根据顺序表数据元素的类型 ElemType 编写判断两个数据元素是否相等的比较函数。举例说明：

1）数据元素的类型 ElemType 为 int 类型。

```
typedef int ElemType;
int equal(ElemType a,ElemType b)
{ //根据两个整数 a、b 是否相等,分别返回 1 或 0
    if(a==b)
        return 1;
    else
        return 0;
}
```

2）数据元素的类型 ElemType 为 char [20] 类型。

```
typedef char ElemType[20];
int equal(ElemType a,ElemType b)
```

```
{ //根据两个字符串 a、b 是否相等,分别返回 1 或 0
    if(strcmp(a,b) ==0)
        return 1;
    else
        return 0;
}
```

3）数据元素的类型 ElemType 为自定义结构体变量类型，判断两个数据元素是否相等，就需要比较所有结构体变量成员。

```
struct student{
    char num[20];
    char name[16];
    int year;
    float score;
};
typedef struct student ElemType;
int equal(ElemType a,ElemType b){
    //如果 a,b 的所有成员值相等,返回 1,否则返回 0
    if((strcmp(a.num,b.num)!=0)
        return 0;
    else if(strcmp(a.name,b.name)!=0)
        return 0;
    else if(a.year !=b.year)
        return 0;
    else if(a.score !=b.score))
        return 0;
    else
        return 1;
}
```

8. 顺序表的插入操作

线性表的插入运算是指在表的第 i（$1\leq i\leq n+1$）个位置，插入一个新元素 X，使长度为 n 的线性表（$a_1,\cdots,a_{i-1},a_i,\cdots,a_n$）变成长度为 n+1 的线性表($a_1,\cdots,a_{i-1},x,a_i,\cdots,a_{n-1},a_n$)。

顺序表的插入过程如图 2-8a 所示。

算法思想：用顺序表作为线性表的存储结构时，由于结点的物理顺序必须和结点的逻辑顺序保持一致，因此必须将原表中位置 $n,n-1,\cdots,i$ 上的结点，依次后移到位置 $n+1,n,\cdots,i+1$ 上，空出第 n 个位置，然后在该位置上插入新结点 X，如图 2-8b 所示（请注意区分元素的序号和数组的下标）。当 $i=n+1$ 时，是指在线性表的末尾插入结点，所以无须移动结点，直接将 X 插入表的末尾即可。

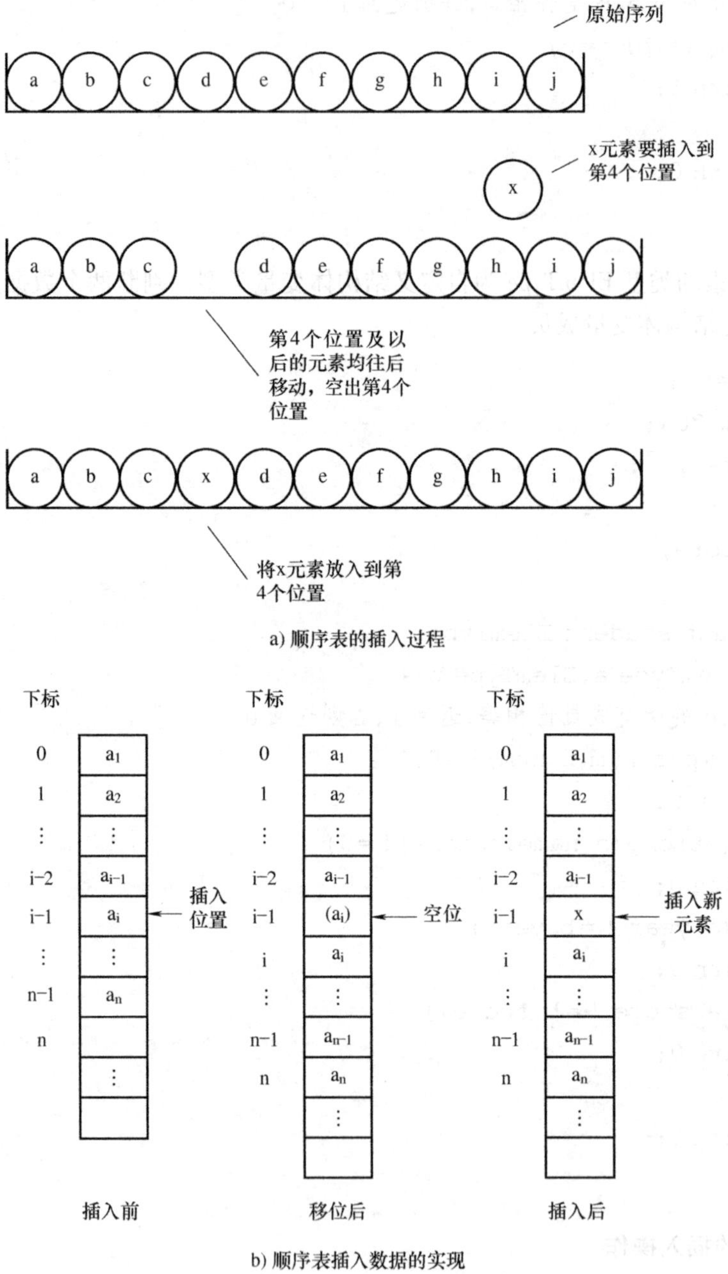

图 2-8 在顺序表中插入数据元素

算法 2.8 顺序表的插入操作

```
int ListInsert(SqList &L,int i,ElemType e){
    //初始条件:顺序表 L 已存在,且 1≤i≤ListLength(L)+1
    //操作结果:在 L 中第 i 个位置之前插入新的数据元素 e,L 的长度加 1
    ElemType * newbase, * q, * p;
```

```
    if(i<1||i>L.length+1)                          //i 值不合法
         return 0;
    if(L.length>=L.listsize){                      //当前存储空间已满,增加分配
         if(!(newbase=(ElemType *)realloc(L.elem,(L.listsize+INCRE-
MENT)*sizeof(ElemType))))
              exit(-1);                            //存储分配失败
         L.elem=newbase;                           //新基址
         L.listsize+=INCREMENT;                    //增加存储容量
    }
    q=L.elem+i-1;                                  //q 为插入位置
    for(p=L.elem+L.length-1;p>=q;--p)              //插入位置及之后的元素右移
        *(p+1)=*p;
    *q=e;                                          //插入 e
    ++L.length;                                    //表长增 1
    return 1;
}
```

分析：算法的时间主要花费在 for 循环中的结点后移语句上。该语句的执行次数是 n-i+1。

当 i=n+1 时，移动结点次数为 0，即算法在最好情况下的时间复杂度是 O(1)；当 i=1 时，移动结点的次数为 n，即算法在最坏情况下的时间复杂度是 O(n)。不失一般性，假设在表中任何合法位置（1≤i≤n+1）上插入结点的机会是均等的，因此，在等概率插入的情况下，有

$$E_{IS}(n) = \sum_{i=1}^{n+1}(n-i+1)/(n+1) = n/2$$

即对顺序表进行插入操作，平均要移动一半结点。

9. 顺序表的删除操作

线性表的删除操作是指将表的第 i（1≤i≤n）个元素删去，使长度为 n 的线性表($a_1,\cdots,a_{i-1},a_i,a_{i+1},\cdots,a_n$)，变成长度为 n-1 的线性表($a_1,\cdots,a_{i-1},a_{i+1},\cdots,a_n$)。

顺序表的删除过程如图 2-9a 所示。

算法思想：在顺序表上实现删除运算必须移动结点，才能反映出结点间的逻辑关系的变化。若 i=n，则只要简单地将表长减一，无须移动结点；若 1≤i≤n-1，则必须将表中位置 i+1，i+2，…，n 的结点，依次前移到位置 i，i+1,…,n-1 上，以填补删除操作造成的空缺，如图 2-9b 所示。

算法 2.9　顺序表的删除操作

```
int ListDelete(SqList &L,int i,ElemType &e){
    //初始条件:顺序表 L 已存在,且 1≤i≤ListLength(L)
    //操作结果:删除表 L 的第 i 个数据元素,并用 e 返回其值,L 的长度减 1
    ElemType *p,*q;
```

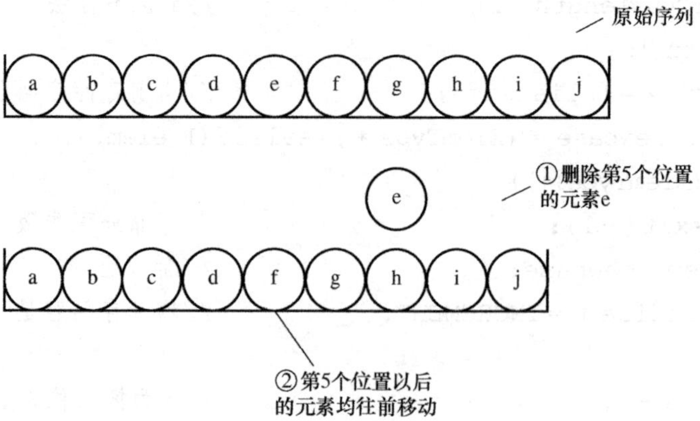

a) 顺序表的删除过程

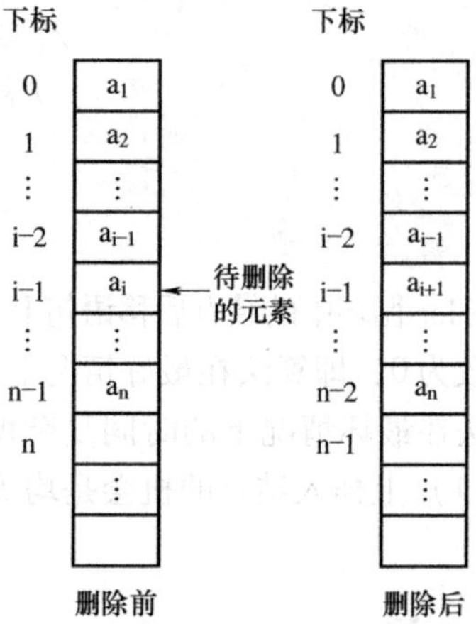

b) 顺序表删除元素的实现

图 2-9 顺序表删除元素

```
    if(i<1||i>L.length)                          //i值不合法
        return 0;
    p=L.elem+i-1;                                //p为被删除元素的位置
    e=*p;                                        //被删除元素的值赋给e
    q=L.elem+L.length-1;                         //表尾元素的位置
    for(++p;p<=q;++p)                            //被删除元素之后的元素左移
        *(p-1)=*p;
    L.length--;                                  //表长减1
    return 1;
}
```

分析：与插入算法类似，删除算法花费时间最多的操作也是移动结点。移动次数由表长 n和位置 i 决定：当 $i=n$ 时，结点的移动次数为 0，即为 O(1)；当 $i=1$ 时，结点的移动次数为 n-1，算法时间复杂度分别是 O(n)；不失一般性，假设在表中任何合法位置（$1 \leqslant i \leqslant n$）上的删除结点的机会是均等的。因此，在等概率删除的情况下，有

$$E_{DE}(n) = \sum_{i=1}^{n}(n-i)/(n) = (n-1)/2$$

对顺序表进行删除运算，平均要移动表中约一半的结点，平均时间复杂度也是 O(n)。

综上所述，在顺序表中插入或删除一个数据元素时，其时间主要耗费在移动数据元素上，做一次插入或删除操作平均需要移动表中一半的元素，当 n 较大时效率较低。

2.2.4 案例实现——学生成绩表的顺序存储

【例 2-1】 建立一个顺序表，表中数据元素是表 2-1 学生高考成绩表中的记录。创建有 9 个数据元素的顺序表 A，顺序表 A 中的数据见表 2-1，对已建立的顺序表进行各种操作，要求各种操作均以函数的形式实现。**具体要求如下：**

1）在主函数中调用各个算法创建顺序表 A={{"201640520101","王晓佳",2002,493}, {"201640520103","林一鹏",2001,458}, {"201640520104","谢宁",2000,501}, {"201640520100","张丽娟",1999,488}, {"201640520108","刘家琪",2000,472}, {"201640520102","成平",2002,522}, {"201640520107","赵学意",2000,488}, {"201640520105","江永康",1999,510}, {"201640520109","郑可欣",2000,497} }；

实现顺序表的插入和删除基本操作：在顺序表 A 中第 4 个位置插入一个元素 {"201640520106", "李小燕", 16, 490}；在顺序表 A 中删除第 6 个位置上的元素。完成插入和删除操作后均遍历顺序表，观察操作结果。

2）编写查找顺序表 A 中高考成绩第一名和第二名学生信息的算法。

3）将顺序表 A 就地逆置。

【程序设计说明】

本题的顺序表中的数据元素是自定义类型，结构如下：

```
struct student{
    char num[20];
    char name[16];
    int year;
    float score;
};
typedef struct student ElemType;
```

顺序表中数据类型可以根据多种多样，但是对顺序表的插入、删除等操作算法都是通用的，但是在编程实现算法时针对不同数据类型，每个数据元素的输入/输出是有区别的，现在建立一个顺序表存放一批学生的成绩信息，每个学生的信息数据量大，现在将学生信息的输入/输出模块化。

```
void input(ElemType &s){
    printf("请输入学生学号:");
```

```
    scanf("%s",s.num);
    printf("请输入学生姓名:");
    scanf("%s",s.name);
    printf("请输入学生出生年:");
    scanf("%d",&s.year);
    printf("请输入学生成绩:");
    scanf("%f",&s.score);
}
void outprint(ElemType s){
    printf("%s\t",s.num);
    printf("%s\t",s.name);
    printf("%d\t",s.year);
    printf("%f\t",s.score);
    printf("\n");
}
```

在程序中可以调用 input( ) 函数输入一个学生的信息，调用 outprint( ) 函数是输出一个学生的信息。

还可以定义一个通用函数输出顺序表中所有数据元素，如下：

```
void ListTraverse(SqList L,void(*vi)(ElemType))
{  //初始条件:顺序线性表 L 已存在
    //操作结果:依次对 L 的每个数据元素调用函数 vi()
    ElemType *p;
    int i;
    p=L.elem;
    for(i=1;i<=L.length;i++)
        vi(*p++);
    printf("\n");
}
```

如果要输出所有学生的信息，在执行 ListTraverse( ) 函数时，用函数指针 vi 来实现对 outprint( ) 函数的调用。

要查找顺序表 A 中高考成绩第一名和第二名学生的信息，需要比较两个学生的高考成绩，可以编写一个比较函数来完成，函数定义如下：

```
int compare(ElemType a,ElemType b)
{  //比较两个结构体变量 a、b 的 score 成员的大小,根据小于、等于、大于三种情况分别
返回 -1、0 或 1
    if(a.score==b.score)
```

```
        return 0;
    else if(a.score<b.score)
        return -1;
    else
        return 1;
}
```

要注意，结构体变量之间整体是不可以比较大小的，结构体变量之间只能比较某个成员的大小；比较两个结构体变量是否相等与比较两个结构体变量某个成员的大小也是有区别的，具体参见前面讲解的 equal( ) 函数。

顺序表的逻辑结构和存储结构是相同的，因此对顺序表的操作算法也是一致的，要在学生成绩表中查找高考成绩第一名和第二名学生信息的算法，就是获取顺序表元素的最大值和次大值算法，可以在调用前面讲解的顺序表的基本操作之上完成。假定第一个学生的高考成绩有最大值和次大值，依次将顺序表中每一个元素与最大值和次大值比较，若大于最大值，则先将最大值赋给次大值，再将此元素赋给最大值，若小于最大值但大于次大值，则将其赋给次大值，反复进行比较，直到遍历完该顺序表。

为了使算法具有通用性，用函数指针 vi 来调用顺序表数据元素的输出函数，用函数指针 compare 来调用对顺序表数据元素的比较函数。

```
void FstAndSndValue(SqList sq,void(*vi)(ElemType),int(*compare)(El-
emType,ElemType)){
        ElemType firstmax,secondmax;
        int fp,sp;
        int i=0;
        if(ListEmpty(sq)){
            printf("List is empty!");
            exit(-1);
        }
        firstmax=sq.elem[0];
        fp=0;
        secondmax=sq.elem[0];
        sp=0;
        for(i=1;i<=sq.length;++i){
            if(compare(firstmax,sq.elem[i])<0){
                secondmax=firstmax;
                sp=fp;
                firstmax=sq.elem[i];
                fp=i;
            }
```

```
            else if(compare(secondmax,sq.elem[i])<0  ){
                secondmax=sq.elem[i];
                sp=i;
            }
    }
    printf("第%d个元素是最大值,",fp);
    printf("其值为:");
    vi(firstmax);
    printf("\n");
    printf("第%d个元素是次大值,",sp);
    printf("其值为:");
    vi(secondmax);
    printf("\n");
}
```

同理，顺序表的就地逆置，是将原表相应位置的元素进行交换，即交换第一个和最后一个，第二个和倒数第二个，依此类推。需要注意的是，如果顺序表中的元素是字符串类型，则数据元素之间的赋值不能使用赋值运算符，要使用字符串复制函数 strcpy( )。

```
void reverse(SqList &A){
    int i,j;
    ElemType t;
    for(i=0,j=A.length-1;i<j;i++,j--){
        t=A.elem[i];    A.elem[i]=A.elem[j];    A.elem[j]=t;
    }
}
```

结构体类型的数据量大，数据输入很繁琐，为了将精力集中在调试程序上，节约从键盘输入数据的时间，可以将学生信息数据初始化存放在一个静态结构体数组中，在创建顺序表时代替从键盘输入学生数据。

```
int main(){
    SqList L;int i,j,k;
    ElemType e,e0;
    ElemType array[11]={{"201640520101","王晓佳",2002,493},
    {"201640520103","林一鹏",2001,458},{"201640520104","谢宁",2000,501},
    {"201640520100","张丽娟",1999,488},{"201640520108","刘家琪",2000,472},
    {"201640520102","成平",2002,522},{"201640520107","赵学意",2000,488},
    {"201640520105","江永康",1999,510},{"201640520109","郑可欣",2000,497},
```

```
    {"201640520106","李小燕",2001,490}};            //将学生信息数据保存在数组中
    InitList(L);
    for(j =0;j < =8;j ++)
        ListInsert(L,j +1,array[j]);               //根据数组 array 中的学生信息创建顺序表 L
    printf("顺序表 A 的元素:\n");
    ListTraverse(L,outprint);   printf("\n"); //依次对元素调用 outprinT(),输出元素的值
    i =4;
    ListInsert(L,i,array[j]);
    printf("插入元素后顺序表 A 的元素:\n");
    ListTraverse(L,outprint);
    printf("\n");
    i =6;
    k =ListDelete(L,i,e);                               //删除第 j 个数据
    if(k ==-1)  printf("删除第%d 个元素失败\n",i);
    else {    printf("删除第%d 个元素成功,其值为:",i);outprint(e);}
    printf("\n");
    printf("删除元素后顺序表 A 的元素:\n");
    ListTraverse(L,outprint);printf("\n");
    FstAndSndValue(L,outprint,compare);
    reverse(L);
    printf("逆置后顺序表 A 的元素:\n");
    ListTraverse(L,outprint);printf("\n");
    DestroyList(L);
    return 0;
}
```

【程序运行结果】（见图2-10）

```
顺序表A的元素:
201640520101    王晓佳  2002    493.000000
201640520103    林一鹏  2001    458.000000
201640520104    谢宁    2000    501.000000
201640520100    张丽娟  1999    488.000000
201640520108    刘家琪  2000    472.000000
201640520102    成平    2002    522.000000
201640520107    赵学意  2000    488.000000
201640520105    江永康  1999    510.000000
201640520109    郑可欣  2002    497.000000


插入元素后顺序表A的元素:
201640520101    王晓佳  2002    493.000000
201640520103    林一鹏  2001    458.000000
201640520104    谢宁    2000    501.000000
201640520106    李小燕  2001    490.000000
```

图2-10　例2-1运行结果示意图

```
201640520100    张丽娟  1999    488.000000
201640520108    刘家琪  2000    472.000000
201640520102    成平    2002    522.000000
201640520107    赵学意  2000    488.000000
201640520105    江永康  1999    510.000000
201640520109    郑可欣  2002    497.000000

删除第6个元素成功，其值为为：201640520108 刘家琪   2000    472.000000

删除元素后顺序表A的元素：
201640520101    王晓佳  2002    493.000000
201640520103    林一鹏  2001    458.000000
201640520104    谢宁    2000    501.000000
201640520106    李小燕  2001    490.000000
201640520100    张丽娟  1999    488.000000
201640520102    成平    2002    522.000000
201640520107    赵学意  2000    488.000000
201640520105    江永康  1999    510.000000
201640520109    郑可欣  2002    497.000000

第5个元素是最大值，其值为：201640520102 成平      2002      522.000000

第7个元素是次大值，其值为：201640520105 江永康   1999      510.000000

逆置后顺序表A的元素：
201640520109    郑可欣  2002    497.000000
201640520105    江永康  1999    510.000000
201640520107    赵学意  2000    488.000000
201640520102    成平    2002    522.000000
201640520100    张丽娟  1999    488.000000
201640520106    李小燕  2001    490.000000
201640520104    谢宁    2000    501.000000
201640520103    林一鹏  2001    458.000000
201640520101    王晓佳  2002    493.000000
```

图 2-10 例 2-1 运行结果示意图（续）

2.2.5 顺序表的特点

顺序表的优点和缺点如图 2-11 所示。

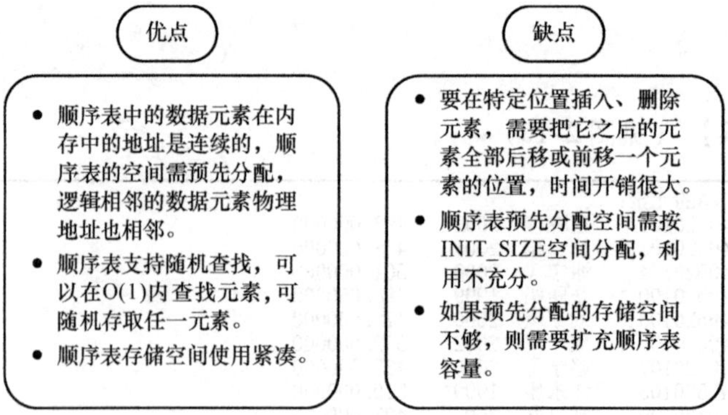

图 2-11 顺序表的优点和缺点

正是因为顺序表的这些特点，如果对线性表需要进行大量的访问元素操作，而只进行少量的增加或删除元素操作，可采用顺序表存储结构。

2.3 线性表的链式存储和实现

2.3.1 案例导引

【案例】

如果对表2-1学生高考成绩表需要进行频繁地增加或删除元素操作，那么高考成绩表如何进行存储更好呢?

【案例分析】

之所以在顺序表中插入或删除数据元素时要移动大量元素，是因为顺序表具有逻辑上相邻的元素的物理位置也相邻的特点，当插入或删除元素时，为保证插入或删除后元素的存储位置也具有相邻的关系，必须移动元素才能反映逻辑关系的变化。

可以用一组任意的存储单元存储线性表的数据元素，这组存储单元可以是连续的，也可以是不连续的。这就意味着，这些数据元素可以存储在内存未被使用的任意位置。那么，怎么表示这些数据元素之间的关系呢？为了表示这些数据元素之间的前驱和后继关系，每个数据元素除了要存储数据元素本身的信息外，还要存储它的后继元素的地址。表2-1学生高考成绩表在这种形式下的存储空间地址见表2-3。

表2-3 学生高考成绩表的链式存储

物理地址	学 号	姓 名	出 生 年	高考成绩	后继结点地址
1000	201640520101	王晓佳	2002	493	1440
1080	201640520103	林一鹏	2001	458	1360
1120	201640520110	张丽娟	1999	488	无
1160	201640520107	赵学意	2000	488	1500
1200	201640520105	江永康	1999	510	1320
1280	201640520109	郑可欣	2000	497	1120
1320	201640520106	李小燕	2001	490	1160
1360	201640520104	谢宁	2000	501	1200
1440	201640520102	成平	2002	522	1080
1500	201640520108	刘家琪	2000	472	1280

通常将采用这种链式存储结构的线性表称为**链表**。

从链接方式的角度看，链表可分为单链表、循环链表和双链表。链式存储是数据结构最常用的存储方法之一，它不仅可以用来表示线性表，而且可以用来表示各种非线性的数据结构。

2.3.2 单链表的存储结构

顺序表是用一组地址连续的存储单元依次存放线性表的结点，因此结点的逻辑次序和物理次序是一致的。而链表则不然，链表是用一组任意的存储单元来存放线性表的结点，这组存储单元可以是连续的，也可以是非连续的，甚至是零散地分布在内存中。因此，链表中结点的逻辑次序和物理次序不一定相同，如图2-12所示。

为了正确地表示结点间的逻辑关系，必须在存储线性表的每个数据元素值的同时，存储指示其后继结点的地址信息，这两部分信息组成的存储映像叫作**结点**，如图 2-13 所示。

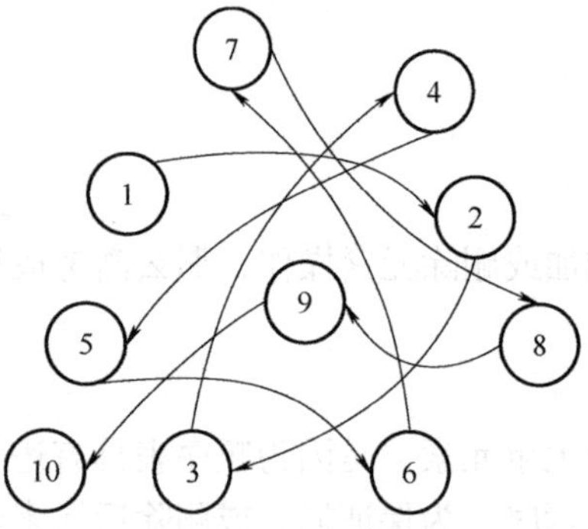

图 2-12　链式存储结构

数据域	指针域
元素值	后继结点的存储地址

图 2-13　单链表的结点结构

链表通过每个结点的指针域将线性表的 n 个结点按其逻辑顺序链接在一起。每个结点只有一个链域的链表称为单链表。

```
typedef struct LNode{                    /*结点类型定义*/
    ElemType data;                       //数据域
    struct LNode *next;                  //指针域
}LNode,*LinkList;                        /*LinkList 为结构指针类型*/
```

由于单链表中每个结点的存储地址是存放在其前驱结点的指针域中的，而第一个结点无前驱，所以应设一个**头指针 H** 指向第一个结点。同时，由于表中最后一个结点没有直接后继结点，则指定线性表中最后一个结点的指针域为“空”（NULL）。这样对于整个单链表的存取必须从头指针开始。

例如，图 2-14 所示为线性表（a_1,a_2,a_3,a_4）的链式存储结构，整个链表的存取需从头指针开始进行，依次顺着每个结点的指针域找到线性表的各个元素。

一般情况下，使用链表，只关心链表中结点间的逻辑顺序，并不关心每个结点的实际存储位置，因此通常是用箭头来表示链域中的指针，于是链表就可以更直观地画成用箭头链接起来的结点序列，如图 2-15 所示。

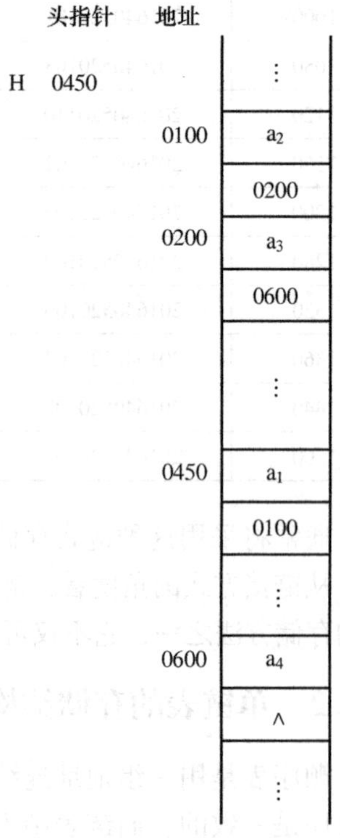

图 2-14　线性表（a_1,a_2,a_3,a_4）的单链表存储结构示例图

2.3.3　单链表基本运算的实现

下面将讨论用单链表作存储结构时，如何实现线性表的几种基本运算。为此，首先讨论如何建立单链表。

1. 单链表的初始化操作

有时为了操作的方便，还可以在单链表的第一个结

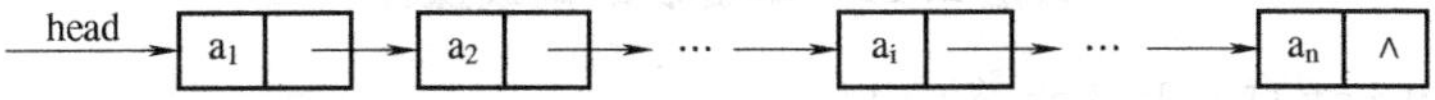

图2-15　单链表（$a_1,a_2,a_3,\cdots,a_n$）的存储结构逻辑示例图

点之前附设一个**头结点**，头结点的数据域可以存储一些关于线性表的长度的附加信息，也可以什么都不存储；而头结点的指针域存储指向第一个结点的指针（即第一个结点的存储位置）。此时，带**头结点**单链表的**头指针**就不再指向表中第一个结点而是指向**头结点**，如图2-16a所示。如果线性表为空表，则头结点的指针域为“空”，如图2-16b所示。

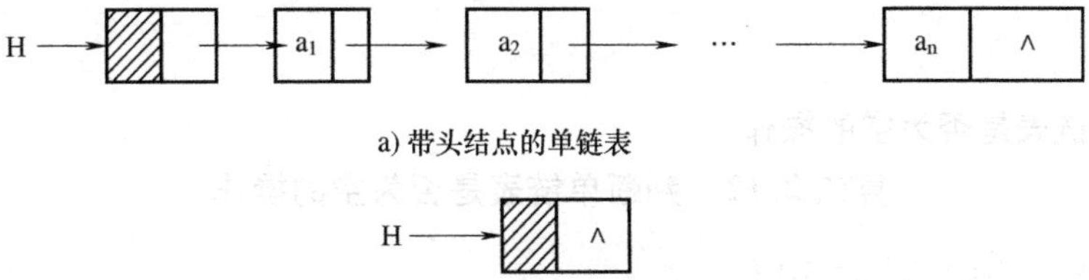

a) 带头结点的单链表

b) 带头结点的空单链表

图2-16　带头结点的单链表图示

带头结点的链表具有以下两个优点：

1）由于起始结点的位置被存放在头结点的指针域中，所以在链表的第一个位置上的操作与表中的其他位置上的操作一致，无须进行特殊处理。

2）无论链表是否为空，其头指针都是指向头结点的非空指针（空表中头结点的指针域为空），因此空表和非空表的处理也就统一了。

算法思想：构建一个空的单链表L。

算法2.10　单链表的初始化操作

```
void InitList(LinkList &L){
    //操作结果:构造一个空的单链表 L
    L = (LinkList)malloc(sizeof(LNode));//产生头结点,并使 L 指向此头结点
    if(!L)                              //存储分配失败
        exit(-1);
    L -> next = NULL;                   //指针域为空
}
```

单链表初始化后的情况如图2-17所示。

头结点数据域通常不存储信息，或者存放表长等附加信息。在本书后面的讨论中，若不特别声明，所述单链表均是这种带头结点的单链表。

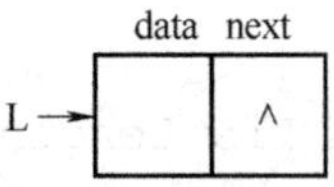

图2-17　单链表初始化后的情况

2. 单链表的销毁操作

算法思想：单链表L已存在，销毁单链表L。

算法 2.11 单链表的销毁操作

```
void DestroyList(LinkList &L){
    //初始条件:单链表 L 已存在。操作结果:销毁单链表 L
        LinkList q;
        while(L){
            q=L->next;
            free(L);
            L=q;
        }
}
```

3. 判断单链表是否为空的操作

算法 2.12 判断单链表是否为空的操作

```
int ListEmpty(LinkList L){
    //初始条件:单链表 L 已存在。
    //操作结果:若 L 为空表,则返回 1,否则返回 0
        if(L->next)     return 0;//非空
        else    return 1;
}
```

4. 求单链表中元素个数的操作

在单链表中，由于用一组任意的存储单元来存放线性表的结点，这组存储单元可以是连续的，也可以是非连续的，计算单链表中的元素个数只能从链表的头指针出发，顺着链域 next 逐个结点往下计数，直至到最后一个结点为止。

操作过程如图 2-18 所示。

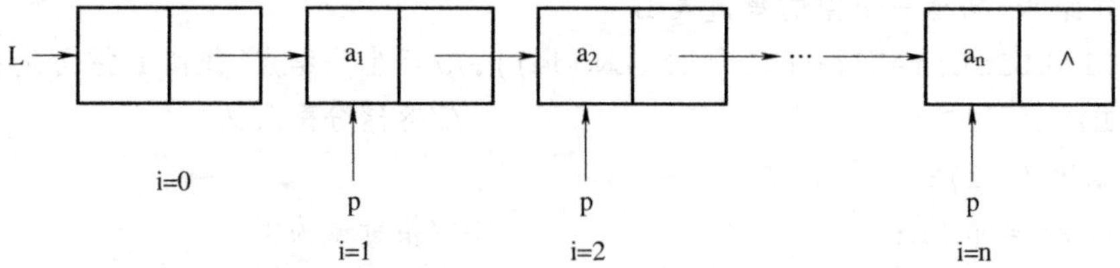

图 2-18 求单链表中元素个数的操作过程

算法 2.13 求单链表中元素个数的操作

```
int ListLength(LinkList L){
    //初始条件:单链表 L 已存在。操作结果:返回 L 中数据元素个数
        int i=0;
        LinkList p=L->next;//p 指向第一个结点
```

```
    while(p){//没到表尾
        i++;
        p=p->next;
    }
    return i;
}
```

5. 查找单链表中第 i 个数据元素值的操作

在单链表中，由于每个结点的存储位置都放在其前一结点的 next 域中，所以即使知道被访问结点的序号 i，也不能像顺序表那样直接按序号 i 随机访问一维数组中相应的元素，而只能从链表的头指针出发，顺着指针域 next 逐个结点往下搜索，直至搜索到第 i 个结点为止。

在单链表 L 中查找第 i 个数据元素值的操作过程如图 2-19 所示。

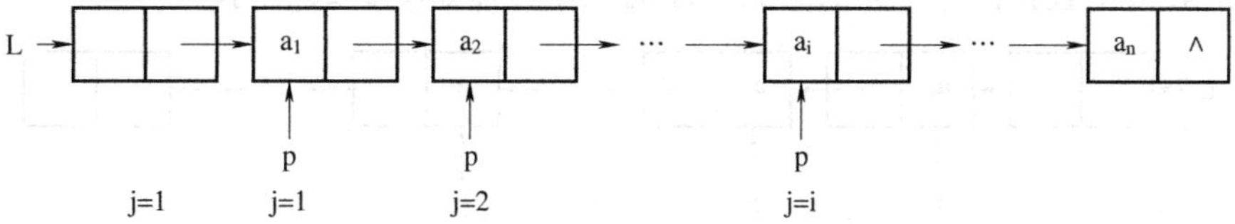

a) 找到

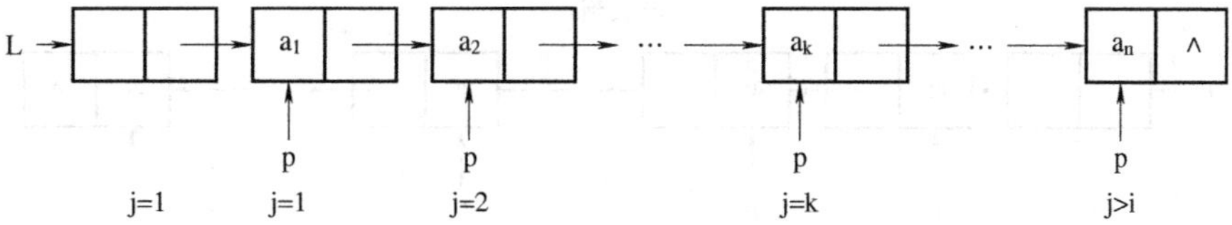

b) 找不到

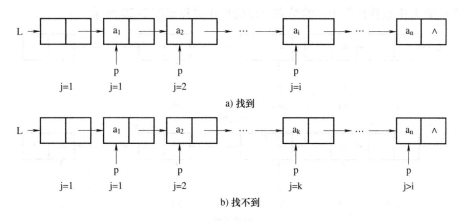

图 2-19 在单链表 L 中查找第 i 个数据元素值的操作过程

算法思想：设带头结点的单链表的长度为 n，要查找表中第 i 个结点，则需要从单链表的头指针 L 出发，从头结点开始顺着指针域向后查找。在查找过程中，头指针 L 保持不变，用指针 p 来遍历单链表，初值指向头结点，用整型变量 j 做记数器，j 初值为 0，当指针 p 扫描下一个结点时，计数器 j 相应地加 1。当 j = i 时，指针 p 所指的结点就是要找的第 i 个结点。而当指针 p 的值为 NULL 或 j≠i 时，则表示找不到第 i 个结点。

算法 2.14 在单链表 L 中查找第 i 个数据元素的值的操作

```
int GetElem(LinkList L,int i,ElemType &e){
  //L为带头结点的单链表的头指针。当第 i 个元素存在时,其值赋给 e 并返回 1,否则
    返回 0
    int j=1;                  //j为计数器
    LinkList p=L->next;       //p指向第一个结点
    while(p&&j<i){            //顺指针向后查找,直到 p 指向第 i 个元素或 p 为空
        p=p->next;
```

```
            j++;
        }
        if(!p||j>i)//第 i 个元素不存在
            return 0;
        e=p->data;//取第 i 个元素
        return 1;
}
```

6. 查找单链表中值为 e 的结点位序的操作

算法思想： 按值查找是指在单链表中查找是否有结点值等于 e 的结点，若有的话，则返回首次找到的其值为 e 的结点的位序，否则返回 0，表示单链表中没有值为 e 的结点。查找过程从单链表的头指针指向的头结点出发，顺着指针域逐个将结点的值与给定值 e 做比较。

在单链表 L 中查找值等于 e 的结点位序的操作过程如图 2-20 所示。

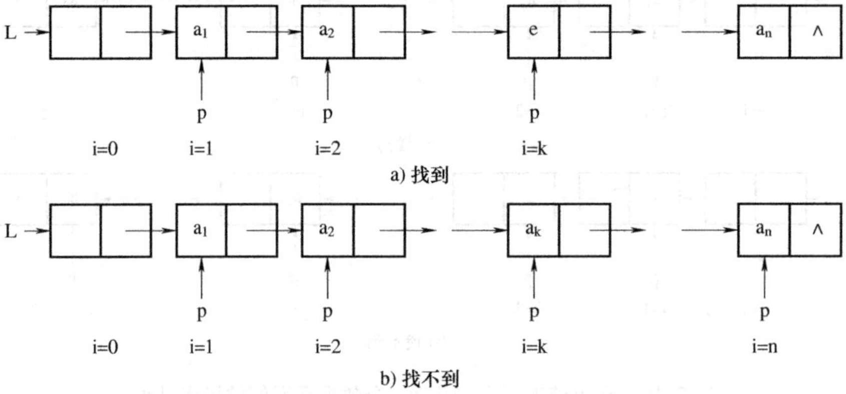

图 2-20 在单链表 L 中查找值等于 e 的结点位序的操作过程

算法 2.15 在单链表 L 中查找值等于 e 的结点的操作

```
int LocateElem(LinkList L,ElemType e,int(*equal)(ElemType,ElemType)){
    //初始条件：单链表 L 已存在，
    //函数指针 equal 指向比较两个数据元素是否相等的判定函数,相等返回 1,否则为 0
    //操作结果：返回 L 中第一个与 e 满足相等关系的数据元素的位序
    //若这样的数据元素不存在,则返回值为 0
    int i=0;
    LinkList p=L->next;
    while(p){
        i++;
        if(equal(p->data,e))//比较结点的数据元素是否与 e 相等
            return i;
```

```
        p=p->next;
    }
    return 0;
}
```

在单链表中如何找到值为 e 的结点的前驱结点。在单链表上的查找与循序表的查找不同，不能实现随机查找，查找操作只能从表头开始，进行顺序查找。算法 2.16 是在单链表 L 中查找值等于 e 的结点的前驱操作。

算法 2.16　在单链表 L 中查找值等于 e 的结点的前驱操作

```
int PriorElem(LinkList L,ElemType e,ElemType & pre_e ,int(*equal)(El-
emType,ElemType)){
    //初始条件:带头结点的单链表 L 已存在
    //操作结果:若 e 是 L 的数据元素,且不是第一个,则用 pre_e 返回它的前驱元素,
    //返回 1;否则操作失败,pre_e 无变化,返回 0
    LinkList q,p=L->next;              //p 指向第一个结点
    while(p->next){                    //p 所指结点有后继
        q=p->next;                     //q 为 p 的后继
        if(equal(q->data,e)){
            pre_e=p->data;
            return 1;
        }
        p=q;                           //p 向后移
    }
    return 0;
}
```

算法 2.17 是在单链表 L 中查找值等于 e 的结点的后继操作，因为单链表只能顺序访问，因此每次查找需要从头开始，最坏情况下时间复杂度都为 O(n)。

算法 2.17　在单链表 L 中查找值等于 e 的结点的后继操作

```
int NextElem(LinkListL,ElemTypee,ElemType &next_e ,int(*equal)(Elem-
Type,ElemType))
{
    //初始条件:带头结点的单链表 L 已存在
    //操作结果:若 e 是 L 的数据元素,且不是最后一个,则用 next_e 返回它的后继,元
      素返回 1;否则操作失败,next_e 无变化,返回 0
    LinkList p=L->next;//p 指向第一个结点
    while(p->next){ //p 所指结点有后继
        if(equal(p->data,e)){
```

```
        next_e = p -> next -> data;
        return 1;
      }
      p = p -> next;
    }
    return 0;
}
```

7. 单链表的插入操作

算法思想：要在带头结点的单链表 L 中第 i 个数据元素之前插入一个数据元素 e，首先在单链表中找到第 i - 1 个结点并由指针 p 指示，然后申请一个新的结点并由指针 s 指示，新结点数据域的值为 e，其指针域指向第 i 个结点，再修改第 i - 1 个结点的指针使其指向新生成的结点。插入结点的过程如图 2-21 所示。

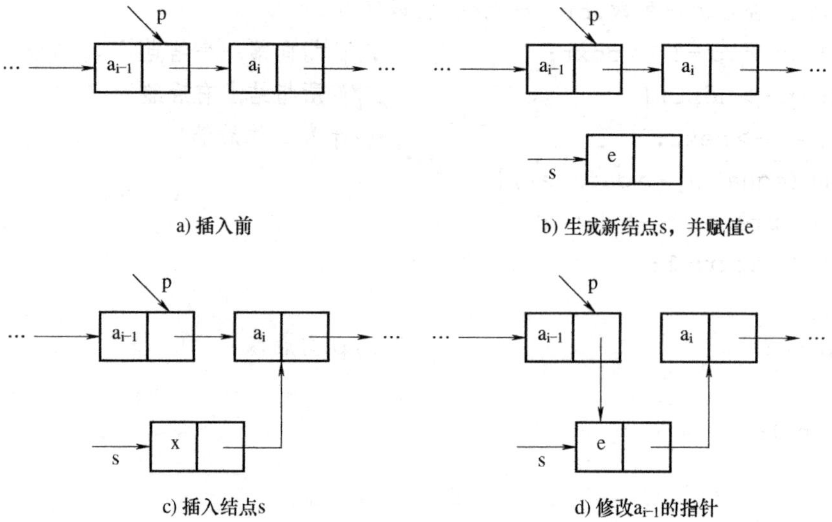

图 2-21　在单链表第 i 个结点前插入一个结点的过程

算法 2.18　单链表的插入操作

```
int ListInsert(LinkList L,int i,ElemType e){
   //在带头结点的单链表 L 中第 i 个位置之前插入元素 e
      int j = 0;
      LinkList p = L,s;
      while(p! = NULL&&j < i -1){                //寻找第 i -1 个结点
         p = p -> next;
         j ++;
      }
      if(!p||j > i -1)                           //i 小于 1 或者大于表长
```

```
        return 0;
    s = (LinkList)malloc(sizeof(LNode));        //s 指向新生成的结点
    s -> data = e;                              //将 e 存入新结点的数据域
    s -> next = p -> next;                      //新结点的指针域指向第 i 个
                                                  结点
    p -> next = s;                              //第 i -1 个结点的指针域指
                                                  向新生成的结点
    return 1;
}
```

说明：当单链表中有 m 个结点时，则插入操作的插入位置有 m + 1 个，即 1≤i≤m + 1；当 i = m + 1 时，则认为是在单链表的尾部插入一个结点。

算法的时间主要耗费在查找操作上，故时间复杂度亦为 O(n)。

8. 单链表的删除操作

算法思想：欲在带头结点的单链表 L 中删除第 i 个结点，则同样要先找到第 i - 1 个结点，使 p 指向第 i - 1 个结点，然后令第 i - 1 个结点的指针域指向第 i + 1 个结点，而后删除第 i 个结点并释放结点空间。删除过程如图 2-22 所示。

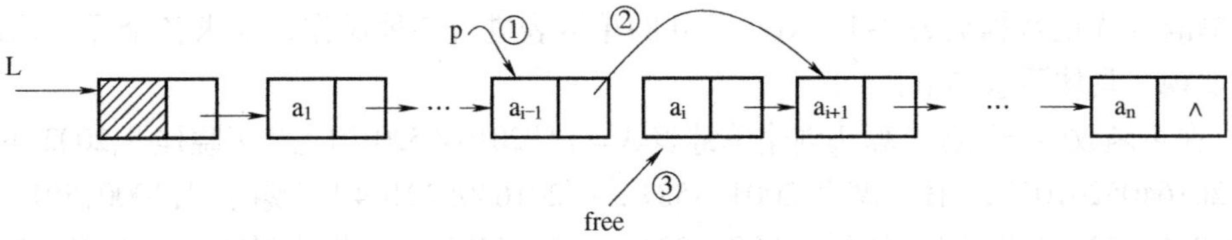

图 2-22 单链表的删除过程

算法 2.19 单链表的删除操作

```
int ListDelete(LinkList L,int i,ElemType &e){
  //在带头结点的单链表 L 中,删除第 i 个元素,并由 e 返回其值
  int j = 0;LinkList p = L,r;
  while(p -> next&&j < i -1){           //查找第 i -1 个结点,并令 p 指向第 i -1
                                          个结点
      p = p -> next;
      j ++;
  }
  if(!p -> next||j > i -1)              //删除位置不合理
      return 0;
  r = p -> next;                        //令 r 指向第 i 个结点
```

```
    p->next=r->next;
    e=r->data;
    free(r);
    return 1;
}
```

说明：删除算法中的循环条件（p->next！=NULL && k<i-1）与前插算法中的循环条件（p！=NULL && k<i-1）不同。设单链表的长度为m，则删去第i个结点仅当1≤i≤m时是合法的。注意，当i=m+1时，虽然被删结点不存在，但其前趋结点却存在，它是最后一个结点。因此被删结点的直接前趋结点存在并不意味着被删结点就一定存在，只有在p->next！=NULL时，才能确定被删结点存在。

算法的时间复杂度也是O(n)。链表上实现的插入和删除运算，均无须移动结点，仅需修改指针。

请读者思考，自行实现将带头结点的单链表基本操作算法，修改为不带头结点的单链表基本操作算法。

2.3.4 案例实现——学生成绩表的链式存储

【例2-2】 建立一个单链表，表中数据元素是学生的成绩记录。创建有9个元素的单链表A，单链表A的数据见表2-1。对已建立的单链表进行各种操作，要求各个操作均以函数的形式实现。具体要求如下：

1）在主函数中调用各个算法创建单链表A={{"201640520101","王晓佳",2002,493}，{"201640520103","林一鹏",2001,458}，{"201640520104","谢宁",2000,501}，{"201640520100","张丽娟",1999,488}，{"201640520108","刘家琪",2000,472}，{"201640520102","成平",2002,522}，{"201640520107","赵学意",2000,488}，{"201640520105","江永康",1999,510}，{"201640520109","郑可欣",2000,497}}；

实现单链表的插入和删除基本操作：在顺序表A中第4个位置插入一个元素{"201640520106"，"李小燕"，16，490}；在单链表A中删除第6个位置上的元素。完成插入和删除操作后均遍历单链表，观察操作结果。

2）编写查找单链表A中高考成绩第一名和第二名学生信息的算法。

3）将单链表A就地逆置。

【程序设计说明】

本题与例2-1相比，表中数据元素类型相同，要求完成的任务一致。针对数据元素的类型编写的用于输入、输出、判断是否相等的函数、比较大小的函数，其定义与例2-1一致。本题与例2-1相比，就是数据元素的存储方式不同，例2-1中数据元素是顺序存放，本题中数据元素是链式存储的。那么，如何输出存放在单链表中的所有数据元素呢？可以定义一个函数遍历单链表中所有的数据元素，如下：

```
void ListTraverse(LinkList L,void(*vi)(ElemType))
{  //初始条件:带头结点的单链表L已存在。
```

```
    //操作结果:依次对 L 的每个数据元素调用函数 vi()。
    LinkList p = L -> next;
    while(p){
        vi(p -> data);
        p = p -> next;
    }
    printf("\n");
}
```

在单链表 A 中要查找中高考成绩第一名和第二名的学生信息，就是假定首元结点中数据为有最大值和次大值，算法思想与在顺序表中查找最大值和次大值相同，只是获取下一个元素的方法不同。

```
void FstAndSndValue(LinkList L, void(* vi)(ElemType), int(* compare)
(Elem Type,ElemType)){
    ElemType firstmax,secondmax;
    int fp,sp,n;
    LNode * q = L -> next , * fpp, * spp;
    int i = 0;
    if(ListEmpty(L)){
        printf("List is empty!");
        exit(-1);
    }
    firstmax = q -> data ;
    n = 1;
    fpp = q;
    secondmax = q -> data;
    spp = q;
    fp = sp = n;
    while(q){
        if(compare(firstmax , q -> data) < 0)
        {
            secondmax = firstmax;
            spp = fpp;
            sp = fp;
            firstmax = q -> data ;
            fpp = q;
            fp = n;
```

```
        }
        else
            if(compare(secondmax , q->data) <0)
            {
                secondmax=q->data;
                spp=q;
                sp=n;
            }
            q=q->next;
            n++;
    }
    printf("第%d个元素是最大值,其值为:", fp);
    vi(firstmax);
    printf("\n");
    printf("第%d个元素是次大值,其值为:", sp);
    vi(secondmax);
    printf("\n");
}
```

单链表的就地逆置，就是要求算法不引入额外的存储空间，逆置链表初始为空，将原链表中的首元节点插入到逆置链表的头结点后，使其成为逆置链表的第一个结点，如此循环，直至原链表为空。单链表的逆置与顺序表逆置的算法思想不同，是由于数据的存储结构不同产生的。

```
void reverse(LinkList &L){               //链表的就地逆置
    LNode  *p, *q;
    p=L->next;
    L->next=NULL;
    while(p!=NULL){
        q=p;
        p=p->next;
        q->next=L->next;
        L->next=q;
    }
}
```

为了将精力集中在调试和运行程序上，同样可将测试数据初始化保存在结构体数组中。

【主函数源代码】

```
int main(){
    LinkList L;
    ElemType e,e0;
    ElemType array[11] = {{"201640520101","王晓佳",2002,493},
    {"201640520103","林一鹏",2001,458},{"201640520104","谢宁",2000,501},
    {"201640520100","张丽娟",1999,488},{"201640520108","刘家琪",2000,472},
    {"201640520102","成平",2002,522},{"201640520107","赵学意",2000,488},
    {"201640520105","江永康",1999,510},{"201640520109","郑可欣",2000,497},
    {"201640520106","李小燕",2001,490}};                    //将学生信息数据保
                                                              存在数组中
    InitList(L);
    for(j =0;j <8;j ++)    ListInsert(L,j +1,array[j]);
    printf("链表 A 的元素:\n");
    ListTraverse(L,outprint);printf("\n");                 //依次对元素调用
                                                              outprint ( ),
                                                              输出元素的值
    i =4;ListInsert(L,i,array[j]);
    printf("插入元素后链表 A 的元素:\n");
    ListTraverse(L,outprint);printf("\n");
    i =6;k = ListDelete(L,i,e);                            //删除第 j 个数据
    if(k == -1)         printf("删除第%d 个元素失败\n",i);
    else{ printf("删除第%d 个元素成功,其值为:",i);
    outprint(e);printf("\n");}
    printf("删除元素后链表 A 的元素:\n");
    ListTraverse(L,outprint);
    printf("\n");
    FstAndSndValue(L,outprint,compare);
    reverse(L);
    printf("逆置后链表 A 的元素:\n");
    ListTraverse(L,outprint);
    printf("\n");
    DestroyList(L);
    return 0;
}
```

程序运行结果与例 2-1 一致。两个例题中数据元素相同，对数据完成的操作一致，只是数据的存储结构不同，例 2-1 是顺序存放，例 2-2 是链式存放。

【程序运行结果】（见图 2-23）

```
链表A的元素：
201640520103    林一鹏  2001    458.000000
201640520104    谢宁    2000    501.000000
201640520100    张丽娟  1999    488.000000
201640520108    刘家琪  2000    472.000000
201640520102    成平    2002    522.000000
201640520107    赵学意  2000    488.000000
201640520105    江永康  1999    510.000000
201640520109    郑可欣  2000    497.000000

插入元素后链表A的元素：
201640520103    林一鹏  2001    458.000000
201640520104    谢宁    2000    501.000000
201640520100    张丽娟  1999    488.000000
201640520106    李小燕  2001    490.000000
201640520108    刘家琪  2000    472.000000
201640520102    成平    2002    522.000000
201640520107    赵学意  2000    488.000000
201640520105    江永康  1999    510.000000
201640520109    郑可欣  2000    497.000000
```

```
删除第6个元素成功，其值为：201640520102 成平     2002    522.000000

删除元素后链表A的元素：
201640520103    林一鹏  2001    458.000000
201640520104    谢宁    2000    501.000000
201640520100    张丽娟  1999    488.000000
201640520106    李小燕  2001    490.000000
201640520108    刘家琪  2000    472.000000
201640520107    赵学意  2000    488.000000
201640520105    江永康  1999    510.000000
201640520109    郑可欣  2000    497.000000

第7个元素是最大值，其值为：201640520105 江永康   1999    510.000000

第2个元素是次大值，其值为：201640520104 谢宁     2000    501.000000

逆置后链表A的元素：
201640520109    郑可欣  2000    497.000000
201640520105    江永康  1999    510.000000
201640520107    赵学意  2000    488.000000
201640520108    刘家琪  2000    472.000000
201640520106    李小燕  2001    490.000000
201640520100    张丽娟  1999    488.000000
201640520104    谢宁    2000    501.000000
201640520103    林一鹏  2001    458.000000
```

图 2-23　例 2-2 运行结果示意图

2.3.5　循环链表

对于单链表，每个结点只存储了其后继结点的地址。如果有指向某个结点的指针 p，访问该结点的后继结点比较容易，但是不能访问该结点的前驱结点。为解决这个问题，可以将单链表中最后一个结点的指针域指向单链表的表头结点，这样使整个单链表形成一个环，这种头尾相接的单链表称为单循环链表，简称循环链表。在循环链表中，从任意一个结点出发都可找到表中其它结点。

表 2-1 学生高考成绩表在这种循环链表下在存储空间的地址见表 2-4。

表2-4 学生高考成绩表的循环链式存储

物理地址	学 号	姓 名	出 生 年	高考成绩	后继结点地址
1000	201640520101	王晓佳	2002	493	1440
1080	201640520103	林一鹏	2001	458	1360
1120	201640520110	张丽娟	1999	488	1000
1160	201640520107	赵学意	2000	488	1500
1200	201640520105	江永康	1999	510	1320
1280	201640520109	郑可欣	2000	497	1120
1320	201640520106	李小燕	2001	490	1160
1360	201640520104	谢宁	2000	501	1200
1440	201640520102	成平	2002	522	1080
1500	201640520108	刘家琪	2000	472	1280

循环链表（circular linked list）是单链表的另一种形式，它是一个首尾相接的链表。其特点是将单链表最后一个结点的指针域由 NULL 改为指向表头结点。在循环单链表中，表中所有结点被链在一个环上。为了使某些操作实现起来方便，在循环单链表中也可设置一个头结点。这样，空循环链表仅由一个自成循环的头结点表示。带头结点的单循环链表如图2-24所示。

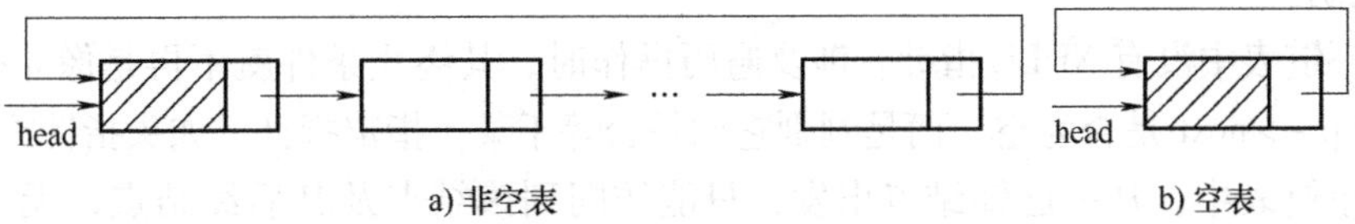

图2-24 单循环链表图示

带头结点的循环单链表的各种操作的实现算法与带头结点的单链表的实现算法类似，差别仅在于算法中的循环条件不再是 p 或 p→next 是否为空,而是它们是否等于头指针。

如果在循环链表中设一尾指针而不设头指针,那么无论是访问第一个结点还是访问最后一个结点都很方便。这样尾指针就起到了既指头又指尾的功能,所以,实际中多采用尾指针表示单循环链表。带尾指针的单循环链表如图2-25所示。

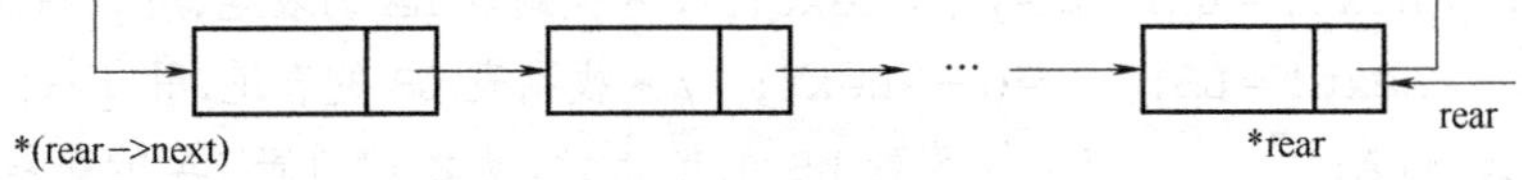

图2-25 带尾指针的单循环链表

在图2-25中,rear 指针指向单循环链表的最后一个元素,＊rear 代表单循环链表的最后一个元素,＊(rear->next)代表单循环链表的第一个元素。

循环链表的特点是无须增加存储量,仅对表的链接方式稍做改变,即可使得链表处理更加方便灵活。例如,在链表上实现将两个线性表($a_1,a_2,\cdots,a_n$)和($b_1,b_2,\cdots,b_m$) 连接成一个线性表（$a_1,\cdots,a_n,b_1,\cdots b_m$）的运算。

分析：若在单链表或头指针表示的单循环表上做这种链接操作，都需要遍历第一个链表，找到结点 a_n，然后将结点 b_1 链到 a_n 的后面，操作示意如图 2-26 所示，其时间复杂度是 O(n)。若在尾指针表示的单循环链表上实现，则只需修改指针，无须遍历，其时间复杂度是 O(1)。

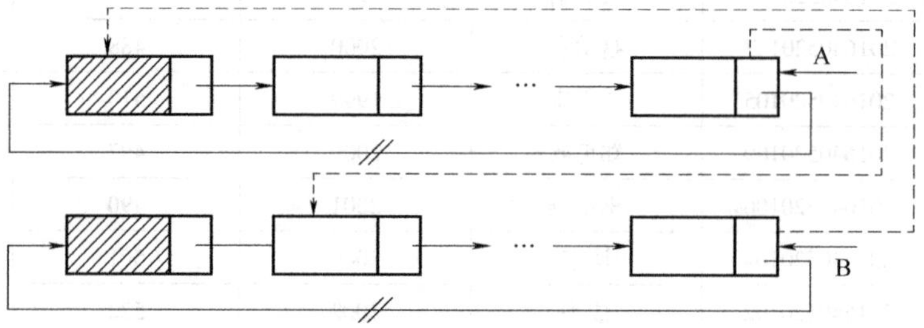

图 2-26　两个单链表的连接示意图

【例 2-3】　有两个带头结点的循环单链表 LA、LB，编写一个算法，将两个循环单链表合并为一个循环单链表，其头指针为 LA。

算法思想： 先找到两个链表的尾，并分别由指针 p、q 指向它们，然后将第一个链表的尾结点与第二个表的第一个结点链接起来，并修改第二个表的尾结点，使它的链域指向第一个表的头结点。

算法说明：

1）循环链表中没有 NULL 指针。涉及遍历操作时，其终止条件就不再是像非循环链表那样判别 p 或 p->next 是否为空，而是判别它们是否等于某一指定指针，如头指针或尾指针等。

2）在单链表中，从一已知结点出发，只能访问到该结点及其后续结点，无法找到该结点之前的其他结点。而在单循环链表中，从任一结点出发都可访问到表中所有结点，这一优点使某些运算在单循环链表上易于实现。

算法 2.20　循环单链表的合并算法（1）

```
LinkList  merge_1(LinkList LA,LinkList LB){
    /*此算法将两个采用头指针的循环单链表的首尾连接起来*/
    LNode *p,*q;
    p=LA;q=LB;
    while(p->next!=LA)  p=p->next;  /*找到表 LA 的表尾,用 p 指向它*/
    while(q->next!=LB)  q=q->next;  /*找到表 LB 的表尾,用 q 指向它*/
    q->next=LA;          /*修改表 LB 的尾指针,使之指向表 LA 的头结点*/
    p->next=LB->next; /*修改表 LA 的尾指针,使之指向表 LB 中的第一个结点*/
    free(LB);
    return(LA);
}
```

采用上面的方法，需要遍历链表，找到表尾，其执行时间是 O(n)。若在尾指针表示的单循环链表上实现，则只需要修改指针，无须遍历，其执行时间是 O(1)。

算法 2.21 循环单链表的合并算法（2）

```
LinkList  merge_2(LinkList RA,LinkList RB){
    /*此算法将两个采用尾指针的循环链表首尾连接起来*/
    LNode *p;
    p=RA->next;                    /*保存链表RA的头结点地址*/
    RA->next=RB->next->next;       /*链表RB的开始结点链到链表RA的终端结
                                     点之后*/
    free(RB->next);                /*释放链表RB的头结点*/
    RB->next=p;                    /*链表RA的头结点链到链表RB的终端结点
                                     之后*/
    return  RB;                    /*返回新循环链表的尾指针*/
}
```

2.3.6 双向链表

在单链表中，从一已知结点出发，只能访问到该结点及其后续结点，如果要寻找它的前驱结点，则需从表头出发顺链查找。

如果希望快速确定某一个结点的前驱结点，一个解决方法就是在单链表的每个结点里再增加一个指向其前驱结点的指针域。这样形成的链表称为双向链表。在双向链表中的结点有两个指针域，一个指向结点的直接后继，另一个指向直接前驱。

在这种循环链表下表2-1学生高考成绩表在存储空间的地址如表2-5所示。

表2-5 学生高考成绩表的双向链表存储

物理地址	学号	姓名	出生年	高考成绩	后继结点地址	前驱结点地址
1000	201640520101	王晓佳	2002	493	1440	无
1080	201640520103	林一鹏	2001	458	1360	1440
1120	201640520110	张丽娟	1999	488	无	1280
1160	201640520107	赵学意	2000	488	1500	1320
1200	201640520105	江永康	1999	510	1320	1360
1280	201640520109	郑可欣	2000	497	1120	1500
1320	201640520106	李小燕	2001	490	1160	1200
1360	201640520104	谢宁	2000	501	1200	1080
1440	201640520102	成平	2002	522	1080	1000
1500	201640520108	刘家琪	2000	472	1280	1160

双向链表的结点结构如图2-27a所示。图2-27b所示为带表头结点的双向链表，双向链表也可以是循环链表，带表头结点的双循环链表如图2-27c所示。

双向链表有两个好处：一是可以从两个方向搜索某个结点，这使得双向链表的某些运算变得比较简单；二是无论利用向前这一链还是向后这一链，都可以遍历整个链表，特别是在双向循环链表中，如果有一根链失效了，还可以利用另一根链修复整个链表。

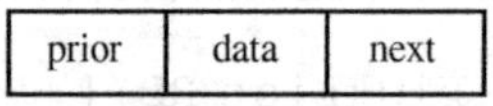

a) 双向链表的结点结构

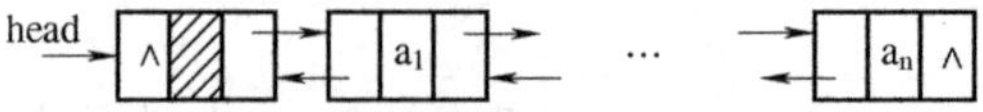

b) 带表头结点的双向链表

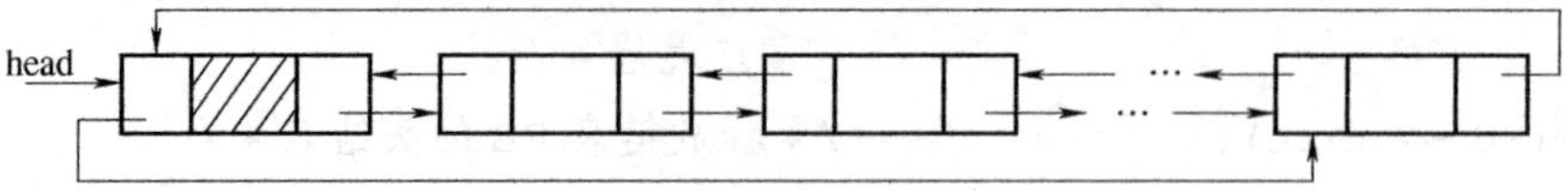

c) 带表头结点的双循环链表

图 2-27 双向链表结构示意图

双向链表的结点结构描述如下：

```
typedef struct DuLNode{
    ElemType data;
    DuLNode *prior,*next;
}DuLNode,*DuLinkList;
```

1. 双向链表的插入操作

由于双向链表的对称性，在双向链表能方便地完成各种插入和删除操作。下面来讨论双向链表的插入操作。

在双向链表中的 p 结点后插入一个值为 x 的结点，操作步骤如图 2-28 所示。

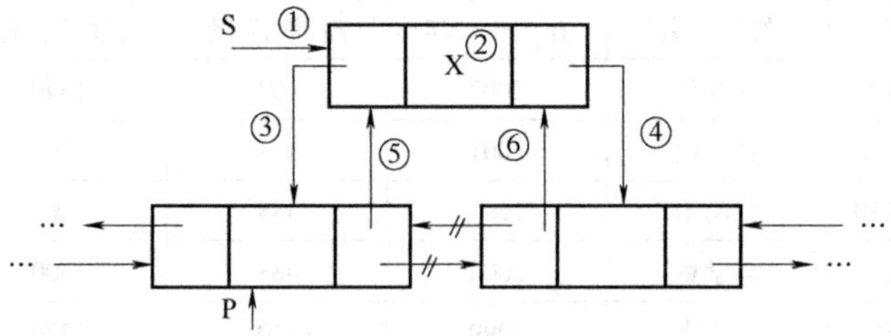

图 2-28 双向链表的插入操作示意图

算法思想：在带头结点的双向链表中，将值为 x 的新结点插入 p 指向的结点之后，设 p≠NULL。

算法 2.22 双向链表的插入操作

```
int ListInsert(DuLinkList L,int i,ElemType e){
/*在带头结点的双向链表 L 中第 i 个位置之前插入元素 e,i 的合法值为 1≤i≤表长 +1 */
    DuLinkList p,s;
    if(i<1||i>ListLength(L)+1)  //i 值不合法
      return 0;
```

```
    p=GetElem(L,i-1);                  //在L中确定第i-1个元素的位置指针p
    if(!p)                             //p=NULL;即第i个元素的前驱不存在(设头
                                         结点为第1个元素的前驱)
        return 0;
    s=(DuLinkList)malloc(sizeof(DuLNode));
    if(!s)       return -1;
    s->data=e;
    s->prior=p;                        //在p指向的第i-1个元素之后插入
    s->next=p->next;
    p->next->prior=s;
    p->next=s;
    return 1;
}
```

2. 双向链表的删除操作

算法思想：欲删除双向链表中的第i个结点，则操作步骤如图2-29所示。

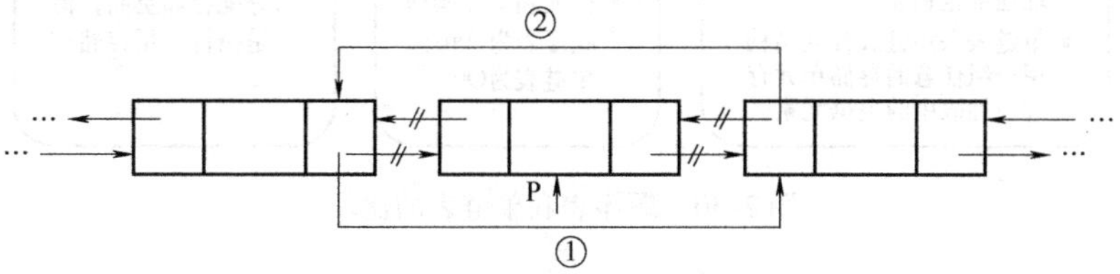

图2-29 双向链表的删除操作示意图

算法2.23 双向链表的删除操作

```
int ListDelete(DuLinkList L,int i,ElemType &e){
    //删除带头结点的双链循环线性表L的第i个元素,i的合法值为1≤i≤表长
        DuLinkList p;
        if(i<1)                 //i值不合法
            return 0;
        p=GetElemP(L,i);        //在L中确定第i个元素的位置指针p
        if(!p)                  //p=NULL,即第i个元素不存在
            return 0;
        e=p->data;
        p->prior->next=p->next;
        p->next->prior=p->prior;
        free(p);
        return 1;
}
```

与单链表上的插入和删除操作不同的是，在双链表中插入和删除必须同时修改两个方向上的指针。上述两个算法的时间复杂度均为 O(1)。

在双向链表中，那些只涉及后继指针的算法，如求表长度、取元素、元素定位等，与单链表中相应的算法相同，但对于插入和删除操作则涉及前驱和后继两个方向的指针变化，因此与单链表中的算法不同。

本章总结

线性表是最基本、最常用的数据结构。线性表的数据元素之间是一对一的对应关系。在非空表中，除了首结点，每个结点都有且只有一个前驱结点；除了尾结点外，每个结点都有且只有一个后继结点。线性表的存储结构通常选用顺序存储结构和链式存储结构。

顺序表和链表各有优缺点，两者的比较如图 2-30 所示。

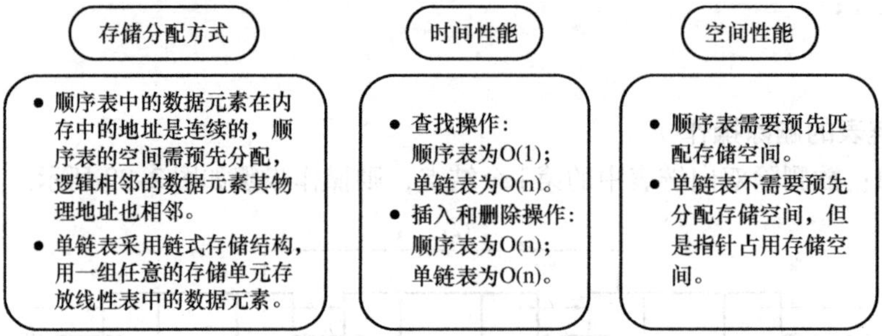

图 2-30　顺序表和单链表的比较

在实际应用中究竟应选用哪一种存储结构，这要根据具体的要求和性质来决定。通常可以从以下几方面来考虑：

1. 基于空间的考虑

顺序表的存储空间是静态分配的，在程序执行之前必须明确规定它的存储规模。若线性表的长度 n 变化较大，则存储规模难于预先确定。估计过大将造成空间浪费，估计太小又将使空间溢出的机会增多。链表的存储空间是动态分配的，只要内存空间尚有空闲，就不会产生溢出。因此，当线性表的长度变化较大，难以估计其存储规模时，采用链式存储结构较好。对于链表中的每个结点，除了设有数据域外，还要额外设置指针域，从存储密度来讲，这是不经济的。所谓存储密度（storage density）是指结点数据本身所占的存储量和整个结点结构所占的存储量之比，即

存储密度 = 结点数据本身所占的存储量 ÷ 结点结构所占的存储总量

如果结点的数据占据的空间小，则链表的结构性开销就占去了整个存储空间的大部分。当顺序表被填满时，则没有结构开销。在这种情况下，顺序表的空间效率更高。由于设置指针域额外地开销了一定的存储空间，从存储密度的角度来看，链表的存储密度小于 1。因此，当线性表的长度变化不大而且事先容易确定其大小时，为节省存储空间，采用顺序表作为存储结构比较适宜。

2. 基于时间的考虑

顺序表是由向量实现的，它是一种随机存取结构，对表中任一结点都可以在 O(1) 时

间内直接存取；而链表中的结点，需从头指针起顺着链找才能取得。因此，若线性表的操作主要是进行查找，很少做插入和删除时，采用顺序存储结构为宜。

在链表中的任何位置上进行插入和删除，都只需要修改指针。而在顺序表中进行插入和删除操作，平均要移动表中近一半的结点，尤其是当每个结点的信息量较大时，移动结点的时间开销就相当可观了。因此，对于需要频繁进行插入和删除操作的线性表，宜采用链式存储结构。若表的插入和删除主要发生在表的首尾两端，则采用尾指针表示的单循环链表为宜。

习　题　2

一、单项选择题

1. 线性表是（　　）。

A. 一个有限序列，可以为空　　B. 一个有限序列，不可以为空

C. 一个无限序列，可以为空　　D. 一个无限序列，不可以为空

2. 以下关于线性表的说法不正确的是（　　）。

A. 线性表中的数据元素可以是数字、字符、记录等不同类型

B. 线性表中包含的数据元素个数不是任意的

C. 线性表中的每个结点都有且只有一个直接前驱结点和直接后继结点

D. 存在这样的线性表，表中各结点都没有直接前驱结点和直接后继结点

3. 在一个长度为n的顺序表中删除第i个元素（$0 \leq i \leq n$）时，需向前移动（　　）个元素。

A. n - i　　B. n - i + 1　　C. n - i - 1　　D. i

4. 在一个长度为n的顺序表中向第i个元素（$0 < i < n+1$）之前插入一个新元素时，需向后移动（　　）个元素。

A. n - i　　B. n - i + 1　　C. n - i - 1　　D. i

5. 线性表采用链式存储时，其地址（　　）。

A. 必须是连续的　　B. 一定是不连续的

C. 部分地址必须是连续的　　D. 连续与否均可以

6. 从一个具有n个结点的单链表中查找值等于x的结点时，在查找成功的情况下，需平均比较（　　）个元素结点。

A. n/2　　B. n　　C. (n + 1)/2　　D. (n - 1)/2

7. 在一个单链表中，已知q结点是p结点的前驱结点，若在q和p之间插入s结点，则须执行的操作是（　　）。

A. s -> next = p -> next;　　p -> next = s

B. q -> next = s;　　s -> next = p

C. p -> next = s -> next;　　s -> next = p

D. p -> next = s;　　s -> next = q

8. 在双向循环链表中，在p所指的结点之后插入s指针所指的结点，其操作是(　　)。

A. p -> next = s;　　s -> prior = p;

p -> next -> prior = s;　s -> next = p -> next;

B. s -> prior = p;　s -> next = p -> next;

p -> next = s;　p -> next -> prior = s;

C. p -> next = s;　p -> next -> prior = s;

s -> prior = p;　s -> next = p -> next;

D. s -> prior = p;　s -> next = p -> next;

p -> next -> prior = s;　p -> next = s;

9. 设单链表中指针 p 指向结点 m，若要删除 m 之后的结点（若存在），则需修改指针的操作为（　　）。

A. p -> next = p -> next -> next;　B. p = p -> next;

C. p = p -> next -> next;　D. p -> next = p;

10. 在一个具有 n 个结点的有序单链表中插入一个新结点，并保持该表有序的时间复杂度是（　　）。

A. O(1)　B. O(n)　C. $O(n^2)$　D. $O(\log_2 n)$

11. 线性表的顺序存储结构是一种（　　）的存储结构。

A. 随机存取　B. 顺序存取　C. 索引存取　D. 散列存取

12. 在顺序表中，只要知道（　　），就可在相同时间内求出任一结点的存储地址。

A. 基地址　B. 结点大小

C. 向量大小　D. 基地址和结点大小

13. 在等概率情况下，顺序表的插入操作要移动近（　　）结点。

A. 全部　B. 一半　C. 1/3　D. 1/4

14. 在（　　）运算中，使用顺序表比链表好。

A. 插入　B. 删除

C. 根据序号查找　D. 根据元素值查找

二、填空题

1. 线性表是一种典型的________结构。

2. 在一个长度为 n 的顺序表的第 i 个元素之前插入一个元素，需要后移________个元素。

3. 顺序表中逻辑上相邻的元素的物理位置________。

4. 要从顺序表中删除一个元素时，被删除元素之后的所有元素均需________一个位置，移动过程是从________向________依次移动每一个元素。

5. 在线性表的顺序存储中，元素之间的逻辑关系是通过________决定的；在线性表的链式存储中，元素之间的逻辑关系是通过________决定的。

6. 在双向链表中，每个结点含有两个指针域，一个指向__________结点，另一个指向________结点。

7. 当对一个线性表经常进行存、取操作，而很少进行插入和删除操作时，则采用________存储结构为宜。相反，当经常进行的是插入和删除操作时，则采用________存储结构为宜。

8. 在顺序表中，逻辑上相邻的元素，物理位置________相邻；在单链表中，逻辑上相邻的元素，物理位置________相邻。

9. 线性表是________结构，可以在线性表的________位置插入和删除元素。

10. 根据线性表的链式存储结构中每个结点所含指针的个数，链表可分为__________和________；而根据指针的链接方式，链表又可分为________和________。

11. 在单链表中设置头结点的作用是________。

12. 对于一个具有 n 个结点的单链表，在已知的结点 p 后插入一个新结点的时间复杂度为________，在给定值为 x 的结点后插入一个新结点的时间复杂度为________。

三、简答题

1. 描述以下三个概念的区别：头指针，头结点和表头结点。

2. 线性表的两种存储结构各有哪些优缺点？

3. 对于线性表的两种存储结构，若线性表的总数基本稳定，且很少进行插入和删除操作，但要求以最快的速度存取线性表中的元素，应选用何种存储结构？试说明理由。

4. 在单循环链表中设置尾指针比设置头指针好吗？为什么？

四、算法设计题

编程实现如下任务：分别建立一个顺序表和单链表，表中数据元素是字符串，创建若干个元素的线性表，实现对线性表的初始化，对已建立的线性表进行各种操作，要求各个操作均以函数的形式实现，请顺序完成以下任务。

具体要求如下：

（1）在主函数中调用算法实现长度为 10 的顺序表 A = {Jan, Feb, Mar, Apr, May, June, July, Aug, Sep, Oct}；在线性表 A 中的第 4 个位置插入一个元素 Nov，实现线性表插入的基本操作；删除线性表 A 中第 6 个位置上的元素，实现线性表的删除操作；做完插入和删除后均遍历顺序表，观察操作结果。

（2）编写求线性表 A 中最大值元素和次大值元素的算法。

（3）将表 A = {Jan, Feb, Mar, Nov, Apr, June, July, Aug, Sep, Oct} 重新排列，将这个线性表原地逆置，逆置为 A = {Oct, Sep, Aug , July, June, Apr, Nov, Mar, Feb, Jan}。

（4）编写将线性表的元素按递增顺序排列的算法。

（5）设线性表递增有序。试写一算法，将 X = Dec 插入到线性表的适当位置上，以保持线性表的有序性。

（6）设线性表 $A=(a_1,a_2,\cdots,a_m)$，$B=(b_1,b_2,\cdots,b_n)$，试写一个合并 A、B 为线性表 C 的算法，使得

$$\begin{cases} C=(a_1,b_1,\cdots,a_m,b_m,b_{m+1},\cdots,b_n) & m\leqslant n \\ C=(a_1,b_1,\cdots,a_n,b_n,a_{n+1},\cdots,a_m) & m>n \end{cases}$$

第3章 栈和队列

知识导航

线性表可以在表的任意位置插入和删除数据元素。但是在实际情况中，存在一些操作受限制的线性表。例如，生活中经常遇到这样的情况：

家里吃饭的碗通常在洗干净后一个一个地落在一起存放，在使用时，若一个一个地拿，一定最先拿走最上面的那只碗，而最后拿走最下面的那只碗。

在建筑工地上，使用的砖块是从底往上一层一层地码放，在使用时，是从最上面一层一层地拿取，如图 3-1 所示。

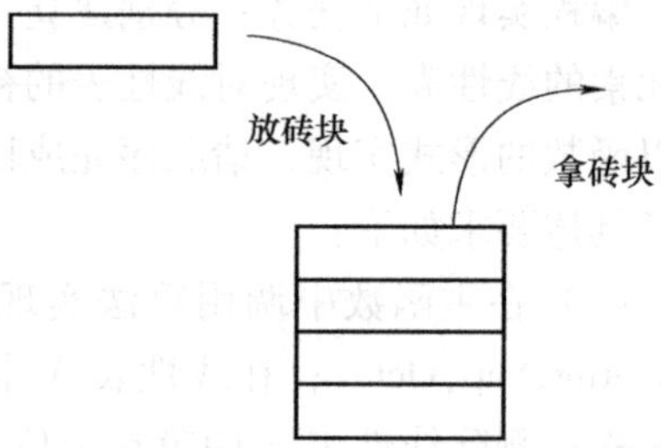

图 3-1 放砖块和拿砖块示意图

上述两种情况的线性结构都只能在表的一端进行插入和删除操作，具有“后进先出”的特性，这种线性结构称为栈。

再如，乘坐公共汽车时应该在车站排队，汽车来后，人们按顺序上车。

在火车站售票厅人们排队购票，后来的人总是排在队伍末尾，而第一个来排队的人最先购买到票，第二个人第二个买到票，依此类推，如图 3-2 所示。

图 3-2 火车站售票厅排队购票示意图

以上两种线性结构都只能在表的一端进行插入操作，而在表的另一端进行删除操作，具有“先进先出”的特性，这种线性结构称为队列。

栈和队列是程序设计中常用的两种数据结构。它们的逻辑结构和线性表相同，其特点在于运算受到了限制：栈按“后进先出”的规则进行操作，队列按“先进先出”的规则进行操作。故栈和队列也称操作受限制的线性表。

本章将介绍栈和队列的逻辑结构定义，如何在两种存储结构（顺序存储结构和链式存储结构）上实现栈和队列的基本运算以及栈和队列的应用。

学习路线

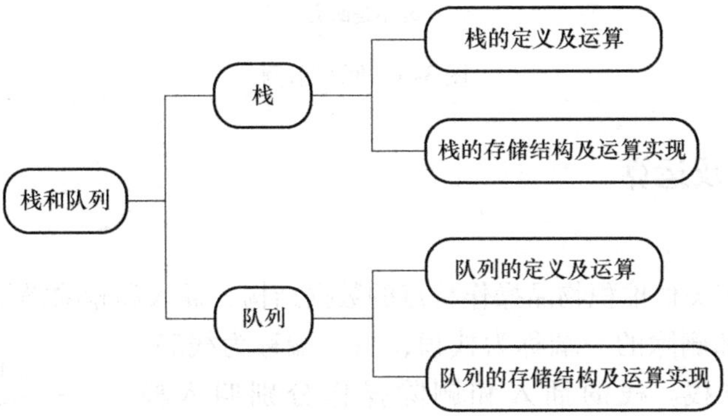

本章目标

知　识　点	了　　解	掌　　握	动手练习
栈的定义		★	
栈的存储结构及运算实现		★	★
队列的定义		★	
队列的存储结构及运算实现		★	★

3.1　栈

3.1.1　案例导引

【案例】“xyzyx”是一个回文字符串。所谓回文字符串指的是正反读均相同的字符序列，如“大山大”和“121”等，如图3-3所示。给定任意一个字符串，判定其是否是回文，若是输出YES，否则输出NO。

【案例分析】 这样的程序必须从回文字符串的定义入手来判定，正反读相同，实际上是把这个字符串从中间折叠，对应重合的字符应该相同或者说这个串沿中间对称。很显然折叠后，字符的次序一边是正序，另一边是反序（如果是回文对应的位置的字符应该相同）。如何得到一个串后一半的反序呢？

这个问题可以利用这一节所学习的栈的知识来实现。

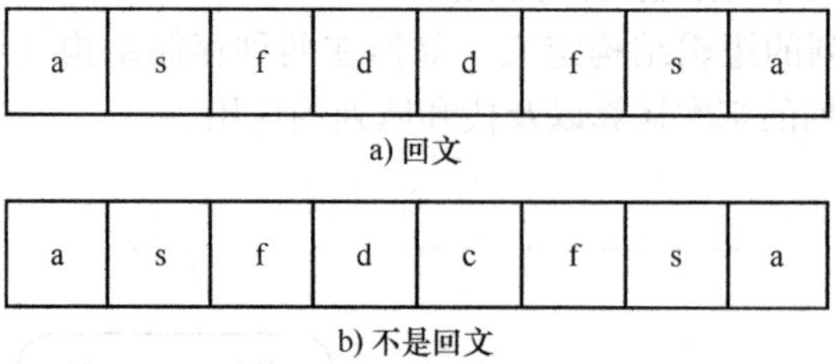

图 3-3　回文示例

3.1.2　栈的定义及运算

1. 栈的定义

栈就是一种具有类似堆积物品操作特点的数据结构，插入和删除操作限制在表的一端进行。允许进行插入和删除的一端称为栈顶，另一端称为栈底。没有元素时称为空栈。栈的插入和删除操作分别叫入栈（push）和出栈（pop）。如图 3-4 所示，栈中有四个元素，入栈的顺序是 a_1、a_2、a_3、a_4，出栈时的顺序为 a_4、a_3、a_2、a_1。栈中元素的入栈和出栈按“后进先出”的原则进行，因此栈又称后进先出（last in first out）的线性表，简称 LIFO 表。

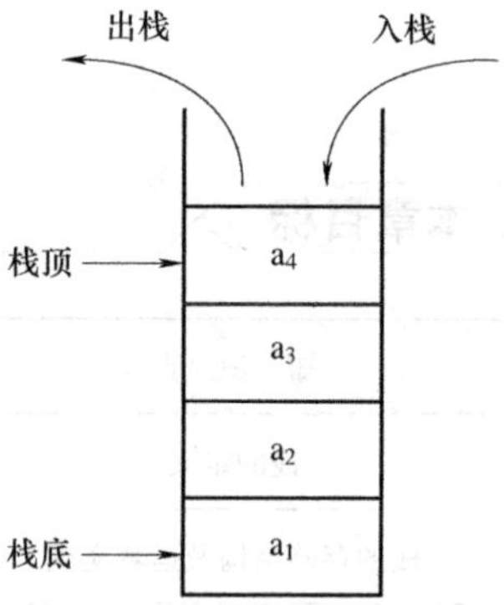

图 3-4　栈

例如，洗刷盘子时，洗净的盘子一个接一个地往上放，这相当于入栈；而取盘子时，则从上面顺序地拿走，这相当于出栈。再如，向弹夹中装子弹，相当于入栈，射击时先射出的则是最后压入的子弹，这相当于出栈；射击完毕相当于栈空。凡是可以抽象为“后进先出”的处理过程，都可用栈来模拟。

2. 栈的运算

栈的逻辑结构和前面介绍过的线性表相同，但是栈的插入和删除操作限制在表的一端进行，故栈的操作与线性表相比有一些不同。栈的基本运算主要有以下几种：

1）InitStack(S)：构造一个空栈 S。

2）StackEmpty(S)：判断是否为空栈。若 S 为空栈，则返回 1；否则返回 0。

3）StackFull(S)：判断是否栈满。若 S 为满栈，则返回 1；否则返回 0。

4）Push(S,x)：进栈，或称将元素 x 压入栈。若栈 S 不满，则将元素 x 插入 S 的栈顶。

5）Pop(S)：出栈。若栈 S 非空，则将 S 的栈顶元素删除。

6）StackTop(S)：读取栈顶元素。若栈 S 非空，则读取栈顶元素，但不改变栈的状态。

其中，StackFull(S) 运算只适应于采用顺序存储结构的栈。和线性表一样，这些运算都是基本运算，其参数和形式可根据实际需要做相应的变化，同时，还可利用这些基本运算组合成其他复杂运算。

3.1.3　栈的存储结构及运算实现

由于栈也是线性表，只是操作受限而已，因此线性表的存储结构对栈也适用。栈可以采用顺序存储结构，也可以采用链式存储结构，这两种存储结构的不同，使得实现栈的基本运算的算法也有所不同。

1. 顺序栈

利用一组地址连续的存储单元依次存放自栈底到栈顶的数据元素，这种采用顺序存储方式实现的栈称为顺序栈。由于栈的插入和删除操作都是在栈顶进行的，可附设指针 top 来指示栈顶元素在顺序栈中的位置。

类似于顺序表的定义，栈中的数据元素用一个预设的足够长的一维数组来实现，用 top 来作为指向栈顶的指针，指明当前栈顶的位置。因此，顺序栈的类型定义只需将顺序表的类型定义中的长度属性改为 top 即可。顺序栈的类型描述如下：

```
#define STACK_INIT_SIZE 10          /* 存储空间初始分配量 */
#define STACK_INCREMENT 2           /* 存储空间初始分配增量 */
typedef struct SqStack{
    SElemType * base;               /* 在栈构造之前和销毁之后,base 的值为
                                       NULL */
    SElemType * top;                /* 栈顶指针 */
    int stacksize;                  /* 当前已分配的存储空间,以元素为单位 */
}SqStack;
```

定义一个指向栈的指针变量 SqStack * s；则栈的数据区为 s→base[0] ~ s→base[s→stacksize - 1]，栈顶指针为 s→top。由于 C 语言中数组的下标从 0 开始，为了处理方便，约定：栈顶指针始终指向栈顶元素当前位置的下一个位置，即下一个进栈元素要存放的位置。空栈时栈顶指针 s→top = 0；在不考虑溢出的情况下，入栈时，将新元素插入 s→top 所指的位置，然后将 s→top 加 1，即：s→base[s→top] = x；s→top ++。入栈时，栈顶指针加 1；出栈时，栈顶指针减 1。顺序栈操作的示意图如图 3-5 所示。

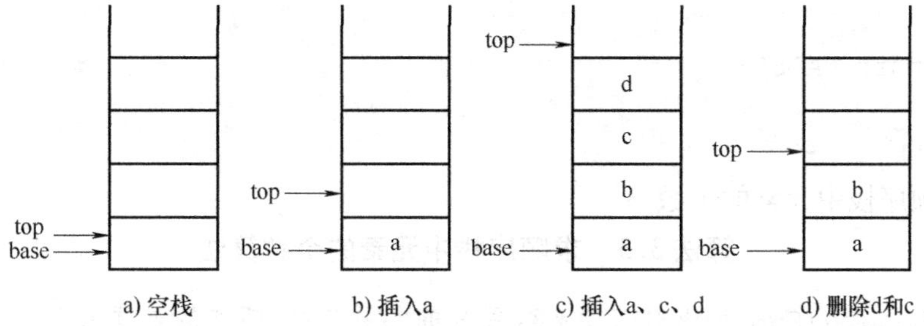

图 3-5　顺序栈操作的示意图

顺序栈基本运算的实现如下：

(1) 顺序栈的初始化操作

算法 3.1　顺序栈的初始化

```
void InitStack(SqStack *S){ /* 构造一个空栈 S */
    (*S).base = (SElemType *)malloc(STACK_INIT_SIZE * sizeof(SElemType));
    if(!(*S).base)
```

```
        exit(OVERFLOW);/*存储分配失败*/
    (*S).top=(*S).base;
    (*S).stacksize=STACK_INIT_SIZE;
}
```

顺序栈的构建过程如图3-6所示。

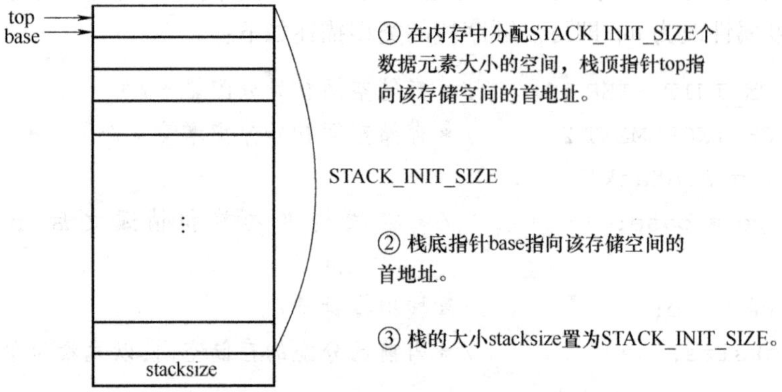

图3-6 顺序栈的构建过程

(2) 顺序栈判栈空

算法3.2 顺序栈的判断栈空算法

```
Status StackEmpty(SqStack S){ /*若栈S为空栈,则返回TRUE,否则返回FALSE*/
    if(S.top==S.base)
        return TRUE;
    else
        return FALSE;
}
```

(3) 求顺序栈中元素的个数

算法3.3 求顺序栈中元素的个数算法

```
int StackLength(SqStack S){ /*返回S的元素个数,即栈的长度*/
    return S.top-S.base;
}
```

(4) 取顺序栈的栈顶元素

算法3.4 取栈顶元素算法

```
Status GetTop(SqStack S,SElemType *e){
    /*若栈不空,则用e返回S的栈顶元素,并返回OK;否则返回ERROR*/
    if(S.top>S.base){
```

```
        *e=*(S.top-1);
        return OK;
    }else
        return ERROR;
}
```

（5）顺序栈入栈操作

入栈过程如图3-7所示。入栈时，将新元素插入 s→top 所指的位置，然后将 s→top 加1。

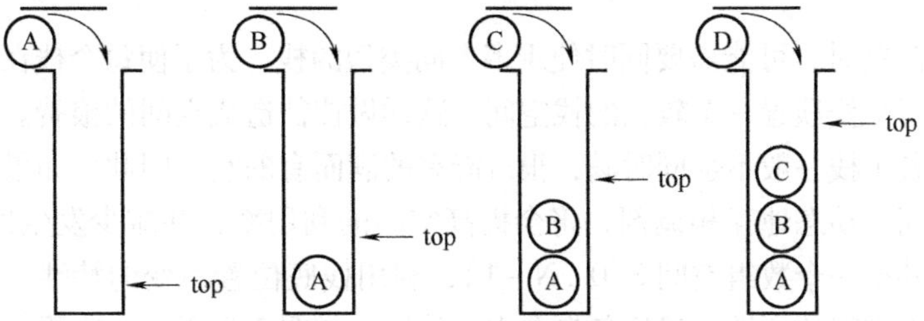

图3-7 入栈操作过程

算法3.5 顺序栈的进栈算法

```
void Push(SqStack *S,SElemType e){ /*插入元素 e 为新的栈顶元素*/
    if((*S).top-(*S).base>=(*S).stacksize){ /*栈满,追加存储空间*/
        (*S).base=(SElemType*)realloc((*S).base,((*S).stacksize+
        STACK_INCREMENT)*sizeof(SElemType));
        if(!(*S).base)
            exit(OVERFLOW);/*存储分配失败*/
        (*S).top=(*S).base+(*S).stacksize;
        (*S).stacksize+=STACK_INCREMENT;
    }
    *((*S).top)++=e;
}
```

（6）顺序栈出栈操作

出栈过程如图3-8所示。出栈时，栈顶指针减1。

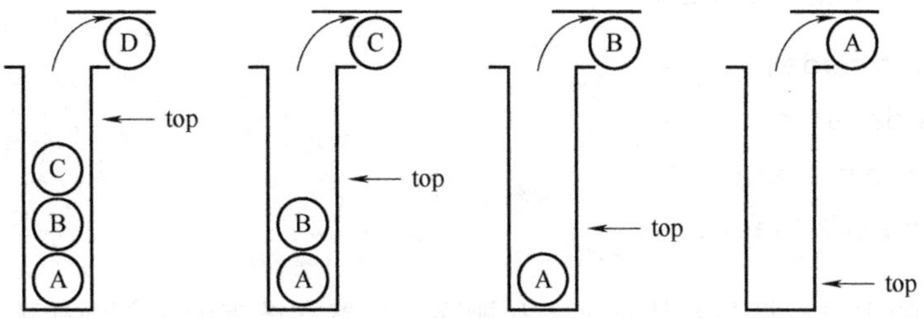

图3-8 出栈操作过程

算法 3.6　顺序栈的出栈算法

```
Status Pop(SqStack * S,SElemType * e){
/* 若栈不空,则删除 S 的栈顶元素,用 e 返回其值,并返回 OK;否则返回 ERROR */
    if((* S).top == (* S).base)
        return ERROR;
    * e = * -- (* S).top;
    return OK;
}
```

在解决一些问题时，可能需要同时使用多个同类型的栈。为了使每个栈在算法运行过程中不会溢出，要为每个栈顶置一个较大的栈空间。这样做往往造成空间的浪费。实际上，在算法执行的过程中，各个栈一般不会同时满，很可能有的满而有的空。因此，如果我们让多个栈共享同一个数组空间，动态地互相调剂，将会提高空间的利用率，并减少发生栈上溢的可能性。假设存在两个栈共享一个数组空间 S[0..N-1]，利用栈底位置不变的特性，可以将两个栈的栈底分别设在数组空间的两端，然后各自向中间伸展，如图 3-9 所示。这两个栈的栈顶 top1 和 top2 的初值分别为 0 和 N-1。只有当两个栈的栈顶相遇，即 top1 + 1 = top2 时才可能发生上溢。由于两个栈之间可以互补余缺，因此每个栈实际可用的最大空间往往大于 N/2。

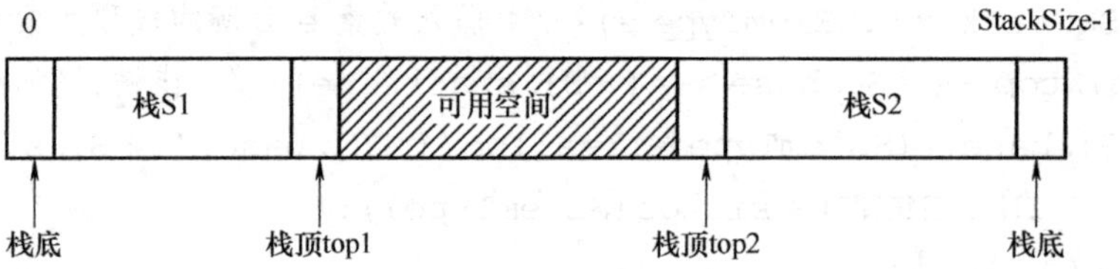

图 3-9　两个栈共享同一存储空间示意图

当两个栈共享同一存储空间时，可以看作是一个双向栈。双向栈其实和单向栈原理相同，只是在一个存储空间内，两个栈顶头对头地放在一起，可以充分利用中间的空间。有关双向栈的定义及基本运算的实现留给读者思考。

尽管可将多个栈共享一个数组，但数组长度仍需事先分配。实际上，需使用多个栈时，最好采用链式存储结构，这样可以根据需要进行扩展和收缩。

2. 链栈

用链式存储结构实现的栈称为链栈。通常链栈用单链表表示，因此其结点结构与单链表的结构相同。链栈结点类型描述如下：

```
typedef struct node{
    ElemType data;
    struct node * next;
}StackNode, * LinkStack;
```

因为，栈中的主要运算是在栈顶插入和删除，显然在链表的头部做栈顶是最方便的，而且没有必要像单链表那样为了运算方便附加一个头结点。链栈的结构图如图 3-10 所示。

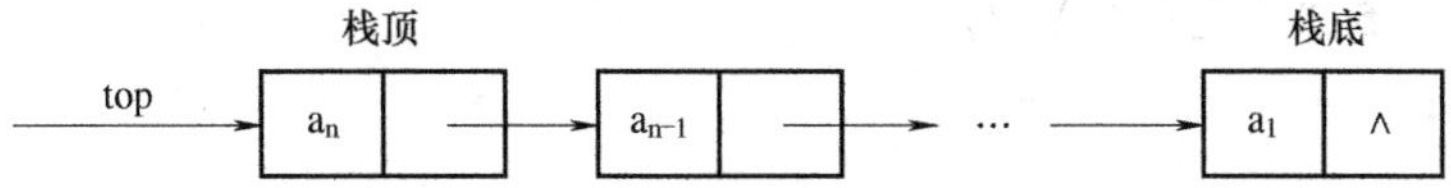

图 3-10　链栈的结构图

由于栈的操作是线性表操作的特例，所以链栈的操作与单链表类似，易于实现，在此不做详细讨论。

3.1.4　案例实现——回文的判断

【例 3-1】　给定任意一个字符串，判定其是否为回文，若“是”输出 YES，若“否”则输出 NO。

【程序设计说明】

设串长为 len，取 mid = len/2-1。若 len 为偶数时，后一半串的开始字符的下标为 mid+1，否则为 mid+2（注意：C 语言下标从 0 开始，len/2 按 C 语言的除法进行运算，向下取整），即前一半字符的下标是从 0 到 mid，后一半字符的下标是从 mid+1（偶数个字符时）或 mid+2（奇数个字符）到 len-1。例如，“abba”前一半字符的下标是从 0 到 1，后一半字符的下标是从 2 到 3；“aabaa”前一半字符的下标是从 0 到 1，后一半字符的下标是从 3 到 4，因为奇数个字符时，中间那个不用判定。

整个算法就可以描述为：把从 0 到 mid 的字符入栈，弹出后与后一半比较，不同则终止，相同则继续。如果提前终止就输出 NO，否则就输出 YES。

【主函数源代码】

```
int main(){
    SqStack s;    char a[STACK_INIT_SIZE];
    int i,len,mid,next;    char e;
    InitStack(&s);
    gets(a);
    len =strlen(a);
    mid =len/2 -1;
    if(len%2 ==0)  next =mid +1; //找后一半串的开始字符的下标,取为 next
    else         xt =mid +2;
    for(i =0;i < =mid;i ++)        //前一半串入栈
        Push(&s,a[i]);
    //弹出前一半串,得到反序,与后一半比较,即折叠后对应的字符
    for(i =next;i <len;i ++){
        Pop(&s,&e);
        if(a[i]! =e)   break;
    }
    if(StackEmpty(s))  printf("是回文\n");//栈空表示全部比较完成都相同
```

```
    else printf("不是回文\n");
    return 0;
}
```

【程序运行结果】（见图 3-11）

```
请输入字符串:
abcddcba
是回文

请输入字符串:
hello
不是回文
```

图 3-11　例 3-1 的运行结果

本例题还可以直接用一个主函数来实现，代码如下：

```
#include <stdio.h>
#include <string.h>
#define MAXSIZE 100   /*MAXSIZE 表示栈的最大容量*/
int main(){
    char  a[MAXSIZE],b[MAXSIZE/2];
    int i,len,mid,next,top;
    gets(a);
    len=strlen(a);
    mid=len/2-1;
    if(len%2==0)  next=mid+1;
    else  next=mid+2;
    top=0;
    for(i=0;i<=mid;i++)
        b[++top]=a[i];
    for(i=next;i<len;i++){
        top--;       //这里不用考虑 top<=0的情况,请大家自己思考原因
        if(a[i]!=b[top])  break;
    }
    if(top==0)  printf("是回文\n");
    else  printf("不是回文\n");
    getchar();  getchar();
    return 0;
}
```

刚开始，很多人喜欢后面这种程序，但是从程序开发维护的角度来说，前面的程序更好。当然本题还有更简单的解法，把整个字符串反转，再利用 strcmp( ) 函数比较是否相同，

但那样算法的时间复杂度和空间复杂度就不一样了。

归纳：当应用程序中需要数据的顺序与数据保存顺序相反时，栈具有这种翻转能力，可利用栈实现。

3.2 队列

3.2.1 案例导引

【案例】

舞伴问题：假设在周末舞会上，男士们和女士们进入舞厅时各自排成一队。跳舞开始时，依次从男队和女队的队头各出一人配成舞伴，如图 3-12 所示。若两队初始人数不相同，则较长的那一队中未配对者等待下一轮舞曲。请编写程序，列出进入舞池的舞伴名单。

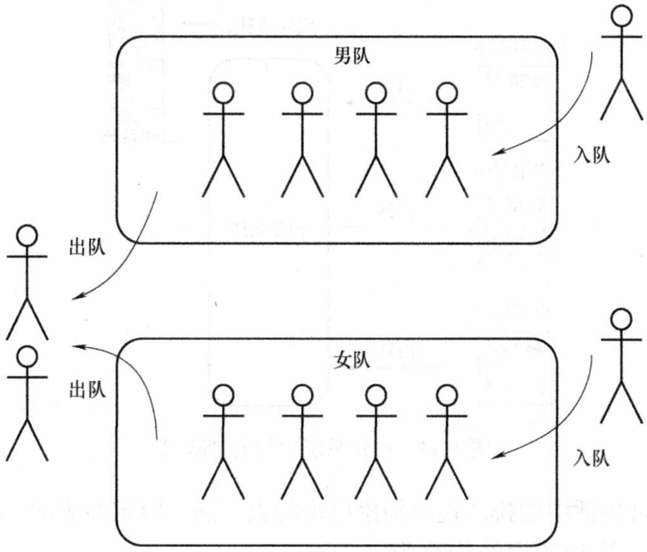

图 3-12 舞伴问题示意图

【案例分析】

先入队的先出队配成舞伴，后入队的后出队配成舞伴，这具有“先入先出”的特性。这就需要这一节所学的队列的知识来解决。

3.2.2 队列的定义及运算

前面所讲的栈是一种“后进先出”的数据结构，而在实际问题中还经常使用一种“先进先出”（First In First Out，FIFO）的数据结构。

在生活中，经常遇到下列情况：

到医院看病，首先需要到挂号处挂号，然后按号码顺序就诊，如图 3-13 所示。

在 Windows 这类多任务的操作系统环境中，每个应用程序响应一系列的“消息”，像用

图 3-13　医院挂号示意图

户单击图标、拖动窗口这些操作都会导致向应用程序发送消息。为此，系统将为每个应用程序创建一个队列，用来存放发送给该应用程序的所有消息。应用程序的处理过程就是不断地从队列中读取消息，并依次给予响应，如图 3-14 所示。

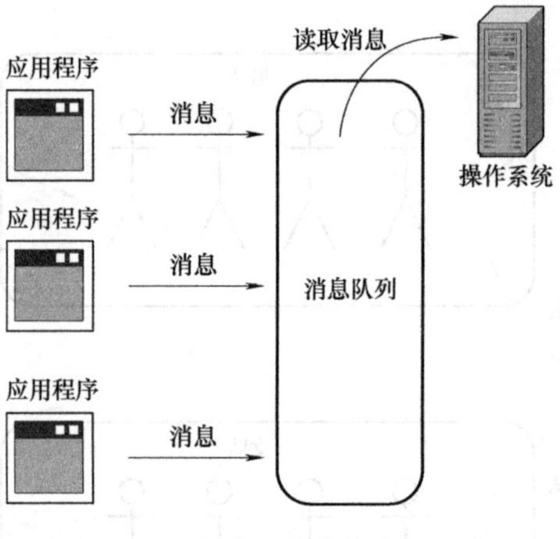

图 3-14　操作系统中的消息队列

队列就是从日常生活中的排队现象抽象出来的表。插入限定在表的一端进行，删除限定在表的另一端进行，这种数据结构称为队或队列。允许插入的一端叫作队尾，允许删除的一端叫作队头。这种表也称为先进先出（FIFO）表。如图 3-15 所示是一个有 5 个元素的队列。入队的顺序依次为 a_1、a_2、a_3、a_4、a_5，出队时的顺序依然是 a_1、a_2、a_3、a_4、a_5。

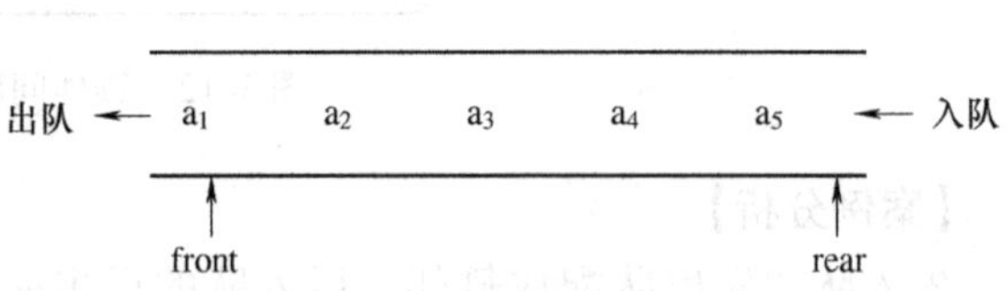

图 3-15　队列示意图

队列和栈的操作类似，其插入和删除操作都限定在表的端点处进行。队列的主要运算有以下几种：

1）InitQueue(Q)：置空队，即构造一个空队列 Q。

2）QueueEmpty(Q)：判断队列是否为空，即若队列 Q 为空，则返回真值，否则返回假值。

3）QueueFull(Q)：判断队满否，即若队列 Q 为满，则返回真值，否则返回假值。

4）EnQueue(Q,x)：入队，即若队列 Q 非满，则将元素 x 插入 Q 的队尾。

5）OutQueue(Q,&x)：出队，即若队列 Q 非空，则删去 Q 的队头元素，并返回该元素。

6）QueueFront(Q)：取队头元素，即若队列 Q 非空，则返回队头元素，但不改变队列 Q 的状态。

其中，QueueFull(Q) 运算只适应于采用顺序存储结构的队列。

3.2.3　队列的存储结构及运算实现

与线性表、栈类似，队列也可采用顺序存储和链式存储两种存储方法。

1. 顺序队列与循环队列

顺序存储的队列称为顺序队列。和顺序表一样，顺序队列用一个数组空间来存放当前队列中的元素。因为插入和删除操作分别在队头和队尾进行，所以，需设置两个指针 front 和 rear 分别指示队头元素和队尾元素，并约定：在非空队列里，队头指针指向队头元素，队尾指针指向队尾元素的下一个位置。顺序队列的类型定义如下：

```
#define MAX_QSIZE 5          /*最大队列长度+1*/
typedef struct{
    QElemType *base;         /*初始化的动态分配存储空间*/
    int front;               /*头指针,若队列不空,指向队列头元素*/
    int rear;                /*尾指针,若队列不空,指向队列尾元素的下一个位置*/
}SqQueue;
```

可定义一个队列 SqQueue Q 或定义一个指向队的指针变量 SqQueue *sq，则队列的数据区为 sq→base[0] ~ sq→base[MAX_QSIZE -1]，队头指针为 sq→front，队尾指针为 sq→rear。它们的初值在队列初始化时均应置为0，即 sq→front = sq→rear =0。在不考虑溢出的情况下，入队时，将新元素插入 rear 所指的位置，然后将 rear 加 1，即 sq→base[sq→rear] = x; sq→rear ++；出队时，删去 front 所指的元素，然后将 front 加 1，即 x = sq→base[sq→front]; sq→front ++；当头尾指针相等时，队列为空。

按照上述思想建立的空队及入队和出队示意图如图 3-16 所示。队列初始情况如图 3-16a 所示，front 指向队首元素 a，rear 指向队尾元素 e 的下一个位置；当元素 f、g、h 入队之后，队列结构如图 3-16b 所示，每当一个元素入队，该元素放置在 rear 指向的位置，rear 向后移动；当 a、b 分别出队之后，队列结构如图 3-16c 所示，每当一个元素出队，删除 front 指向的元素，front 向后移动。当 c、d、e、f、g、h 分别出队之后，队列结构如图 3-16d 所示，此时队列为空。

从图 3-16 中可以看到，随着入队/出队的进行，出现了图 3-16c 中的现象：队尾指针已经移到了最后，再有元素入队就会出现溢出，而事实上，此时队中并未真的“满员”，这种现象被称为“假溢出”。克服假溢出的方法有两种。一种是将队列中的所有元素均向低地址区移动，显然这种方法需移动大量的元素，很费时。为提高运算效率，我们采用另一种方法来表达数组中各元素的位置关系。将数组存储区看成是一个首尾相接的环形区域。当存放到下标 MAX_ QSIZE -1 位置（队列存储空间的最后一个位置）后，下一个下标位置就“翻

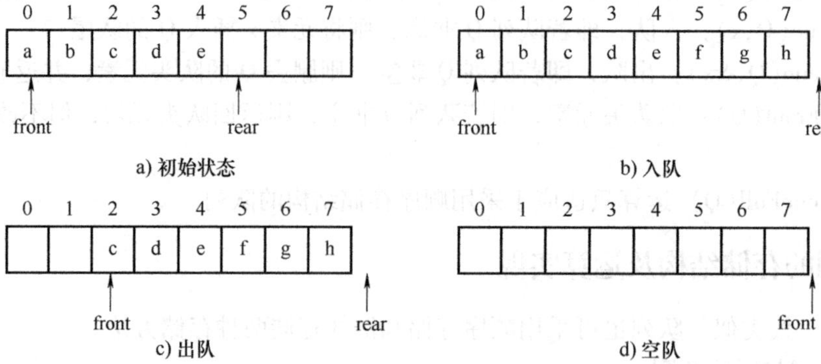

图 3-16 队列的基本操作示意图

转”为0。即 sq→base[0]接在 sq→base[MAX_QSIZE-1]的后面。在结构上采用这种技巧来存储的队列称为循环队列，这种意义下的数组称为循环数组，如图 3-17a 所示。

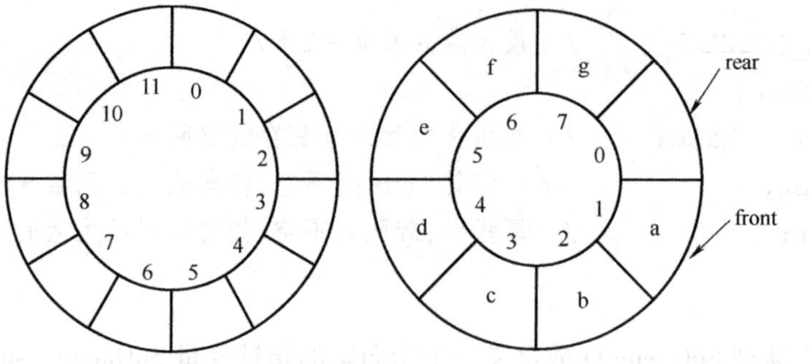

a) 循环数组 b) 循环队列

图 3-17 循环数组和循环队列

用循环数组实现队列时，是将队列中从队头到队尾的元素按顺时针方向存放在循环数组中一段连续的单元中，如图 3-17b 所示。当需要将新元素入队时，可将新元素存入 sq→rear 指示的单元中，同时将队尾指针 sq→rear 按顺时针方向移一位，即 sq→rear 加 1；出队时，只要将队头指针 sq→front 依顺时针方向移一位，即 sq→front 加 1 即可。执行一系列的入队与出队运算，将使整个队列在循环数组中按顺时针方向移动。因为是头尾相接的循环结构，入队时的队尾指针加 1 操作修改为 sq→rear = (sq→rear + 1)% MAX_QSIZE；出队时的队头指针加 1 操作修改为 sq→front = (sq→front + 1)% MAX_QSIZE。

从图 3-18 所示的循环队列可以看出：

1）图 3-18a 中无元素为队空，Q. front = Q. rear = 0。

2）图 3-18b 中有 MAX_QSIZE = 8 个元素，队满 Q. front = Q. rear。

由此可以发现一个问题：“队满”和“队空”的条件相同。怎么解决这一问题呢？

解决的方法至少有三种：其一，另设一个布尔变量以匹配队列的空和满；其二，附设一个存储队中元素个数的变量 count，当 count = 0 时队空，当 count = MAX_QSIZE 时为队满；其三，少用一个元素空间，即大小为 MAX_QSIZE 的循环队列最多有 MAX_QSIZE - 1 个元素，当队尾指针加 1 从后面赶上队头指针时，就认为是队满状态。

这里采用第三种方法，队满的条件是(sq→rear + 1)% MAX_QSIZE = = sq→front，如图3-19所示。

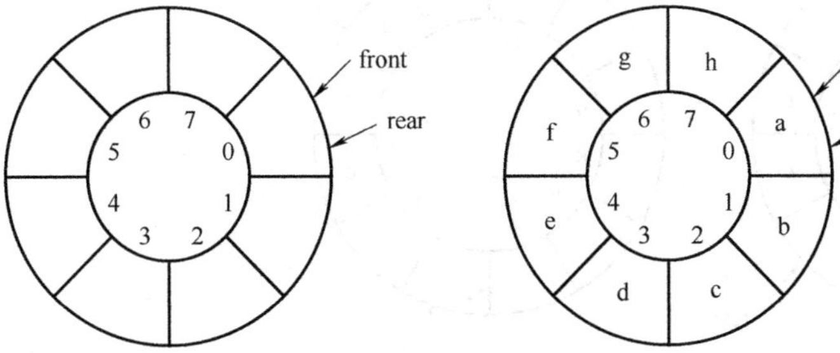

a) 队空　　b) 队满

图3-18　循环队列

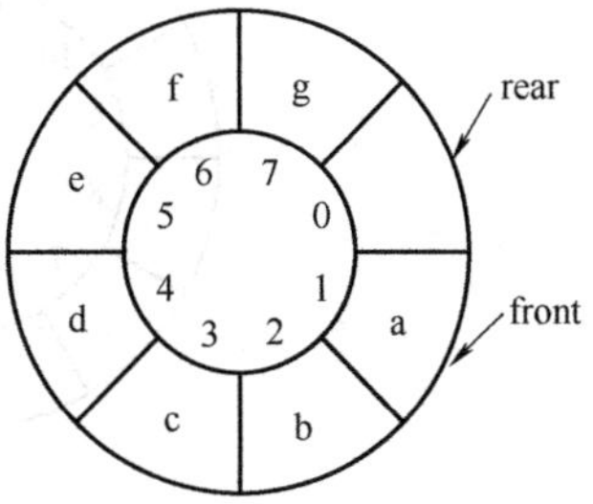

图3-19　循环队列队满示意图

基于上述思想，下面给出循环队列基本运算的实现。

(1) 循环队列的初始化操作

算法3.7　循环队列的初始化算法

```
void InitQueue(SqQueue *Q){ /*构造一个空队列 Q*/
    (*Q).base=(QElemType*)malloc(MAX_QSIZE*sizeof(QElemType));
    if(!(*Q).base)          /*存储分配失败*/
        exit(OVERFLOW);
    (*Q).front=(*Q).rear=0;
}
```

(2) 循环队列的判断队列空操作

算法3.8　循环队列的判断队列空算法

```
Status QueueEmpty(SqQueue Q){
    /*若队列 Q 为空队列,则返回 TRUE;否则返回 FALSE*/
    if(Q.front==Q.rear)/*队列空的标志*/
        return TRUE;
    else    return FALSE;
}
```

(3) 循环队列的判断队列满操作

算法3.9　循环队列的判断队列满算法

```
int QueueFull(SqQueue *Q){
    if(((*Q).rear+1)%MAX_QSIZE==(*Q).front)    return 1;/*队满*/
    else    return 0;
}
```

(4) 循环队列的入队操作　循环队列入队过程如图 3-20 所示。

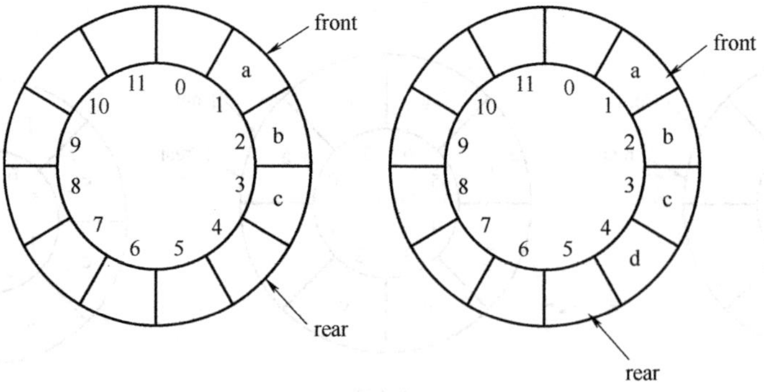

a) 初始状态　　b) 元素d入队

图 3-20　循环队列入队过程

算法 3.10　循环队列的入队算法

```
Status EnQueue(SqQueue * Q,QElemType e){ / * 插入元素 e 为 Q 的新的队尾元素 * /
    if(((* Q).rear +1)%MAX_QSIZE == (* Q).front)/ * 队列满 * /
        return ERROR;                           / * 队列满 * /
    (* Q).base[(* Q).rear] =e;
    (* Q).rear = ((* Q).rear +1)%MAX_QSIZE;
    return OK;
}
```

(5) 循环队列的出队操作　循环队列出队过程如图 3-21 所示。

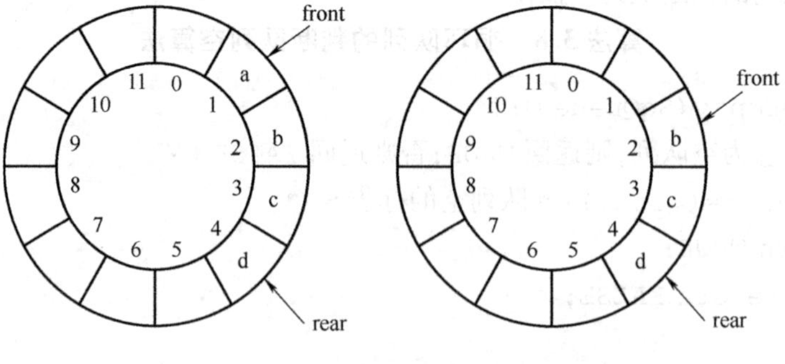

a) 初始状态　　b) 元素a出队

图 3-21　循环队列出队过程

算法 3.11　循环队列的出队算法

```
Status DeQueue(SqQueue * Q,QElemType * e){
/ * 若队列不空,则删除 Q 的队头元素,用 e 返回其值,并返回 OK;否则返回 ERROR * /
    if((* Q).front == (* Q).rear)/ * 队列空 * /
```

```
        return ERROR;
    *e=(*Q).base[(*Q).front];
    (*Q).front=((*Q).front+1)%MAX_QSIZE;
    return OK;
}
```

循环队列最常见的用途是在操作系统中，用于保存读/写磁盘文件（或控制台）的信息。实时应用程序中也使用循环队列。例如，键盘处理程序就用到循环队列。在任何时间，只要用户按一下键盘上的键，计算机都要停下正在进行的工作而进入键盘处理程序，等输入的字符处理完毕再继续进行原来的工作。如果该运行程序需要边运行边接收从键盘输入的数据，而用户在程序接收数据期间又输入一批数据，这时计算机需要停下运行程序，启动键盘处理程序处理数据，而运行程序无法接收数据，可能会造成数据的丢失。解决的办法是，设置一个循环的键盘缓冲区，键盘处理程序依次把随时输入的数据存入缓冲区，运行程序需要数据时，按“先来先服务”的原则依次从缓冲区中取出数据，这样就可使运行程序与键盘处理程序之间协调工作。显然，键盘缓冲区就是一个循环队列。

2. 链队列

对于单个队列而言，如果事先知道问题的最大规模，采用顺序存储结构实现各种操作十分简单。但当事先不能估计问题规模的大小或要实现多个队列共享内存时，选择链式存储结构则更为合适。

用链表表示的队称为链队列。和链栈类似，用单链表来实现链队列。为了操作上的方便，附设一个头结点，设置一个指针 front 指向链队的头结点。此外，由于入队操作在队尾进行，所以另设一尾指针 rear 来指向链队的最后一个结点（队尾），可以使入队操作不必从头到尾检查整个表，从而提高运算的效率。链队列如图 3-22 所示。

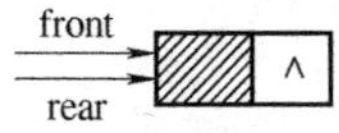

a) 空链队列

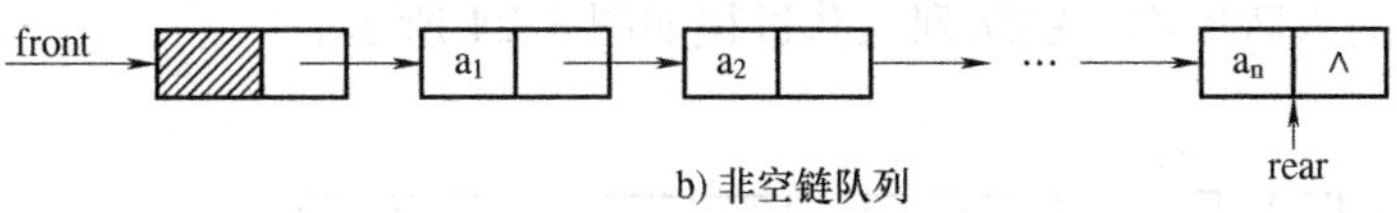

b) 非空链队列

图 3-22 链队列示意图

链队列的结构描述如下：

```
typedef struct QNode{
    QElemType data;
    struct QNode *next;
}QNode,*QueuePtr;
typedef struct{
```

```
    QueuePtr front,rear;/*队头、队尾指针*/
}LinkQueue;
```

按这种思想建立的带头结点的链队列如图 3-23 所示。

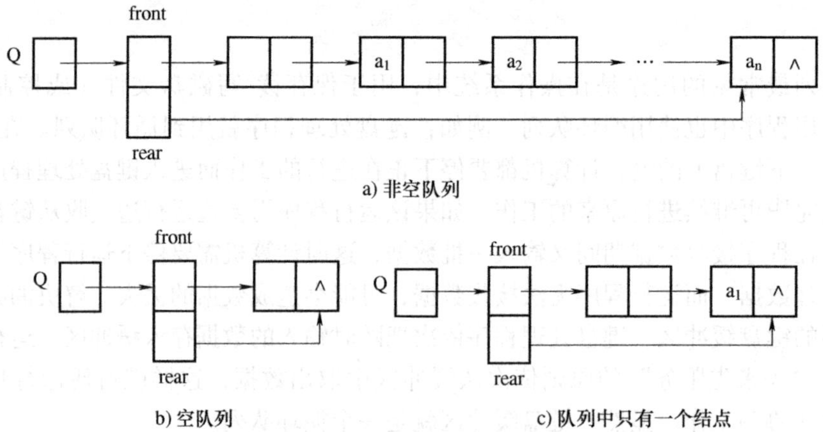

图 3-23　头尾指针封装在一起的链队列

链队列的基本运算的实现如下：

（1）创建一个带头结点的空队列

算法 3.12　链队列的初始化算法

```
void InitQueue(LinkQueue *Q){ /*构造一个空队列 Q*/
    (*Q).front=(*Q).rear=(QueuePtr)malloc(sizeof(QNode));
    if(!(*Q).front)
        exit(OVERFLOW);
    (*Q).front->next=NULL;
}
```

（2）链队列的入队操作　链队列入队过程如图 3-24 所示。

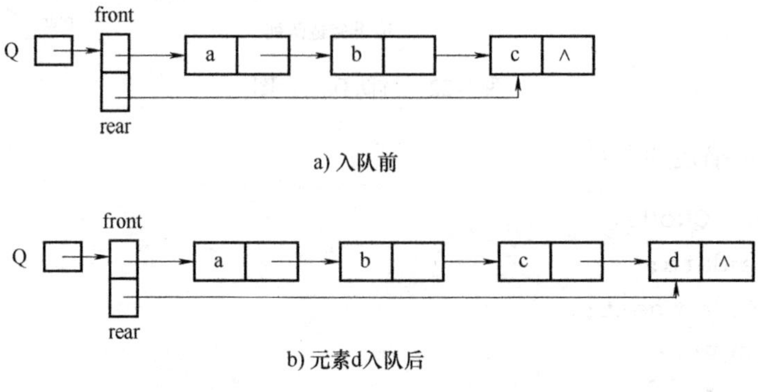

图 3-24　链队列入队过程

算法 3.13 链队列的入队算法

```
void EnQueue(LinkQueue *Q,QElemType e){ /*插入元素 e 为 Q 的新的队尾元素*/
    QueuePtr p=(QueuePtr)malloc(sizeof(QNode));//申请新的结点空间
    if(!p)                                      /*存储分配失败*/
        exit(OVERFLOW);
    p->data=e;
    p->next=NULL;
    (*Q).rear->next=p;                          //队尾元素的后继元素为
                                                  新入队的结点
    (*Q).rear=p;                                //rear 指向新入队的结点
}
```

（3）链队列的判断队空操作

算法 3.14 链队列的判断队空算法

```
Status QueueEmpty(LinkQueue Q){ /*若 Q 为空队列,则返回 TRUE,否则返回 FALSE*/
    if(Q.front->next==NULL)
        return TRUE;
    else        return FALSE;
}
```

（4）链队列的出队操作　链队列出队过程如图 3-25 所示。

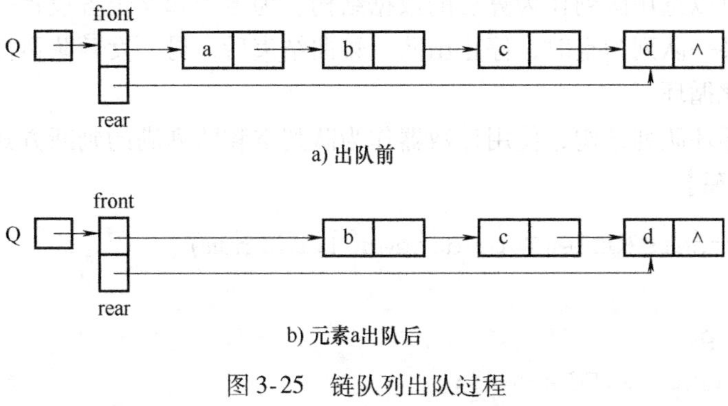

图 3-25　链队列出队过程

算法 3.15 链队列的出队算法

```
Status DeQueue(LinkQueue *Q,QElemType *e){
/*若队列不空,删除 Q 的队头元素,用 e 返回其值,并返回 OK,否则返回 ERROR*/
    QueuePtr p;
    if((*Q).front==(*Q).rear)//队列为空
        return ERROR;
    p=(*Q).front->next;//p 指向队列中第 1 个结点
```

```
    *e=p->data;
    (*Q).front->next=p->next;//头结点指针域指向第 2 个结点
    if((*Q).rear==p)//如果队列只有一个结点,出队之后,队列变为空队列
        (*Q).rear=(*Q).front;
    free(p);
    return OK;
}
```

在出队算法中，一般只需修改队头指针。但当原队列中只有一个结点时，该结点既是队头也是队尾，故删去此结点时，会把尾指针丢失，因此，需修改尾指针。上述算法的时间复杂性均为 O(1)。

3.2.4 案例实现——舞伴问题

队列的应用也很广泛，凡是可以抽象为“先来先服务”的处理过程的，都可用队列来模拟实现。

【例 3-2】 舞伴问题。

假设在周末舞会上，男士们和女士们进入舞厅时，各自排成一队。跳舞开始时，依次从男队和女队的队头各出一人配成舞伴。若两队初始人数不相同，则较长的那一队中未配对者等待下一轮舞曲。请编写程序，列出进入舞池的舞伴名单。

【程序设计说明】

由题目可知，先入队的男士和先入队的女士会先出队配成舞伴。因此，本问题具有典型的先进先出性，可以选用队列作为算法的数据结构。为男士和女士各设置一个队列，两个队列同时出队，当某一队列为空时，停止出队。舞曲结束后，男、女两队再按照原来出队的序列依次入队，依此循环。

本案例采用循环队列结构，使用计数器作为队列空和队列满的判断方式。

【主函数源代码】

```
void DancePartners(QElemType dancer[],int num){
    int i;
    QElemType p;
    SqQueue Mdancers,Fdancers;
    InitQueue(&Mdancers);                          /*男士队列初始化*/
    InitQueue(&Fdancers);                          /*女士队列初始化*/
    for(i=0;i<num;i++){
        p=dancer[i];
        if(p.sex=='F')  EnQueue(&Fdancers,p);      /*排入女队*/
        else  EnQueue(&Mdancers,p);                /*排入男队*/
    }
    printf("第一轮舞伴是:\n");
```

```
while(!QueueEmpty(Fdancers)&&! QueueEmpty(Mdancers)){
    DeQueue(&Fdancers,&p);            /*女士出队*/
    printf("%-20s",p.name);           /*打印出队女士名*/
    DeQueue(&Mdancers,&p);            /*男士出队*/
    printf("%s\n",p.name);            /*打印出队男士名*/
}
if(!QueueEmpty(Fdancers)){            /*输出女队剩余人数及队头女士的名字*/
    printf("\n还有%d位女士没有轮到\n",QueueLength(Fdancers));
    GetHead(Fdancers,&p);             /*取队头*/
    printf("%s将第一个得到舞伴\n",p.name);
}
else if(!QueueEmpty(Mdancers)){       /*输出男队剩余人数及队头男士的名字*/
    printf("\n还有%d位男士没有轮到\n",QueueLength(Mdancers));
    GetHead(Mdancers,&p);             /*取队头*/
    printf("%s将第一个得到舞伴\n",p.name);
}
for(i=0;i<num;i++){
    p=dancer[i];
if(p.sex=='F')
    EnQueue(&Fdancers,p);             /*排入女队*/
else
    EnQueue(&Mdancers,p);             /*排入男队*/
}
printf("第二轮舞伴是:\n");
while(!QueueEmpty(Fdancers)&& ! QueueEmpty(Mdancers)){
    DeQueue(&Fdancers,&p);            /*女士出队*/
    printf("%-20s",p.namc);           /*打印出队女士名*/
    DeQueue(&Mdancers,&p);            /*男士出队*/
    printf("%s\n",p.name);            /*打印出队男士名*/
}
if(!QueueEmpty(Fdancers)){            /*输出女队剩余人数及队头女士的名字*/
    printf("\n还有%d位女士只跳过一轮\n",QueueLength(Fdancers));
    GetHead(Fdancers,&p);             /*取队头*/
    printf("%s将第一个得到舞伴\n",p.name);
} else if(!QueueEmpty(Mdancers)){     /*输出男队剩余人数及队头男士的名字*/
    printf("\n还有%d位男士只跳过一轮\n",QueueLength(Mdancers));
    GetHead(Mdancers,&p);             /*取队头*/
    printf("%s将第一个得到舞伴\n",p.name);
```

```
    }
}
int main(){
    QElemType dancer[12];         /*输入人员姓名、性别*/
    strcpy(dancer[0].name,"周志奇");dancer[0].sex='M';
    strcpy(dancer[1].name,"章明真");dancer[1].sex='F';
    strcpy(dancer[2].name,"赵晓玲");dancer[2].sex='F';
    strcpy(dancer[3].name,"谢式城");dancer[3].sex='M';
    strcpy(dancer[4].name,"王永辉");dancer[4].sex='M';
    strcpy(dancer[5].name,"田佳美");dancer[5].sex='F';
    strcpy(dancer[6].name,"郑文静");dancer[6].sex='F';
    strcpy(dancer[7].name,"吴语谦");dancer[7].sex='M';
    strcpy(dancer[8].name,"方正宇");dancer[8].sex='M';
    strcpy(dancer[9].name,"肖静琪");dancer[9].sex='F';
    strcpy(dancer[10].name,"盛子豪");dancer[10].sex='M';
    strcpy(dancer[11].name,"刘浩轩");dancer[11].sex='M';
    DancePartners(dancer,12);
    return 0;
}
```

【程序运行结果】 （见图3-26）

```
第一轮舞伴是:
章明真              周志奇
赵晓玲              谢式城
田佳美              王永辉
郑文静              吴语谦
肖静琪              方正宇

还有2位男士没有轮到
盛子豪将第一个得到舞伴
第二轮舞伴是:
章明真              盛子豪
赵晓玲              刘浩轩
田佳美              周志奇
郑文静              谢式城
肖静琪              王永辉

还有4位男士只跳过一轮
吴语谦将第一个得到舞伴
```

图3-26　例3-2运行结果

本章总结

栈和队列是两种常见的数据结构，它们都是运算受限的线性表。栈的插入和删除均是在栈顶进行，它是“后进先出”的线性表；队列的插入在队尾，删除在队头，它是“先进先出”的线性表。在具有“后进先出”或“先进先出”特性的实际问题中，可以使用栈或队列这两种数据结构来求解。

和线性表类似，依据存储表示的不同，栈有顺序栈和链栈之分，队列有顺序队列和链队列两种，而实际中使用的顺序队列是循环队列。本章分别介绍顺序栈、循环队列和链队列的基本运算，建议读者掌握。

习 题 3

一、选择题

1. 一个栈的入栈序列是 a，b，c，d，e，则不可能的输出序列是（　　）。

A. edcba　　B. decba　　C. dceab　　D. abcde

2. 若已知一个栈的入栈序列是 1,2,3,…,n，其输出序列为 $p_1, p_2, p_3, \cdots, p_n$，若 $p_1 = n$，则 p_i 为（　　）。

A. i　　B. n = i　　C. n - i + 1　　D. 不确定

3. 栈结构通常采用的两种存储结构是（　　）。

A. 顺序存储结构和链式存储结构　　B. 散列方式和索引方式

C. 链表存储结构和数组　　D. 线性存储结构和非线性存储结构

4. 判定一个顺序栈 ST（最多元素为 m0）为空的条件是（　　）。

A. top! = 0　　B. top = = 0　　C. top ! = m0　　D. top = = m0 - 1

5. 判定一个顺序栈 ST（最多元素为 m0）为栈满的条件是（　　）。

A. top! = 0　　B. top = = 0　　C. top! = m0　　D. top = = m0 - 1

6. 栈的特点是（　　），队列的特点是（　　）。

A. 先进先出　　B. 先进后出

7. 向一个栈顶指针为 HS 的链栈（不带空的头结点）中插入一个 s 所指结点时，则执行（　　）。

A. HS→next = s;　　B. B. s→next = HS→next; HS→next = s;

C. s→next = HS; HS = s;　　D. s→next = HS; HS = HS→next;

8. 从一个栈顶指针为 HS 的链栈（不带空的头结点）中删除一个结点时，用 x 保存被删结点的值，则执行（　　）。

A. x = HS; HS = HS→next;　　B. x = HS→data;

C. HS = HS→next; x = HS→data;　　D. x = HS→data; HS = HS→next;

9. 一个队列的数据入列序列是 1,2,3,4，则队列出队时的输出序列是（　　）。

A. 4,3,2,1　　B. 1,2,3,4　　C. 1,4,3,2　　D. 3,2,4,1

10. 判定一个循环队列 QU（最多元素为 m0）为空的条件是（　　）。

A. rear - front = = m0　　B. rear - front - 1 = = m0

C. front = = rear　　D. front = = rear + 1

11. 判定一个循环队列 QU（最多元素为 m0, m0 = = Maxsize - 1）为满队列的条件是(　　)。

A. ((rear - front) + Maxsize) % Maxsize = = m0

B. rear - front - 1 = = m0

C. front = = rear

D. front = = rear + 1

12. 循环队列用数组 A[0,m-1]存放其元素值，已知其头尾指针分别是 front 和 rear，则当前队列中的元素个数是（　　）。

A. (rear - front + m)%m　B. rear - front + 1　C. rear - front - 1　D. rear - front

13. 栈和队列的共同点是（　　）。

A. 都是先进后出　B. 都是先进先出

C. 只允许在端点处插入和删除元素　D. 没有共同点

二、填空题

1. 栈和队列都是________结构，栈只能在________插入和删除元素，队列只能在________插入元素和________删除元素。

2. 向栈中压入元素的操作是________。

3. 对栈进行退栈时的操作是________。

4. 在一个循环队列中，队首指针指向队首元素的________。

5. 从循环队列中删除一个元素时，其操作是________。

6. 在具有 n 个单元的循环队列中，队满时共有______个元素。

7. 一个栈的输入序列是 1,2,3,4,5，则栈的输出序列 4,3,5,1,2 是________。

8. 一个栈的输入序列是 1,2,3,4,5，则栈的输出序列 1,2,3,4,5 是________。

三、简答题

1. 说明线性表、栈与队的异同点。

2. 设有编号为 1、2、3、4 的四辆列车，顺序进入一个栈式结构的车站，具体写出这四辆列车开出车站的所有可能的顺序。

3. 判断栈、队列是否适合下列的任务，或者两者都不适合，请说明原因。

（1）自助食堂的一堆碟子，自上而下被拿走使用。

（2）餐厅中等待用餐的人排成的队。

（3）一个按照大写字母顺序排列着名字和电话号码的地址簿。

（4）等待被分出等级的一组学生测试成绩。

4. 循环队列的优点是什么？如何判别它的空和满？

5. 设循环队列的容量为 40（序号为 0~39），现经过一系列的入队和出队运算后，有① front = 11，rear = 19；② front = 19，rear = 11；问：在这两种情况下，循环队列中各有元素多少个？

四、算法设计题

1. 输入一个任意的非负十进制整数，输出与其等值的八进制数。

2. 假设以带头结点的循环链表表示队列，并且只设一个指针指向队尾元素结点（注意：不设头指针）。试编写相应的队列初始化、入队和出队的算法。

3. 如果用数组 Q[M] 表示循环队列时，该队列只有一个头指针 front，不设队尾指针 rear，而改设计数器 count 用以记录队列中结点的个数，规定 front 指向队首元素。

（1）写出队空和队满的条件。（2）写出实现队列的出队和入队操作的函数。

4. 写一个算法，借助于栈将一个单链表逆置。

5. 假设以带头结点的循环链表表示队列，并且只设一个指针 rear 指向队尾元素结点，不设队头指针。编写相应的队列初始化、入队和出队的算法。

第4章 串、数组、矩阵及广义表

知识导航

计算机程序处理的对象大部分都是字符串数据（字符串一般简称为串）。例如，在事务处理程序中，用户的姓名和地址以及商品的名称、产地和规格等一般也是作为字符串处理的。

然而，处理字符串数据比处理整数和浮点数要复杂得多。而且，在不同类型的计算机程序中，所处理的字符串具有不同的特点。要有效地实现字符串的处理，就必须根据具体情况使用合适的存储结构。本章将讨论一些基本的串处理操作和串的几种不同的存储结构。

线性表、栈、队列和串中的数据元素都是非结构的原子类型，元素的值是不再分解的。而数组和广义表中的数据元素本身也是一个数据结构。

数组可以分为一维数组和多维数组，一维数组中的元素是由原子构成的。多维数组中的元素又是一个线性表。因此，数组是一种特殊的线性表。矩阵问题是科学计算中常遇到的问题，矩阵在程序设计中通常采用数组结构存储。一些特殊矩阵也可采用一些特殊方法存储。

广义表是一种特殊的线性表，是线性表的扩展。广义表中的元素可以是单个元素，也可以是一个广义表。

这四种类型的数据结构如图 4-1 所示。

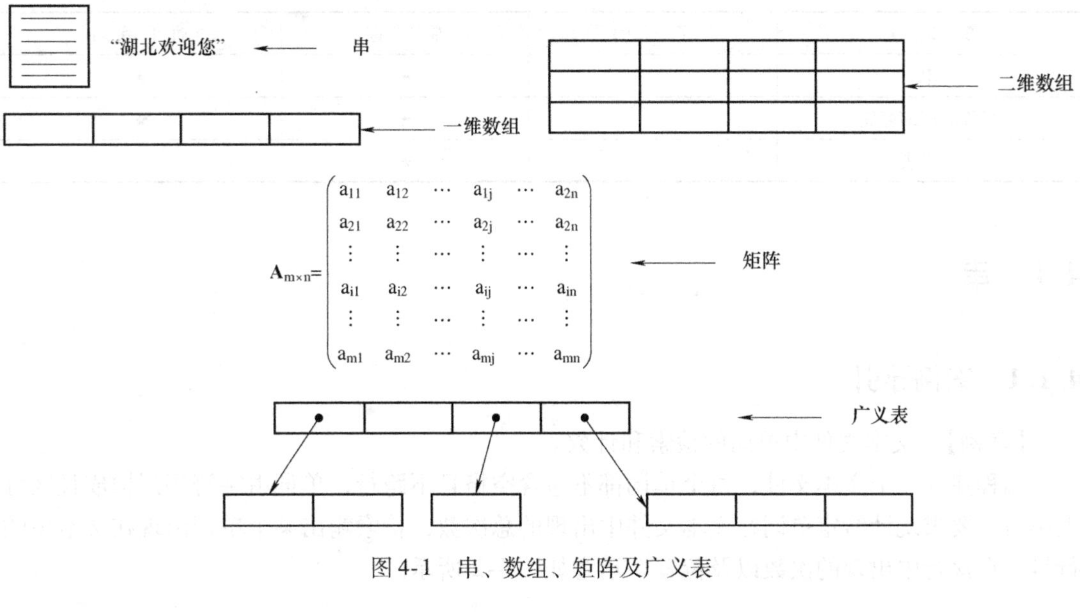

图 4-1 串、数组、矩阵及广义表

学习路线

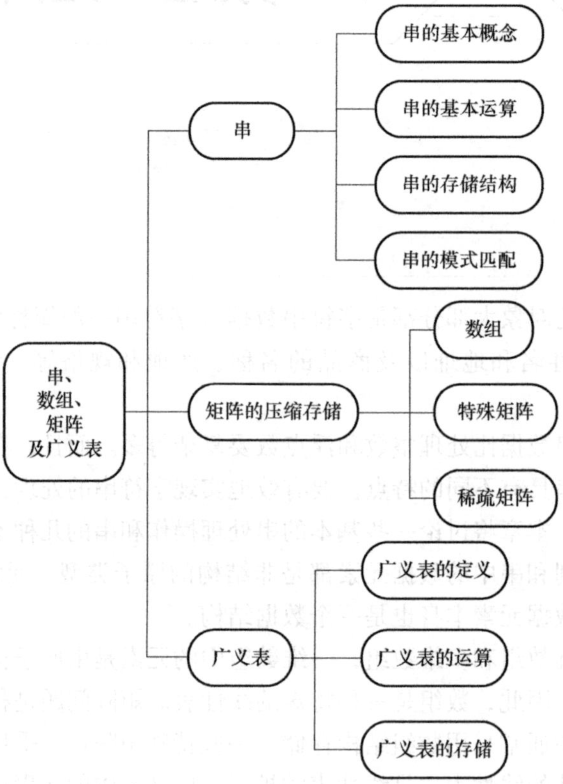

本章目标

知识点	了解	掌握	动手练习
串		★	★
矩阵的压缩存储		★	★
广义表		★	

4.1 串

4.1.1 案例导引

【案例】 文本文件中单词的检索和计数。

编程建立一个文本文件，每个单词都不包含空格且不跨行，单词由字符序列构成且区分大小写。要求统计给定单词在文本文件中出现的总次数，检索输出某个单词出现在文本中的行号、在该行中出现的次数以及位置。示意如图 4-2 所示。

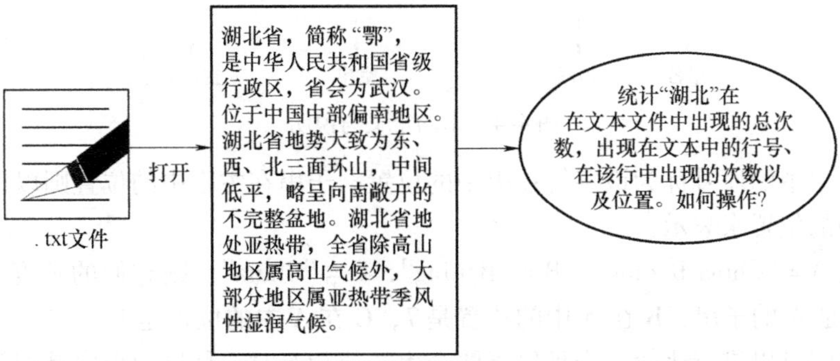

图4-2　文本文件中单词的检索和计数示意图

【案例分析】

本案例需要选择合适的结构存储文本文件的内容。文本文件的内容可以构成字符串，那么，这些字符串在内存中如何存储？如何实现对文本文件中单词的检索和计数？这些就是这一节要讲的串的知识。

4.1.2　串的基本概念

早期的计算机主要是用作科学和工程方面的计算。后来随着计算机的发展，非数值型数据的处理工作越来越多，于是有了字符串的概念。例如，在搜索引擎中搜索"数据结构"，在下面的列表中，如图4-3所示。会出现与"数据结构"相关的关键词这就是字符串的匹配操作。

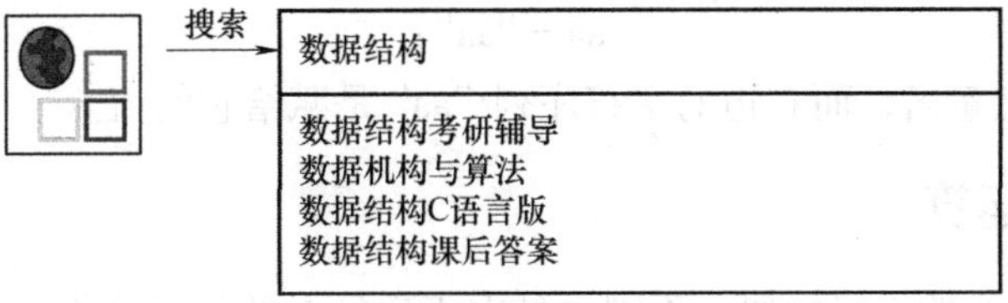

图4-3　搜索引擎中的搜索操作

串（string）是零个或多个字符组成的有限序列。一般记为

$$S = "a_0 a_1 a_2 \cdots a_{n-1}" \quad (n \geqslant 0)$$

其中，S是串的名字，用双引号括起来的字符序列 $a_0a_1\ a_2\cdots a_{n-1}$ 是串的值，$a_i(0 \leqslant i \leqslant n-1)$ 可以是字母、数字或其他字符（字符的序号从0开始，与C、C++和Java等语言的习惯一致）。在有些书中，字符串用单引号括起来，考虑到C语言中字符串的表示方法，本书采用双引号。

串中字符的个数称为串的**长度**，零个字符的串称为**空串**（null string），它的长度为0。图4-4给出了串的定义与说明。

需要区别的是：①值为空格的字符串的串长度不为0，空串长度为0；②值为单个字符的字符串不等同单个字符，如字符串 "a" 不等同字符 'a'。

串中任意个连续的字符组成的子序列称为该串的**子串**。包含子串的串相应地称为**主串**。

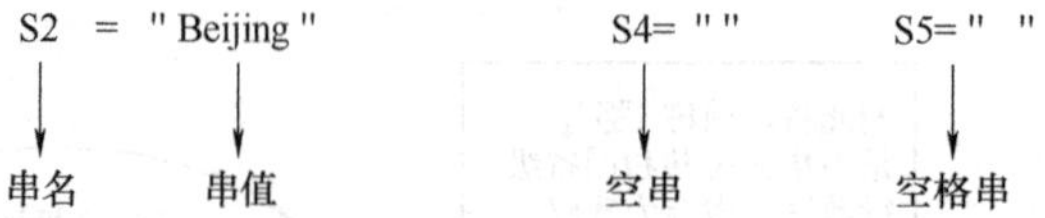

图 4-4 串的定义与说明

通常将字符在串中的序号称为该字符在串中的位置。子串在主串中的位置则以子串的第一个字符在主串中的位置来表示。

例如，设 A = "China Beijing"，B = "Beijing"，C = "China"，则它们的长度分别为 13、7 和 5。B 和 C 是 A 的子串，B 在 A 中的位置是 7，C 在 A 中的位置是 1。

两个串之间可以进行比较。当且仅当两个串的值相等时，称这两个串是相等的，即只有当两个串的长度相等，并且对应位置的字符都相同时才相等。例如：

$$a = "a_0 a_1 a_2 \ldots a_{m-1}" \quad (m > 0)$$

$$b = "b_0 b_1 b_2 \ldots b_{n-1}" \quad (n > 0)$$

比较两个串时，比较对应位置的字符，字符大小按照 ASCII 码值确定，从左向右比较，如果遇到不同字符，所遇第一对不同字符的大小关系就确定了两个字符串的大小关系，如果未遇到不同字符而某个字符串首先结束，那么这个字符串是较小的，否则两个字符串相等。若 $'a_0' < 'b_0'$，则 $a < b$；反之若 $'a_0' > 'b_0'$，则 $a > b$。

串值必须用一对双引号括起来，但双引号本身不属于串，它的作用只是为了避免与变量和数的常量混淆。例如：

x = "345"；

其中，x 是一个串变量名，345 是赋给它的字符序列，而不是整数 345。

再如：

aa = "aa"；

左边的 aa 是一个串变量名，而右边的字符序列 "aa" 是赋给它的值。

4.1.3 串的基本运算

串的逻辑结构和线性表很相似，不同之处在于串针对的是字符集，也就是串中的元素都是字符，哪怕串中的字符是由 "123" 这样的数字组成的，或者是由 "2018-10-10" 这样的日期组成的，它们都只能理解为长度为 3 和长度为 10 的字符串，每个元素都是字符而已。

因此，对于串的基本操作与线性表是有很大差别的。线性表更关注的是单个元素的操作。例如，查找一个元素，插入或删除一个元素；但串中更多的是查找一子串位置，得到指定位置子串，替换子串等操作。

串的基本操作有下面几种。为举例说明方便，假设有以下串：

s1 = "I am a student"；s2 = "child"；s3 = "student"；

（1）串赋值 StrAssign(S,T)

初始条件：T 是字符串常量。

操作结果：将串 T 的值赋给串 S。

举例：StrAssign(s4,s3) 或 StrAssign(s4，“child”) 的操作结果是 s4 = "child"。

（2）求串长 StrLength(S)

初始条件：串 S 存在。

操作结果：返回串S的长度，即串S中的元素个数。

举例：StrLength(s1)=14，StrLength(s3)=7。

(3) 判断串相等 StrEqual(S,T)

初始条件：串S和T存在。

操作结果：若S>T，则返回值>0；若S=T，则返回值=0；若S<T，则返回值<0。

举例：StrEqual(s2,s3)=False。

(4) 串连接 StrCat(S,T)

初始条件：串S和T存在。

操作结果：将串T的值连接在串S的后面。

举例：StrCat("Good_", s2)="Good_child"。

(5) 定位 StrIndex(S,T)

初始条件：串S和T存在，T是非空串。

操作结果：返回子串T在主串S中第一次出现的位置，否则返回-1。

举例：StrIndex(s1,s3)=7，StrIndex(s1,"I")=0；StrIndex(s1,s2)=-1。

(6) 求子串 SubString(S, pos, len)

初始条件：串S存在，1≤pos≤StrLength(S) 且0≤len≤StrLength(S)-pos。

操作结果：返回串S的第pos个位置开始的len个字符；否则，返回-1。

举例：SubString(s1,7,7)="student"，SubString(s1,10,0)=""，SubString(s1,7,8)=-1，SubString(s1,0,14)="I am a student"。

(7) 子串插入 StrInsert(S,pos,T)

初始条件：串S存在，0≤pos≤StrLength(S)。

操作结果：在串S的第pos个字符之前插入串T。

举例：执行 StrInsert(s3,0,"Good_") 后，s3="Good_student"。

(8) 子串删除 StrDelete(S,pos,len)

初始条件：串S存在，0≤pos≤StrLength(S)-1 且0≤len≤StrLength(S)-pos。

操作结果：从串S中删除第pos个字符起长度为len的子串。

举例：StrDelete(s1,0,7)="student"。

(9) 子串替换 StrReplace(S,T,V)

初始条件：串S、T和V存在，且T是非空串。

操作结果：用V替换串S中出现的所有与T相等的不重叠的子串，否则，不做任何操作。

举例：若有S="BBABAB"，T="BAB"，V="$"，则执行 StrReplace(S,T,V) 后，有S="B$AB"。

又如：执行 StrReplace(s1,s2,"ww") 后，s1不做任何操作。

串的基本操作是指那些最常用的主要串操作。以上定义串的基本操作，并不是C语言中的串操作函数所有的。对用户常用的但没有定义为系统函数的串操作，用户可以自己定义并设计算法实现。

4.1.4　串的存储结构

串的存储结构取决于即将对串所进行的操作。串在计算机中有三种存储结构：

（1）串的定长顺序存储结构　这种方法是将串定义成字符数组，是最简单的处理方法。此时，数组名即为串名，从而实现了从串名直接访问串值。采用这种存储结构，串的存储空间是在编译阶段完成的，其大小不能更改。

（2）串的堆分配存储结构　这种存储结构的特点是仍用一组地址连续的存储单元依次存储串中的字符序列，但串的存储空间是在程序运行时根据串的实际长度动态分配的。

（3）串的链式结构存储　在串的链式结构存储中，每个结点设定一个字符域 char 存放字符，设定一个指针域 next 存放所指向的下一个结点的地址。

1. 串的定长顺序存储表示

类似于线性表的顺序存储结构，串的定长顺序存储用一组地址连续的存储单元存储串值的字符序列。在串的定长顺序存储结构中，按照预定义的大小，为每个定义的串变量分配一个固定长度的存储区。可用定长数组描述如下：

```
#define MaxLen <最大串长>;      /*定义能处理的最大的串长度*/
typedef struct{
    char str[MaxLen];          /*定义可容纳 MaxLen 个字符的字符数组*/
    int curlen;                /*定义当前实际串长度*/
} SString;
```

串的实际长度可在这预定义长度的范围内随意，超过预定义长度的串值则被舍去，称之为“截断”。

以下给出定长顺序存储结构下，串的连接和求子串等基本运算的实现。

2. 定长顺序存储的连接操作

定长顺序存储的串连接操作示意图如图 4-5 所示。

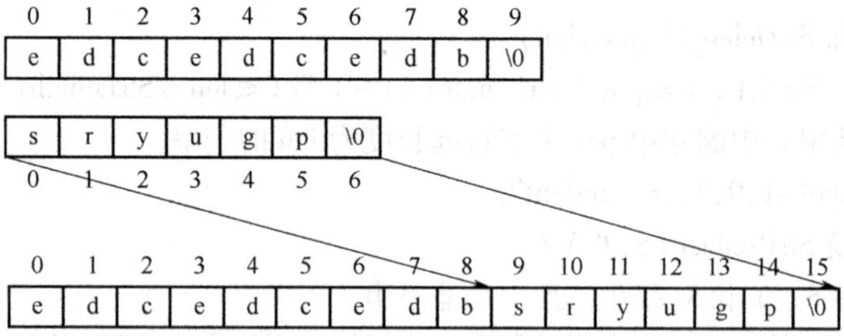

图 4-5　定长顺序存储的串连接操作示意图

算法 4.1　定长顺序存储的串连接算法

```
void StrCat(SString s,SString t,SString &ch){
                                    /*用 ch 返回由 s 和 t 连接而成的新
                                      串*/
    int i;
    if(s.curlen+t.curlen<=MaxLen){  /*未截断*/
        ch.curlen=s.curlen+t.curlen; /*计算新串的串长度*/
```

```
    for(i=0;i<s.curlen;i++)            /*将s.str[0]~s.str[s.curlen
                                          -1]复制到ch.str[0]~ch.str
                                          [s.curlen-1]*/
        ch.str[i]=s.str[i];
        for(i=0;i<t.curlen;i++)
            /*将t.str[0]~t.str[t.curlen-1]复制到ch.str[s.curlen]~
ch.str[ch.curlen-1]*/
            ch.str[s.curlen+i]=t.str[i];
        ch.str[ch.curlen]='\0';          /*在新串的最后设置串的结束符*/
    }else if(s.curlen<MaxLen){
        ch.curlen=MaxLen;                /*计算新串的串长度*/
        for(i=0;i<s.curlen;i++)
            /*将s.str[0]~s.str[s.curlen-1]复制到ch.str[0]~ch.str
[s.curlen-1]*/
            ch.str[i]=s.str[i];
        for(i=0;i<MaxLen-s.curlen;i++)
        /*将t.str[0]~t.str[MaxLen-s.curlen-1]复制到ch.str[s.curlen]~
ch.str[ch.curlen-1]*/
            ch.str[s.curlen+i]=t.str[i];
        ch.str[ch.curlen]='\0';          /*在新串的最后设置串的结束符*/
    } else{
        ch.curlen=MaxLen;                /*计算新串的串长度*/
        for(i=0;i<MaxLen;i++)
        /*将s.str[0]~s.str[MaxLen-1]复制到ch.str[0]~ch.str[MaxLen
-1]*/
            ch.str[i]=s.str[i];
        ch.str[ch.curlen]='\0';          /*在新串的最后设置串的结束符*/
    }
}
```

3. 定长顺序存储的求子串操作

求子串的过程即为复制字符序列的过程，将串 s 中从第 pos 个字符开始长度为 len 的字符序列复制到串 ch 中。其示意图如图 4-6 所示。

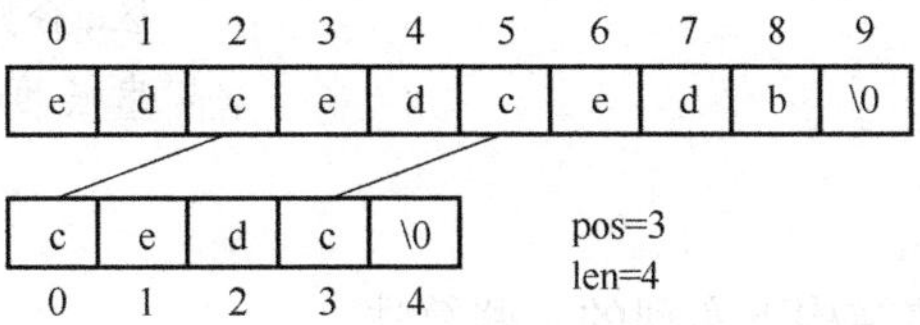

图 4-6　定长顺序存储的求子串操作示意图

算法 4.2 定长顺序存储的求子串算法

```
SString SubStr(SString s,int pos,int len){        /*求出串 s 中从第 pos 个字符
                                                      起长度为 len 的子串*/
    int i,j=0;
    SString ch;
    if((pos>=1 && pos<=StrLength(s))&&(len>=0 &&len<=Str-
Length(s)-pos+1)){
        for(i=pos-1;i<len+pos-1;i++){
            ch.str[j++]=s.str[i];                 /*将 s.str[pos-1]~s.str
                                                      [len+pos-2]复制至 ch*/
        }
        ch.curlen=len;
        ch.str[ch.curlen]='\0';
    }else{
        printf("\n 参数不正确!\n");              /*参数不正确时返回错误信
                                                      息*/
    }
    return ch;
}
```

串的定长顺序存储结构适用于求串长、求子串等运算。但这种存储结构有两个缺点：一是需要预先定义一个串允许的最大长度，如果定义的空间过大，则会造成空间浪费；二是由于限定了串的最大长度，则会限制串的某些运算，如连接、置换运算等。

4. 串的堆分配存储结构

这种存储表示的特点是，仍以一组地址连续的存储单元存放串值字符序列，但它们的存储空间是在程序执行过程中被动态分配的。在 C 语言中，存在一个称之为“堆”的自由存储区域，并由 C 语言的动态分配函数 malloc( ) 和 free( ) 来管理。利用函数 malloc( ) 为每个新产生的串分配一块实际串长所需的存储空间。若分配成功，则返回一个指向起始地址的指针，作为串的基址；同时，为了以后处理方便，约定串长也作为存储结构的一部分。串的堆分配存储结构示意图如图 4-7 所示。

串的堆分配存储结构描述如下：

```
typedef struct{
    char *ch;                               /*若是非空串,则按串长分配存储
                                                区,否则 ch 为 NULL*/
    int length;                             /*串长度*/
}HString;
```

下面介绍在串的堆存储结构下实现的一些算法。

(1) 串的赋值运算　串的堆存储结构进行串赋值操作示意图如图 4-8 所示。

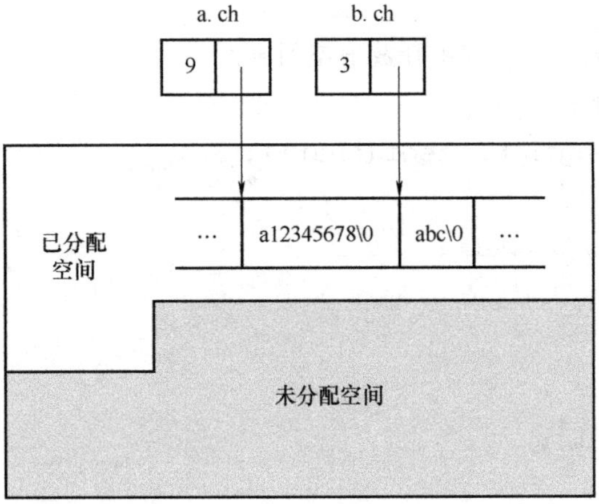

图4-7　串的堆分配存储结构示意图

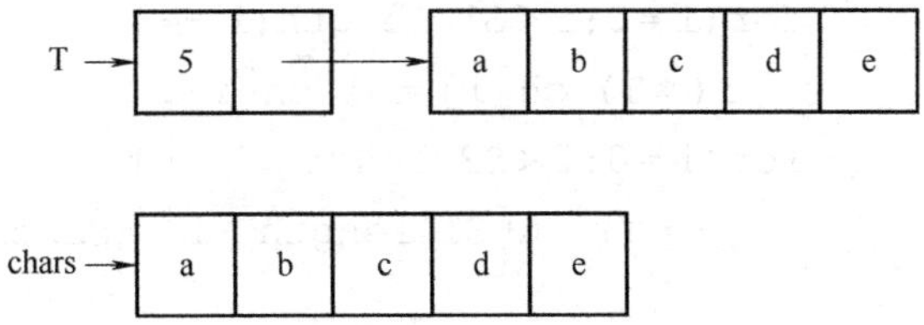

图4-8　串的堆存储结构进行串赋值操作示意图

算法4.3　堆存储结构的串赋值算法

```
void StrAssign(HString *T,char *chars){     /*生成一个其值等于串常量
                                               chars 的串 T*/
    int i,j;
    if((*T).ch)free((*T).ch);               /*释放 T 原有空间*/
    i=strlen(chars);                        /*求 chars 的长度 i*/
    if(! i){                                /*chars 的长度为 0*/
        (*T).ch=NULL;
        (*T).length=0;
    }else{                                  /*chars 的长度不为 0*/
        (*T).ch=(char*)malloc(i*sizeof(char));
                                            /*分配串空间*/
        if(! (*T).ch)                       /*分配串空间失败*/
            exit(OVERFLOW);
        for(j=0;j<i;j++)                    /*复制串*/
            (*T).ch[j]=chars[j];
        (*T).length=i;
    }
}
```

(2) 串的连接运算　串的堆存储结构进行串连接操作示意图如图4-9所示。

算法4.4　堆存储结构的串连接算法

```
void StrCat(HString *T,HString S1,HString S2){   /*用 T 返回由 S1 和 S2 连
                                                    接而成的新串*/
    int i;
```

```
    if((*T).ch)
        free((*T).ch);                          /*释放旧空间*/
    (*T).length=S1.length+S2.length;
    (*T).ch=(char *)malloc((*T).length*sizeof(char));
    if(!(*T).ch)
        exit(OVERFLOW);
    for(i=0;i<S1.length;i++)
        (*T).ch[i]=S1.ch[i];
    for(i=0;i<S2.length;i++)
        (*T).ch[S1.length+i]=S2.ch[i];
}
```

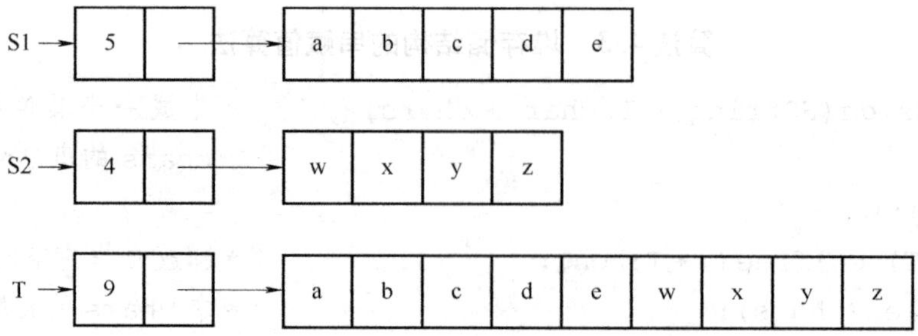

图 4-9　串的堆存储结构进行串连接操作示意图

5. 串的链式存储表示

和线性表的链式存储结构相类似，串也可采用链表方式存储串值。由于串结构的特殊性，即结构中的每个数据元素是一个字符，所以用链表存储串值时，存在一个“结点大小”的问题，即每个结点可以存放一个字符，也可以存放多个字符。例如，图 4-10 所示是结点大小为 3（即每个结点存放 3 个字符）的链表，图 4-11 是结点大小为 1 的链表。当结点大小大于 1 时，由于串长不一定是结点大小的整倍数，则链表中的最后一个结点不一定全被串值占满，此时通常补上“#”（“#”不属于串的字符集，是一个特殊的符号）或其他的非串值字符。

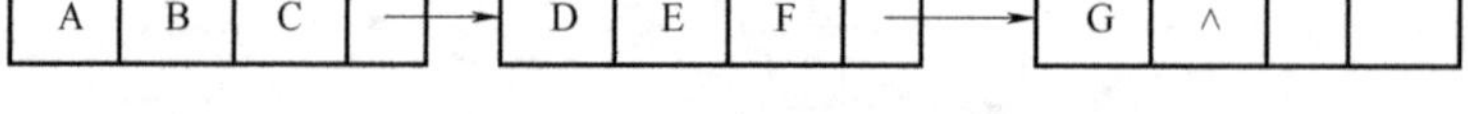

图 4-10　结点大小为 3 的链表

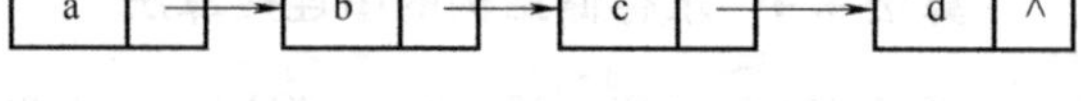

图 4-11　结点大小为 1 的链表

串的链式存储结构的描述如下：

```
/*串的块链存储表示*/
#define CHUNK_SIZE 4                          /*可由用户定义的块大小*/
typedef struct Chunk{
    char ch[CHUNK_SIZE];
    struct Chunk *next;
}Chunk;
typedef struct{
    Chunk *head,*tail;                        /*串的头和尾指针*/
    int curlen;                               /*串的当前长度*/
}LString;
```

在链式存储结构中，结点大小的选择和顺序存储结构的格式选择一样都很重要，它直接影响着串处理的效率。在各种串的处理系统中，所处理的串往往很长或很多，例如，一本书的几百万个字符，情报资料的成千上万个条目，这要求考虑串值的存储密度。

结点大小的选择很重要，若结点大小为1，与单链表一样运算处理很方便，但存储占用量大。若结点大小大于1，则有

$$一个串需要的结点个数=\lceil 串的长度/结点大小 \rceil$$

串值的链式存储结构对某些串操作，如连接操作等有一定的方便之处，但总得说来不如另外两种存储结构灵活，它占用存储量大且操作复杂。串值在链式存储结构时串操作的实现和线性表在链表存储结构中的操作类似，故在此不做详细讨论。

4.1.5　串的模式匹配

串的模式匹配用于给出模式串 t 在目标串 s 的位置，设 s = "China Beijing"，t1 = "Beijing"，t2 = "China"，t1 在 A 中的位置是7，t2 在 A 中的位置是1。该操作在日常生活中经常用到，如检索输出某个单词出现在文本中的位置。

模式匹配算法基本思想是：从目标串 $s = "s_0 s_1 s_2 \cdots s_{n-1}"$ 的第 i 个字符起与模式串 $t = "t_0 t_1 t_2 \cdots t_{m-1}"$ 进行比较。即从 j=0 起比较 s[i+j] 与 t[j]，若相等，则在主串 s 中存在以 i 为起始位置匹配成功的可能性，继续向后比较，直至与 t 串中最后一个字符相等为止。否则，改从 s 串第 i 个字符的下一个字符起重新开始进行下一轮的“匹配”，即将串 t 向后滑动一位（i 增1，j 退回至0），重新开始新一轮的匹配，直至串 t 中的每个字符依次和串 s 中的一个连续的字符序列相等，则称模式匹配成功，此时串 t 的第1个字符在串 s 中的位置就是 t 在 s 中的位置，否则模式匹配失败。

1）假设 s = "edcedcedbedde"，t = "edcedb"，则模式匹配成功过程如下：

第1趟匹配，从串 s 的第1个字符 'e' 与串 t 的第1个字符 'e' 开始比较（假设下标从0开始），判断 s[0] 和 t[0] 是否相等，由于两个字符相等，于是继续逐个比较后续字符 s[1] 和 t[1] 是否相等……当比较到第6个字符时，s[5] 和 t[5] 的对应字符不等，第1趟匹配过程结束。具体如图 4-12 所示。

第2趟匹配，从串 s 的第2个字符 'd' 开始，重新与串 t 的第1个字符进行比较，第1次比较时，s[1] 和 t[0] 的对应字符不相等，结束第2趟匹配过程，具体如图 4-13

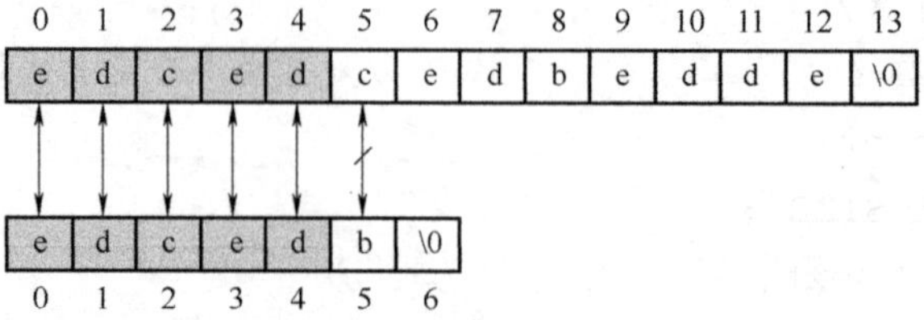

图 4-12 第 1 趟匹配

所示。

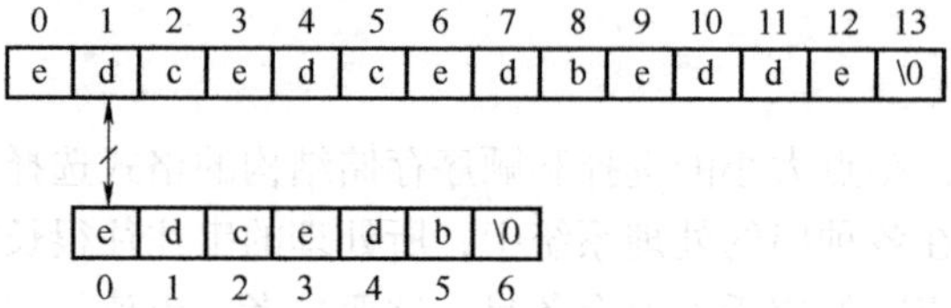

图 4-13 第 2 趟匹配

第 3 趟匹配，从串 s 的第 3 个字符 'c' 开始，重新与串 t 的第 1 个字符进行比较，第 1 次比较时，s[2] 和 t[0] 的对应字符不相等，结束第 3 趟匹配过程，具体如图 4-14 所示。

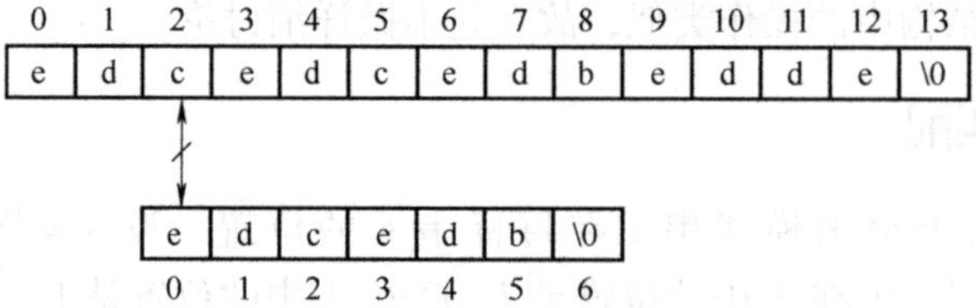

图 4-14 第 3 趟匹配

第 4 趟匹配，继续从串 s 的第 4 个字符 'e' 开始，重新与串 t 的第 1 个字符进行比较，在串 s 中找到一个连续的字符序列与串 t 相等，模式匹配成功，具体如图 4-15 所示。

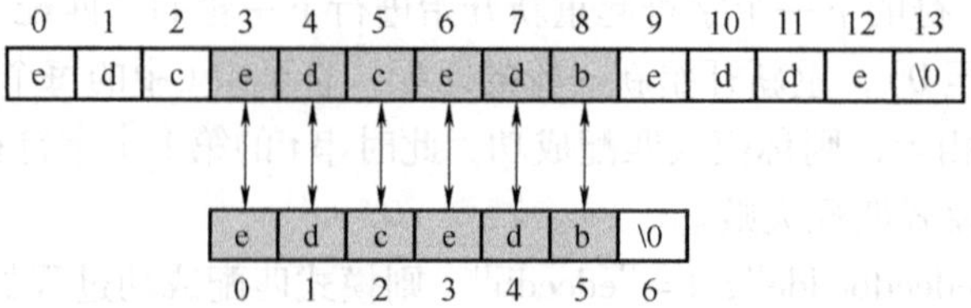

图 4-15 第 4 趟匹配

2）假设 s = "abcabcaabca"，t = "abbb"，则模式匹配失败过程如下：

第 1 趟匹配，从串 s 的第 1 个字符 'a' 与串 t 的第 1 个字符 'a' 开始比较，由于两个字符相等，于是继续逐个比较后续字符，当比较到第 3 个字符时，s 和 t 的对应字符不等，第 1 趟匹配过程结束。具体如图 4-16a 所示。

第 2 趟匹配，从串 s 的第 2 个字符 'b' 开始，重新与串 t 的第 1 个字符进行比较，第 1 次比较时，s 和 t 的对应字符不相等，结束第 2 趟匹配过程，具体如图 4-16b 所示；

按照上述两趟比较的方法，在接下来的比较过程中均没有匹配成功，即在串 s 中没有找到连续的字符序列与 t 相等。

最后一趟匹配，从串 s 的第 8 个字符 'a' 开始，重新与串 t 的第 1 个字符进行比较，在串 s 中仍没有找到一个连续的字符序列与串 t 相等，模式匹配失败，如图 4-16c 所示。

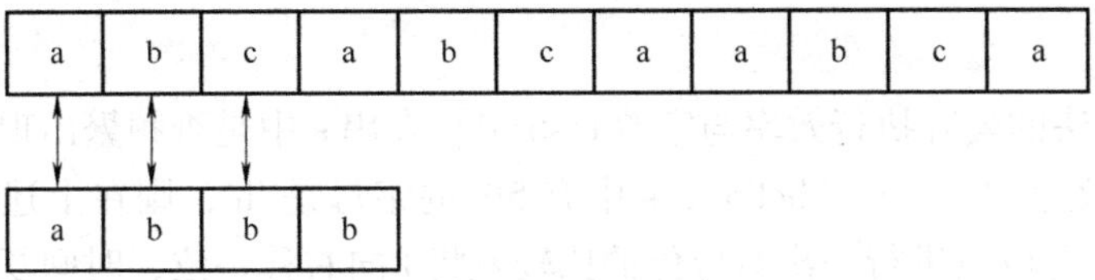

a) 第1趟

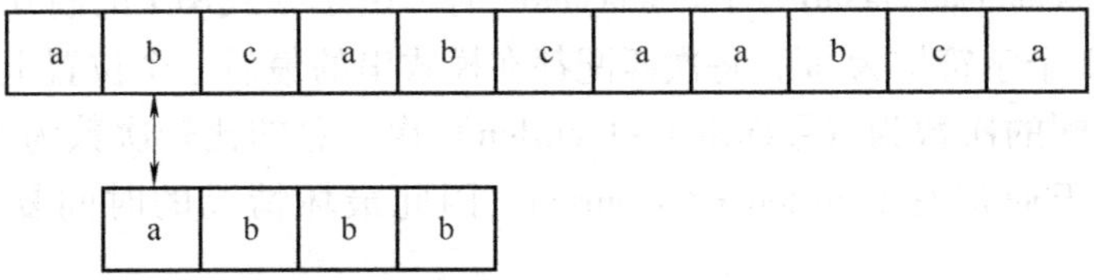

b) 第2趟

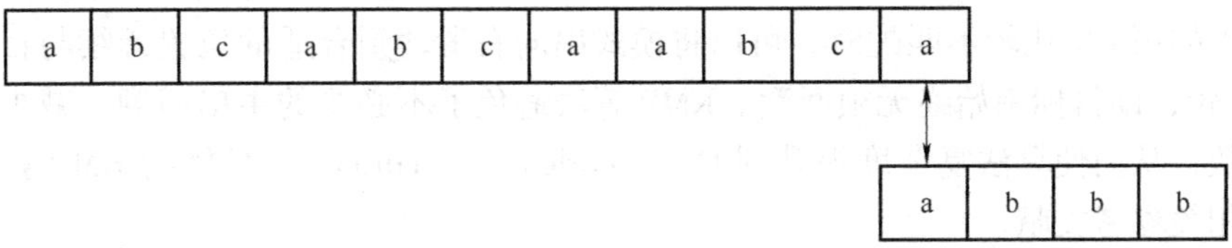

c) 最后一趟

图 4-16　模式匹配失败的情况

算法 4.5　定长顺序存储结构的串的模式匹配算法

```
int IndexBF(SString S,SString T,int pos){
    //匹配成功时显示子串 T 在主串 S 的位置,不成功时返回 -1
    int i,j,k = -1;
    i =pos;
    j =0;
    while(i < S.length&& j < T.length){
        if(S.ch[i] ==T.ch[j]){
            i ++;
            j ++;
        }else{
```

```
            i = i - j + 1;
            j = 0;
        }
    }
    if(j > = T.length)
        k = i - T.length;
    return k;
}
```

一般情况下，上述算法的实际执行效率与字符 t.str[0] 在串 s 中是否频繁出现有密切关系。例如，s 是一般的英文字符串，t = "hello"，s 中有 5% 的字母是 'h'，则在上述算法执行过程中，对于 95% 的情况可以只进行一次对应位的比较就将 t 向右移一位，时间复杂度下降为 O(s.curlen)，这时算法接近最好情况。然而，在有些情况下，该算法效率却很低。例如，当 s = "aaaaaaaaaaaaaaaaaaaaaaaaaaaaaaaab"，t = "aaaaaab" 时，由于模式串 t 的前 6 个字符均为 'a'，而目标串 s 的前 32 个字符均为 'a'，每次匹配都在模式串的最后一个位置上发生字符不相等，整个过程需要匹配的次数为（s.curlen - t.curlen）次，总的比较次数为 t.curlen ×（s.curlen - t.curlen）。由于通常有 t.curlen ≪ s.curlen，因此最坏情况的时间复杂度为 O（s.curlen × t.curlen）。

D. E. Knuth、J. H. Morris 和 V. R. Pratt 三人共同提出了一个改进的模式匹配算法，称为 KMP 算法。当某一位匹配失败时，可以根据已匹配的结果进行判断。考虑当模式串中的第 k 位与目标串的第 i 位比较不匹配时，可以将模式串向右滑动到合适的位置继续与目标串的第 i 位进行比较，即目标串始终无须回溯。KMP 算法避免了不必要的主串回溯，减少了模式串回溯的位数，从而使算法复杂度提升到 O（s.curlen + t.curlen）。具体的 KMP 算法请读者自行查看相关参考文献。

4.1.6 案例实现——串的模式匹配

【例 4-1】 编程建立一个文本文件，每个单词都不包含空格且不跨行，单词由字符序列构成且区分大小写。要求统计给定单词在文本文件中出现的总次数，检索输出某个单词出现在文本中的行号、在该行中出现的次数以及位置。

【程序设计说明】

本案例需要选择合适的结构完成字符串的建立，实现串的基本操作，利用朴素模式匹配算法实现对文本文件中单词的检索和计数。

【主函数源代码】

```
#define MaxStrSize 256
typedef struct{
    char ch[MaxStrSize];
    int length;
} SString;                                  /* 定义顺序串类型 */
```

```
void InitString(SString *s,char a[]);   /*生成一个其值等于a的串s*/
void show(SString S);                   //输出字符串
int IndexBF(SStringS,SStringT,int pos);
                                        //匹配成功时表示子串T在主串S的
                                          位置
int match(char a[],int n,char c)        //字符n匹配数组a
void CreatTextFile(){                   //建立文本文件
    SString S;
    char fname[10],yn;
    FILE *fp;
    printf("输入要建立的文件名:");
    scanf("%s",fname);
    fp=fopen(fname,"w");
    yn='n';                             /*输入结束标志初值*/
    while(yn=='n'||yn=='N'){
        printf("请输入一行文本:");
        gets(S.ch);gets(S.ch);
        S.length=strlen(S.ch);
        fwrite(&S,S.length,1,fp);       /*将输入的文本写入文件*/
        fprintf(fp,"%c",10);            /*将换行符写入文件*/
        printf("结束输入吗? y or n :");
        yn=getchar();
    }
    fclose(fp);                         /*关闭文件*/
    printf("建立文件结束!");
}
void SubStrCount(){                     //给定单词计数
    char a[7]={',','.',';','! ','? ',' ','\n'};
    FILE *fp;
    SString S,T;                        /*定义两个串变量*/
    char fname[10];
    int i=0,j,k;
    printf("输入文本文件名:");
    scanf("%s",fname);
    fp=fopen(fname,"r");
    printf("输入要统计计数的单词:");
    scanf("%s",T.ch);
    T.length=strlen(T.ch);
```

```
    while(! feof(fp)){                          /*扫描整个文本文件*/
        memset(S.ch,'\0',256);                  /*初始化,将S.ch指向的256个字节
                                                  填充为'\0'*/
        fgets(S.ch,256,fp);                     /*读入一行文本*/
        S.length=strlen(S.ch);
        k=0;                                    /*初始化开始检索位置*/
        while(k<S.length-1){                    /*检索整个主串S*/
            j=IndexBF(S,T,k);                   /*调用串匹配函数*/
            if(j<0)
                break;
            else if(j==0){
            /*若单词在主串中的位置为0,如果单词在主串中的后一个字符是a数组中
              的7个字符之一,则单词计数器加1*/
              if(match(a,7,S.ch[T.length]))
                  i++;                          /*单词计数器加1*/
                  k=j+T.length;                 /*继续下一字串的检索*/
              }else{
                    if(match(a,7,S.ch[j-1])&&match(a,7,S.ch[j+
T.length]))
                      i++;                      /*单词计数器加1*/
                      k=j+T.length;             /*继续下一字串的检索*/
              }
            }
        }
        printf("\n单词%s在文本文件%s中共出现%d次\n",T.ch,fname,i);
}                                               /*统计单词出现的个数*/
void SubStrInd(){                               //检索单词出现在文本文件中的行号、
                                                  次数及其位置
    char a[7]={',','.',';','! ','? ',' ','\n'};
    FILE *fp;SString S,T;char fname[10];int i,j,k,l,m;int wz[20];
    printf("输入文本文件名:");
    scanf("%s",fname);
    fp=fopen(fname,"r");
    printf("输入要检索的单词:");
    scanf("%s",T.ch);
    T.length=strlen(T.ch);
    l=0;
    while(! feof(fp)){
```

```
        memset(S.ch,'\0',256);
        fgets(S.ch,256,fp);
        S.length=strlen(S.ch);
        l++;
        k=0;
        i=0;
    while(k<S.length-1){
        j=IndexBF(S,T,k);
        if(j<0)  break;
        else if(j==0){
            if(match(a,7,S.ch[T.length])){
                i++;wz[i]=j;
            }
            k=j+T.length;
        }
        else{
            if(match(a,7,S.ch[j-1])&&match(a,7,S.ch[j+T.length])){
                i++;wz[i]=j;
            }
            k=j+T.length;
        }
    }
    if(i>0){
        printf("行号:%d,次数:%d,位置分别为:",l,i);
        for(m=1;m<=i;m++)
            printf("%4d",wz[m]+1);printf("\n");
    }
}
int main(){
    SString S,T,M;
    int xz,wz;
    int next[MaxStrSize];
    char a[MaxStrSize],b[MaxStrSize];
    printf("\n请输入主串S:");gets(a);
    printf("\n请输入模式串T:");gets(b);
    InitString(&S,a);InitString(&T,b);
    printf("\n主串S:");show(S);
    printf("\n模式串T:");show(T);
```

```
    printf("\n 请输入开始匹配的下标:");scanf("%d",&wz);
    printf("\nBF 算法匹配位置:%d\n",IndexBF(S,T,wz)+1);
    CreatTextFile();
    SubStrCount();
    SubStrInd();
    return 0;
}
```

【程序运行结果】（见图 4-17）

```
请输入主串S：I love cake and apple.

请输入模式串T：apple

主串S：I love cake and apple.
模式串T：apple
请输入开始匹配的下标：1

BF算法匹配位置：17
输入要建立的文件名：t41.txt
请输入一行文本：I am a student.
结束输入吗？y or n : y
建立文件结束!输入文本文件名：t41.txt
输入要统计计数的单词：student

单词student在文本文件t41.txt中共出现1次
输入文本文件名：t41.txt
输入要检索的单词：a
行号：1,次数：1,位置分别为：    6
```

图 4-17 例 4-1 的程序运行结果

4.2 矩阵的压缩存储

4.2.1 案例导引

【案例】 矩阵运算。

矩阵常见于很多学科中，如线性代数、线性规划、统计分析以及组合数学等。在计算机中，如何实现下列矩阵的转置、查找、相加和相乘的运算呢？

$$\mathbf{A}=\begin{pmatrix}0 & 15 & 0 & 0 & 0 & 0 & 0\\0 & 0 & 7 & 0 & 0 & 0 & 0\\8 & 0 & 0 & -5 & 0 & 0 & 0\\0 & 0 & 0 & 0 & 0 & 12 & 0\\0 & 18 & 0 & 0 & 0 & 0 & 0\\0 & 0 & 25 & 0 & 0 & 0 & 0\end{pmatrix}\quad \mathbf{B}=\begin{pmatrix}0 & 0 & 8 & 0 & 0 & 0\\15 & 0 & 0 & 0 & 18 & 0\\0 & 7 & 0 & 0 & 0 & 25\\0 & 0 & -5 & 0 & 0 & 0\\0 & 0 & 0 & 0 & 0 & 0\\0 & 0 & 0 & 12 & 0 & 0\\0 & 0 & 0 & 0 & 0 & 0\end{pmatrix}$$

【案例分析】 矩阵是具有行、列的二维结构，因此在数据结构中可以选用二维数组表示矩阵。但是，上述矩阵中的非零元素非常少，并且分布不规律，如果采用二维数组进行存储，必定浪费存储空间。因此，需要采取一种节省存储空间的数据结构，并且在此基础上进行这一类矩阵的运算。

4.2.2 数组

前面介绍的数据结构的共同特点为：

1）都属于线性结构。

2）每种数据结构中的数据元素都作为原子数据，不能再进行分解。

但是，在实际情况中，存在下述情况：

在学生成绩管理系统中，假设有多个班的学生成绩表，记录了各个班学生各门课的成绩。学生成绩表包括了许多学生记录，它们按照每个学生学号递增的次序，顺序存放在学生成绩表中，见表 4-1。

表 4-1　学生成绩表

1 班						
学号	姓名	数字逻辑	HTML	C 语言	语文	高数
2012101	刘激扬	75	88	90	85	95
2012102	衣春生	86	81	87	83	63
2012103	卢声凯	97	86	82	50	70
2012104	袁秋慧	71	73	74	67	68
2012105	林德康	66	64	62	91	61
2012106	洪旻伟	78	71	78	73	83
…	…	…	…	…	…	…
2 班						
学号	姓名	数字逻辑	HTML	C 语言	语文	高数
2012201	张秋月	76	73	74	85	95
2012202	况敏洁	86	69	68	83	63
2012203	年倩倩	78	71	78	50	70
2012204	陈子健	75	88	90	67	68
2012205	郑文斌	86	84	87	91	61
2012206	周晨熙	97	86	82	73	83
…	…	…	…	…	…	…

在学生成绩表中，各个学生的记录按班级顺序排列，如果要统计每个班每门课的学生的成绩，那这些成绩应如何进行存储呢？

可以考虑把一个班的学生成绩存储在一个线性表中，这时，多个班的学生成绩就由多个线性表组成。如果线性表采用顺序存储结构，那就可以使用二维数组进行存储。

数组是 n(n>1) 个相同类型数据元素 a_1，a_2，…，a_n 构成的有限序列，且存储在一块地址连续的内存单元中。图 4-18 所示的为 m×n 二维数组。

下面以二维数组为例介绍数组的结构特性。

实际上，数组是一组有固定个数的元素的集合。由于这个性质，使得对数组的操作不像对线性表的操作那样可以在表中任意一个合法的位置插入或删除一个元素。

假设数组的每个元素只占一个存储单元，“以行为主”存放数组，下标从 1 开始，首元素 a_{11} 的地址为 Loc[1,1]，如图 4-19 所示，求任意元素 a_{ij} 的地址。

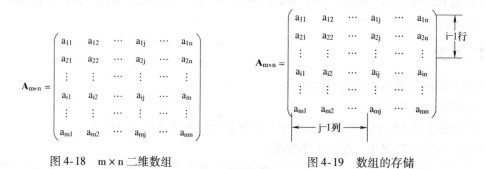

$$\mathbf{A}_{n\times n}=\begin{pmatrix} a_{11} & a_{12} & \cdots & a_{1j} & \cdots & a_{1n} \\ a_{21} & a_{22} & \cdots & a_{2j} & \cdots & a_{2n} \\ \vdots & \vdots & \cdots & \vdots & \cdots & \vdots \\ a_{i1} & a_{i2} & \cdots & a_{ij} & \cdots & a_{in} \\ \vdots & \vdots & \cdots & \vdots & \cdots & \vdots \\ a_{m1} & a_{m2} & \cdots & a_{mj} & \cdots & a_{mn} \end{pmatrix}$$

图 4-18　m × n 二维数组

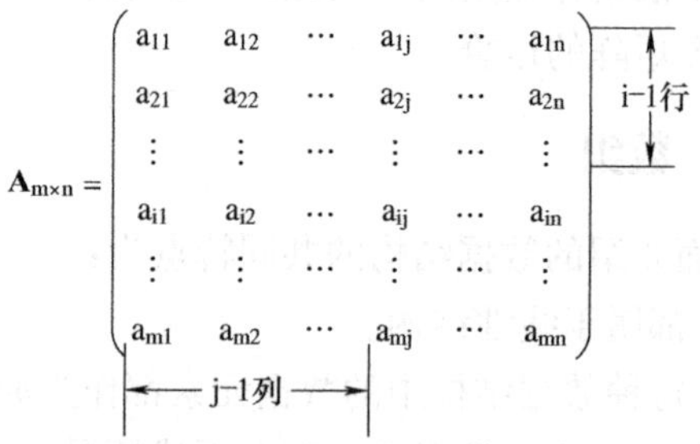

图 4-19　数组的存储

a_{ij} 是排在第 i 行第 j 列，并且前面的第 i - 1 行有 n × (i - 1) 个元素，第 i 行第 j 个元素前面还有 j - 1 个元素。由此得到如下地址计算公式：

$$\mathrm{Loc}[i,j]=\mathrm{Loc}[1,1]+n\times(i-1)+(j-1)$$

根据计算公式，可以方便地求得 a_{ij} 的地址是 Loc[i,j]。如果每个元素占 size 个存储单元，则任意元素 a_{ij} 的地址计算公式为

$$\mathrm{Loc}[i,j]=\mathrm{Loc}[1,1]+(n\times(i-1)+j-1)\times size$$

同理，“以列为主”存放数组，下标从 1 开始，首元素 a_{11} 的地址为 Loc[1,1]，如果每个元素占 size 个存储单元，则任意元素 a_{ij} 的地址计算公式为

$$\mathrm{Loc}[i,j]=\mathrm{Loc}[1,1]+(m\times(j-1)+i-1)\times size$$

【例 4-2】 对二维数组 int A[1…5][1…4]，计算数组 A 中的数组元素数目。若数组 A 的起始地址为 1000，且每个数组元素长度为 4 字节，以行优先，计算数组 a[3][2] 的内存地址。若数组 A 的起始地址为 1000，且每个数组元素长度为 4 字节，以列优先，计算数组 a[3][2] 的内存地址。

解：

(1) 5 × 4 = 20，所以数组 A 的数组元素数目是 20。

(2) $\mathrm{Loc}(a_{32})=\mathrm{Loc}[1,1]+(n\times(i-1)+j-1)\times size$
$=1000+(4\times(3-1)+2-1)\times 4$
$=1036$

(3) $\mathrm{Loc}(a_{32})=\mathrm{Loc}[1,1]+(m\times(j-1)+i-1)\times size$
$=1000+(5\times(2-1)+3-1)\times 4$
$=1028$

4.2.3 特殊矩阵

二维数组通常用于存储矩阵，矩阵的形式如图 4-20 所示。

矩阵是科学计算、工程数学，尤其是数值分析经常研究的对象。在某些高阶矩阵中，非零元素很少（远小于 m × n），采用二维数组顺序存放不合适。因为很多存储空间存储的都是 0，只有很少的一些空间存储的是有效数据，这将造成存储单元的大量浪费，为此需要提

高存储空间的利用率。

若数值相同的元素或零元素在矩阵中的分布有一定规律，则称它为特殊矩阵。特殊矩阵可进行压缩存储。压缩原则是：对有规律的元素和数值相同的元素只分配一个存储空间，对于零值元素不分配空间。下面介绍几种特殊矩阵及对它们进行压缩存储的方式。

1. 三角矩阵

三角矩阵大体分为三类：下三角矩阵、上三角矩阵和对称矩阵。对于一个 n 阶矩阵 A 来说，若当 $i<j$ 时，有 $a_{ij}=0$，则称此矩阵为下三角矩阵；若当 $i>j$ 时，有 $a_{ij}=0$，则称此矩阵为上三角矩阵；若矩阵中的所有元素均满足 $a_{ij}=a_{ji}$，则称此矩阵为对称矩阵。

以 $n\times n$ 下三角矩阵（见图 4-21）为例，来讨论三角矩阵的压缩存储。

$$A_{n\times n}=\begin{pmatrix} a_{11} & a_{12} & \cdots & a_{1j} & \cdots & a_{1n} \\ a_{21} & a_{22} & \cdots & a_{2j} & \cdots & a_{2n} \\ \vdots & \vdots & \cdots & \vdots & \cdots & \vdots \\ a_{(i-1)1} & a_{(i-1)2} & \cdots & a_{(i-1)j} & \cdots & a_{(i-1)n} \\ a_{i,1} & a_{i,2} & \cdots & a_{i,j} & \cdots & a_{i,n} \\ \vdots & \vdots & \cdots & \vdots & \cdots & \vdots \\ a_{n,1} & a_{n,2} & \cdots & a_{n,j} & \cdots & a_{n,n} \end{pmatrix}$$

图 4-20　矩阵的形式

$$A_{nn}=\begin{pmatrix} a_{11} & 0 & 0 & \cdots & 0 & 0 \\ a_{21} & a_{22} & 0 & \cdots & 0 & 0 \\ a_{31} & a_{32} & a_{33} & \cdots & 0 & 0 \\ \vdots & \vdots & \vdots & \cdots & a_{(n-1)(n-1)} & 0 \\ a_{n1} & a_{n2} & a_{n3} & \cdots & a_{n(n-1)} & a_{nn} \end{pmatrix}$$

图 4-21　下三角矩阵

对于下三角矩阵的压缩存储，只需存储下三角的非零元素。若按“以行为主”进行存储，得到的序列是（a_{11}，a_{21}，a_{22}，a_{31}，a_{32}，a_{33}，…，a_{n1}，a_{n2}，…，a_{nn}）。由于下三角矩阵的元素个数为 $n(n+1)/2$，所以，可将下三角矩阵压缩存储到一个大小为 $n(n+1)/2$ 的一维数组中，如图 4-22 所示。

数组C	a_{11}	a_{21}	a_{22}	a_{31}	a_{32}	a_{33}	…	a_{nn}
Loc[i, j]	1	2	3	4	5	6	…	n(n+1)/2

图 4-22　三角矩阵的压缩形式

下三角矩阵中元素 $a_{ij}(i>j)$ 在一维数组 A 中的位置为

$$Loc[i,j]=Loc[1,1]+i(i-1)/2+j-1$$

同样，对于上三角矩阵，也可以将其压缩存储到一个大小为 $n(n+1)/2$ 的一维数组 C 中。其中元素 $a_{ij}(i<j)$ 在数组 C 中的存储位置为

$$Loc[i,j]=Loc[1,1]+j(j-1)/2+i-1$$

对于对称矩阵，因其元素满足 $a_{ij}=a_{ji}$，可以为每一对相等的元素分配一个存储空间，即只存下三角（或上三角）矩阵，从而将 n^2 个元素压缩到 $n(n+1)/2$ 个空间中。

2. 带状矩阵

所谓的带状矩阵，即在矩阵 **A** 中，所有的非零元素都集中在以主对角线为中心的带状区域中。若一个 n 阶方阵满足其所有非零元素都集中在以主对角线为中心的带状区域中，则称其为 n 阶对角矩阵。一个 $m(1\leqslant m<n)$ 条非零元素的 n 阶对角矩阵如图 4-23 所示。其中，最常见的是三对角带状矩阵，如图 4-24 所示。

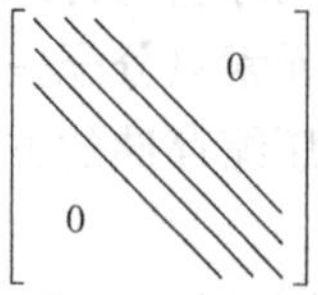

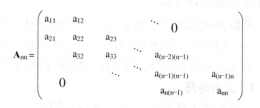

图 4-23　m 条非零元素的 n 阶对角矩阵

$$A_{nn}=\begin{pmatrix} a_{11} & a_{12} & & \ddots & 0 & \\ a_{21} & a_{22} & a_{23} & & & \\ & a_{32} & a_{33} & \ddots & a_{(n-2)(n-1)} & \\ & & \ddots & \ddots & a_{(n-1)(n-1)} & a_{(n-1)n} \\ 0 & & & & a_{n(n-1)} & a_{nn} \end{pmatrix}$$

图 4-24　三对角带状矩阵 A

三对角带状矩阵有如下特点：

1）当 $i=1$ 时，$j=1$，2。

2）当 $1<i<n$ 时，$j=i-1$，i，$i+1$。

3）当 $i=n$ 时，$j=n-1$，n。

4）a_{ij}非零，其他元素均为零。

以行为主对三对角带状矩阵的压缩进行存储，并且只存储非零元素。具体存储方法如下：

（1）确定存储该矩阵所需的一维向量空间的大小　假设每个非零元素所占空间的大小为 1 个单元。三对角带状矩阵中，除了第一行和最后一行只有 2 个非零元素外，其余各行均有 3 个非零元素。由此得到，所需一维向量空间的大小为 $2+2+3(n-2)=3n-2$，如图 4-25 所示。

数组 C	a_{11}	a_{21}	a_{22}	a_{31}	a_{32}	a_{33}	…	a_{nn}
Loc[i,j]	1	2	3	4	5	6	…	3n-2

图 4-25　三对角带状矩阵的压缩形式

（2）确定非零元素在一维数组空间中的位置

Loc[i,j] = Loc[1,1] + 前 i-1 行非零元素个数 + 第 i 行中 a_{ij}前非零元素个数

其中，前 i-1 行元素个数 $=3\times(i-1)-1$（因为第 1 行只有 2 个非零元素）；第 i 行中 a_{ij}前非零元素个数 $=(j-i)+1$，而 $j-i$ 为

$$j-i=\begin{cases}-1 & j<i\\ 0 & j=i\\ 1 & j>i\end{cases}$$

由此得：

$$Loc[i,j]=Loc[1,1]+3(i-1)-1+j-i+1=Loc[1,1]+2(i-1)+j-1$$

总而言之，对特殊矩阵的压缩存储方法是：找出这些特殊矩阵中特殊元素的分布规律，把那些有一定分布规律的、值相同的元素（包括零）压缩存储到一个存储空间中。这样的压缩存储只需在算法中按公式做一映射即可实现矩阵元素的随机存取。

4.2.4　稀疏矩阵

一个阶数较大的矩阵中的非零元素个数 s 相对于矩阵元素的总个数 t 很小时，即矩阵中非零元素的个数除矩阵所有元素的总个数的值小于等于 0.05 时，且非零元素在矩阵中的分布无规律，称该矩阵为稀疏矩阵。如图 4-26 所示的矩阵均为稀疏矩阵。

由于稀疏矩阵中非零元素的分布没有任何规律，在存储非零元素时，必须保存该非零元

$$
\mathbf{A}=\begin{bmatrix}0 & 15 & 0 & 0 & 0 & 0 & 0\\ 0 & 0 & 7 & 0 & 0 & 0 & 0\\ 8 & 0 & 0 & -5 & 0 & 0 & 0\\ 0 & 0 & 0 & 0 & 0 & 12 & 0\\ 0 & 18 & 0 & 0 & 0 & 0 & 0\\ 0 & 0 & 25 & 0 & 0 & 0 & 0\end{bmatrix}
\qquad
\mathbf{B}=\begin{bmatrix}0 & 0 & 8 & 0 & 0 & 0\\ 15 & 0 & 0 & 0 & 18 & 0\\ 0 & 7 & 0 & 0 & 0 & 25\\ 0 & 0 & -5 & 0 & 0 & 0\\ 0 & 0 & 0 & 0 & 0 & 0\\ 0 & 0 & 0 & 12 & 0 & 0\\ 0 & 0 & 0 & 0 & 0 & 0\end{bmatrix}
$$

图 4-26　稀疏矩阵

素所对应的行下标和列下标。这样，存储的每个稀疏矩阵中的非零元素都需要（行下标，列下标，元素值）三个参数来唯一确定。这种存储结构称为稀疏矩阵的三元组表示法。

三元组的结构如图 4-27 所示。

稀疏矩阵中的所有非零元素构成三元组线性表。若把稀疏矩阵的三元组线性表按顺序存储结构存储，则称为稀疏矩阵的三元组顺序表。

把这些三元组按“行序优先”用一维数组进行存放，即将矩阵的任何一行的全部非零元素的三元组按列号递增存放。例如，图 4-26 所示的稀疏矩阵对应的三元组表示形式如图 4-28 所示。

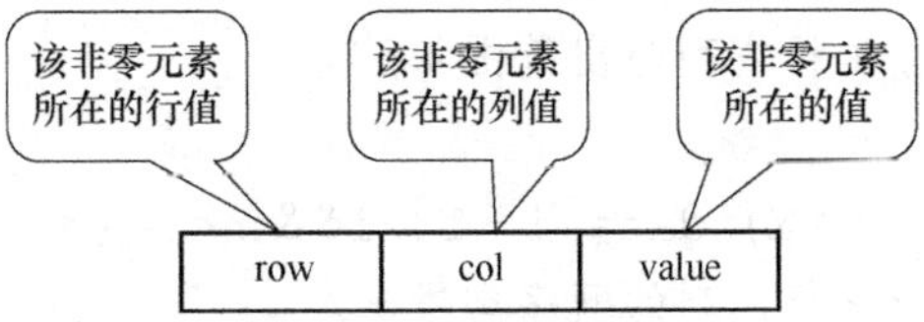

图 4-27　三元组的结构

row	col	v
1	2	15
2	3	7
3	1	8
3	4	−15
4	6	12
5	2	18
6	3	25

a) 矩阵A的三元组

row	col	v
1	3	8
2	1	15
2	5	18
3	2	7
3	6	25
4	3	−5
6	4	12

b) 矩阵B的三元组

图 4-28　三元组表示形式

三元组顺序表的定义如下：

```
#define MAXSIZE 100                 /* 非零元素的个数最多为 100 */
typedef struct{
    int  row;                       /* 该非零元素的行下标 */
    int  col;                       /* 该非零元素的列下标 */
    DataType  e;                    /* 该非零元素的值 */
}Triple;
```

```
typedef struct{
    int n;                                  /*矩阵的行总数*/
    int m;                                  /*矩阵的列总数*/
    int total;                              /*矩阵的非零元素的总个数*/
    Triple data[MAXSIZE+1];                 /*三元组顺序表*/
}TSMatrix;
```

算法 4.6　创建稀疏矩阵三元组结构的算法

```
Status CreateSMatrix(TSMatrix *M){          /*创建稀疏矩阵M*/
    int i,m,n;
    ElemType e;
    Status k;
    printf("请输入矩阵的行数,列数,非零元素数:");
    scanf("%d,%d,%d",&(*M).mu,&(*M).nu,&(*M).tu);
    if((*M).tu>MAX_SIZE)
        return ERROR;
    (*M).data[0].i=0;                       /*为以下比较顺序做准备*/
    for(i=1;i<=(*M).tu;i++)
    {
        do{
            printf("请按行序顺序输入第%d个非零元素所在的行(1~%d)、列(1~%
d)、元素值:",i,(*M).mu,(*M).nu);
            scanf("%d,%d,%d",&m,&n,&e);
            k=0;
            if(m<1||m>(*M).mu||n<1||n>(*M).nu)
                                            /*行或列超出范围*/
                k=1;
            if(m<(*M).data[i-1].i||m==(*M).data[i-1].i&&n<=(*
M).data[i-1].j)                             /*行或列的顺序有错*/
                k=1;
        }while(k);
        (*M).data[i].i=m;
        (*M).data[i].j=n;
        (*M).data[i].e=e;
    }
    return OK;
}
```

下面首先以稀疏矩阵的转置运算为例，介绍采用三元组顺序表的实现方法。所谓的矩阵转置，是将位于（row,col）位置上的元素换到（col,row）位置上，也就是说，把元素的行与列互换。

采用矩阵的正常存储方式时，实现矩阵转置的算法如下：

1）将稀疏矩阵的三元组表的行与列互换，即（i,j,x）→（j,i,x）。

2）为了保证转置后的矩阵的三元组表也是以“行序为主序”进行存放，则需要对行、列互换后的三元组表按行下标（即原矩阵的列下标）大小重新排序，如图 4-29 所示。

	i	j	e
1	1	2	12
2	1	3	9
3	3	1	−3
4	3	6	14
5	4	3	24
6	5	2	18
7	6	1	15
8	6	4	−7

a) 初始状态

行与列互换

重新排序

	i	j	e
1	2	1	12
2	3	1	9
3	1	3	−3
4	6	3	14
5	3	4	24
6	2	5	18
7	1	6	15
8	4	6	−7

b) 转置后

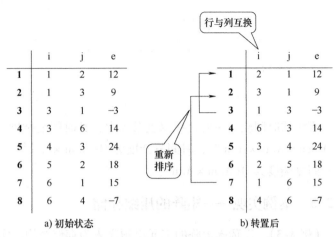

图 4-29　矩阵的转置（用三元组表示矩阵）

算法 4.7　稀疏矩阵的转置算法

```
#define MAX_SIZE 100                          /* 非零元个数的最大值 */
typedef struct{
   int i,j;                                   /* 行下标,列下标 */
   ElemType e;                                /* 非零元素值 */
}Triple;
typedef struct{
   Triple data[MAX_SIZE +1];                  /* 非零元三元组表,data[0]未用 */
   int mu,nu,tu;                              /* 矩阵的行数、列数和非零元个数 */
}TSMatrix;
   /* 把矩阵 A 转置到 B 所指向的矩阵中去,矩阵用三元组表表示 */
void TransposeSMatrix(TSMatrixM,TSMatrix *T){
                                              /* 求稀疏矩阵 M 的转置矩阵 T */
   int p,q,col;
   (*T).mu =M.nu;
   (*T).nu =M.mu;
   (*T).tu =M.tu;
   if((*T).tu){
      q =1;
      for(col =1;col < =M.nu; ++col)
         for(p =1;p < =M.tu; ++p)
            if(M.data[p].j ==col){
               (*T).data[q].i =M.data[p].j;
               (*T).data[q].j =M.data[p].i;
               (*T).data[q].e =M.data[p].e;
```

```
                ++q;
            }
        }
}
```

算法的时间耗费主要是在双重循环中，其时间复杂度为 $O(A.n \times A.len)$。最坏情况下，当 $A.len = A.m \times A.n$ 时，时间复杂度为 $O(A.m \times A.n^2)$。采用正常方式实现矩阵转置的算法时间复杂度为 $O(A.m \times A.n)$。

4.2.5 案例实现——矩阵的压缩存储

【例 4-3】 以稀疏矩阵的三元组顺序表为存储结构，实现稀疏矩阵的创建和转置运算。

【主函数源代码】

```
int main(){
    TSMatrix A,C;
    printf("创建矩阵 A: ");CreateSMatrix(&A);
    PrintSMatrix(A);
    TransposeSMatrix(A,&C);
    printf("矩阵 C(A 的转置):\n");PrintSMatrix1(C);
    return 0;
}
```

【程序运行结果】 （见图 4-30）

```
创建矩阵A: 请输入矩阵的行数,列数,非零元素数: 5,6,7
请按行序顺序输入第1个非零元素所在的行(1~5),列(1~6),元素值:1,3,5
请按行序顺序输入第2个非零元素所在的行(1~5),列(1~6),元素值:1,5,9
请按行序顺序输入第3个非零元素所在的行(1~5),列(1~6),元素值:2,1,8
请按行序顺序输入第4个非零元素所在的行(1~5),列(1~6),元素值:2,4,7
请按行序顺序输入第5个非零元素所在的行(1~5),列(1~6),元素值:3,2,4
请按行序顺序输入第6个非零元素所在的行(1~5),列(1~6),元素值:4,3,5
请按行序顺序输入第7个非零元素所在的行(1~5),列(1~6),元素值:5,4,1
5行6列7个非零元素。
行  列  元素值
 1   3     5
 1   5     9
 2   1     8
 2   4     7
 3   2     4
 4   3     5
 5   4     1
矩阵C(A的转置):
  0  8  0  0  0
  0  0  4  0  0
  5  0  0  5  0
  0  7  0  0  1
  9  0  0  0  0
  0  0  0  0  0
```

图 4-30 例 4-3 的程序运行结果

4.3 广义表

4.3.1 案例导引

【案例】 中国举办的国际足球邀请赛，参赛的足球队可表示如下：

(阿根廷，巴西，德国，法国，(　　)，西班牙，意大利，英国，(国家队，鲁能队，实德队))

【案例分析】

在这个表中，韩国队应该排在法国队的后面，但未能参加，成为空表。国家队、鲁能队、实德队均为东道主的参赛队，构成一个小的线性表，成为原线性表的一个数据元素。这种线性表的数据元素中还包含另一个线性表的数据结构，称为广义表。

4.3.2 广义表的定义

广义表（lists）是线性表的拓展，也称为列表，是一种非线性结构。本书将其当作线性表的一个扩充，简单介绍其要点。

广义表是n(n≥0)个元素a_1，a_2，…，a_i，…，a_n的有限序列。

其中：

1）a_i或者是原子（基本的可处理的数据单位）或者是一个广义表。当每个元素都为原子且类型相同时，就退化为线性表。

2）广义表通常记作：$Ls=(a_1,a_2,\cdots,a_i,\cdots,a_n)$。

3）Ls是广义表的名字，n为它的长度即元素的个数。

4）若广义表Ls非空（n≥1），则a_1是Ls的表头，其余元素组成的表$(a_2,\cdots,a_n)$称为Ls的表尾。任何一个非空表，表头可能是原子，也可能是列表；但表尾一定是列表。

5）若a_i是广义表，则称它为Ls的子表。

6）广义表的深度：一个表的“深度”是指表展开后所含括号的层数。

注意：

1）广义表通常用圆括号括起来，用逗号分隔其中的元素。

2）为了区分原子和广义表，书写时用大写字母表示广义表，用小写字母表示原子。

3）广义表是递归定义的。

例如，求下列广义表的长度n。

1）A=()

2）B=(e)

3）C=(a,(b,c,d))

4）D=(A,B,C)

5）E=(a,E)

解：

1）n=0，因为A是空表。

2）n=1，表中元素e是原子。

3）n =2，a 为原子，(b,c,d) 为子表。

4）n =3，3 个元素都是子表。

5）n =2，a 为原子，E 为子表，是一个递归表。

4.3.3 广义表的运算

广义表通常有两种特殊的基本操作：

GetHead(L)——取表头（可能是原子或列表）；

GetTail(L)——取表尾（一定是列表）。

例如，求下列广义表的表头、表尾。

1）A =(b,k,p,h)

2）B =((a,b),(c,d))

3）C =(e)

4）D =(())

解：

1）GetHead(A) =b;GetTail(A) =(k,p,h)。

2）GetHead(B) =(a,b);GetTail(B) =((c,d))

3）GetHead(C) =e;GetTail(C) =()

4）GetHead(D) =();GetTail(D) =()

注意：在第（2）个广义表中，GetHead 返回的是元素，结果为（a,b），GetTail 返回的是列表，在外层加括号，结果为（(c,d)）。

4.3.4 广义表的存储

由于广义表的元素可以是不同结构（原子或列表），难以用顺序存储结构表示，所以通常采用链式结构存储，每个元素用一个结点表示。

注意：列表的“元素”还可以是列表，所以结点可能有两种形式。

(1) 原子结点　表示原子，设 2 个域，如图 4-31 所示。

其中，tag 表示标志域，值为 0 或 1，原子结点时，取为 0；atom 表示值域。

(2) 表结点　设 3 个域，如图 4-32 所示。

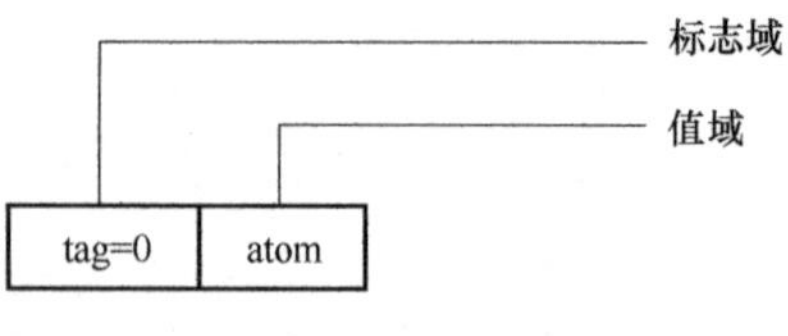

图 4-31　广义表的原子结点结构示意图

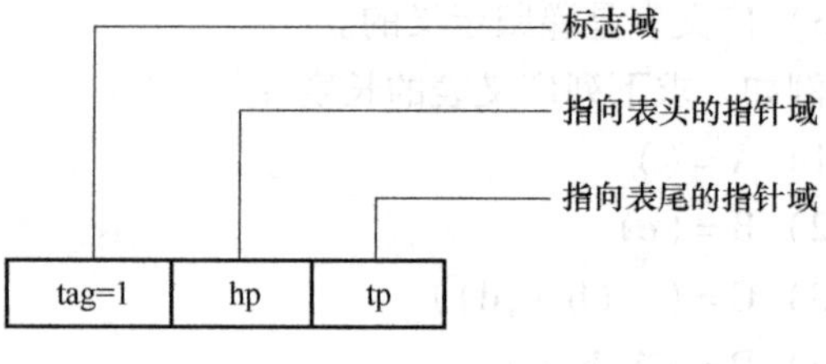

图 4-32　广义表的表结点结构示意图

其中，tag 表示标志域，值为 1；hp 为表头指针，指向表头结点；tp 为表尾指针，指向表尾结点，即下一个结点。

广义表的存储结构描述如下：

```
typedef enum{ATOM,LIST}ElemTag;                  /* ATOM==0:原子,LIST==1:
                                                    子表 */
typedef struct GLNode{
  ElemTag tag;                                   /* 公共部分,用于区分原子结点
                                                    和表结点 */
  union{                                         /* 原子结点和表结点的联合部
                                                    分 */
     AtomType atom;                              /* atom 是原子结点的值域,
                                                    AtomType 由用户定义 */
     struct{
        struct GLNode *hp, *tp;
      }ptr;                                      /* ptr 是表结点的指针域,
                                                    prt.hp 和 ptr.tp 分别指
                                                    向表头和表尾 */
  }a;
}*GList,GLNode;                                  /* 广义表类型 */
```

例如，以下广义表的存储结构示意图如图4-33所示。

(1) A=()

(2) B=(e)

(3) C=(a,(b,c,d))

(4) D=(A,B,C)

(5) E=(a,E)

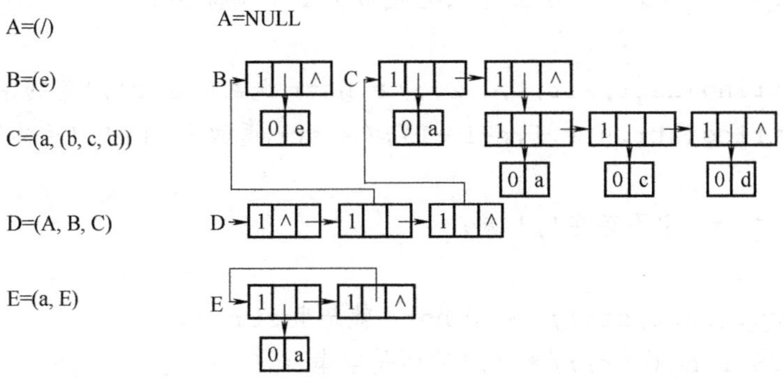

图4-33 广义表的存储结构示意图

4.3.5 广义表的基本算法

1. 广义表的构建算法

把广义表的书写形式看成是一个字符串S。广义表字符串S可能有两种情况：1) S=

'()'（空白串）；2）S =（a_1，a_2，…，a_n），其中 a_i（i = 1，2，…，n）是 S 的子串。由 S 建广义表的问题转换为由 a_i（i = 1，2，…，n）建子表的问题。

非空广义表可以分解成表头和表尾两部分，建立广义表时，可以分别建立表头和表尾。

sever 函数的功能是将非空串 str 分割成两部分：hstr 为第一个 ',' 之前的子串（成为表头），str 为之后的子串（成为表尾）。

算法 4.8 广义表构建算法

```
void sever(SString str,SString hstr){ /* SString 是数组,不需引用类型 */
    int n,k,i;/* k 记尚未配对的左括号个数 */
    SString ch,c1,c2,c3;
    n = StrLength(str);/* n 为串 str 的长度 */
    StrAssign(c1,",");/* c1 = ',' */
    StrAssign(c2,"(");/* c2 = '(' */
    StrAssign(c3,")");/* c3 = ')' */
    SubString(ch,str,1,1);/* ch 为串 str 的第 1 个字符 */
    for(i = 1,k = 0;i < = n&&StrCompare(ch,c1) ||k! = 0; + +i)/* i 小于串
长且 ch 不是',' */
    { /* 搜索最外层的第一个逗号 */
        SubString(ch,str,i,1);/* ch 为串 str 的第 i 个字符 */
        if(! StrCompare(ch,c2))/* ch = '(' */
            + +k;/* 左括号个数 +1 */
        else if(! StrCompare(ch,c3))/* ch = ')' */
            - -k;/* 左括号个数 -1 */
    }
    if(i < = n)/* 串 str 中存在',',它是第 i-1 个字符 */
    {
        SubString(hstr,str,1,i-2);/* hstr 返回串 str','前的字符 */
        SubString(str,str,i,n-i +1);/* str 返回串 str','后的字符 */
    }
    else /* 串 str 中不存在',' */
    {
        StrCopy(hstr,str);/* 串 hstr 就是串 str */
        ClearString(str);/* ','后面是空串 */
    }
}
void CreateGList(GList *L,SString S)
{ /* 采用头尾链表存储结构,由广义表的书写形式串 S 创建广义表 L。设 emp = "()" */
        SString sub,hsub,emp;
```

```
        GList p,q;
        StrAssign(emp,"()");/* 空串 emp = "()" */
        if(! StrCompare(S,emp))/* S = "()" */
            *L = NULL;/* 创建空表 */
        else {/* S 不是空串 */
            *L = (GList)malloc(sizeof(GLNode));
            if(! *L)/* 建表结点 */
                exit(OVERFLOW);
            if(StrLength(S) = =1){ /* S 为单原子,只会出现在递归调用中 */
                (*L) ->tag = ATOM;
                (*L) ->a.atom = S[1];/* 创建单原子广义表 */
            }
            else{ /* S 为表 */
                (*L) ->tag = LIST;
                p = *L;
                SubString(sub,S,2,StrLength(S)-2);/* 脱外层括号(去掉第1
个字符和最后1个字符)给串 sub */
                do{ /* 重复建 n 个子表 */
                    sever(sub,hsub);/* 从 sub 中分离出表头串 hsub */
                    CreateGList(&p ->a.ptr.hp,hsub);
                    q=p;
                    if(! StrEmpty(sub)){ /* 表尾不空 */
                        p = (GLNode *)malloc(sizeof(GLNode));
                        if(! p)
                            exit(OVERFLOW);
                        p ->tag = LIST;
                        q ->a.ptr.tp =p;
                    }
                }while(! StrEmpty(sub));
                q ->a.ptr.tp = NULL;
            }
        }
}
```

2. 求广义表的长度算法

算法 4.9　求广义表的长度算法

```
int GListLength(GList L){ /* 返回广义表的长度,即元素个数 */
        int len =0;
```

```
    while(L){
        L=L->a.ptr.tp;
        len++;
    }
    return len;
}
```

3. 求广义表深度算法

算法 4.10 求广义表的深度算法

```
int GListDepth(GList L)
{  /* 采用头尾链表存储结构,求广义表 L 的深度。*/
    int max,dep;
    GList pp;
    if(! L)
        return 1;/* 空表深度为 1 */
    if(L->tag==ATOM)
        return 0;/* 原子深度为 0,只会出现在递归调用中 */
    for(max=0,pp=L;pp;pp=pp->a.ptr.tp){
        dep=GListDepth(pp->a.ptr.hp);/* 递归求以 pp->a.ptr.hp 为头指
针的子表深度 */
        if(dep>max)
            max=dep;
    }
    return max+1;/* 非空表的深度是各元素的深度的最大值加 1 */
}
```

4.3.6 案例实现——广义表的基本操作

【例 4-4】 编写程序实现建立广义表、求广义表的深度等的操作。

【主函数源代码】

```
int main(){
    char p[80];SString t;GList  l,m;
    InitGList(&l);
    printf("请输入广义表 l(书写形式:空表:(),单原子:(a),其它:(a,(b),c)):\n");
    gets(p);StrAssign(t,p);
    CreateGList(&l,t);
    printf("广义表 l 的长度=%d\n",GListLength(l));
    printf("广义表 l 的深度=%d l \n",GListDepth(l));
```

```
    return 0;
}
```

【程序运行结果】（见图 4-34）

```
请输入广义表1(书写形式：空表:(),单原子:(a),其它:(a,(b),c)):
(a,(b,c),(d,e,(f,g)),h)
广义表1的长度=4
广义表1的深度=3
```

图 4-34　例 4-4 的程序运行结果

本章总结

串是一种特殊的线性表，它的结点仅由一个字符组成。串的应用非常广泛，凡是涉及字符处理的领域都要使用串。本章简要介绍了串的有关概念、存储结构以及串的基本运算和实现。

数组是一种常用的数据结构，使用得最多的是二维数组。对于某些特殊的矩阵，本章介绍了它的压缩存储方法；对于稀疏矩阵，本章介绍了用三元组表对其进行处理。

广义表是线性表的拓展，广泛用于人工智能等领域。把广义表作为基本的数据结构，程序也可表示为一系列的广义表。

习　题　4

一、单项选择题

1. 空串与空格字符组成的串的区别在于（　　）。
   A. 没有区别　　B. 两串的长度不相等
   C. 两串的长度相等　　D. 两串包含的字符不相同
2. 一个子串在包含它的主串中的位置是指（　　）。
   A. 子串的最后那个字符在主串中的位置
   B. 子串的最后那个字符在主串中首次出现的位置
   C. 子串的第一个字符在主串中的位置
   D. 子串的第一个字符在主串中首次出现的位置
3. 下面的说法中，只有（　　）是正确的。
   A. 字符串的长度是指串中包含的字母的个数
   B. 字符串的长度是指串中包含的不同字符的个数
   C. 若 T 包含在 S 中，则 T 一定是 S 的一个子串
   D. 一个字符串不能说是其自身的一个子串
4. 两个字符串相等的条件是（　　）。
   A. 两串的长度相等
   B. 两串包含的字符相同
   C. 两串的长度相等，并且两串包含的字符相同
   D. 两串的长度相等，并且对应位置上的字符相同
5. 若 SUBSTR(S,i,k) 表示求 S 中从第 i 个字符开始的连续 k 个字符组成的子串的操

作，则对于 S = "Beijing&Nanjing", SUBSTR(S,4,5) = (　　)。

A. "ijing"　B. "jing&"　C. "ingNa"　D. "ing&N"

6. 若 INDEX(S,T) 表示求 T 在 S 中的位置的操作，则对于 S = "Beijing&Nanjing"，T = "jing"，INDEX(S,T) = ( )。

A. 2　B. 3　C. 4　D. 5

7. 若 REPLACE(S,S1,S2) 表示用字符串 S2 替换字符串 S 中的子串 S1 的操作，则对于 S = "Beijing&Nanjing"，S1 = "Beijing"，S2 = "Shanghai"，REPLACE(S,S1,S2) = ( )。

A. "Nanjing&Shanghai"　B. "Nanjing&Nanjing"

C. "ShanghaiNanjing"　D. "Shanghai&Nanjing"

8. 在长度为 n 的字符串 S 的第 i 个位置插入另外一个字符串，i 的合法值应该是( )。

A. $i>0$　B. $i\leqslant n$　C. $1\leqslant i\leqslant n$　D. $1\leqslant i\leqslant n+1$

9. 字符串采用结点大小为 1 的链表作为其存储结构，是指（　　）。

A. 链表的长度为 1

B. 链表中只存放 1 个字符

C. 链表的每个链结点的数据域中不仅只存放了一个字符

D. 链表的每个链结点的数据域中只存放了一个字符

10. 设二维数组 A[0…m-1][0…n-1] 按行优先顺序存储在内存中，第一个元素的地址为 p，每个元素占 k 个字节，则元素 a_{ij} 的地址为（　　）。

A. $p+[i\times n+j-1]\times k$　B. $p+[(i-1)\times n+j-1]\times k$

C. $p+[(j-1)\times n+i-1]\times k$　D. $p+[j\times n+i-1]\times k$

11. 已知二维数组 $A_{10\times10}$ 中，元素 a_{20} 的地址为 560，每个元素占 4 个字节，则元素 a_{10} 的地址为（　　）。

A. 520　B. 522　C. 524　D. 518

12. 若数组 A[0…m][0…n] 按列优先顺序存储，则 a_{ij} 地址为（　　）。

A. $Loc(a_{00})+[j\times m+i]$　B. $Loc(a_{00})+[j\times n+i]$

C. $Loc(a_{00})+[(j-1)\times n+i-1]$　D. $Loc(a_{00})+[(j-1)\times m+i-1]$

13. 若下三角矩阵 $\mathbf{A}_{n\times n}$，按列顺序压缩存储在数组 Sa[0…(n+1)n/2] 中，则非零元素 a_{ij} 的地址为（　　）。(设每个元素占 d 个字节)

A. $\left[(j-1)\times n-\dfrac{(j-2)(j-1)}{2}+i-1\right]\times d$

B. $\left[(j-1)\times n-\dfrac{(j-2)(j-1)}{2}+i\right]\times d$

C. $\left[(j-1)\times n-\dfrac{(j-2)(j-1)}{2}+i+1\right]\times d$

D. $\left[(j-1)\times n-\dfrac{(j-2)(j-1)}{2}+i-2\right]\times d$

14. 设有广义表 D = (a,b,D)，其长度为（　　），深度为（　　）。

A. 无穷大　B. 3　C. 2　D. 5

15. 广义表 A = (a)，则表尾为（　　）。

A. a　B. (( ))　C. 空表　D. (a)

16. 广义表 A = ((x,(a,B)),(x,(a,B),y))，则 head(head(tail(A))) 的结果为(　　)。

A. x　　B. (a, B)　　C. (x, (a, B))　　D. A

17. 下列广义表用图来表示时，分支结点最多的是（　　）。

A. L=((x,(a,B)),(x,(a,B),y))　　B. A=(s,(a,B))

C. B=((x,(a,B),y))　　D. D=((a,B),(c,(a,B),D)

18. 通常对数组进行的两种基本操作是（　　）。

A. 建立与删除　　B. 索引和修改　　C. 查找和修改　　D. 查找与索引

19. 假定在数组 A 中，每个元素的长度为 3 个字节，行下标 i 为 1 ~ 8，列下标 j 为 1 ~ 10，从首地址 SA 开始连续存放在存储器内，存放该数组至少需要的单元数为（　　）。

A. 80　　B. 100　　C. 240　　D. 270

20. 数组 A 中，每个元素的长度为 3 个字节，行下标 i 为 1 ~ 8，列下标 j 为 1 ~ 10，从首地址 SA 开始连续存放在存储器内，该数组按行存放时，元素 A[8][5] 的起始地址为(　　)。

A. SA + 141　　B. SA + 144　　C. SA + 222　　D. SA + 225

21. 稀疏矩阵一般的压缩存储方法有两种，即（　　）。

A. 二维数组和三维数组　　B. 三元组和散列

C. 三元组和十字链表　　D. 散列和十字链表

22. 若采用三元组压缩技术存储稀疏矩阵，只要把每个元素的行下标和列下标互换，就完成了对该矩阵的转置运算。这种观点（　　）。

A. 正确　　B. 不正确

23. 一个广义表的表头总是一个（　　）。

A. 广义表　　B. 元素　　C. 空表　　D. 元素或广义表

24. 一个广义表的表尾总是一个（　　）。

A. 广义表　　B. 元素　　C. 空表　　D. 元素或广义表

25. 数组就是矩阵，矩阵就是数组，这种说法（　　）。

A. 正确　　B. 错误

C. 前句对，后句错　　D. 后句对

二、填空题

1. 计算机软件系统中，有两种处理字符串长度的方法：一种是________，第二种是________________。

2. 两个字符串相等的充要条件是________________和________________。

3. 设字符串 S1 = "ABCDEF"，S2 = "PQRS"，则运算 S = CONCAT(SUB(S1,2,LEN(S2)), SUB(S1,LEN(S2),2)) 后的串值为________________。

4. 串是指________________。

5. 空串是指________________，空格串是指________________。

6. 一维数组的逻辑结构是________________，存储结构是________________；对于二维或多维数组，分为________________和________________两种不同的存储方式。

7. 对于一个二维数组 A[m][n]，若按行序为主序存储，则任一元素 A[i][j] 相对于

A[0][0]的地址为________________。

8. 一个广义表为 (a,(a,b),d,e,((i,j),k))，则该广义表的长度为____________，深度为____________。

9. 有一个稀疏矩阵如下，则其对应的三元组线性表为________________。

$$\begin{pmatrix} 0 & 0 & 2 & 0 \\ 3 & 0 & 0 & 0 \\ 0 & 0 & -1 & 5 \\ 0 & 0 & 0 & 0 \end{pmatrix}$$

10. 一个 n × n 的对称矩阵，如果以行为主序或以列为主序存入内存，则其容量为____________________。

11. 已知广义表 A = ((a,b,c),(d,e,f))，则 head(tail(tail(A))) = ____________。

12. 设有一个 10 阶的对称矩阵 **A**，采用压缩存储方式以行序为主序存储，a_{00} 为第一个元素，其存储地址为 0，每个元素占有 1 个存储地址空间，则 a_{85} 的地址为____________。

13. 已知广义表 Ls = (a,(b,c,d),e)，运用 head() 和 tail() 函数取出 Ls 中的原子 b 的运算是____________________。

14. 三维数组 R[$c_1 \cdots d_1, c_2 \cdots d_2, c_3 \cdots d_3$] 共含有____________________个元素。（其中，$c_1 \leqslant d_1$，$c_2 \leqslant d_2$，$c_3 \leqslant d_3$）。

15. 数组 A[1…10，-2…6,2…8] 以行优先的顺序存储，设第一个元素的首地址是 100，每个元素占 3 个存储长度的存储空间，则元素 A[5,0,7] 的存储地址为____________。

三、算法设计题

1. 设有一个长度为 s 的字符串，其字符顺序存放在一个一维数组的第 1 至第 s 个单元中（每个单元存放一个字符）。现要求从此串的第 m 个字符以后删除长度为 t 的子串，m < s，t < (s - m)，并将删除后的结果复制在该数组的第 s 单元以后的单元中，试设计此删除算法。

2. 设 s 和 t 是表示成单链表的两个串，试编写一个找出 s 中第 1 个不在 t 中出现的字符（假定每个结点只存放 1 个字符）的算法。

四、应用题

1. 已知模式串 t = "abcaabbabcab"，写出用 KMP 法求得的每个字符对应的 next 和 nextval 函数值。

2. 设目标为 t = "abcaabbabcabaacbacba"，模式为 p = "abcabaa"，完成下列任务

（1）计算模式 p 的 naxtval 函数值。

（2）不写出算法，只画出利用 KMP 算法进行模式匹配时每一趟的匹配过程。

3. 数组 A 中，每个元素 A[i,j] 的长度均为 32 个二进位，行下标为 -1 ~ 9，列下标为 1 ~ 11，从首地址 S 开始连续存放主存储器中，主存储器字长为 16 位。求：

（1）存放该数组所需多少单元？

（2）存放数组第 4 列所有元素至少需多少单元？

（3）数组按行存放时，元素 A[7,4] 的起始地址是多少？

（4）数组按列存放时，元素 A[4,7] 的起始地址是多少？

4. 请将香蕉 "banana" 用工具 H()—Head()，T()—Tail() 从 L 中取出。

L = (apple,(orange,(strawberry,(banana)),peach),pear)

第5章 树和二叉树

知识导航

假设要建立一个大学的组织机构，这种结构逻辑上可画成如图 5-1a 所示的形式，这就是一种树形结构。树形结构中明显地反映出层次关系或从属关系。如果采用这种结构来建立

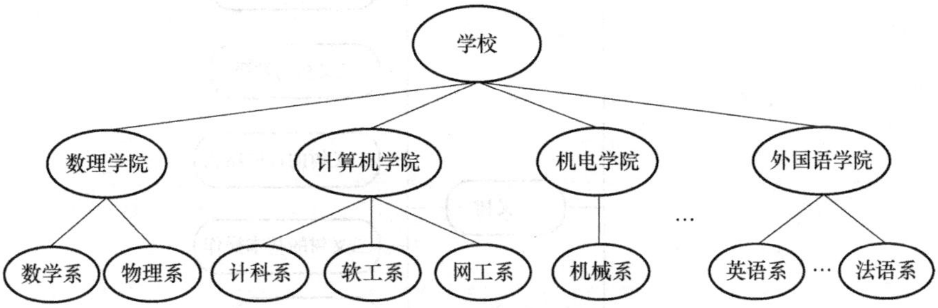

a) 学校组织机构的树结构

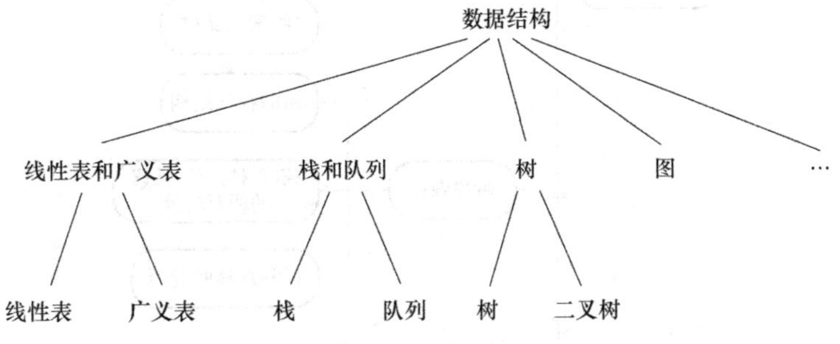

b) “数据结构”课程的结构

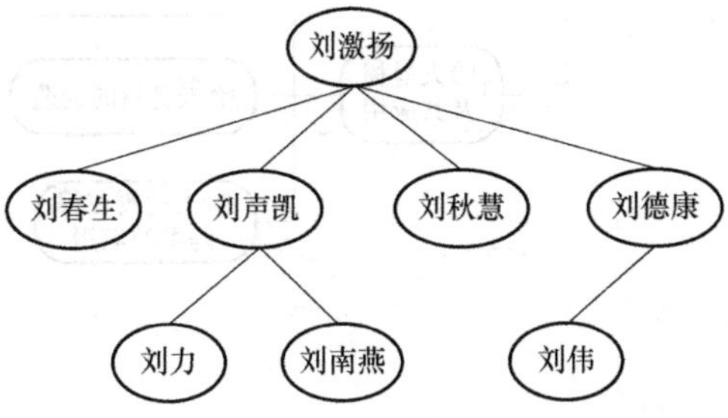

c) 家谱

图 5-1　各种树结构

组织机构，需要解决它在计算机内的物理表示方法以及信息的查找问题。例如，当要增加一个系时，如何插入？一个专业被取消后，如何删除？在这种结构上要定义查找、插入、删除等操作，要保证在完成插入和删除操作之后不破坏原来的结构类型。这就是本章需要学习的内容。

数据结构可以分为线性结构和非线性结构两大类。所谓非线性结构，是指在结构中至少存在一个数据元素，它具有两个或两个以上的直接后继或直接前驱。树形结构是一种非常重要的非线性结构，它用于描述数据元素之间的层次关系。树形结构应用十分广泛，如行政机构、书的目录结构、家谱等，如图 5-1 所示。

学习路线

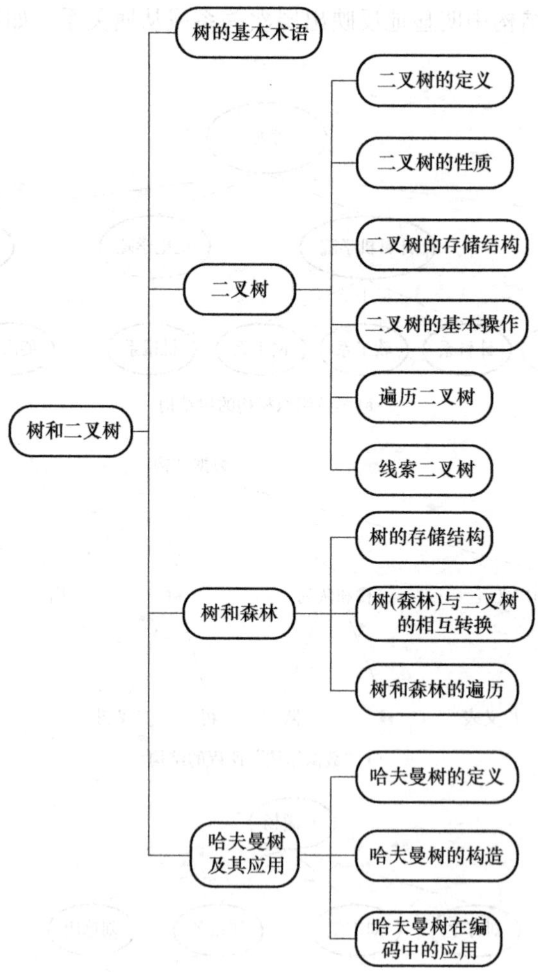

本章目标

知 识 点	了　解	掌　握	动手练习
树的基本术语		★	
二叉树的存储结构		★	
二叉树的基本操作		★	★
二叉树的遍历		★	★
线索二叉树		★	
树的存储结构		★	
树（森林）与二叉树的相互转换		★	
树和森林的遍历		★	
哈夫曼树		★	★

5.1　树的基本术语

1. 树

树是 n 个结点的有限集合，在一棵非空树（$n>0$）中：①有且仅有一个特定的称之为**根**的结点；②除根结点之外的其余结点可分为 $m(m\geqslant 0)$ 个互不相交的集合 $T_1,T_2,\cdots,T_m$，其中，每一个集合本身又是一棵树，称其为根结点的**子树**。当 $n=0$ 时，称为**空树**。

以下是关于树的一些术语：

1）**结点**：包含一个数据元素及若干指向其他结点的分支信息。

2）**结点的度**：一个结点的子树个数称为该结点的度。

3）**叶子结点**：度为 0 的结点即为叶子结点，也称为终端结点。

4）**分支结点**：度不为 0 的结点即分支结点，也称为非终端结点。

5）**孩子结点与双亲结点**：任意一个结点 x 的子树之根称为 x 的孩子结点，x 则是其孩子的双亲结点。

6）**兄弟结点**：同一双亲结点的孩子结点之间互称兄弟结点。

7）**祖先结点**：一个结点的祖先结点是指从根结点到该结点的路径上的所有结点。

8）**子孙结点**：以一个结点为根的子树中的任一结点都称为该结点的子孙结点。

9）**树的度**：树中所有结点的度的最大值。

以图 5-2 所示的树为例，这棵树有 12 个结点，树的根结点为 A，通常将根画在顶部。A 的度为 3，E 的度为 2，F 的度为 0。K、L、F、G、H、I、J 都是叶子结点。D 的孩子结点是 H、I、J；D 的双亲结点是 A。H、I、J 是兄弟结点。A 是 K、L 等的祖先结点，反之，K、L 是 A 的子孙结点。这棵树的度为 3。

2. 结点的层次与树的高度（深度）

从根结点开始定义，根结点的层数为 1，根的直接后继的层数为 2。若某个结点在第 L 层上，则此结点的孩子结点在第 L+1 层。结点的层数也就是从根到该结点的路长加 1。

从一个结点到叶子结点的最大路长加 1 称为该结点的**高**。在图 5-2 中，B 的高为 3，E 的高为 2，L 的高为 1。

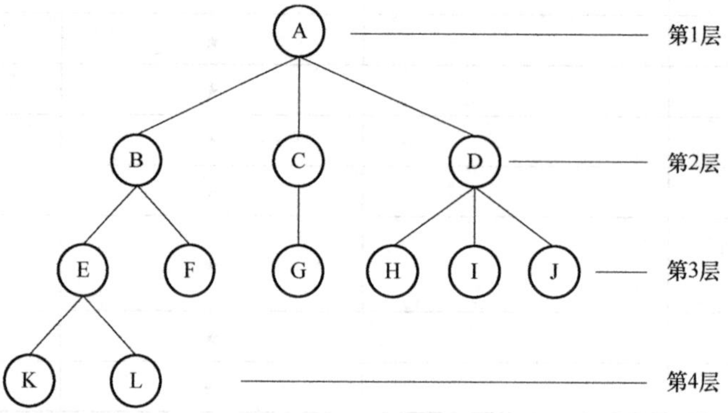

图 5-2　树的示例

树的高度（深度）即树中所有结点的层数的最大值，即该棵树所有结点的最大层号。例如，图 5-2 中树的高为 4。

3. 有序树和无序树

在树中，一个结点的所有子结点，如果要考虑其相对顺序，按自左向右排序，则这种树就称为有序树；若忽略其子结点的顺序，则称为无序树。对于图 5-3 所示的两棵树，若把它们看成是有序树，则是两棵不同的树；若看成是无序树，则是同一棵树。

4. 森林

森林是 m(m>0) 棵互不相交的树的集合。将一棵非空树的根结点删去，树就变成**森林**；反之，给森林增加一个统一的根结点，森林就变成一棵树。例如，若去掉图 5-2 中树的根结点 A，就得到三棵树组成的森林，如图 5-4 所示。

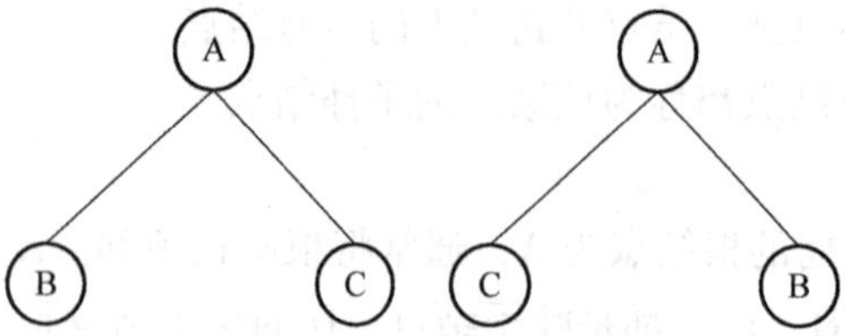

图 5-3　有序树和无序树

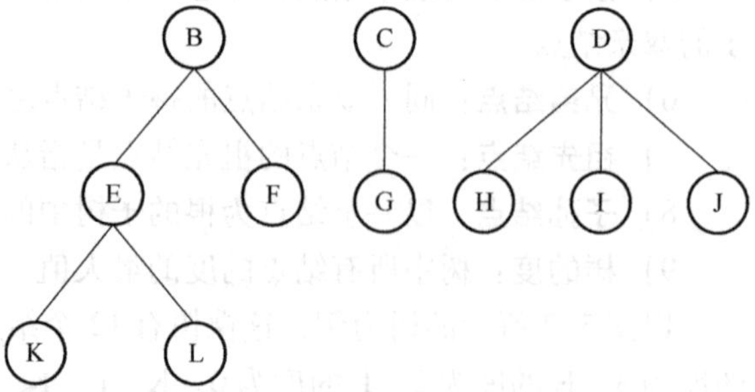

图 5-4　森林

从上面的描述中可以看出，线性结构和树结构有很大的不同，两者的对比如图 5-5 所示。

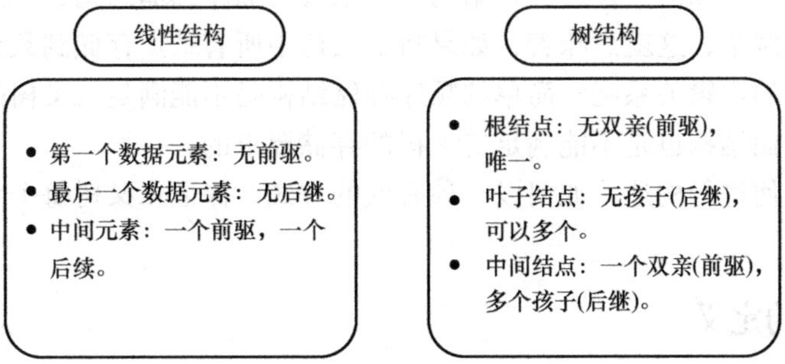

图 5-5　线性结构和树结构的对比

5.2　二叉树

随机产生一个 100 以内的正整数，用户输入一个数字，计算机提示用户是猜大了还是小了，用户根据计算机的提示，继续输入下一个数字，直至猜中。

因为如果没有猜中的话，这个猜数字的结果只有猜大了或猜小了的情况，这个猜谜的过程可以用图 5-6 表示。

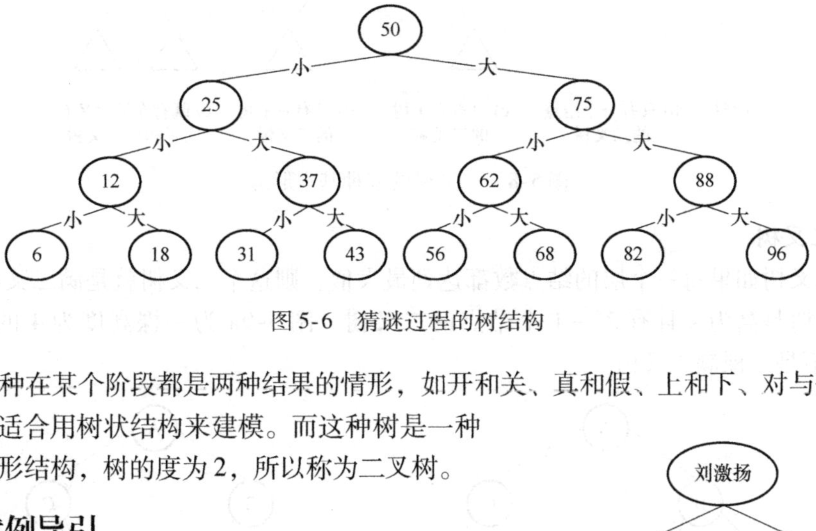

图 5-6　猜谜过程的树结构

对于这种在某个阶段都是两种结果的情形，如开和关、真和假、上和下、对与错、正面与反面等，都适合用树状结构来建模。而这种树是一种很特殊的树形结构，树的度为 2，所以称为二叉树。

5.2.1　案例导引

【案例】 假设一个家族的成员关系如图 5-7 所示。试编程实现对此二叉树的如下基本操作：

1）构造二叉树。

2）依次访问这颗二叉树中的每个元素，每个元素的访问有且只有一次。

3）计算这颗二叉树的深度、所有结点总数、叶子结点数、双孩子结点个数、单孩子结点个数。

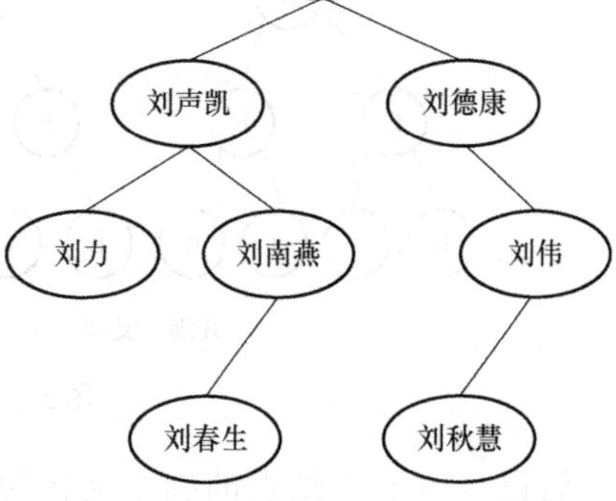

图 5-7　家谱树

【案例分析】 说到存储结构，就会想到前面线性结构讲过的顺序存储和链式存储两种结构。先来看看顺序存储结构，二叉树中某个结点的孩子可以有一个或两个，这就意味着，如果将二叉树中所有结点存储到数组中，结点的存储位置如何反映结点的逻辑关系呢？简单的顺序存储结构是不能满足二叉树的存储要求的。同理，简单的链式存储结构也是不能满足二叉树的存储要求的。

这棵二叉树如何进行构造？如何以一种有效的方式，保证二叉树每个元素的访问有且只有一次？

5.2.2 二叉树的定义

1. 二叉树

二叉树是树的一种，二叉树中的结点至多只能有两棵子树。二叉树的定义如下：

1）每个结点的度都不大于2。

2）每个结点的孩子结点次序不能任意颠倒。

我们把满足以上两个条件的树形结构叫作二叉树。

由此定义可以看出，一个二叉树中的每个结点只能含有0、1或2个孩子，而且每个孩子有左右之分。将位于左边的孩子叫作左孩子，位于右边的孩子叫作右孩子。

图5-8给出了二叉树的五种基本形态。

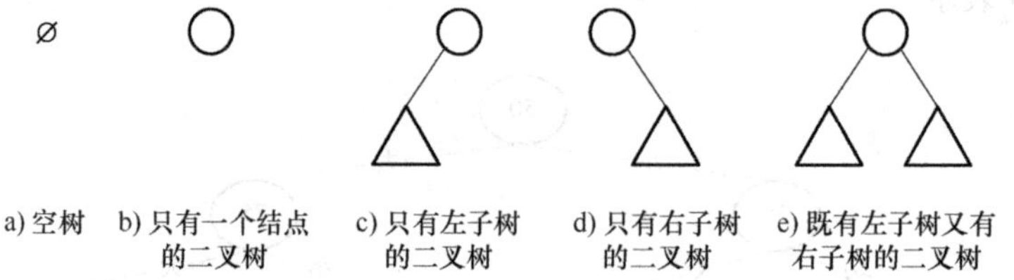

图5-8 二叉树的五种基本形态

2. 满二叉树

一个二叉树如果每一个层的结点数都达到最大值，则这个二叉树就是满二叉树。也就是说，满二叉树是高为k且有2^k-1个结点的二叉树。图5-9a为一棵高度为4的满二叉树，而图5-9b不是一棵满二叉树。

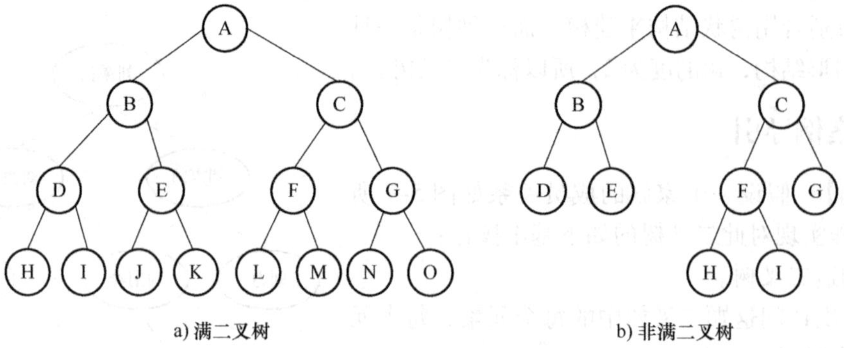

图5-9 满二叉树和非满二叉树

假设具有n个结点的满二叉树按从上至下、从左至右的方式进行结点编号，结果如图5-10所示。

3. 完全二叉树

将两个二叉树中最下一层的叶子结点从右到左依次拿掉或者拿掉部分，则是一棵完全二叉树，完全二叉树中编号为 $i(1 \leqslant i \leqslant n)$ 的结点与满二叉树中编号为 i 的结点在二叉树中的位置相同。例如，将图 5-10 中的编号为 7 叶子结点拿掉，成为如图 5-11a 所示的完全二叉树，而 5-11b 和 5-11c 的结点编号与对应满二叉树的节点编号不相同，就不是完全二叉树。

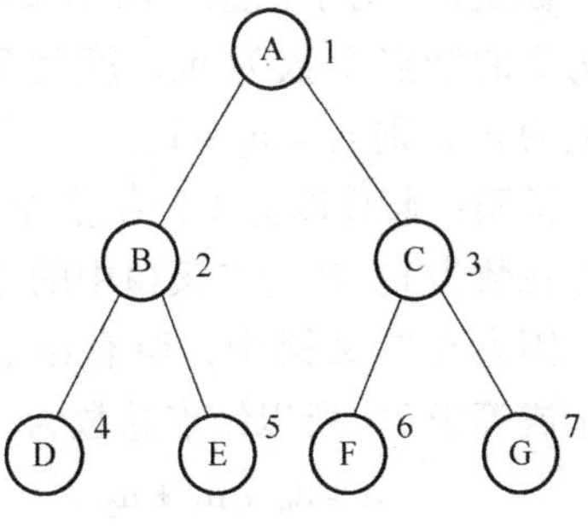

图 5-10 满二叉树结点编号

完全二叉树是具有下述性质的二叉树（设二叉树的高为 k）：

1）所有叶子结点都出现在第 k 或 k－1 层。

2）第 k－1 层的所有叶子结点都在非终端结点的右边。

3）除第 k－1 层的最右非终端结点可能有一个（只能是左分支）或两个分支之外，其余非终端结点都有两个分支。

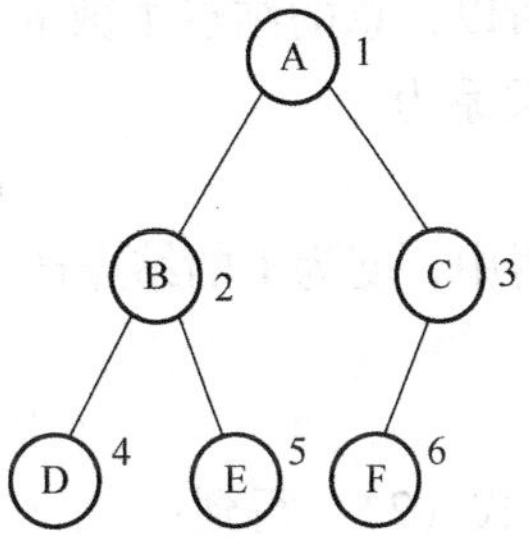

a) 完全二叉树

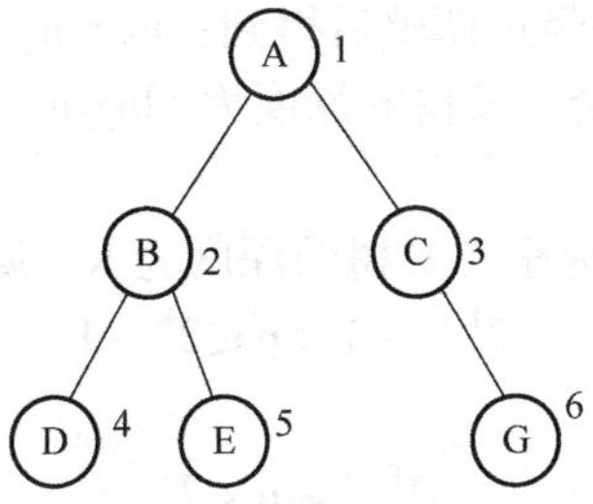

b) 非完全二叉树

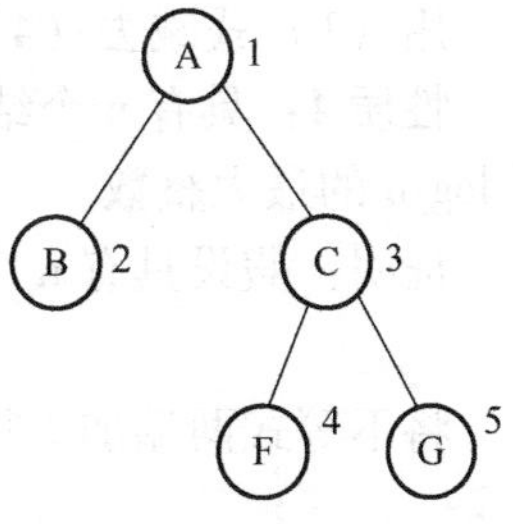

c) 非完全二叉树

图 5-11 完全二叉树与非完全二叉树

完全二叉树具有下面几个重要性质：

假设具有 n 个结点的完全二叉树按从上至下、从左至右的方式进行结点编号，对编号为 i 的结点有：

1）如果 $i=1$，则结点 i 是二叉树的根结点；如果 $i>1$，则其双亲结点的编号为 $\lfloor i/2 \rfloor$。

2）如果 $2i>n$，则结点 i 无左孩子；否则，其左孩子结点的编号为 2i。

3）如果 $2i+1>n$，则结点 i 无右孩子；否则其右孩子结点的编号为 $2i+1$。

完全二叉树中结点 i 左右孩子示意图如图 5-12 所示。

5.2.3 二叉树的性质

性质 1：二叉树的第 i 层上最多有 2^{i-1} 个结点。

证明：$i=1$ 时，$2^{i-1}=2^0=1$，二叉树的第一层只有 1 个根结点。

若对所有的 k，$1 \leqslant k < i$ 时，性质成立，即第 k 层上至多有 2^{k-1} 个结点。则第 $i-1$ 层上至多有 2^{i-2} 个结点，在第 i 层上就至多有 $2 \times 2^{i-2} = 2^{i-1}$ 个结点。

性质 2：若高度为 h 的二叉树的结点数为 n，则 $h \leqslant n \leqslant 2^h - 1$

证明：因为二叉树每一层至少有 1 个结点，故 $h \leqslant n$。

而深度为 h 的二叉树的最大结点数为 $2^h - 1$，故有 $h \leqslant n \leqslant 2^h - 1$

性质 3：对于任意一棵二叉树，如果度为 0 的结点个数为 n_0，度为 2 的结点个数为 n_2，则 $n_0 = n_2 + 1$。

证明：假设度为 1 的结点个数为 n_1，结点总数为 n，B 为二叉树中的分支数。

因为在二叉树中，所有结点的度均小于或等于 2，所以结点总数为

$$n = n_0 + n_1 + n_2 \quad (1)$$

再查看一下分支数。在二叉树中，除根结点之外，每个结点都有一个从上向下的分支指向，所以，总的结点个数 n 与分支数 B 之间的关系为

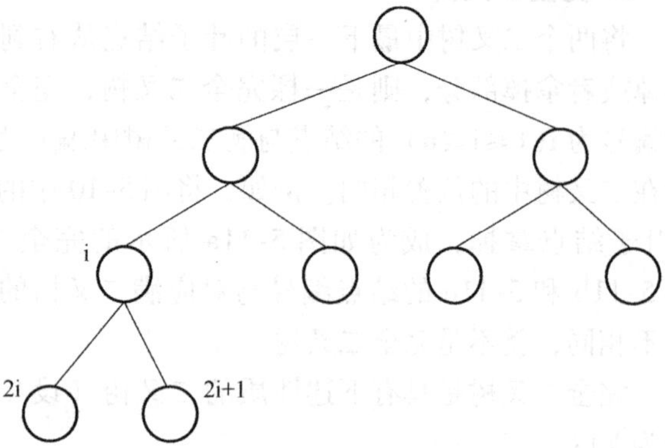

图 5-12 完全二叉树中结点 i 的左右孩子示意图

$$n = B + 1 \quad (2)$$

又因为在二叉树中，度为 1 的结点产生 1 个分支，度为 2 的结点产生 2 个分支，所以分支数 B 可以表示为

$$B = n_1 + 2n_2 \quad (3)$$

将式（3）代入式（2），得到：

$$n = n_1 + 2n_2 + 1 \quad (4)$$

用（1）式减去（4）式，并经过调整后得到：$n_0 = n_2 + 1$。

性质 4：具有 n 个结点的完全二叉树的深度为 $\lfloor \log_2 n \rfloor + 1$。其中，$\lfloor \log_2 n \rfloor$ 的结果是不大于 $\log_2 n$ 的最大整数。

证明：假设具有 n 个结点的完全二叉树的深度为 K，则根据性质 2 可以得到：

$$2^{K-1} - 1 < n \leqslant 2^K - 1$$

将不等式两端加 1 得到：

$$2^{K-1} \leqslant n < 2^K$$

将不等式中的三项同取以 2 为底的对数，并经过化简后得到：

$$K - 1 \leqslant \log_2 n < K$$

由此可以得到 $\lfloor \log_2 n \rfloor = K - 1$。整理后得到：$K = \lfloor \log_2 n \rfloor + 1$。

5.2.4 二叉树的存储结构

二叉树也可以采用两种存储方式：顺序存储结构和链式存储结构。

1. 顺序存储结构

这种存储结构适用于完全二叉树。其存储形式为：用一组连续的存储单元按照完全二叉树中每个结点的编号顺序存放结点内容。图 5-13 所示为一棵完全二叉树及其相应的顺序存储结构。

在 C 语言中，这种存储形式的类型定义如下所示：

```
#define MAX_TREE_SIZE 100
typedef TElemType SqBiTree[Max_TREE_S12E];
SqBiTree bt;
```

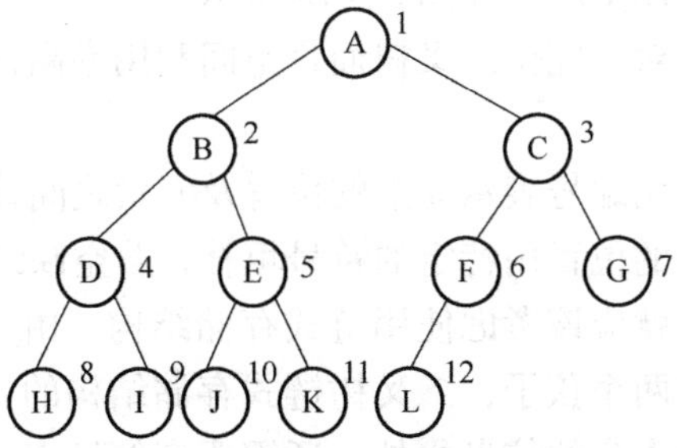

下标	0	1	2	3	4	5	6	7	8	9	10	11	12
		A	B	C	D	E	F	G	H	I	J	K	L

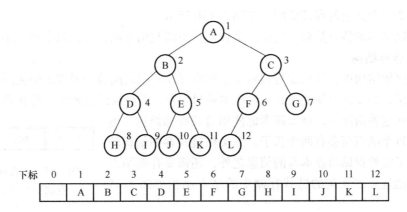

图 5-13　二叉树及其相应的顺序存储结构示意图

对于一般的二叉树，如果仍按从上至下、从左到右的顺序将树中的结点顺序存储在一维数组中，则数组元素下标之间的关系不能够反映二叉树中结点之间的逻辑关系，只有增添一些并不存在的空结点，使之成为一棵完全二叉树的形式，然后才能用一维数组顺序存储。如图 5-14a 给出了一棵一般二叉树改造后的完全二叉树形态和其顺序存储状态示意图。

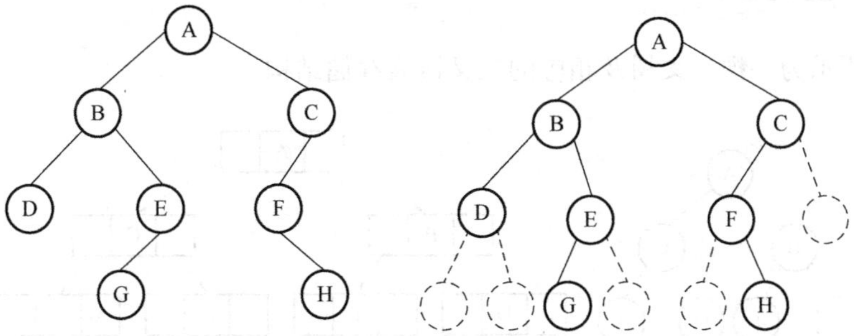

下标	0	1	2	3	4	5	6	7	8	9	10	11	12	13
		A	B	C	D	E	F	∧	∧	∧	G	∧	∧	H

a) 一般二叉树

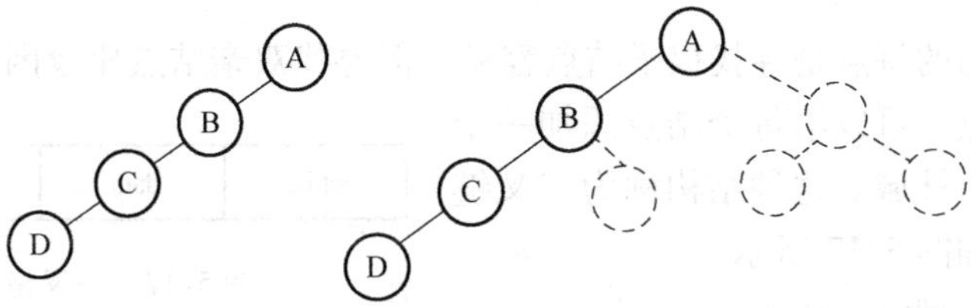

A	B	∧	C	∧	∧	∧	D

b) 单支树

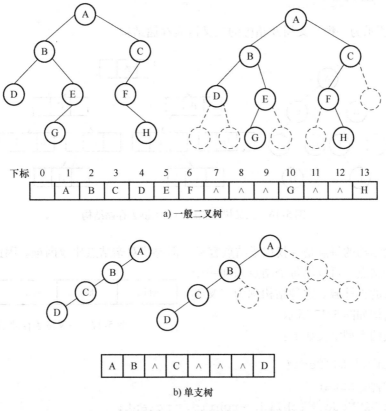

图 5-14　一般二叉树改造后的完全二叉树形态和其顺序存储结构示意图

显然，这种存储对于需增加许多空结点才能将一棵二叉树改造成为一棵完全二叉树，会造成空间的大量浪费，采用顺序存储结构不合适。例如，在最坏情况下，n 个结点的单支树，要占用 2^{n-1} 个元素的存储空间，如图 5-14b 所示。

这种存储结构的特点是对于完全二叉树而言空间利用率高，寻找孩子和双亲比较容易。

2. 链式存储结构

在顺序存储结构中，利用编号表示元素的位置及元素之间孩子或双亲的关系，因此对于非完全二叉树，需要将空缺的位置用特定的符号填补，若空缺结点较多，势必造成空间利用率的下降。在这种情况下，就应该考虑使用链式存储结构。由于二叉树的每个结点至多有两个孩子，二叉树链式存储结构的每个结点除了需要存储结点本身的信息之外，还需要存储结点左右孩子的地址。二叉树的链式存储中的结点结构如图 5-15 所示。

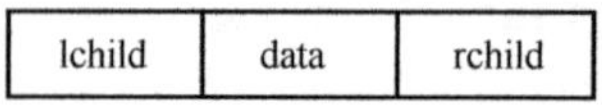

图 5-15　二叉树的链式存储中的结点结构

其中，lchild 和 rchild 是分别指向该结点左孩子和右孩子的指针，data 是数据元素的内容，这种结构称为二叉链表。其在 C 语言中的类型定义如下：

```
typedef struct BiTNode{
    TElemType data;
    struct BiTNode *lchild, *rchild;
}BiTNode, *BiTree;
```

图 5-16 所示为一棵二叉树及相应的二叉链表存储结构。

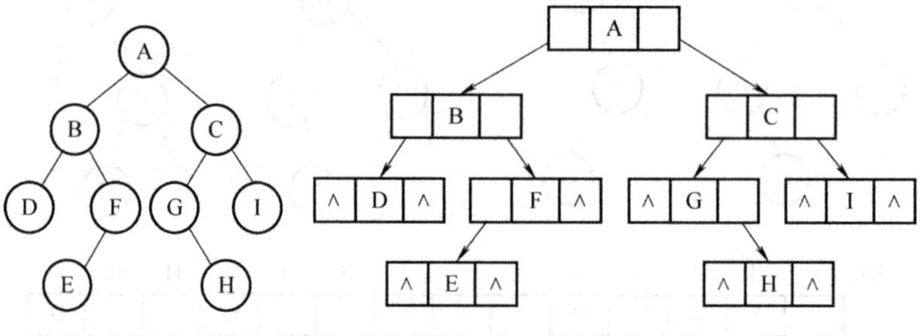

图 5-16　二叉树及相应的二叉链表存储结构

这种存储结构的特点是寻找孩子结点容易，但寻找双亲结点比较困难。因此，若需要频繁地寻找双亲结点，可以给每个结点添加一个指向双亲结点的指针域。这种结构称为三叉链表，其结点结构如图 5-17 所示。

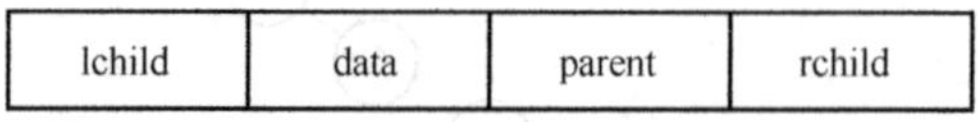

图 5-17　三叉链表存储结构

三叉链表的类型定义如下：

```
typedef struct BiTNode{
    TElemType data;
    struct BiTNode *lchild, *rchild, *parent;
}BiTNode, *BiTree;
```

图 5-18 所示为二叉树的三叉链表存储结构。

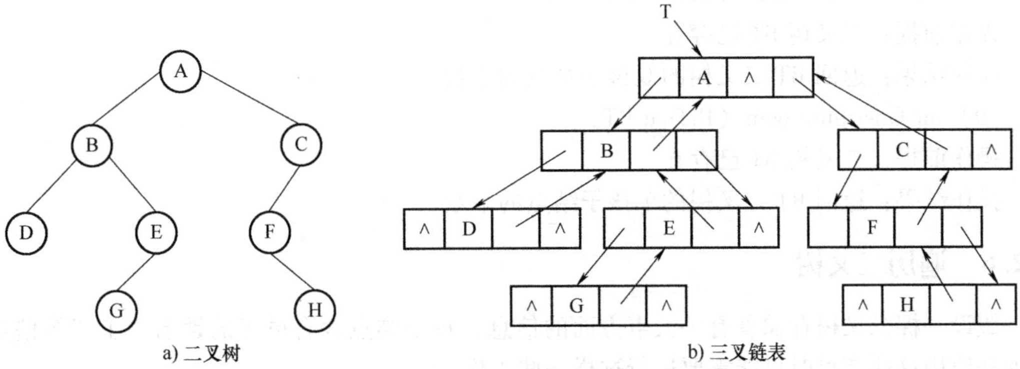

图 5-18　二叉树的三叉链表存储结构

尽管在二叉链表中无法由结点直接找到其双亲，但由于二叉链表结构灵活，操作方便，对于一般情况的二叉树，甚至比顺序存储结构还节省空间。因此，二叉链表是最常用的二叉树存储方式。

5.2.5　二叉树的基本操作

（1） void InitBiTree（BiTree * BT）

操作前提：BT 为未初始化的二叉树。

操作结果：将 BT 初始化为空的二叉树。

（2） void Order（BiTree BT）

操作前提：二叉树 BT 已存在。

操作结果：按指定的顺序依次访问二叉树中的每个结点一次，输出遍历序列。通常有四种访问顺序：先序、中序、后序及层次遍历。

（3） int InorderThreading（BiThrTree &Thrt，BiThrTree T）

操作前提：二叉树 T 已存在。

操作结果：中序遍历二叉树 T，并将其中序线索化，Thrt 指向头结点。

（4） int InorderTraverse（BiThrTree T）

操作前提：线索二叉树 T 已存在。

操作结果：中序遍历线索二叉树，输出遍历序列。

（5） int BiTreeDepth（BiTree BT）

操作前提：二叉树 BT 已存在。

操作结果：返回 BT 二叉树的深度。

（6） int NodeCount（BiTree BT）

操作前提：二叉树 BT 已存在。

操作结果：返回 BT 二叉树的结点的个数。

（7） int LeafCount（BiTree BT）

操作前提：二叉树 BT 已存在。

操作结果：返回 BT 二叉树的叶子结点的总数。

(8) int TwoChildCount (BiTree BT)

操作前提：二叉树 BT 已存在。

操作结果：返回 BT 二叉树的双孩子结点的个数。

(9) int OneChildCount (BiTree BT)

操作前提：二叉树 BT 已存在。

操作结果：返回 BT 二叉树的单孩子结点的个数。

5.2.6 遍历二叉树

假设一棵二叉树存储着有关人事方面的信息，每个结点含有员工的姓名、工资等信息。管理和使用这些信息时可能需要进行这样一些工作：

1）将每个员工的工资提高 20%。

2）打印每个员工的姓名和工资。

3）求最低工资数额和领取最低工资的人数。

对于（1），访问是对工资值进行修改的操作；

对于（2），访问是打印该结点的信息；

对于（3），访问只是检查和统计。

这些操作均涉及对二叉树的每个结点进行操作，但是每个结点只能访问一次且只能被访问一次，这类操作称为遍历操作。

遍历是树结构的一种常用的、重要的运算，是树的其他运算的基础。

1. 遍历二叉树的概念

遍历是指按一定的规律，访问二叉树的结点，使每个结点被访问一次，且只被访问一次。访问的含义可以是查询某元素、修改某元素、输出某元素的值，以及对元素做某种运算等。

由于二叉树是一种非线性结构，每个结点都可能有两棵子树，因而需要寻找一种规则，以便使二叉树上的结点排列在一个线性序列上，从而便于遍历。

线性结构与非线性结构遍历的区别：

(1) 线性结构的遍历　只要按照原有的线性结构的顺序，从第一个元素起依次访问各元素即可。

(2) 非线性结构的遍历

1）每个结点可能有一个以上的直接后继。

2）必须规定遍历的规则，并按此规则遍历非线性结构。

3）最后得到非线性结构所有结点的一个线性序列。

2. 二叉树遍历的方法

二叉树遍历方法可分为两大类：一类是“宽度优先”法，即从根结点开始，由上到下，从左往右一层一层地遍历；另一类是“深度优先法”，即一棵子树一棵子树地遍历。

从二叉树结构的整体看，二叉树可以分为根结点、左子树和右子树三部分，只要遍历了这三部分，就算遍历了二叉树。设 D 表示根结点，L 表示左子树，R 表示右子树，则 DLR 的组合共有 6 种，即 DLR、DRL、LDR、LRD、RDL、RLD。若限定先左后右，则只有 DLR、LDR、LRD 三种，分别称为先（前）序法（先根次序法），中序法（中根次序法），后序法（后根次序法）。这三种遍历的递归算法思想如下：

（1）先序法（DLR）　若二叉树为空，则空操作，否则：

1）访问根结点。

2）先序遍历左子树。

3）先序遍历右子树。

（2）中序法（LDR）　若二叉树为空，则空操作，否则：

1）中序遍历左子树。

2）访问根结点。

3）中序遍历右子树。

（3）后序法（LRD）　若二叉树为空，则空操作，否则：

1）后序遍历左子树。

2）后序遍历右子树。

3）访问根结点。

例如，对图 5-19a 所示的二叉树分别进行先序遍历、中序遍历和后序遍历，如图 5-19b ~ d 所示。

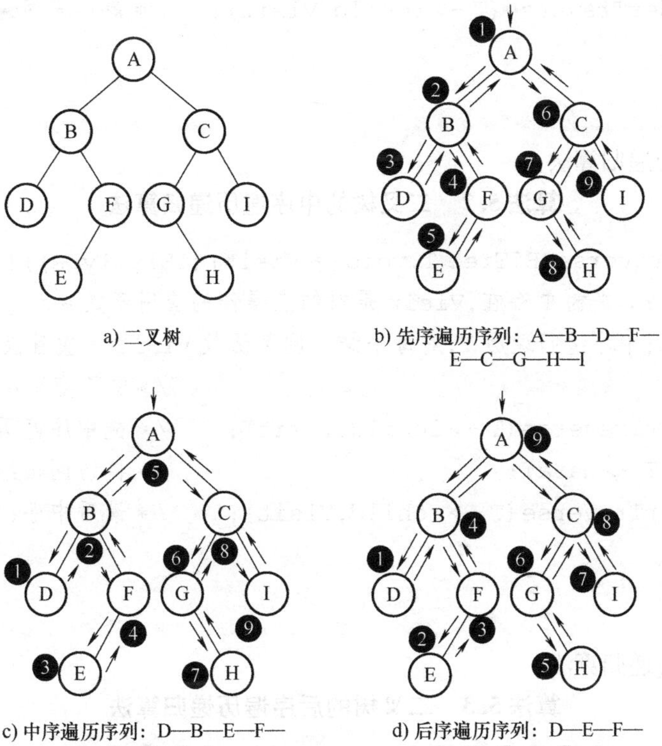

a) 二叉树　　b) 先序遍历序列：A—B—D—F—E—C—G—H—I

c) 中序遍历序列：D—B—E—F—A—G—H—C—I　　d) 后序遍历序列：D—E—F—B—H—G—I—C—A

图 5-19　二叉树的先序、中序、后序遍历序列

由此可以看出：①遍历操作实际上是将非线性结构线性化的过程，其结果为线性序列，并根据采用的遍历顺序分别称为先序序列、中序序列或后序序列；②遍历操作是一个递归的过程，因此，这三种遍历操作的算法可以用递归函数来实现。

设二叉树的存储结构定义如下：

```
typedef struct BiTNode{
    TElemType elem;
    struct BiTNode *lchild, *rchild;
}BiTNode, *BiTree;
```

则二叉树的先序、中序、后序遍历算法如下:

(1) 先序遍历递归算法

算法 5.1 二叉树的先序遍历递归算法

```
void PreOrderTraverse(BiTree T,void(*Visit)(TElemType)){
/*初始条件:二叉树T存在,Visit是对结点操作的应用函数。*/
/*操作结果:先序递归遍历T,对每个结点调用函数Visit一次且仅一次*/
    if(T){                                      /*T不空*/
        Visit(T->data);                         /*先访问根结点*/
        PreOrderTraverse(T->lchild,Visit);      /*再先序遍历左子树*/
        PreOrderTraverse(T->rchild,Visit);      /*最后先序遍历右子树*/
    }
}
```

(2) 中序遍历递归算法

算法 5.2 二叉树的中序遍历递归算法

```
void InOrderTraverse(BiTree T,void(*Visit)(TElemType)){
    /*初始条件:二叉树T存在,Visit是对结点操作的应用函数*/
    /*操作结果:中序递归遍历T,对每个结点调用函数Visit一次且仅一次*/
    if(T){                                      /*T不空*/
        InOrderTraverse(T->lchild,Visit);       /*先中序遍历左子树*/
        Visit(T->data);                         /*再访问根结点*/
        InOrderTraverse(T->rchild,Visit);       /*最后中序遍历右子树*/
    }
}
```

(3) 后序遍历递归算法

算法 5.3 二叉树的后序遍历递归算法

```
void PostOrderTraverse(BiTree T,void(*Visit)(TElemType)){
    /*初始条件:二叉树T存在,Visit是对结点操作的应用函数*/
    /*操作结果:后序递归遍历T,对每个结点调用函数Visit一次且仅一次*/
    if(T){                                      /*T不空*/
        PostOrderTraverse(T->lchild,Visit);     /*先后序遍历左子树*/
        PostOrderTraverse(T->rchild,Visit);     /*再后序遍历右子树*/
```

```
        Visit(T->data);                   /*最后访问根结点*/
    }
}
```

3. 层次遍历二叉树

二叉树的层次遍历是指从上层到下层，每层中从左侧到右侧依次访问二叉树的每个结点。图 5-20 给出了一棵二叉树及其按层次顺序访问其中每个结点的遍历序列。

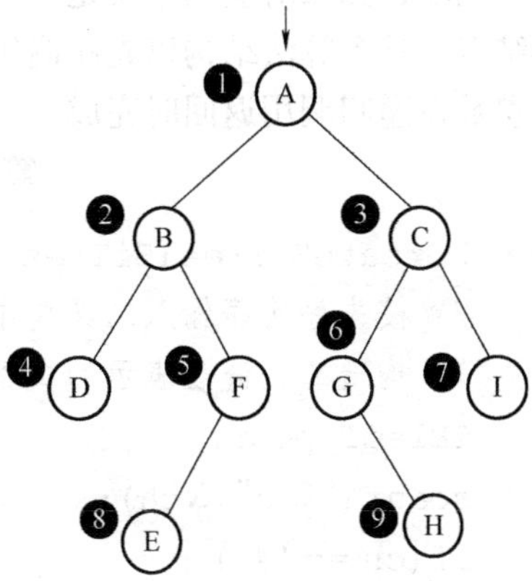

图 5-20　二叉树的层次遍历

由层次遍历的定义可知，在进行层次遍历时，对一层的结点访问完之后，再按照它们的访问顺序对各结点的左、右孩子顺序访问，这样一层一层地进行，这与队列的特性比较吻合。因此，在进行层次遍历时，可以使用一个队列来存储访问的结点。

算法思想： 要借用队列来完成。若二叉树非空，先将根结点进队列。然后进入循环：只要队列不空，就出队列，遍历该结点，然后判断出队列的结点是否有左孩子和右孩子，如有，就让左、右孩子进队列。

算法 5.4　二叉树的层次遍历算法

```
void LevelOrderTraverse(BiTree T,void(*Visit)(TElemType)){
    /*初始条件:二叉树 T 存在,Visit 是对结点操作的应用函数*/
    /*操作结果:层序递归遍历 T(利用队列),对每个结点调用函数 Visit 一次且仅一次*/
    LinkQueue q;
    QElemType a;
    if(T){
        InitQueue(&q);                          /*初始化队列 q*/
        EnQueue(&q,T);                          /*根指针入队*/
        while(! QueueEmpty(q)){                 /*队列不空*/
            DeQueue(&q,&a);                     /*出队元素(指针),赋给 a*/
            Visit(a->data);                     /*访问 a 所指结点*/
            if(a->lchild! =NULL)                /*a 有左孩子*/
                EnQueue(&q,a->lchild);          /*入队 a 的左孩子*/
            if(a->rchild! =NULL)                /*a 有右孩子*/
                EnQueue(&q,a->rchild);          /*入队 a 的右孩子*/
        }
        printf("\n");
    }
}
```

在二叉树的遍历算法的基础上，可以进行二叉树的基本操作。

4. 二叉树的构建操作

输入一个二叉树的先序次序，构造这棵二叉树。

算法思想：为了保证唯一地构造出所希望的二叉树，在输入这棵树的先序序列时，需要在所有空二叉树的位置上填补一个特殊的字符，如 '#'。在算法中，需要对每个输入的字符进行判断，如果对应的字符是 '#'，则在相应的位置上构造一棵空二叉树；否则，创建一个新结点。整个算法结构以先序遍历递归算法为基础，二叉树中结点之间的指针连接是通过指针参数在递归调用返回时完成。

算法 5.5 二叉树的构建算法

```
void CreateBiTree(BiTree *T){
    /*按先序次序输入二叉树中结点的值*/
    /*构造二叉链表表示的二叉树 T。'#'表示空(子)树。*/
    TElemType ch;
    scanf("%c",&ch);
    if(ch=='#')                              /*空*/
        T=NULL;
    else{
        *T=(BiTree)malloc(sizeof(BiTNode));
                                             /*生成根结点*/
        if(! *T)
            exit(OVERFLOW);
        (*T)->data=ch;
        CreateBiTree(&(*T)->lchild);        /*构造左子树*/
        CreateBiTree(&(*T)->rchild);        /*构造右子树*/
    }
}
```

5. 求二叉树深度操作

算法 5.6 求二叉树的深度算法

```
int BiTreeDepth(BiTree T){                  /*初始条件:二叉树 T 存在。操作结
                                               果:返回 T 的深度*/
    int i,j;
    if(! T) return 0;                       /*空树深度为 0*/
    if(T->lchild) i=BiTreeDepth(T->lchild);
                                            /*i 为左子树的深度*/
    else i=0;
    if(T->rchild) j=BiTreeDepth(T->rchild);
                                            /*j 为右子树的深度*/
    else j=0;
```

```
    return i>j? i+1:j+1;                    /*T 的深度为其左右子树的深度中
                                               的大者+1*/
}
```

5.2.7　线索二叉树

1. 线索二叉树的结点结构

二叉树的遍历本质上是将一个复杂的非线性结构转换为线性结构，使每个结点都有了唯一的前驱和后继（第一个结点无前驱，最后一个结点无后继）。对于二叉树的一个结点，查找其左右子女是方便的，其前驱后继只有在遍历中得到。

为了容易找到前驱和后继，有两种方法：

方法 1：在结点结构中增加向前和向后的指针 fwd 和 bkd。这种方法增加了存储开销，不可取。

方法 2：由于在有 n 个结点的二叉链表中共有 2n 个指针域，除了根结点以外，都有每个结点都被一个指针指向，剩下就有 2n-(n-1)，即 n+1 个空指针域，可以利用二叉树的空指针域存储结点前驱和后继的地址。现将二叉树的结点结构重新定义如图 5-21 所示。

ltag	lchild	data	rchild	rtag

图 5-21　重新定义二叉树的结点结构

其中，ltag=0 时，lchild 指向左孩子；ltag=1 时，lchild 指向前驱；rtag=0 时，rchild 指向右孩子；rtag=1 时，rchild 指向后继。

以这种结点结构构成的二叉链表作为二叉树的存储结构，叫作线索链表，指向前驱和后继的指针叫线索，加上线索的二叉树叫线索二叉树，对二叉树进行某种形式的遍历使其变为线索二叉树的过程叫线索化。

二叉树的二叉线索存储描述如下：

```
typedef enum{Link,Thread} PointerTag;       /*Link(0):指针,Thread(1):
                                               线索*/
typedef struct BiThrNode{
    TElemType data;
    struct BiThrNode *lchild,*rchild;       /*左右孩子指针*/
    PointerTag LTag,RTag;                   /*左右标志*/
}BiThrNode,*BiThrTree;
```

学习线索化时，有三点必须注意：一是何种“序”的线索化，是先序、中序还是后序；二是要“前驱”线索化、“后继”线索化还是“全”线索化（前驱和后继都要）；三是只有空指针处才能加线索。

图 5-22 给出了先序、中序和后序线索二叉树的结构。

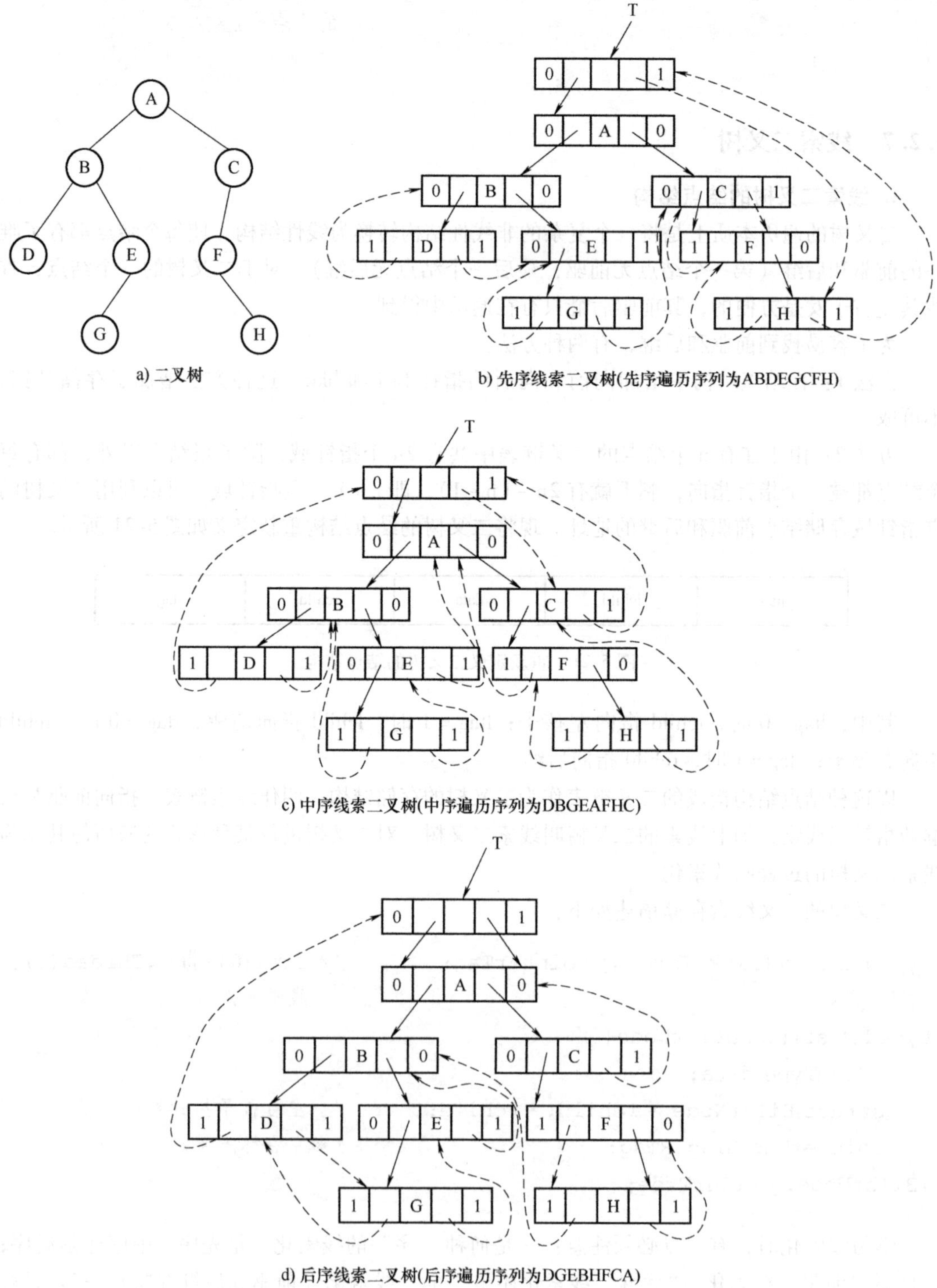

a) 二叉树

b) 先序线索二叉树(先序遍历序列为ABDEGCFH)

c) 中序线索二叉树(中序遍历序列为DBGEAFHC)

d) 后序线索二叉树(后序遍历序列为DGEBHFCA)

图 5-22　先序、中序和后序线索二叉树的结构

2. 在线索二叉树上查找前驱和后继

（1）先序　若结点的 ltag = 1，左指针为空，将左指针 lchild 指向前驱结点（双亲结点），若结点有左孩子，则左孩子是后继，lchild 指向左孩子。

（2）中序　若结点的 ltag = 1，lchild 指向其前驱；否则，该结点的前驱是以该结点为根的左子树上按中序遍历的最后一个结点。若 rtag = 1，rchild 指向其后继；否则，该结点的后驱是以该结点为根的右子树上按中序遍历的第一个结点。

（3）后序　在后序线索二叉树中查找结点的前驱和后继要知道其双亲的信息，要使用栈，所以说后序线索二叉树操作较复杂。

3. 中序遍历建立线索二叉树算法

由于先序和后序建立线索化二叉树操作较复杂。中序遍历线索二叉树寻找前驱和后继比较容易，这里只讲解中序遍历建立线索二叉树。

算法 5.7　中序遍历二叉树进行中序线索化算法

```
BiThrTree pre;                      /* 全局变量,始终指向刚刚访问过的结
                                       点 */
void InThreading(BiThrTree p){
    /* 通过中序遍历进行中序线索化,线索化之后 pre 指向最后一个结点。*/
    if(p){                          /* 线索二叉树不空 */
        InThreading(p->lchild);     /* 递归左子树线索化 */
        if(! p->lchild){            /* 没有左孩子 */
            p->LTag=Thread;         /* 左标志为线索(前驱) */
            p->lchild=pre;          /* 左孩子指针指向前驱 */
        }
        if(! pre->rchild){          /* 前驱没有右孩子 */
            pre->RTag=Thread;       /* 前驱的右标志为线索(后继) */
            pre->rchild=p;          /* 前驱右孩子指针指向其后继(当前结
                                       点 p) */
        }
        pre=p;                      /* 保持 pre 指向 p 的前驱 */
        InThreading(p->rchild);     /* 递归右子树线索化 */
    }
}
void InOrderThreading(BiThrTree *Thrt,BiThrTree T){
    /* 中序遍历二叉树 T,并将其中序线索化,Thrt 指向头结点。*/
    *Thrt=(BiThrTree)malloc(sizeof(BiThrNode));
    if(! *Thrt)                     /* 生成头结点不成功 */
        exit(OVERFLOW);
    (*Thrt)->LTag=Link;             /* 建头结点,左标志为指针 */
```

```
    (*Thrt)->RTag=Thread;              /*右标志为线索*/
    (*Thrt)->rchild=*Thrt;             /*右指针回指*/
    if(!T)                             /*若二叉树空,则左指针回指*/
        (*Thrt)->lchild=*Thrt;
    else{
        (*Thrt)->lchild=T;             /*头结点的左指针指向根结点*/
        pre=*Thrt;                     /*pre(前驱)的初值指向头结点*/
        InThreading(T);                /*中序遍历进行中序线索化,pre指向中
                                         序遍历的最后一个结点*/
        pre->rchild=*Thrt;             /*最后一个结点的右指针指向头结点*/
        pre->RTag=Thread;              /*最后一个结点的右标志为线索*/
        (*Thrt)->rchild=pre;           /*头结点的右指针指向中序遍历的最后
                                          一个结点*/
    }
}
```

5.2.8 案例实现——二叉树的基本操作

【例5-1】 对图5-23所示的家谱树采用二叉链表作存储结构。

试编程实现二叉树的如下基本操作：

1）按先序序列构造一棵二叉链表表示的二叉树T。

2）对这棵二叉树分别进行先序、中序、后序以及层次遍历，并输出结点的遍历序列。

3）计算二叉树深度、所有结点总数、叶子结点数、双孩子结点个数、单孩子结点个数。

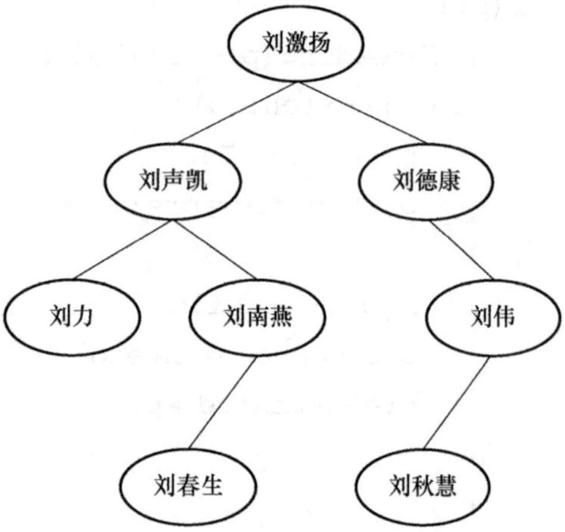

图5-23 家谱树

【主函数源代码】

```
int main(){
    int i;
    BiTree T,p,c;
    TElemType e1,e2;
    InitBiTree(&T);
    printf("构造空二叉树后,树空否?%d(1:是 0:否)树的深度=%d\n",BiTree-
Empty(T),BiTreeDepth(T));
    printf("请先序输入二叉树(如:ab三个空格表示a为根结点,b为左子树的二叉树)\n");
```

```
    CreateBiTree(&T);
    printf("建立二叉树后,树空否?%d(1:是 0:否)树的深度=%d\n",BiTreeEmpty(T),BiTreeDepth(T));
    printf("先序递归遍历二叉树:\n");PreOrderTraverse(T,visitT);
    printf("\n中序递归遍历二叉树:\n");InOrderTraverse(T,visitT);
    printf("\n后序递归遍历二叉树:\n");PostOrderTraverse(T,visitT);
    printf("\n层序遍历二叉树:\n");LevelOrderTraverse(T,visitT);
    printf("二叉树的结点数是:%d\n",NodeCount(T));
    printf("\n二叉树的叶子数是:%d\n",LeafCount(T));
    printf("\n二叉树的度为2的结点数是:%d\n",TwoChildCount(T));
    printf("\n二叉树的度为1的结点数是:%d\n",OneChildCount(T));
    DestroyBiTree(&T);
    return 0;
}
```

【程序运行结果】（见图 5-24）

```
构造空二叉树后,树空否? 1(1:是 0:否)树的深度=0
请先序输入二叉树(如:ab三个空格表示a为根结点,b为左子树的二叉树)
刘激扬
刘声凯
刘力
#
#
刘南燕
刘春生
#
#
#
刘德康
#
刘伟
刘秋慧
#
#
#
建立二叉树后,树空否? 0(1:是 0:否) 树的深度=4
先序递归遍历二叉树:
刘激扬 刘声凯 刘力 刘南燕 刘春生 刘德康 刘伟 刘秋慧
中序递归遍历二叉树:
刘力 刘声凯 刘春生 刘南燕 刘激扬 刘德康 刘秋慧 刘伟
后序递归遍历二叉树:
刘力 刘春生 刘南燕 刘声凯 刘秋慧 刘伟 刘德康 刘激扬
层序遍历二叉树:
刘激扬 刘声凯 刘德康 刘力 刘南燕 刘伟 刘春生 刘秋慧
二叉树的结点数是: 8

二叉树的叶子数是: 3

二叉树的度为2的结点数是: 2

二叉树的度为1的结点数是: 3
```

图 5-24　例 5-1 的程序运行结果

【说明】

1）按先序次序输入二叉树中结点的值，用“#”表示空树，对每一个结点应当确定其左右子树的值（为空时必须用特定的空字符占位），故执行此程序时，最好先在纸上画出想建立的二叉树，每个结点的左右子树必须确定，若为空，则用特定字符“#”标出，然后再按先序输入这棵二叉树的字符序列。

比如，图5-23的二叉树，可以绘制成图5-25所示的形式，得到“先序序列”为刘激扬、刘声凯、刘力、#、#、刘南燕、刘春生、#、#、#、刘德康、#、刘伟、刘秋慧、#、#、#，这个序列和先前构造二叉树时输入的序列一致。

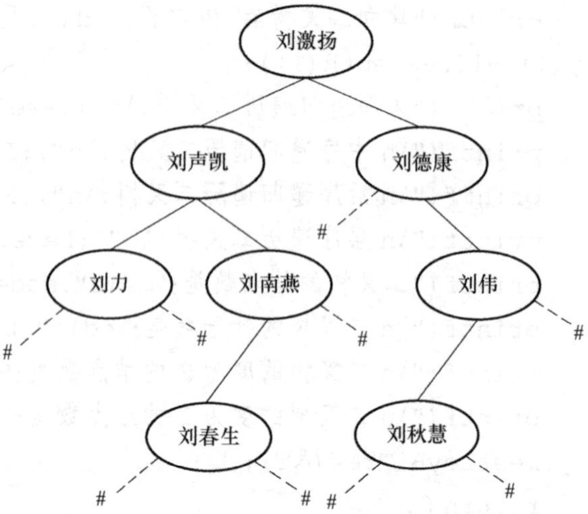

图5-25 按先序次序建立的二叉树

2）C语言函数参数传递都是“传值”的方式，故在设计函数时，必须注意参数的传递，若想通过函数修改实际参数的值，必须对指针变量作参数。具体设计时，读者一定要把指针变量、指针变量指向的值等概念弄清楚。

5.3 树和森林

5.3.1 案例导引

【案例】 学校组织机构的树形结构如图5-26所示。

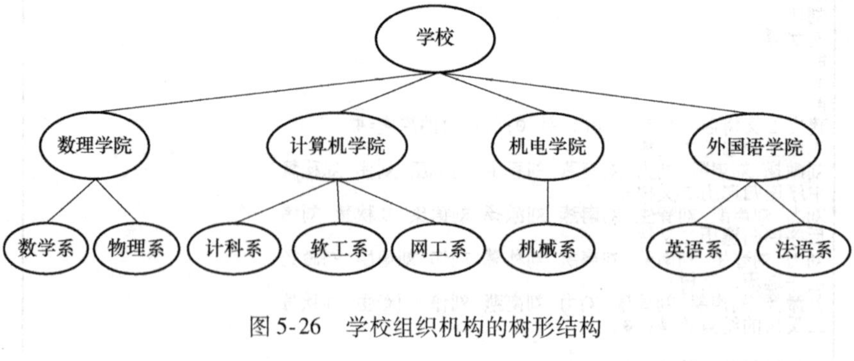

图5-26 学校组织机构的树形结构

那么，学校组织机构的树形结构如何进行存储呢？如何表示结点之间的关系？

【案例分析】

说到存储结构，就会想到前面章节讲过的二叉树的顺序存储和链式存储两种结构。先来看看顺序存储结构，树中某个结点的孩子可以有多个，这就意味着，无论按何种顺序将树中所有结点存储到数组中，结点的存储位置都无法直接反映逻辑关系。简单的顺序存储结构是不能满足树的存储要求的。

不过充分利用顺序存储和链式存储结构的特点，完全可以实现对树的存储结构的表示。本节要介绍树的三种不同的表示法：双亲表示法、孩子表示法和孩子兄弟表示法。

5.3.2 树的存储结构

1. 双亲表示法

以一组连续的存储空间存放树的结点，每个结点中附设一个指针指示其双亲结点在这连续的存储空间中的位置（下标，这种结构属静态链表），形式表示如图 5-27 所示。

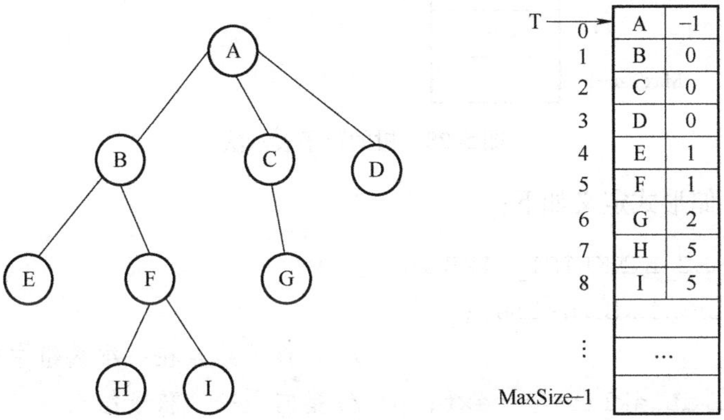

图 5-27　树的双亲表示法

树的双亲表示法存储形式定义如下：

```
#define MAX_TREE_LINKLIST_SIZE 100
typedef struct {
    TElemType info;
    int parent;
} ParentLinklist;
typedef struct {
    ParentLinklist elem[MAX_TREE_LINKLIST_SIZE];
    int n;                    //树中当前的结点数目
}ParentTree;
```

这种存储方法的特点是寻找结点的双亲很容易，但寻找结点的孩子比较困难。

2. 孩子表示法

由于树中的每个结点有多个孩子，所以每个结点可以使用多个指针域分别指向孩子结点，即采用多重链表表示。有两种方法：①同构，按最大度的结点设置各结点结构，即 1 个数据域和 d 个指针域，这样容易造成空间浪费；②异构，结点有几棵子树就设几个指针，这样操作困难。可将结点的孩子链在一个单链表中。其形式描述如图 5-28 所示。

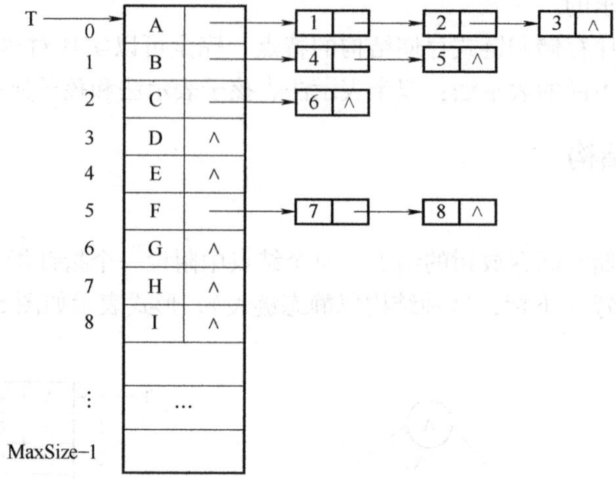

图 5-28 树的孩子表示法

孩子表示法存储形式定义如下：

```
#define MAX_TREE_LINKLIST_SIZE 10
typedef struct ChildLinklist{
    int child;                              //该孩子结点在一维数组中的下标值
    struct ChildLinklist *next;             //指向下一个孩子结点
}CLinklist;
typedef struct{
    TElemType info;                         //结点信息
    CLinklist *firstchild;                  //指向第一个孩子结点的指针
}TLinklist;
typedef struct {
    TLinklist elem[MAX_TREE_LINKLIST_SIZE];
    int n,root;                             //n 为树中当前结点的数目,root 为根结点
                                              在一维数组中的位置
}ChildTree;
```

这种存储结构的特点是寻找某个结点的孩子比较容易，但寻找双亲比较麻烦。所以，在必要的时候，可以将双亲表示法和孩子表示法结合起来，即将一维数组元素增加一个表示双亲结点的域 parent，用来指示结点的双亲在一维数组中的位置。

3. 孩子兄弟表示法

由于树的存储结构比较复杂，对树的处理也要复杂得多。有没有简单的办法解决对树处理的难题呢？

二叉树的每个结点最多只能有左孩子和右孩子，所以对二叉树的操作相对来说较简单。如果所有的树都能够转换为二叉树，那么对树的操作就可以简化了。对于树的每个结点来说，第一个孩子至多只有一个，右边的兄弟至多只有一个。因此，可以以二叉链表作存储结构，结点的两个指针域分别指向该结点的第一个孩子和下一个兄弟，分别命名为 firstchild 和

nextsibling。其形式描述如图 5-29 所示。

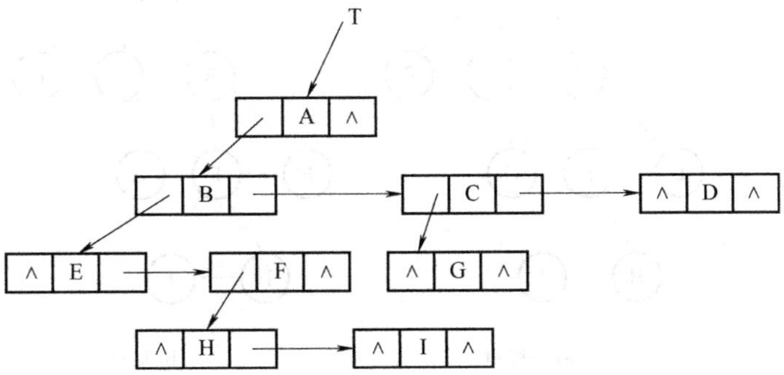

图 5-29　树的孩子兄弟表示法

树的孩子兄弟表示法存储形式定义如下：

```
typedef struct CSLinklist{
    TElemType elem;
    struct CSLinklist *firstchild, *nextsibling;
}CSLinklist, *CSTree;
```

树的这种表示本质上是二叉树的二叉链表表示。由于二叉树和树这种存储结构的一致性，从而使树和二叉树可以相互转换。

5.3.3　树（森林）与二叉树的相互转换

在讲树的存储结构时，提到了树的孩子兄弟法可以将一棵树用二叉链表进行存储，所以借助二叉链表，树和二叉树可以相互进行转换。从物理结构来看，它们的二叉链表也是相同的，只是解释不太一样而已。因此，只要设定一定的规则，用二叉树来表示树，甚至表示森林都是可以的，森林与二叉树也可以互相进行转换。

1. 树（森林）转为二叉树

树（森林）转换成二叉树时结果是唯一的。其转换可以递归的描述如下：若树（森林）为空，则二叉树为空；否则，树（森林）中第一棵树的根是二叉树的根，第一棵树除去根结点后的子森林是二叉树的左子树，森林中除去第一棵树后的森林形成二叉树的右子树。

图 5-30 给出的例子显示了树（森林）转换成二叉树的过程。

图 5-30e 和 f 为森林及森林转换的二叉树。可以给森林增设一个虚拟根结点，使森林中各树的根都作为该虚拟根的孩子，把森林变成一棵树，用上述方法将其转换成二叉树，必要的话，转换后可以删去虚拟根结点。

2. 二叉树转为树（森林）

二叉树转换成树（森林）时结果也是唯一的。

其转换可以递归的描述，若二叉树为空，则树（森林）为空；否则，二叉树的根是树（森林）中第一棵树的根，二叉树的左子树构成树（森林）中第一棵树除去根结点后的子森林，二叉树的右子树构成森林中除去第一棵树后的森林。

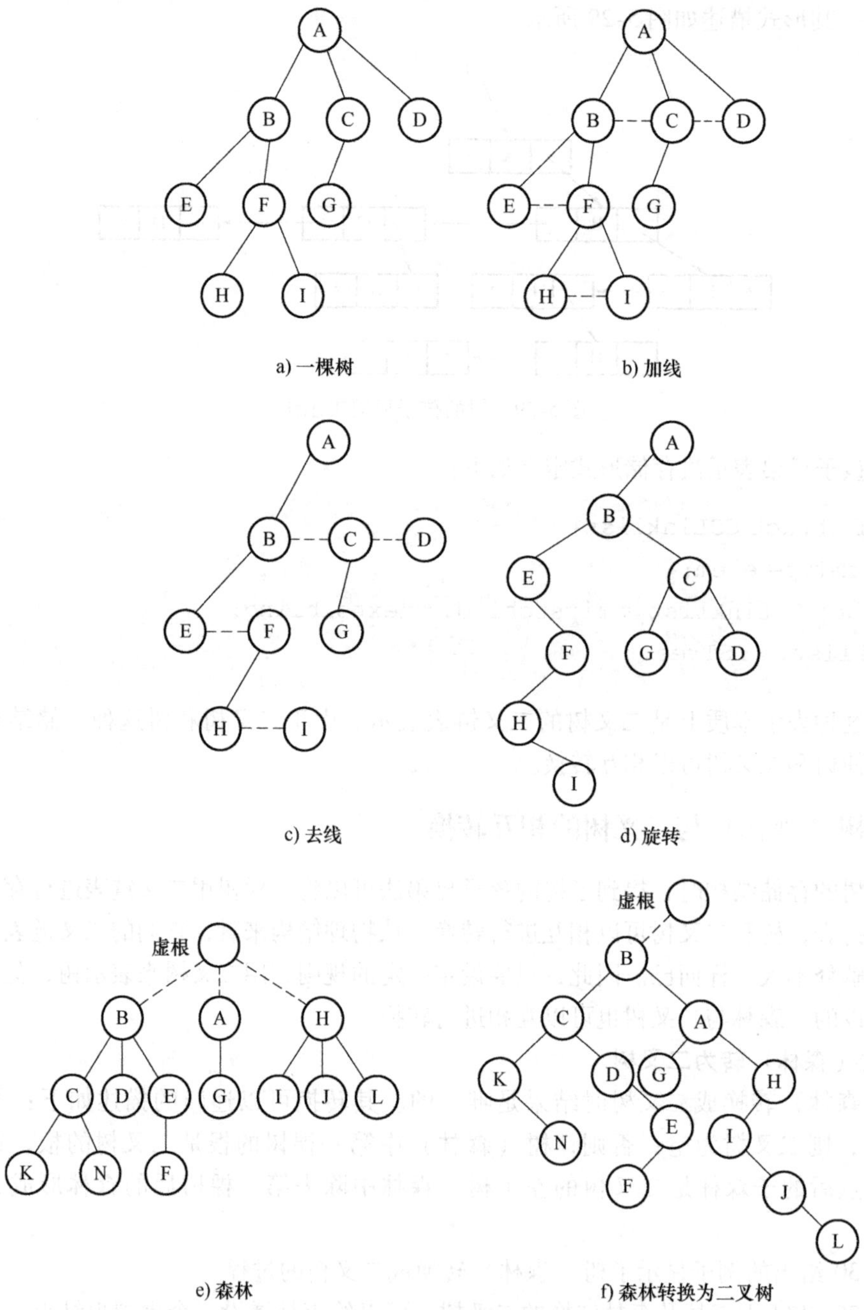

图 5-30 树（森林）转换成二叉树的过程

二叉树转换为森林的步骤为：

1）加线：若某结点是其双亲结点的左孩子，则在该结点的右孩子、右孩子的右孩子……与该结点的双亲结点之间分别加一条线。

2）去线：去掉原二叉树中所有的双亲结点与右孩子结点之间的连线。

3）整理：整理所得到的树，使之结构层次分明，形成森林。

二叉树转换为森林的过程如图 5-31 所示。

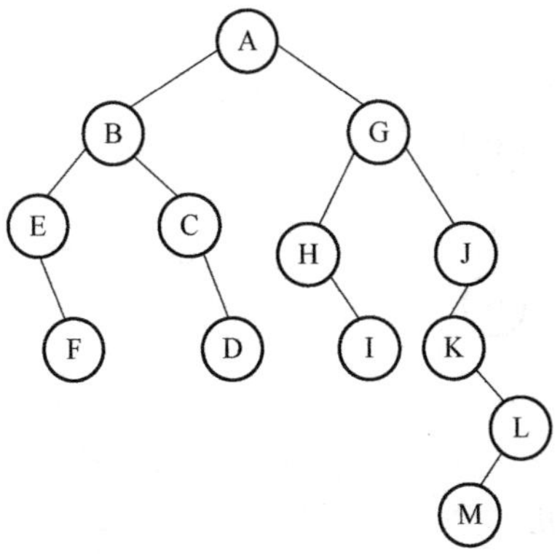

a) 二叉树

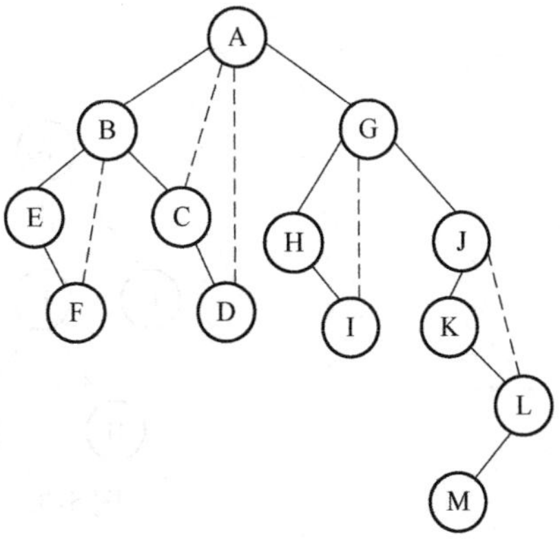

b) 加线

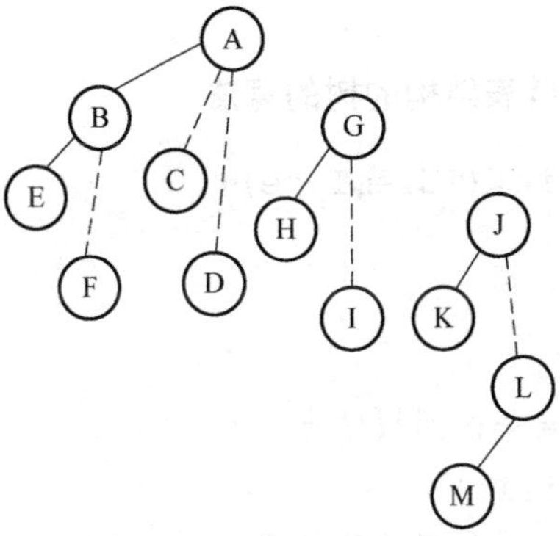

c) 去线

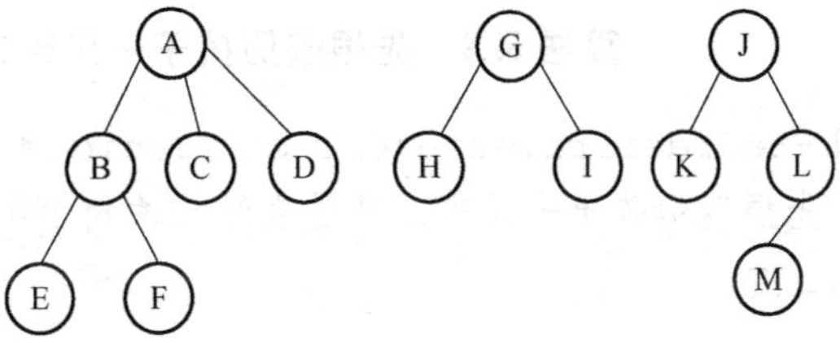

d) 调整

图 5-31　二叉树转换为森林

5.3.4　树和森林的遍历

树的遍历方法也可分为“广度优先法”和“深度优先法”两类。前者指从（根）第一层开始，从上到下，从左往右逐个结点地遍历；后者又可分为先根次序和后根次序。

1. 先根次序的遍历（相当于对其相应的二叉树的先序遍历）

若树（森林）为空，则空操作，否则：

1）访问左面第一棵树的根。

2）按先根次序从左到右遍历此根下的子树。

3）按先根次序从左到右遍历除第一棵树外的树（森林）。

2. 后根次序的遍历（相当于对其相应的二叉树的后序遍历）

若树（森林）为空，则空操作，否则：

1）按后根次序从左到右遍历最左面的树下的子树。

2）访问最左面树的根。

3）按后根次序从左到右遍历除第一棵树外的树（森林）。

3. 层次遍历

从上层到下层，每层中从左侧到右侧依次访问树的每个结点。

以图 5-32 所示的树为例分别进行先根遍历、后根遍历和层次遍历。

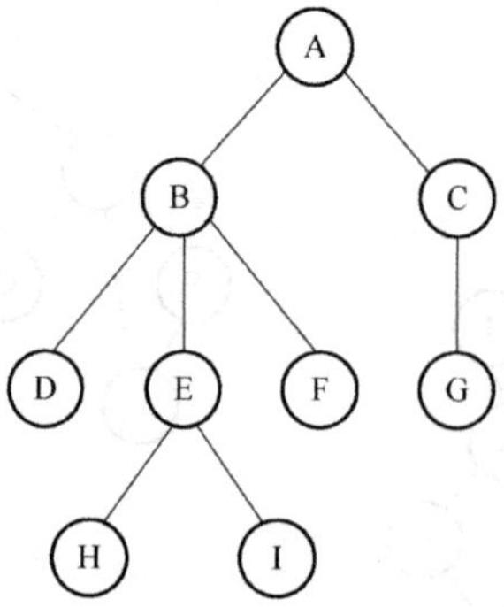

图 5-32 树的遍历

树的先根遍历序列为 ABDEHIFCG，树的后根遍历序列为 DHIEFBGCA，树的层次遍历序列为 ABCDEFGHI。

算法 5.8 先根遍历孩子—兄弟二叉链表结构的树的算法

```
void PreOrderTraverse(CSTree T,void(*Visit)(TElemType))
{ /*先根遍历孩子—兄弟二叉链表结构的树 T*/
    if(T)
    {
        Visit(T->data);                          /*先访问根结点*/
        PreOrderTraverse(T->firstchild,Visit);
                                                 /*再先根遍历长子子树*/
        PreOrderTraverse(T->nextsibling,Visit);
                                                 /*最后先根遍历下一个兄弟子树*/
    }
}
```

算法 5.9 后根遍历孩子—兄弟二叉链表结构的树的算法

```
void PostOrderTraverse(CSTree T,void(*Visit)(TElemType))
{ /*后根遍历孩子—兄弟二叉链表结构的树 T*/
    CSTree p;
    if(T){
        if(T->firstchild)                          /*有长子*/
        {
            PostOrderTraverse(T->firstchild,Visit);
                                                   /*后根遍历长子子树*/
            p=T->firstchild->nextsibling;
                                                   /*p指向长子的下一个兄弟*/
            while(p){
                PostOrderTraverse(p,Visit);  /*后根遍历下一个兄弟子树*/
```

```
            p=p->nextsibling;          /*p指向再下一个兄弟*/
        }
    }
    Visit(T->data);                    /*最后访问根结点*/
  }
}
```

算法 5.10　层次遍历孩子—兄弟二叉链表结构的树的算法

```
void LevelOrderTraverse(CSTree T,void(*Visit)(TElemType))
{ /*层次遍历孩子—兄弟二叉链表结构的树T*/
    CSTree p;
    LinkQueue q;
    InitQueue(&q);
    if(T){
        Visit(T->data);                    /*先访问根结点*/
        EnQueue(&q,T);                     /*入队根结点的指针*/
        while(! QueueEmpty(q))             /*队不空*/
        {
            DeQueue(&q,&p);                /*出队一个结点的指针*/
            if(p->firstchild)              /*有长子*/
            {
                p=p->firstchild;
                Visit(p->data);            /*访问长子结点*/
                EnQueue(&q,p);             /*入队长子结点的指针*/
                while(p->nextsibling)      /*有下一个兄弟*/
                {
                    p=p->nextsibling;
                    Visit(p->data);        /*访问下一个兄弟*/
                    EnQueue(&q,p);         /*入队兄弟结点的指针*/
                }
            }
        }
    }
}
```

5.3.5　案例实现——树的基本操作

【例 5-2】　学校组织机构的树形结构如图 5-33 所示。

要求：

1）建立组织机构的树形结构。

2）判断树是否为空并求树的深度。

3）分别按照先根遍历、后根遍历、层序遍历输出树的各个成员的信息。

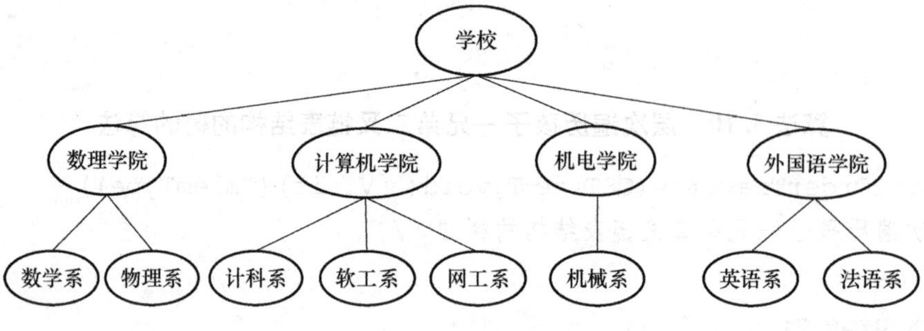

图 5-33 学校组织机构的树形结构

【程序设计说明】

本案例采用孩子兄弟链表进行存储，树的类型定义如下：

```
typedef struct CSNode{
   TElemType data;
   struct CSNode *firstchild, *nextsibling;
}CSNode, *CSTree;
```

【主函数源代码】

```
int main(){
   int i;
   CSTree T,p,q;
   TElemType e,e1;
   InitTree(&T);
   printf("构造空树后,树空否? %d(1:是 0:否)树的深度为%d\n",TreeEmpty
(T),TreeDepth(T));
   CreateTree(&T);
   printf("构造树 T 后,树空否? %d(1:是 0:否)树的深度为%d\n",TreeEmpty
(T),TreeDepth(T));
   printf("\n 先根遍历树 T:\n");PreOrderTraverse(T,vi);
   printf("\n 后根遍历树 T:\n");PostOrderTraverse(T,vi);
   printf("\n 层序遍历树 T:\n");LevelOrderTraverse(T,vi);printf("\n");
   DestroyTree(&T);
   return 0;
}
```

【程序运行结果】（见图 5-34）

```
构造空树后,树空否? 1(1:是 0:否) 树的深度为0
请输入根结点(字符串型,#为空):
学校
请按长幼顺序输入结点学校的所有孩子:
数理学院
计算机学院
机电学院
外国语学院
#
请按长幼顺序输入结点数理学院的所有孩子:
数学系
物理系
#
请按长幼顺序输入结点计算机学院的所有孩子:
计科系
软工系
网工系
#
请按长幼顺序输入结点机电学院的所有孩子:
机械系
#
请按长幼顺序输入结点外国语学院的所有孩子:
英语系
法语系
#
请按长幼顺序输入结点数学系的所有孩子:
#
请按长幼顺序输入结点物理系的所有孩子:
#
请按长幼顺序输入结点计科系的所有孩子:
#
请按长幼顺序输入结点软工系的所有孩子:
#
请按长幼顺序输入结点网工系的所有孩子:
#
请按长幼顺序输入结点机械系的所有孩子:
#
请按长幼顺序输入结点英语系的所有孩子:
#
请按长幼顺序输入结点法语系的所有孩子:
#
构造树T后,树空否? 0(1:是 0:否) 树的深度为3

先根遍历树T:
学校 数理学院 数学系 物理系 计算机学院 计科系 软工系 网工系 机电学院 机械系 外国
语学院 英语系 法语系
后根遍历树T:
数学系 物理系 数理学院 计科系 软工系 网工系 计算机学院 机械系 机电学院 英语系 法
语系 外国语学院 学校
层序遍历树T:
学校 数理学院 计算机学院 机电学院 外国语学院 数学系 物理系 计科系 软工系 网工系
机械系 英语系 法语系
```

图 5-34　例 5-2 程序运行结果

5.4　哈夫曼树及其应用

在很多问题的处理过程中，需要进行大量的条件判断，这些判断结构的设计直接影响着程序的执行效率。例如，编制一个程序，将百分制转换成五个等级输出。大家可能认为这个程序很简单，并且很快就可以用下列形式编写出来：

```
if(score<60)
    printf("不及格");
else if(score<70)
    printf("及格");
else if(score<80)
    printf("中等");
else if(score<90)
    printf("良好");
else
    printf("优秀");
```

判定过程如图 5-35 所示。

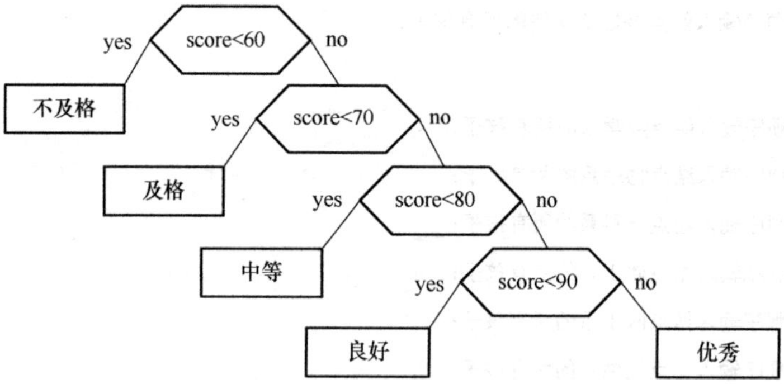

图 5-35　判定树 1

若考虑上述程序所耗费的时间，就会发现该程序的缺陷。在实际应用中，往往各个分数段的分布并不是均匀的。图 5-36 就是在一次考试中某门课程的各分数段的分布情况。

分数段	0~59分	60~69分	70~79分	80~89分	90~100分
比例	0.05	0.15	0.40	0.30	0.10

图 5-36　某门课程的各分数段的分布情况

当学生百分制成绩的录入量很大时，上述判定过程需要反复调用，此时程序的执行效率将成为一个严重问题。例如，如果采用图 5-35 所示的判定树的判定过程，70 分以上大约占总数 80% 的成绩都需要经过 3 次以上的判断才能够得到结果，显然这效率较低。

由于中等成绩（70 ~ 79 分）的比例最高，其次是良好成绩（80 ~ 89 分），不及格（0 ~ 59 分）的比例最少，所以可以把图 5-35 所示的判定树进行重新分配，改成图 5-37 所示的判定树。

显然图 5-37 的判定过程的效率要比图 5-35 的判定过程的效率高。再也没有别的判定过程比第二种方式的效率更高。

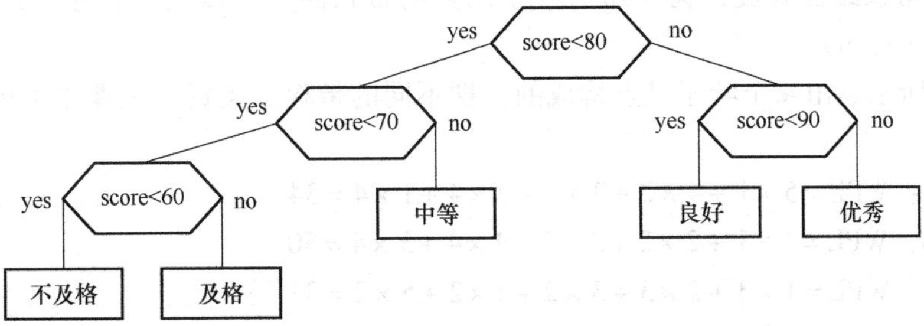

图 5-37　判定树 2

那么，图 5-37 所示的判定树如何进行设计呢？这就需要用到本节要讲的哈夫曼树的知识。

5.4.1　案例导引

【案例】 发电报，即将需传送的文字转换成由二进制的字符组成的字符串。例如，假设需传送的电文为 'ABBDCDA'，它只有 4 种字符，只需两个字符的串便可分辨。假设 A、B、C、D 的编码分别为 00、01、10 和 11，则上述 7 个字符的电文便为 '00010111101100'，总长为 14 位，对方接收时，可按二位一分进行译码。在传送电文时，希望总长尽可能得短。如果对每个字符设计长度不等的编码，且让电文中出现次数较多的字符采用尽可能短的编码，则传送电文的总长便可减少。如果设计 A、B、C 和 D 的编码分别为 0、00、1 和 01，则上述 7 个字符的电文可转换成总长为 9 的字符串 '00000011010'。但是，这样的电文无法翻译，例如传送过去的字符串中前 4 个字符的子串 '0000' 就可有多种译法，或是 'AAAA'，或是 'ABA'，也可以是 'BB' 等。那么，如何设计这些编码并使电报总长最短呢？

【案例分析】 要设计长短不等的编码，则必须是任意一个字符的编码都不是另一个字符的编码的前缀，这种编码称作前缀编码。如何得到使电文总长最短的二进制前缀编码呢？这个问题可以利用哈夫曼树解决。

5.4.2　哈夫曼树的定义

1. 哈夫曼树的基本概念

1）**路径**：从树中一个结点到另一个结点之间的分支。

2）**路径长度**：路径上的分支数目称为路径长度。

3）**树的路径长度**：从树根到每一结点的路径长度之和，称为树的路径长度。相同结点个数下，完全二叉树是路径长度最短的二叉树。

例如图 5-38 所示的二叉树，A-B-D-G 为结点 A 到结点 G 的路径，这条路径长度为 3，这棵树的路径长度为 $1\times2+2\times3+3=2+6+3=11$。

4）**结点的带权路径长度**：从该结点到树根之间的路径长度和结点上权的乘积。

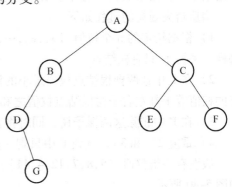

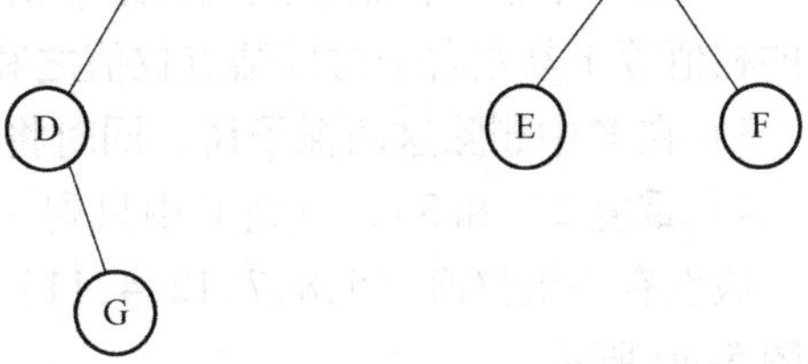

图 5-38　二叉树

5）**树的带权路径长度**：树中所有叶子结点的带权路径长度之和，通常记为 $WPL = \sum W_i L_i$ （i=1，…，n）。

图 5-39 所示是由 4 个叶子结点构成的三棵不同的带权二叉树，三棵二叉树的带权路径长度如下：

图 5-39a：WPL = 5×1 + 4×2 + 3×3 + 2×4 + 1×4 = 34

图 5-39b：WPL = 1×1 + 2×2 + 3×3 + 4×4 + 5×4 = 50

图 5-39c：WPL = 1×3 + 2×3 + 3×2 + 4×2 + 5×2 = 33

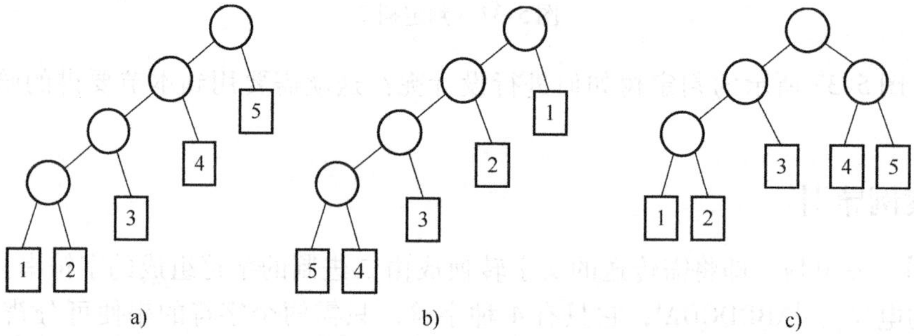

图 5-39 叶子结点带权值的二叉树

6）**哈夫曼树（最优二叉树）**：带权路径长度之和最小的二叉树称为哈夫曼树（最优二叉树）。

图 5-39c 所示的二叉树的 WPL 最小，此树就是哈夫曼树。由此可知，由 n 个带权叶子结点所构成的二叉树中，满二叉树或完全二叉树不一定是最优二叉树。权值越大的结点离根结点越近的二叉树才是最优二叉树，即哈夫曼树。

不难发现，在将百分制转为五级记分制的例子中，图 5-37 所示的判定树就是一棵哈夫曼树。就是也说，哈夫曼树是判定次数最少的树（即带权路径长度最短、最节省计算时间）。

5.4.3 哈夫曼树的构造

根据哈夫曼树的定义，一棵二叉树要使其 WPL 值最小，必须使权值越大的叶子结点越靠近根结点，而权值越小的叶子结点越远离根结点。

构造哈夫曼树的过程如下：

1）根据给定的 n 个权值 $\{w_1, w_2, \cdots, w_n\}$，构成 n 棵二叉树的集合 $F = \{T_1, T_2, \cdots, T_n\}$，每棵二叉树 T_i 只有根结点。

2）在 F 中选两棵根结点权值最小的树作为左右子树，构造一棵二叉树，新二叉树根结点的权值等于其左右子树根结点权值之和。

3）在 F 中删除这两棵子树，同时将新得到的二叉树加入 F 中。

4）重复 2）和 3），直到 F 中只剩一棵树（即哈夫曼树）为止。

假设有一组权值 {5,8,7,12,4,11}，下面将利用这组权值演示构造哈夫曼树的过程，如图 5-40 所示。

这就是 6 个权值为叶子结点权值构成的哈夫曼树，它的带权的路径长度为：

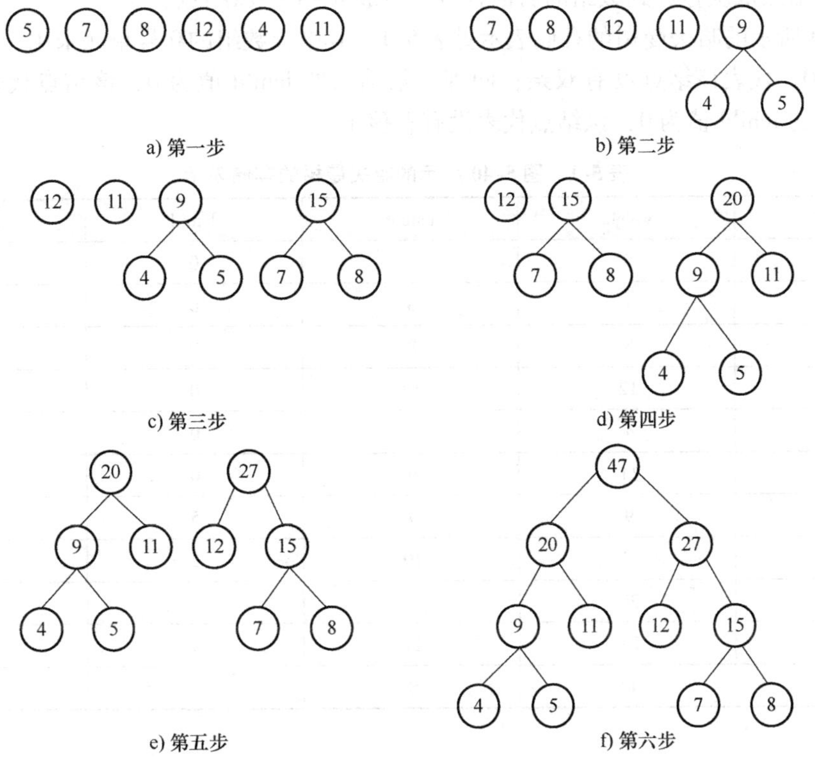

图 5-40　哈夫曼树的构造过程

$$WPL = (4+5+7+8)\times 3 + (11+12)\times 2 = 118$$

需要说明的是，哈夫曼树的形态不是唯一的，但对具有一组权值的哈夫曼树的 WPL 是唯一的。

在哈夫曼树中没有度为 2 的结点，结点总数 $= n_0 + n_2$（n_0 表示度为 0 的结点数，n_2 表示度为 2 的结点数）。根据二叉树的性质，$n_0 = n_2 + 1$，所以哈夫曼树中的结点总数为 $2n_0 - 1$。也就是说，由 n 个叶子结点构成的哈夫曼树的结点总数是 $2n - 1$。

可以采用顺序存储结构来存储哈夫曼树，把结点信息存储在大小为 $2n-1$ 的一维数组中。

结点类型定义如下：

```
typedef struct{
    unsigned int weight;
    unsigned int parent,lchild,rchild;
}HTNode,*HuffmanTree;                    /*动态分配数组存储哈夫曼树*/
```

其中，weight 域存储结点的权值，parent、lchild 和 rchild 域分别存放该结点的双亲、左孩子和右孩子在数组中的序号。

构造哈夫曼树时，首先将 n 个叶子结点存放到数组的第 1 个到第 n 个单元中，然后不断地从未参与构造哈夫曼的结点中选择权值最小的两个结点作为左、右孩子结点，生成新的结点，并将新结点依次存放到数组的后面，直到生成 n-1 个新结点。

图5-40 所示的哈夫曼树的存储表示见表5-1，其中，数组的0 号单元未用。当某结点的 parent 值为0，代表该结点没有双亲；同理，某结点的 lchild 值为0，该结点代表没有左孩子；某结点的 rchild 值为0，该结点代表没有右孩子。

表 5-1 图 5-40 所示的哈夫曼树的存储表示

	weight	parent	lchild	rchild
1	5	7	0	0
2	7	8	0	0
3	8	8	0	0
4	12	10	0	0
5	4	7	0	0
6	11	9	0	0
7	9	9	5	1
8	15	10	2	3
9	20	11	7	6
10	27	11	4	8
11	47	0	9	10

5.4.4 哈夫曼树在编码中的应用

在电文传输中，需要将电文中出现的每个字符进行二进制编码。在设计编码时需要遵守两个原则：

1）发送方传输的二进制编码，到接收方解码后必须具有唯一性，即解码结果与发送方发送的电文完全一样。

2）发送的二进制编码应尽可能得短。

下面来介绍两种编码的方式。

1. 等长编码

这种编码方式的特点是每个字符的编码长度相同（编码长度就是每个编码所含的二进制位数）。假设字符集只含有4 个字符 A、B、C 和 D，用二进制两位表示的编码分别为 00、01、10 和 11。若现在有一段电文为 'ABACCDA'，则应发送二进制序列 '00010010101100'，总长度为 14 位。当接收方接收到这段电文后，将按两位一段进行译码。这种编码的特点是译码简单且具有唯一性，但编码长度并不是最短的。

2. 不等长编码

在传送电文时，为了使其二进制位数尽可能得少，可以将每个字符的编码设计为不等长的。使用频度较高的字符分配一个相对比较短的编码，使用频度较低的字符分配一个比较长的编码。例如，可以为 A、B、C、D 四个字符分别分配 0、00、1、01，并可将上述电文用二进制序列 '000011010' 发送，其长度只有 9 个二进制位。但随之带来了一个问题，接收方接收到这段电文后无法进行译码，因为无法断定前面4 个0 是4 个 A？1 个 B、2 个 A？还是 2 个 B？即译码不唯一，因此这种编码方法不可使用。

由此可知，为了设计长短不等的编码，以便减少电文的总长，还必须考虑编码的唯一性，即在建立不等长编码时必须使任何一个字符的编码都不是另一个字符的前缀，这种编码称为前缀编码（prefix code）。

可以利用二叉树来设计二进制的前缀编码。假设有一颗二叉树如图 5-41 所示，其四个叶子分别表示 A，B，C，D 四个字符，且约定左分支表示字符 '0'，右分支表示字符 '1'，则可以从根结点到叶子结点的路径上分支字符组成的字符串作为该叶子结点字符的编码。可以看出，该编码为二进制的前缀编码。

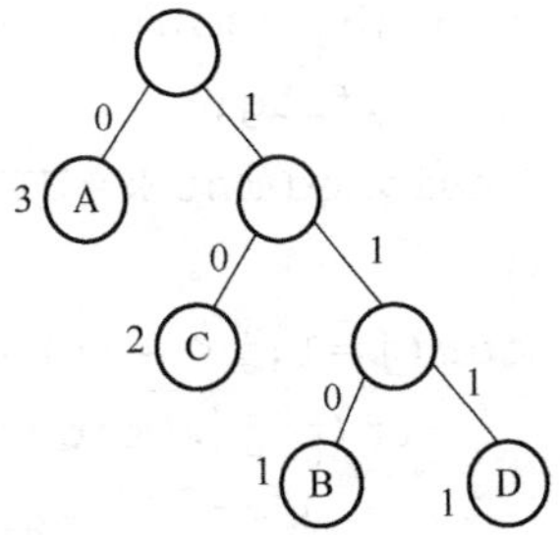

图 5-41　前缀编码示例

由图 5-41 可以得出，A、B、C、D 的二进制前缀编码为 0、10、110、111。

那么，又如何得到使电文总长度最短的二进制前缀编码呢？可将每个字符的出现频率作为字符结点的权值赋予该结点，此树的最小带权路径长度就等于传送电文的最短长度。因此，求传送电文的最短长度问题就转化为求由字符集中的所有字符作为叶子结点，由字符的出现频率作为其权值所产生的哈夫曼树的问题。

具体方法如下：

1）利用字符集中每个字符的使用频率作为权值，构造一棵哈夫曼树。

2）从根结点开始，为到每个叶子结点路径上的左分支赋予 0，右分支赋予 1，并从根到叶子方向形成该叶子结点的编码。

例如，假设字符及其使用频率如图 5-42 所示。

根据图 5-41 构造的哈夫曼树对应的哈夫曼编码如图 5-43 所示。

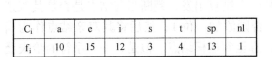

C_i	a	e	i	s	t	sp	nl
f_i	10	15	12	3	4	13	1

图 5-42　字符及其使用频率

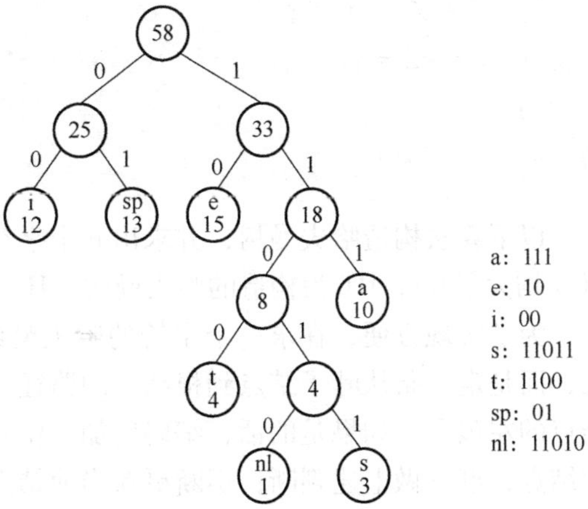

图 5-43　哈夫曼编码

实现哈夫曼编码的算法分为两大部分：

1）构造哈夫曼树。

2）在哈夫曼树上求叶子结点的编码。

采用动态分配数组存储哈夫曼编码表：

```
typedef char * * HuffmanCode;
```

算法 5.11　求 i 个结点中权值最小的树的根结点序号算法

```
int min1(HuffmanTree t,int i){
    int j,flag;
    unsigned int k = UINT_MAX;          /* 取 k 为不小于可能的值(无符号整型
                                           最大值) */
    for(j = 1;j < = i;j ++)
        if(t[j].weight < k&&t[j].parent == 0) /* t[j]是树的根结点 */
            k = t[j].weight,flag = j;
    t[flag].parent = 1;                 /* 给选中的根结点的双亲赋 1,避免第
                                           2 次查找该结点 */
    return flag;
}
```

算法 5.12　选择两个权值最小的树的根结点序号算法

```
void select(HuffmanTree t,int i,int * s1,int * s2){
    int j;
    * s1 = min1(t,i);
    * s2 = min1(t,i);
    if( * s1 > * s2){                   /* s1 为其中序号小的那个 */
        j = * s1;
        * s1 = * s2;
        * s2 = j;
    }
}
```

以下算法构造哈夫曼树，并求出 n 个字符的哈夫曼编码。其中参数 w 存放 n 个字符的权值（均大于0），HT 为构造的哈夫曼树，HC 为 n 个字符的哈夫曼编码。

为了实现方便，在求一个字符的哈夫曼编码时，不是走一条从根结点到叶子结点的路径，而是走一条从叶子结点到根结点的路径。从叶子结点出发，判断当前结点是否是其双亲结点的左孩子，如果是的话，编码增加一位 0，否则添加一位 1；然后将其双亲结点作为当前结点，继续做上述判断；不断更新当前结点，直至到达根结点。但是，一个字符的哈夫曼编码是从根结点到相应叶子结点的方向所经过的路径上各分支组成的 0 和 1 序列，因此，本算法利用栈的后进先出特性求得字符的编码。

算法 5.13　哈夫曼编码算法

```
void HuffmanCoding(HuffmanTree * HT,HuffmanCode * HC,int * w,int n){
    int m,i,s1,s2,start;
```

```
    unsigned c,f;
    HuffmanTree p;
    char * cd;
    if(n<=1)
        return;
    m=2*n-1;
    *HT=(HuffmanTree)malloc((m+1)*sizeof(HTNode));
                                                /*0 号单元未用*/
    for(p=*HT+1,i=1;i<=n;++i,++p,++w){
        (*p).weight=*w;
        (*p).parent=0;
        (*p).lchild=0;
        (*p).rchild=0;
    }
    for(;i<=m;++i,++p)
        (*p).parent=0;
    for(i=n+1;i<=m;++i)                         /*构建哈夫曼树*/
    { /*在 HT[1~i-1]中选择 parent 为 0 且 weight 最小的两个结点,其序号分别
为 s1 和 s2*/
        select(*HT,i-1,&s1,&s2);
        (*HT)[s1].parent=(*HT)[s2].parent=i;
        (*HT)[i].lchild=s1;
        (*HT)[i].rchild=s2;
        (*HT)[i].weight=(*HT)[s1].weight+(*HT)[s2].weight;
    }
    /*求哈夫曼编码*/
    *HC=(HuffmanCode)malloc((n+1)*sizeof(char*));
    /*分配 n 个字符编码的头指针向量([0]不用)*/
    cd=(char*)malloc(n*sizeof(char));       /*分配求编码的工作空间*/
cd[n-1]='\0';/* 编码结束符 */
    for(i=1;i<=n;i++)
    { /* 逐个字符求哈夫曼编码 */
        start=n-1;/* 编码结束符位置 */
        for(c=i,f=(*HT)[i].parent;f!=0;c=f,f=(*HT)[f].parent)
        /* 从叶子到根逆向求编码 */
            if((*HT)[f].lchild==c)
                cd[--start]='0';
            else
```

```
            cd[--start] = '1';
        (*HC)[i] = (char*)malloc((n-start) * sizeof(char));
        /* 为第 i 个字符编码分配空间 */
        strcpy((*HC)[i],&cd[start]);/* 从 cd 复制编码(串)到 HC */
    }
    free(cd);/* 释放工作空间 */
}
```

5.4.5 案例实现——哈夫曼编码

【例 5-3】 给定一组权值 {7,9,5,6,10,1,13,15,4,8}，构造一棵哈夫曼树，求每个字符的哈夫曼编码。对给定的待编码字符序列进行编码。

【主函数源代码】

```
int main(){
    HuffmanTree HT;
    HuffmanCode HC;
    int *w,n,i;
    printf("请输入权值的个数(>1):");
    scanf("%d",&n);
    w = (int *)malloc(n*sizeof(int));
    printf("请依次输入%d 个权值(整型):\n",n);
    for(i=0;i<=n-1;i++)
        scanf("%d",w+i);
    HuffmanCoding(&HT,&HC,w,n);
    for(i=1;i<=n;i++)
        puts(HC[i]);
    return 0;
}
```

【程序运行结果】（见图 5-44）

```
请输入权值的个数(>1): 10
请依次输入10个权值(整型):
7 9 5 6 10 1 13 15 4 8
1110
010
1010
1111
100
10110
110
00
10111
011
```

图 5-44　例 5-3 的程序运行结果

本章总结

树和二叉树是一类具有层次或嵌套关系的非线性结构，被广泛地应用于计算机领域，尤其是二叉树最重要、最常用。本章着重介绍了二叉树的概念、性质和存储表示；二叉树的三种遍历操作；线索二叉树的有关概念和运算。随后，介绍了树、森林与二叉树之间的转换；树的三种存储表示法；树和森林的遍历方法。最后，讨论了哈夫曼树的概念及其应用。

这一章是本书的重点之一，建议读者熟练掌握第 5.2 ~ 5.4 节的内容。熟悉树和二叉树的定义和有关术语，理解和记住二叉树的性质，熟练掌握二叉树的顺序存储和链式存储结构。遍历二叉树是二叉树各种运算的基础，希望能灵活运用各种次序的遍历算法，实现二叉树的其他运算。二叉树的线索化的目的是加速遍历过程和有效利用存储空间，希望熟练掌握在中序线索化树中，查找给定结点的中序前驱和后继的方法。并能掌握树和二叉树之间的转换方法，存储树的双亲链表法，孩子链表法和孩子兄弟链表法。最后，对树和森林的遍历，哈夫曼树的特性，建议读者要理解。

习　题　5

一、单项选择题

1. 在一棵度为 3 的树中，度为 3 的结点数为 2 个，度为 2 的结点数为 1 个，度为 1 的结点数为 2 个，则度为 0 的结点数为（　　）个。

A. 4　　B. 5　　C. 6　　D. 7

2. 假设在一棵二叉树中，双分支结点数为 15，单分支结点数为 30 个，则叶子结点数为（　　）个。

A. 15　　B. 16　　C. 17　　D. 47

3. 假定一棵三叉树的结点数为 50，则它的最小高度为（　　）。

A. 3　　B. 4　　C. 5　　D. 6

4. 在一棵二叉树上第 4 层的结点数最多为（　　）。

A. 2　　B. 4　　C. 6　　D. 8

5. 用顺序存储的方法将完全二叉树中的所有结点逐层存放在数组中 R[1..n]，结点 R[i] 若有左孩子，其左孩子的编号为结点（　　）。

A. R[2i+1]　　B. R[2i]　　C. R[i/2]　　D. R[2i-1]

6. 由权值分别为 {3,8,6,2,5} 的叶子结点生成一棵哈夫曼树，它的带权路径长度为（　　）。

A. 24　　B. 48　　C. 72　　D. 53

7. 线索二叉树是一种（　　）结构。

A. 逻辑　　B. 逻辑和存储　　C. 物理　　D. 线性

8. 线索二叉树中，结点 p 没有左子树的充要条件是（　　）。

A. p->lc = NULL

B. p->ltag = 1

C. p->ltag = 1 且 p->lc = NULL

D. 以上都不对

9. 设n，m为一棵二叉树上的两个结点，在中序遍历序列中n在m前的条件是（ ）。

A. n在m右方　　B. n在m左方

C. n是m的祖先　　D. n是m的子孙

10. 如果F是由有序树T转换而来的二叉树，那么T中结点的前序就是F中结点的（ ）。

A. 中序　　B. 前序　　C. 后序　　D. 层次序

11. 欲实现任意二叉树的后序遍历的非递归算法而不必使用栈，最佳方案是二叉树采用（ ）存储结构。

A. 三叉链表　　B. 广义表　　C. 二叉链表　　D. 顺序

12. 下面叙述正确的是（ ）。

A. 二叉树是特殊的树

B. 二叉树等价于度为2的树

C. 完全二叉树必为满二叉树

D. 二叉树的左右子树有次序之分

13. 任何一棵二叉树的叶子结点在先序、中序和后序遍历序列中的相对次序（ ）。

A. 不发生改变　　B. 发生改变

C. 不能确定　　D. 以上都不对

14. 已知一棵完全二叉树的结点总数为9个，则最后一层的结点数为（ ）。

A. 1　　B. 2　　C. 3　　D. 4

15. 根据先序序列A—B—D—C和中序序列D—B—A—C确定对应的二叉树，该二叉树（ ）。

A. 是完全二叉树　　B. 不是完全二叉树

C. 是满二叉树　　D. 不是满二叉树

二、填空题

1. 假定一棵树的广义表表示为A(B(E),C(F(H,I,J),G),D)，则该树的度为__________，树的深度为__________，终端结点的个数为__________，单分支结点的个数为__________，双分支结点的个数为__________，三分支结点的个数为__________，C结点的双亲结点为__________，其孩子结点为__________和__________。

2. 设F是一个森林，B是由F转换得到的二叉树，F中有n个非终端结点，则B中右指针域为空的结点有__________个。

3. 对于一个有n个结点的二叉树，当它为一棵__________二叉树时具有最小高度，即为__________，当它为一棵单支树具有__________高度，即为__________。

4. 由带权为{3,9,6,2,5}的5个叶子结点构成一棵哈夫曼树，则带权路径长度为__________。

5. 在一棵二叉排序树上按__________遍历得到的结点序列是一个有序序列。

6. 对于一棵具有n个结点的二叉树，当进行链接存储时，其二叉链表中的指针域的总数为__________个，其中__________个用于链接孩子结点，__________个空闲着。

7. 在一棵二叉树中，度为 0 的结点个数为 n_0，度为 2 的结点个数为 n_2，则 n_0 = __________。

8. 一棵深度为 k 的满二叉树的结点总数为__________，一棵深度为 k 的完全二叉树的结点总数的最小值为__________，最大值为__________。

9. 由三个结点构成的二叉树，共有__________种不同的形态。

10. 设高度为 h 的二叉树中只有度为 0 和度为 2 的结点，则此类二叉树中所包含的结点数至少为__________。

11. 一棵含有 n 个结点的 k 叉树，__________形态达到最大深度，__________形态达到最小深度。

12. 对于一棵具有 n 个结点的二叉树，若一个结点的编号为 i(1≤i≤n)，则它的左孩子结点的编号为________，右孩子结点的编号为________，双亲结点的编号为________。

13. 对于一棵具有 n 个结点的二叉树，采用二叉链表存储时，链表中指针域的总数为________个，其中____________个用于链接孩子结点，____________个空闲着。

14. 哈夫曼树是指______________________________的二叉树。

15. 空树是指______________________________，最小的树是指______________________________。

16. 二叉树的链式存储结构有____________________和____________________两种。

17. 三叉链表比二叉链表多一个指向____________________的指针域。

18. 线索是指______________________________。

19. 线索链表中的 rtag 域值为__________时，表示该结点无右孩子，此时__________域为指向该结点后继线索的指针。

20. 本章学习的树形存储结构有____________、____________和____________。

三、应用题

1. 已知一棵树边的集合为{<i,m>, <i,n>, <e,i>, <b,e>, <b,d>, <a,b>, <g,j>, <g,k>, <c,g>, <c,f>, <h,l>, <c,h>, <a,c>}，请画出这棵树，并回答下列问题：

(1) 哪个是根结点？

(2) 哪些是叶子结点？

(3) 哪个是结点 g 的双亲？

(4) 哪些是结点 g 的祖先？

(5) 哪些是结点 g 的孩子？

(6) 哪些是结点 e 的孩子？

(7) 哪些是结点 e 的兄弟？哪些是结点 f 的兄弟？

(8) 结点 b 和 n 的层次号分别是什么？

(9) 树的深度是多少？

(10) 以结点 c 为根的子树深度是多少？

2. 一棵度为 2 的树与一棵二叉树有何区别？

3. 试分别画出具有 3 个结点的树和二叉树的所有不同形态。

4. 已知用一维数组存放的一棵完全二叉树 ABCDEFGHIJKL，写出该二叉树的先序、中序和后序遍历序列。

5. 一棵深度为 H 的满 k 叉树有如下性质：第 H 层上的结点都是叶子结点，其余各层上每个结点都有 k 棵非空子树。如果按层次自上至下，从左到右的顺序从 1 开始对全部结点编号，回答下列问题：

（1）各层的结点数目是多少？

（2）编号为 n 的结点的父结点如果存在，编号是多少？

（3）编号为 n 的结点的第 i 个孩子结点如果存在，编号是多少？

（4）编号为 n 的结点有右兄弟的条件是什么？其右兄弟的编号是多少？

6. 找出所有满足下列条件的二叉树：

（1）它们在先序遍历和中序遍历时，得到的遍历序列相同。

（2）它们在后序遍历和中序遍历时，得到的遍历序列相同。

（3）它们在先序遍历和后序遍历时，得到的遍历序列相同。

7. 假设一棵二叉树的先序序列为 E—B—A—D—C—F—H—G—I—K—J，中序序列为 A—B—C—D—E—F—G—H—I—J—K，请写出该二叉树的后序遍历序列。

8. 假设一棵二叉树的后序序列为 D—C—E—G—B—F—H—K—J—I—A，中序序列为 D—C—B—G—E—A—H—F—I—J—K，请写出该二叉树的后序遍历序列。

9. 给出如图 5-45 所示的森林的先根、后根遍历结点序列，然后画出该森林对应的二叉树。

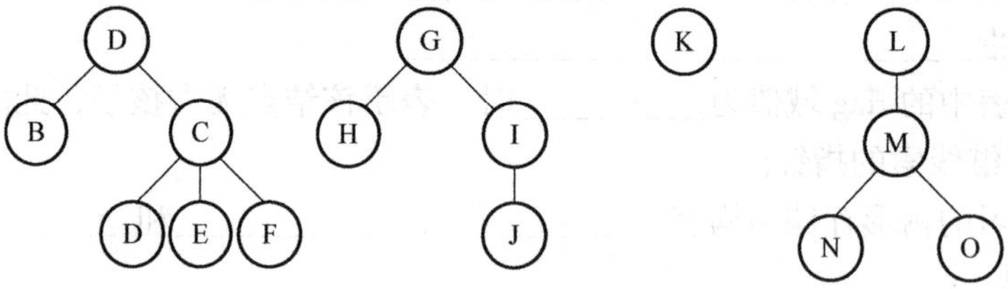

图 5-45　森林示例

10. 给定一组权值 {(5,9,11,2,7,16)}，试设计相应的哈夫曼树。

11. 设一棵二叉树的先序序列为 A—B—D—F—C—E—G—H，中序序列为 B—F—D—A—G—E—H—C。

（1）画出这棵二叉树。

（2）画出这棵二叉树的后序线索树。

12. 假设用于通信的电文仅由 8 个字母组成，字母在电文中出现的频率分别为 0. 07、0. 19、0. 02、0. 06、0. 32、0. 03、0. 21、0. 10。

（1）试为这 8 个字母设计哈夫曼编码。

（2）试设计另一种由二进制表示的等长编码方案。

（3）对于上述实例，比较两种方案的优缺点。

13. 已知下列字符 A、B、C、D、E、F、G 的权值分别为 3、12、7、4、2、8、11，试填写出其对应哈夫曼树。

四、算法设计题

1. 一棵具有 n 个结点的完全二叉树以一维数组作为存储结构，试设计一个对该完全二叉树进行先序遍历的算法。

2. 给定一棵用二叉链表表示的二叉树，其中的指针 t 指向根结点。试写出从根开始，按层次遍历二叉树的算法，同层的结点按从左至右的次序访问。

3. 写出在中序线索二叉树中结点 P 的右子树中插入一个结点 s 的算法。

4. 给定一棵二叉树，用二叉链表表示，其根指针为 t。试写出求该二叉树中结点 n 的双亲结点的算法。若没有结点 n 或者该结点没有双亲结点，分别输出相应的信息；若结点 n 有双亲，输出其双亲的值。

第6章 图

知识导航

假设需要采取自驾游的形式在国内的一些城市中旅游，如何才能用最少的成本将想要旅游的城市都游历遍呢?

假设这些城市之间的公路信息如图6-1所示，可以看出从南京到成都没有直达的公路，但可以经过上海中转到成都，或者通过广州中转到成都。在这些路线中，哪条线路所需的成本最低呢？可以将具有直达公路的城市之间的成本作为图中边上的权值。通过计算边上的权值，可以得到每条线路所需花费的成本。那么，如何使用计算机解决这个问题呢?

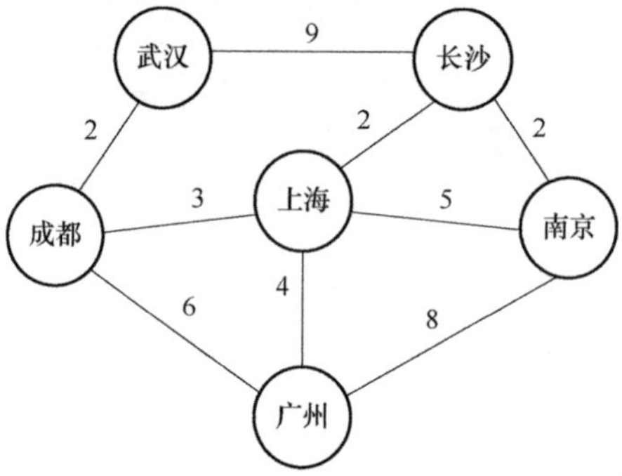

图6-1　城市公路信息图

这就需要利用到本章所学习的图的知识。

图是一种比树复杂的非线性数据结构。在树中，结点之间有着明显的层次关系，并且每个结点只与上层的双亲（只有一个结点）有联系、与下一层多个孩子（多个结点）有联系，而同一层结点之间没有任何横向联系。但在图中，每个结点都可能与其他的结点相关联。

图已经应用于众多的科技领域，如电子线路分析、工程计划分析、遗传学、社会科学等。在计算机的应用领域，如逻辑设计、人工智能、形式语言、操作系统、编译程序以及信息检索等，图的知识都起着重要的作用。即使在日常生活中，关于图的例子也随处可见，如各种交通图、线路图、结构图、流程图等实际问题的处理都可以归结为图的问题。

本章将介绍图的基本概念、存储结构以及图的遍历、图的最小生成树及最短距离拓扑排序和关键路径等问题。

学习路线

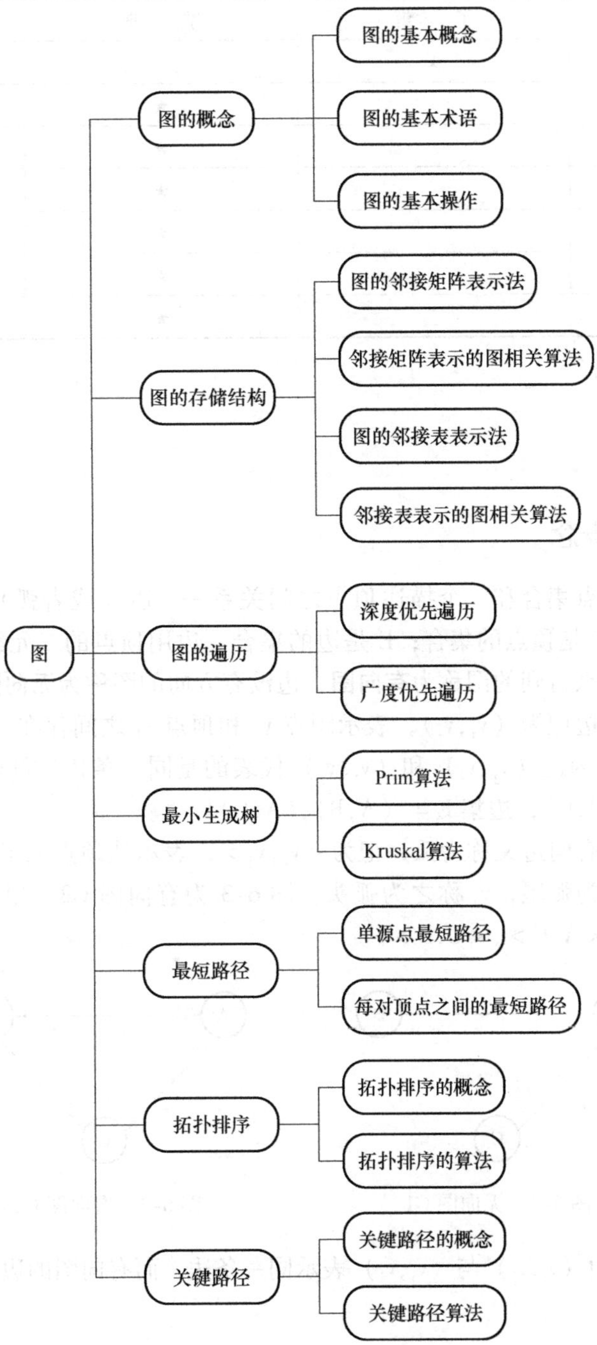
图
图的概念
图的基本概念
图的基本术语
图的基本操作
图的存储结构
图的邻接矩阵表示法
邻接矩阵表示的图相关算法
图的邻接表表示法
邻接表表示的图相关算法
图的遍历
深度优先遍历
广度优先遍历
最小生成树
Prim算法
Kruskal算法
最短路径
单源点最短路径
每对顶点之间的最短路径
拓扑排序
拓扑排序的概念
拓扑排序的算法
关键路径
关键路径的概念
关键路径算法

本章目标

知识点	了解	掌握	动手练习
图的概念	★		
图的存储结构		★	★
图的遍历		★	★
最小生成树		★	★
拓扑排序		★	★
关键路径		★	★
最短路径		★	★

6.1 图的概念

6.1.1 图的基本概念

图是由非空的顶点集合和一个描述顶点之间关系——边（或者弧）的集合组成，记作 G=(V,E)，其中，V 是顶点的集合；E 是边的集合，边用顶点的二元组表示。如果给每条边规定一个方向，那么得到的图称为**有向图**，边没有方向的图称为**无向图**。

无向图中的一条边记为（v_i,v_j），表示顶点 v_i 和顶点 v_j 之间存在一条边，顶点 v_i 和顶点 v_j 之间是无序的，因此（v_j,v_i）和（v_i,v_j）代表的是同一条边。例如：图 6-2 为无向图 G1，顶点集 V={A,B,C}，边集 E={(A,B),(A,C)}。

有向图中的一条有向边又称为弧，记为 <v_i,v_j>，表示从顶点 v_i 出发到顶点 v_j 存在一条弧，其中，v_i 称之为弧尾，v_j 称之为弧头。图 6-3 为有向图 G2，顶点集 V={A,B,C}，边集 E={<A,B>,<A,C>,<C,B>}。

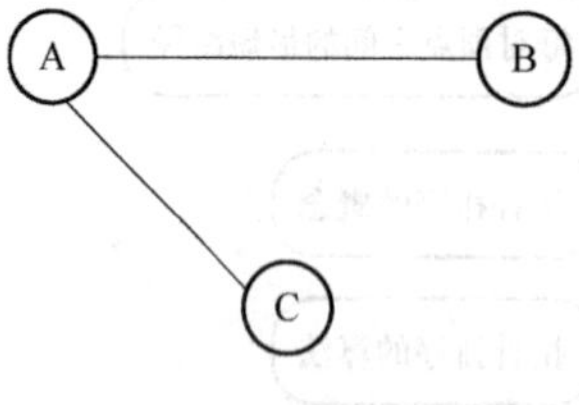

图 6-2 无向图 G1

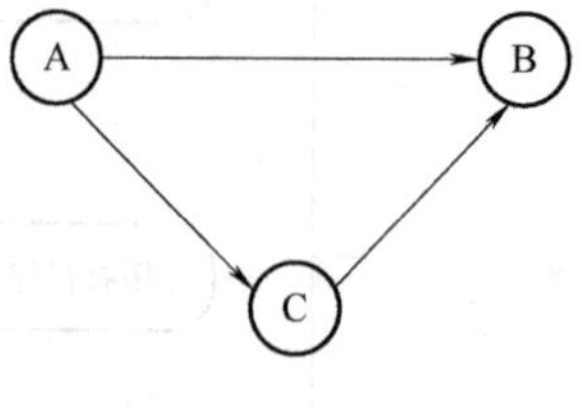

图 6-3 有向图 G2

注意：无向图的边（v_i,v_j）与（v_j,v_i）表示同一条边，而有向图的边 <v_i,v_j> 与 <v_j,v_i> 表示不同的边。

6.1.2 图的基本术语

如果无向图中每对顶点之间都有一条边，则称这样的无向图为**无向完全图**，如图 6-4 所示。

如果有向图中每对顶点 v 和 w 之间都有两条边 <v,w> 和 <w,v>，则称这样的有向图为**有向完全图**，如图6-5所示。

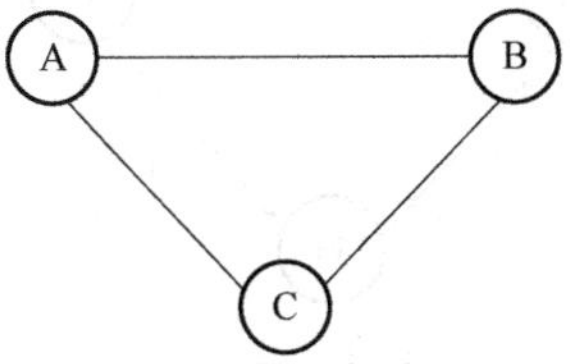

图6-4　无向完全图G3

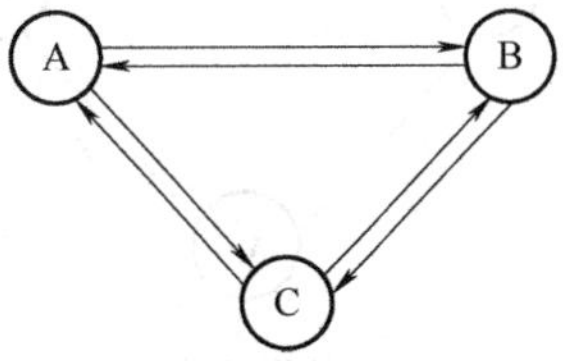

图6-5　有向完全图G4

假设有两个图G和G′，$G=(V,E)$，$G'=(V',E')$，且满足$V'\subseteq V$，$E'\subseteq E$，则称G′是G的**子图**。G1的子图如图6-6所示。

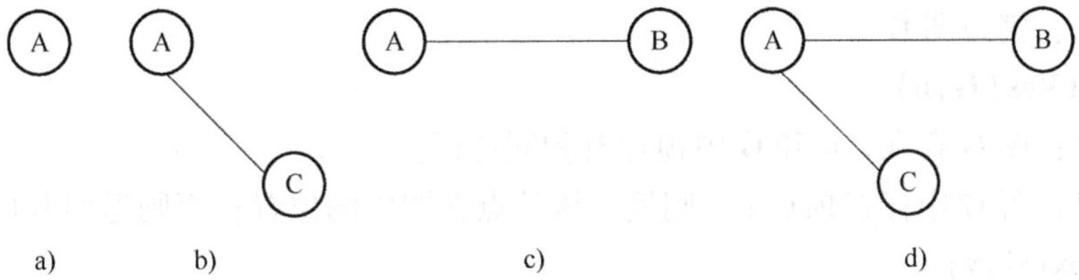

图6-6　G1的子图

对于无向图，如果边$(v,u)\in E$，则v和u互为**邻接点**，即v是u的邻接点，u也是v的邻接点。对于有向图，如果弧$<v,u>\in E$，则u是v的**邻接点**。在图G1中，顶点A和B互为邻接点，B、C不是邻接点关系。

在无向图中，顶点的**度**就是以该顶点为一端点的边的数目。在有向图中，顶点的度为该顶点的入度和出度之和，而**入度**则指以该顶点为弧头的弧的数目。**出度**则指以该顶点为弧尾的弧的数目。在图G3中，顶点A的度为2。在图G4中，顶点A的入度为2，出度为2，度为4。

在图G中，从v到u的一条路径是顶点序列$(v_0,v_1,\cdots,v_{k-1},v_k)$，其中$v_0=v$，$v_k=u$，并且$(v_i,v_{i-1})\in E(i=0,1,\cdots,k-1)$。顶点$v_0$，$v_1$，…，$v_i$互不相同。而K称为这条**路径的长度**。当只有一个顶点时，认为v到自身的路径长度为零。如果$v=u$，则称$(v,v_1,\cdots,v_{k-1},u)$为一条**回路**。在图G1中，(B,A,C)为顶点B到顶点C的路径，路径长度为2。在图G3中，(A,B,C,A)为一条回路。

在无向图中，若每一对顶点之间都有路径，则称此图为**连通图**。在有向图中，如果每对顶点v和u之间都存在从v到u及从u到v的路径，则称此图为**强连通图**。图G3为连通图，图G4为强连通图。

如果路径上各边都带有权，则称这样的图为**无向网（或者有向网）**，如图6-7所示。

6.1.3　图的基本操作

1. CreateGraph(&G,V,E)

初始条件：V是图的顶点集，E是图中弧的集合。

操作结果：按V和E的定义构造图G。

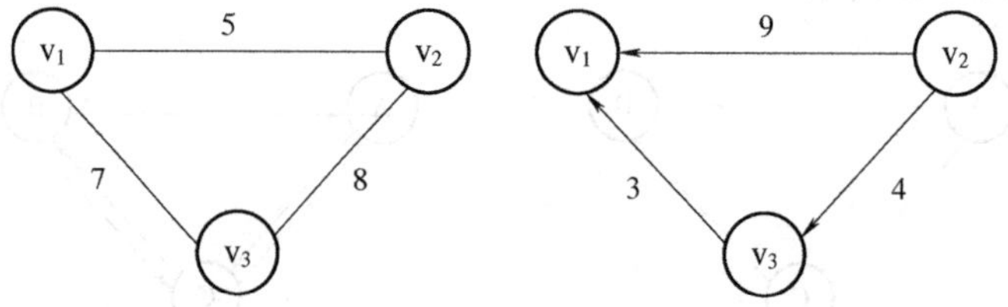

a) 无向网　　b) 有向网

图6-7　边带权的图（网）G5

2. DestroyGraph(&G)

初始条件：图G存在。

操作结果：销毁图G。

3. LocateVex(G,u)

初始条件：图G存在，u和G中顶点有相同特征。

操作结果：若G中存在顶点u，则返回该顶点在图中的位置；否则返回其他信息。

4. GetVex(G,v)

初始条件：图G存在，v是G中某个顶点。

操作结果：返回v的值。

5. PutVex(&G,v,value)

初始条件：图G存在，v是G中某个顶点。

操作结果：对v赋值value。

6. FirstAdjVex(G,v)

初始条件：图G存在，v是G中某个顶点。

操作结果：返回v的第一个邻接点。若顶点在G中没有邻接点，则返回“空”。

7. NextAdjVex(G,v,w)

初始条件：图G存在，v是G中某个顶点，w是v的邻接点。

操作结果：返回v的（相对于w的）下一个邻接点。若w是v的最后一个邻接点，则返回“空”。

8. InsertVex(&G,v)

初始条件：图G存在，v和图中顶点有相同特征。

操作结果：在图G中增添新顶点v。

9. DeleteVex(&G,v)

初始条件：图G存在，v是G中某个顶点。

操作结果：删除G中顶点v及其相关的弧。

10. InsertArc(&G,v,w)

初始条件：图G存在，v和w是G中两个顶点。

操作结果：在G中增添弧<v,w>，若G是无向的，则还需要再增添对称弧<w,v>。

11. DeleteArc(&G,v,w)

初始条件：图G存在，v和w是G中两个顶点。

操作结果：在 G 中删除弧 <v, w>，若 G 是无向的，则还需要再删除对称弧 <w, v>。

12. DFSTraverse(G,Visit())

初始条件：图 G 存在，Visit() 是顶点的应用函数。

操作结果：对图进行深度优先遍历。在遍历过程中对每个顶点调用函数 Visit() 一次且仅一次。一旦 Visit() 失败，则操作失败。

13. BFSTraverse(G,Visit())

初始条件：图 G 存在，Visit() 是顶点的应用函数。

操作结果：对图进行广度优先遍历。在遍历过程中对每个顶点调用函数 Visit() 一次且仅一次。一旦 Visit() 失败，则操作失败。

6.2 图的存储结构

6.2.1 案例导引

【案例】 自驾游线路查询系统的城市公路图如图 6-8 所示。那么，这个图在计算机内部如何进行存储呢?

【案例分析】 由于图的结构比较复杂，任意两个顶点之间都可能存在联系，因此无法以数据元素在内存中的物理位置来表示元素之间的关系，即图没有循序映像的存储结构，但可以借助数组的数据类型表示元素之间的关系。另一方面，用多重链表的方式，即以一个数据域和多个指针域组成的结点表示图中的一个顶点，其中数据域存储该顶点的信息，指针域存储指向其邻接点的指针。但是，如果各个顶点的度数相差很大，按度数最大的顶点设计结点结构会造成很多存储单元的浪费，而若按每个顶点自己的度数设计不同的顶点结构，又带来操作的不便。因此，对于图来说，在实际应用中不宜采用这种结构，而应根据具体的图和需要进行操作，设计恰当的结点结构和表结构。图的存储表示方法很多，本节介绍两种常用的方法——邻接矩阵和邻接表。

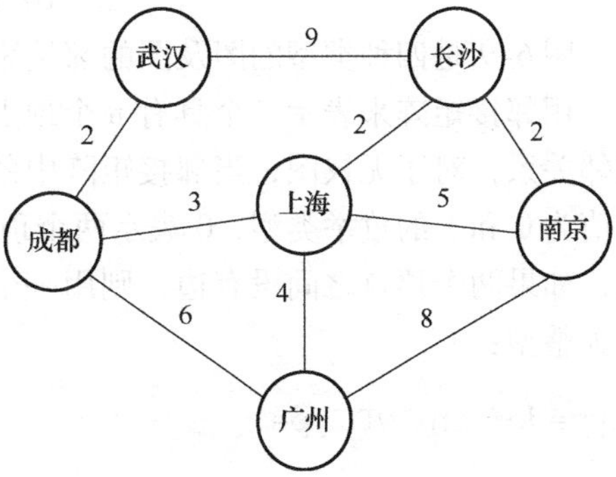

图 6-8 城市公路图

将图的类型定义为枚举类型，在枚举值表中罗列出图的四种类型：有向图、有向网、无向图、无向网，如下：

```
enum GraphKind {DG, DN, UDG, UDN};    // {有向图，有向网，无向图，无向网}
```

6.2.2 图的邻接矩阵表示法

图的邻接矩阵表示法是用两个数组分别存储数据元素（顶点）的信息和数据元素之间的关系（边或弧）的信息。

1. 顶点集合

每个顶点的数据类型为 VertexType，一个图的顶点集合用数组表示，数组下标表示顶点位置，数组内容包含顶点的信息。图的顶点集合的数据类型定义如下：

```
#define MAX_VERTEX_NUM 20                          //最大顶点个数
VertexType vexs[MAX_VERTEX_NUM];                   //顶点向量
```

为了将图6-8中的顶点表示的城市名称存储在计算机中，将顶点数据类型定义为长度为16的字符数组类型，如下：

```
typedef char VertexType [16];                      //顶点类型
```

2. 边集合

邻接矩阵是表示顶点之间相邻关系的矩阵。设 G=(V,E) 是具有 n 个顶点的图，则 G 的邻接矩阵是具有如下性质的 n 阶方阵：

$$a[i][j]=\begin{cases}1 & 若(v_i,v_j)或(v_j,v_i)\in E\\0 & 否则\end{cases}$$

若图是一个网,则其邻接矩阵元素定义为

$$a[i][j]=\begin{cases}w_{ij} & 若(v_i,v_j)或(v_j,v_i)\in E\\否则 & \\0 或\infty & \end{cases}$$

图6-9是四种类型的图及图的邻接矩阵表示。

用邻接矩阵来表示一个具有 n 个顶点的图时，用邻接矩阵中的 n×n 个元素存储顶点间相邻关系，对于无权图，当邻接矩阵中的元素仅表示相应的边是否存在时，VRType 可定义成值为0和1的枚举类型，0表示两个顶点之间没有边，即没有关系。对于带权图，则为权值，如果两个顶点之间没有边，则用一个很大很大的数代替∞。将顶点关系类型 VRType 定义为整型：

```
typedef int VRType;                                //顶点关系类型
```

图的边集合的数据类型定义如下：

```
#define INFINITY  INT_MAX                          //用整型最大值代替∞
typedef struct{
   VRType adj;
   //顶点关系类型,对于无权图,用 1 或 0 表示相邻否;对于带权图,则为权值
}ArcCell,AdjMatrix[MAX_VERTEX_NUM][MAX_VERTEX_NUM];
                                                   //二维数组
```

说明：

AcrCell 和 AdjMatrix 都是类型的名称，若有定义：

```
   AdjMatrix arcs;
```

则 arcs 是一个以元素类型为 AcrCell 的 20×20 二维数组，arcs 是该类型的变量。上述声明与下面等同：

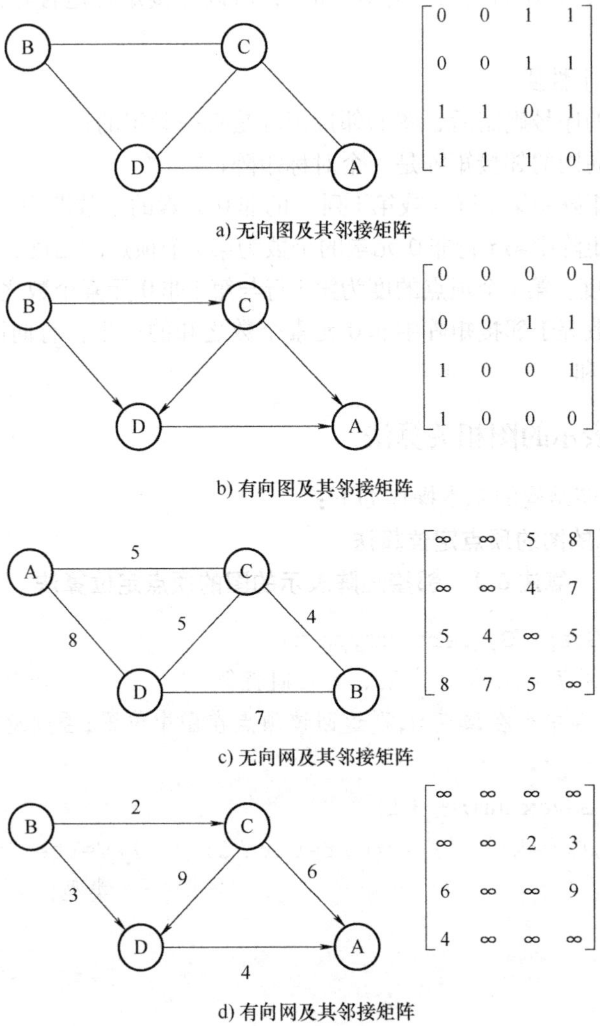

图 6-9　图及图的邻接矩阵

```
ArcCell arcs [MAX_VERTEX_NUM][MAX_VERTEX_NUM];
```

图的完整邻接矩阵存储表示，类型定义如下：

```
struct MGraph{
    VertexType  vexs[MAX_VERTEX_NUM];          //顶点向量
    AdjMatrix  arcs;                           //邻接矩阵
    int  vexnum,arcnum;                        //图的当前顶点数和弧数
    GraphKind  kind;                           //图的种类标志
};
```

图的邻接矩阵表示法优点是可以快速判断两个顶点之间是否存在边，可以快速添加边或者删除边，可以快速计算顶点度数、求邻接点的操作等；而其缺点对于含有 n 个顶点的图，

无论边的数目是多少，其存储空间都为 O（n^2），所以邻接矩阵适合存储边的数目比较多的稠密图。

邻接矩阵具有如下性质：

1）图中各顶点的序号确定后，图的邻接矩阵是唯一确定的；

2）无向图和无向网的邻接矩阵是一个对称矩阵；

3）无向图邻接矩阵中第 i 行（或第 i 列）的非 0 元素的个数即为第 i 个顶点的度；

4）有向图邻接矩阵中第 i 行非 0 元素的个数为第 i 个顶点的出度，第 i 列非 0 元素的个数为第 i 个顶点的入度，第 i 个顶点的度为第 i 行与第 j 非 0 元素个数之和；

5）无向图的边数等于邻接矩阵中非 0 元素个数之和的一半，有向图的弧数等于邻接矩阵中非 0 元素个数之和。

6.2.3 邻接矩阵表示的图相关算法

图的邻接矩阵存储结构的基本操作如下：

1. 邻接矩阵表示的图的顶点定位算法

算法 6.1 邻接矩阵表示的图的顶点定位算法

```
int LocateVex(MGraph G, VertexType u)
{  //初始条件:图 G 存在,u 和 G 中顶点有相同特征
   //操作结果:若 G 中存在顶点 u,则返回该顶点在图中位置;否则返回-1
   int i;
   for(i =0;i <G.vexnum; + +i)
   if(strcmp(u,G.vexs[i]) = =0)return i;     //VertexType 是 char [16]
                                                类型
   return -1;
}
```

2. 邻接矩阵表示的图，根据顶点序号获得值算法

算法 6.2 邻接矩阵表示的图，根据顶点序号获得值算法

```
VertexType& GetVex(MGraph G,int v)
{ //初始条件:图 G 存在,v 是 G 中某个顶点的序号。操作结果:返回 v 的值
   if(v > =G.vexnum || v<0)
      exit(0);
   return G.vexs[v];
}
```

3. 邻接矩阵表示的无向网的构建算法

从键盘输入如图 6-8 所示的顶点数据和边的数据工作量比较大，每次调试程序时都要重新输入数据，影响我们讨论其他图的操作，因此建议将图的顶点和边的数据用文件的形式保存起来，可以重复使用。创建如图 6-10 所示的文本文件 lt6-1.txt，将图 6-8 的数据保存起来。

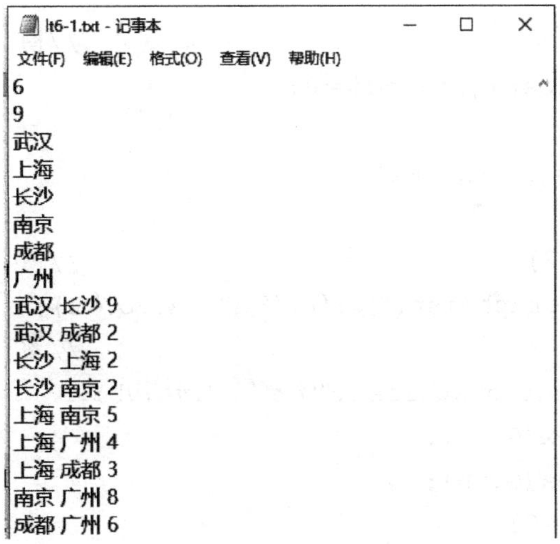

图6-10　使用文本文件存储图的顶点和边信息

下面图的构建算法是从文件读取图的数据，因为函数体里要改变G的值，G的类型定义为引用类型。

算法6.3　由文件构建邻接矩阵表示的图算法

```
void CreateGraphF(MGraph &G){                     //采用数组(邻接矩阵)表示
                                                    法,由文件构造图G
    int i,j,k,w;
    char filename[13];
    VertexType va,vb;
    FILE *graphlist;
    printf("请输入图的类型(有向图:0,有向网:1,无向图:2,无向网:3):");
    scanf("%d",&G.kind);
    printf("请输入数据文件名:");
    scanf("%s",filename);
    graphlist=fopen(filename,"r");                //打开数据文件,并以gra-
                                                    phlist表示
    fscanf(graphlist,"%d",&G.vexnum);
    fscanf(graphlist,"%d",&G.arcnum);
    for(i=0;i<G.vexnum;++i)                       //构造顶点向量
        fscanf(graphlist,"%s",G.vexs[i]);
    for(i=0;i<G.vexnum;++i)                       //初始化邻接矩阵
        for(j=0;j<G.vexnum;++j)
        {
            if(G.kind%2)                          //网
                G.arcs[i][j].adj=INFINITY;
```

```
        else                                          //图
            G.arcs[i][j].adj=0;
    }
    for(k=0;k<G.arcnum;++k)
    {
        if(G.kind%2)                                  //网
            fscanf(graphlist,"%s%s%d",va,vb,&w);
        else                                          //图
            fscanf(graphlist,"%s%s",va,vb);
        i=LocateVex(G,va);
        j=LocateVex(G,vb);
        if(G.kind==0)
            G.arcs[i][j].adj=1;                       //有向图
        else if(G.kind==1)
            G.arcs[i][j].adj=w;                       //有向网
        else  if(G.kind==2)
            G.arcs[i][j].adj=G.arcs[j][i].adj=1;
                                                      //无向图
        else
            G.arcs[i][j].adj=G.arcs[j][i].adj=w;
                                                      //无向网
    }
    fclose(graphlist);                                //关闭数据文件
}
```

读者可以自行修改上述算法，将图的顶点和边的数据改成从键盘输入。

4. 输出邻接矩阵表示的图算法

算法 6.4　输出邻接矩阵表示的图算法

```
void Display(MGraph G)
{ //输出邻接矩阵存储表示的图G
    int i,j;
    switch(G.kind){
        case DG:printf("有向图\n");  break;
        case DN:printf("有向网\n");  break;
        case UDG:printf("无向图\n");  break;
        case UDN:printf("无向网\n");
    }
    printf("%d个顶点%d条边。顶点依次是:",G.vexnum,G.arcnum);
    for(i=0;i<G.vexnum;++i)                             //输出G.vexs
```

```
        printf("%s ",G.vexs[i]);
    printf("\n图的邻接矩阵:\n");                          //输出 G.arcs.adj
    for(i=0;i<G.vexnum;i++){
        for(j=0;j<G.vexnum;j++)
            if(G.kind%2)                                //网
            {
                if(G.arcs[i][j].adj==INFINITY)
                    printf("%11s","∞");
                else
                    printf("%11d",G.arcs[i][j].adj);
            }
                else                                    //图
                    printf("%11d",G.arcs[i][j].adj);
            printf("\n");
        }
}
```

5. 图G存在，v是G中某个顶点，查找v的第一个邻接顶点的算法

算法6.5　邻接矩阵表示的无向网中查找某个顶点的第一个邻接顶点的算法

```
int FirstAdjVex(MGraph G,VertexType v)
{  //初始条件:图G存在,v是G中某个顶点
   //操作结果:返回v的第一个邻接顶点的序号,若v没有邻接顶点,则返回 -1
   int i,j,k;
   if(G.kind%2)                                  //网
      j=INFINITY;
   else
      j=0;                                       //图
   k=LocateVex(G,v);                             //k为顶点v在图G中的序号
   for(i=0;i<G.vexnum;i++)
      if(G.arcs[k][i].adj! =j)
         return i;
   return -1;
}
```

6. 图G存在，v是G中某个顶点，w是v的邻接顶点，查找v的（相对于w的）**下一个邻接顶点的算法**

算法6.6　邻接矩阵表示的图中查找某个顶点的下一个邻接顶点的算法

```
int NextAdjVex(MGraph G,VertexType v,VertexType w)
```

```
{ //初始条件:图G存在,v是G中某个顶点,w是v的邻接顶点
  //操作结果:返回v的(相对于w的)下一个邻接顶点的序号,若w是v的最后一个邻接顶点,则返回-1
  int i,j,k1,k2;
  if(G.kind%2)                              //网
     j = INFINITY;
  else
     j =0;                                  //图
  k1 = LocateVex(G,v);                      //k1为顶点v在图G中的序号
  k2 = LocateVex(G,w);                      //k2为顶点w在图G中的序号
  for(i = k2 +1;i <G.vexnum;i ++)
     if(G.arcs[k1][i].adj! =j)
        return i;
  return -1;
}
```

6.2.4 案例实现——图的邻接矩阵存储表示

【例6-1】 对于图6-8城市公路图G，要求从文件中输入顶点和边数据，包括顶点信息、边、权值等，编写程序实现以下功能：

1）构造无向网G的邻接矩阵和顶点集。

2）输出无向网G的各顶点和邻接矩阵。

3）输入一个顶点，输出此顶点所有的邻接点。

【主函数源代码】

```
int main(){
  MGraph g;
  VertexType v1,v2;
  CreateGraphF(g);                         //利用数据文件创建邻接矩阵表示的图
  Display(g);                              //输出无向图
  int i,j,k,n;
  printf("请输入顶点的值:");
  scanf("%s",v1);
  printf("输出无向网G中顶点%s的所有邻接顶点:",v1);
  k = FirstAdjVex(g,v1);
```

```
    while(k! = -1){
        strcpy(v2,GetVex(g,k));
        visit(v2);
        k = NextAdjVex(g,v1,v2);
    }
    printf("\n");
    return 0;
}
```

【程序运行结果】（见图 6-11）

```
请输入图的类型(有向图:0,有向网:1,无向图:2,无向网:3): 3
请输入数据文件名: lt6-1.txt
无向网
6个顶点9条边。顶点依次是: 武汉 上海 长沙 南京 成都 广州
图的邻接矩阵:
        ∞       ∞       9       ∞       2       ∞
        ∞       ∞       2       5       3       4
        9       2       ∞       2       ∞       ∞
        ∞       5       2       ∞       ∞       8
        2       3       ∞       ∞       ∞       6
        ∞       4       ∞       8       6       ∞
请输入顶点的值: 武汉
输出无向网G中顶点武汉的所有邻接顶点: 长沙 成都
```

图 6-11　例 6-1 程序运行结果

本例实现了无向网 G 的邻接矩阵存储，请读者自行在本例基础上修改实现其他三种类型无向图、有向图、有向网的邻接矩阵存储。

6.2.5　图的邻接表表示法

对于图来说，邻接矩阵是一种不错的图存储结构，但是对于边数相对顶点较少的图，这种结构存在对存储空间的极大浪费。因此考虑另外一种存储结构方式：邻接表，即数组与链表相结合的存储方法。

邻接表是图的一种链式存储结构。在邻接表表示法中，用一个连续存储区域来存储图中各顶点的数据，并对图中每个顶点 v_i 建立一个单链表（称为 v_i 的邻接表），把顶点 v_i 的所有相邻顶点（即后继结点）的序号链接起来。第 i 个单链表中的每一个结点（也称为表结点）均含有三个域：邻接点域、链域和数据域，邻接点域用来存放与顶点 v_i 相邻接的一个顶点的序号，链域用来指向下一个表结点，数据域 info 存储边的信息（如果边上没有权值，可以省略该 info 数据域）；另外每个顶点 v_i 设置了表头结点，除了存储本身数据的数据域 data 外，还设置了一个链域 firstarc，作为邻接表的表头指针，指向第一个表结点。n 个顶点用一个一维数组表示，如图 6-12 所示。

表结点的类型定义如下：

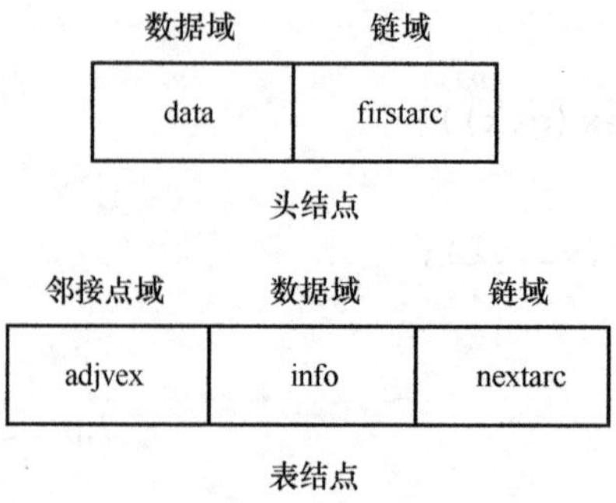

图 6-12 邻接表的头结点和表结点

```
typedef struct{
    int adjvex;                          //该弧所指向的顶点的位置
    int info;                            //网的权值
    ArcNode *nextarc;                    //指向下一条弧的指针
}ArcNode;                                //表结点
```

头结点的类型定义如下：

```
typedef struct{
    VertexType data;                     //顶点信息
    ArcNode *firstarc;                   //第一个表结点的地址,指向第一条依附
                                           该顶点的弧的指针
}VNode,AdjList[MAX_VERTEX_NUM];          //头结点
```

在无向图的邻接表中，顶点 v_i 的每一个边表结点对应于与 v_i 相关联的一条边。图 6-13 是无向图的邻接表表示，表结点的个数是边数的两倍。图 6-13a 的边上没有权值，省略了表结点的 info 数据域。

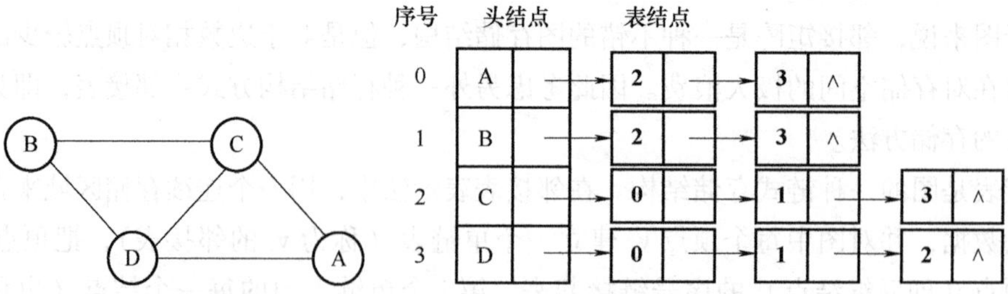

a) 无向图　　b) 无向图的邻接表

图 6-13 无向图的邻接表

在有向图的邻接表中，v_i 的每一个边表结点对应于以 v_i 为始点的一条弧，因此也称有向图的邻接表的边表为出边表。在有向图的邻接表中求第 i 个顶点的出度非常方便，即为第 i 个出边表中结点的个数，但要求第 i 个顶点的入度则比较困难，此时必须遍历整个表。若在有向图的邻接表中，将顶点 v_i 的每个边表结点对应于以 v_i 为终点的一条弧（即用边表结

点的邻接点域存储邻接到 v_i 的顶点的序号），由此构成的邻接表称为有向图的逆邻接表，逆邻接表的边表称为入边表。在逆邻接表中求某项点的入度与在邻接表中求顶点的出度是一样方便的。图 6-14 是有向图的邻接表和逆邻接表表示。图 6-14a 的边上没有权值，省略了表结点的 info 数据域。

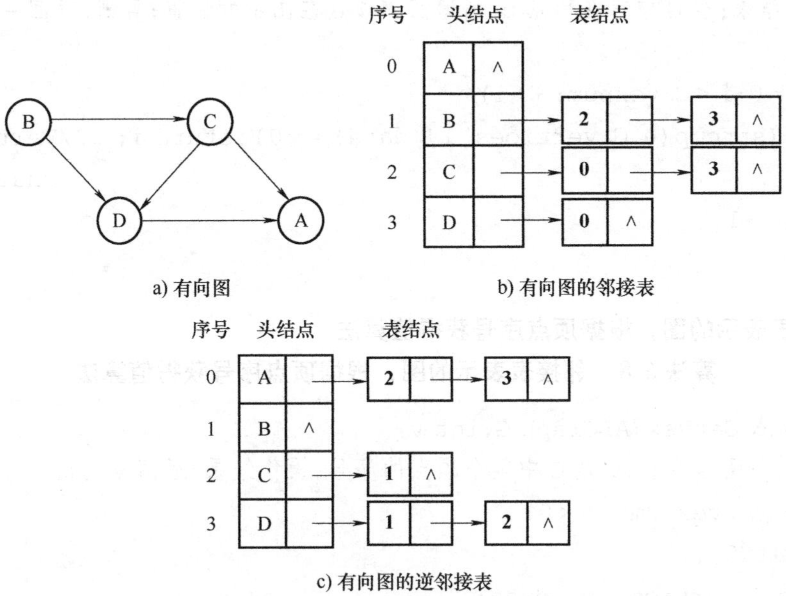

图 6-14　有向图的邻接表和逆邻接表

图的邻接表存储表示，类型定义如下：

```
typedef struct{
    AdjList vertices;
    int vexnum,arcnum;                          //图的当前顶点数和弧数
    GraphKind kind;                             //图的种类标志
}ALGraph;
```

邻接表具有如下性质：

1）图的邻接表表示不是唯一的，它与表结点的链入次序有关，取决于建立邻接表的算法以及边的输入次序；

2）无向图的邻接表中第 i 个边表的结点个数即为第 i 个顶点的度；

3）有向图的邻接表中第 i 个出边表的结点个数即为第 i 个顶点的出度，有向图的逆邻接表中第 i 个入边表的结点个数即为第 i 个顶点的入度；

4）无向图的边数等于邻接表中边表结点数的一半，有向图的弧数等于邻接表的出边表结点的数目，也等于逆邻接表的入边表结点的数目。

6.2.6　邻接表表示的图相关算法

图的邻接表存储结构的基本操作如下：

1. 邻接表表示的图的顶点定位算法

算法 6.7 邻接表表示的图的顶点定位算法

```
int LocateVex(ALGraph G,VertexType u){
    //初始条件:图 G 存在,u 和 G 中顶点有相同特征
    //操作结果:若 G 中存在顶点 u,则返回该顶点在图中的位置;否则,返回 -1
    int i;
    for(i=0;i<G.vexnum;++i)
        if(strcmp(u,G.vertices[i].data)==0)return i;   //VertexType 是
                                                           char[16]类型
    return -1;
}
```

2. 邻接表表示的图，根据顶点序号获得值算法

算法 6.8 邻接表表示的图，根据顶点序号获得值算法

```
VertexType& GetVex(ALGraph G,int v)
{ //初始条件:图 G 存在,v 是 G 中某个顶点的序号,操作结果:返回 v 的值
    if(v>=G.vexnum||v<0)
        exit(0);
    return G.vertices[v].data;
}
```

3. 邻接表表示的无向网的构建算法

在创建邻接表表示图的过程中，经常要在单链表中插入结点，为了能调用在第 2 章已经定义过的单链表基本算法，将表结点数据类型修改如下：

```
typedef struct{
    int adjvex;                          //该弧所指向的顶点的位置
    int info;                            //网的权值指针
}ElemType;
typedef struct ArcNode                   {
    ElemType data;                       //除指针以外的部分都属于 ElemType
    struct ArcNode *nextarc;             //指向下一条弧的指针
}ArcNode;                                //表结点
#define Lnode ArcNode                    //定义单链表的结点类型是图的表结点的
                                           类型
#define next nextarc                     //定义单链表结点的指针域是表结点指向
                                           下一条弧的指针域
typedef ArcNode * LinkList;              //定义指向单链表结点的指针是指向图的
                                           表结点的指针
```

邻接表表示的图构建算法要调用查找单链表中值为 e 的结点的算法和在第 i 个位置插入 e 的算法，要注意的是，这里单链表是不带头结点的单链表。

```
int LocateElem (LinkList L, ElemType e, int ( * equal) (ElemType, Elem-
Type));                                    //在不带头结点的
                                           //单链表 L 中查找数据元素 e 的位序
int ListInsert(LinkList &L,int i,ElemType e);
                                           //在不带单链表 L 中第 i 个位置之前插入
                                             元素 e
```

根据 ElemType 的类型需重新定义 equal 函数：

```
int equal(ElemType a,ElemType b)
{  //  LocateElem()、NextAdjVex()要调用的函数
    if(a.adjvex==b.adjvex)
        return 1;
    else
        return 0;
}
```

此外还要定义查找单链表 L 中满足条件的结点的函数。如找到，返回指向该结点的指针，p 指向该结点的前驱，若该结点是首元结点，则 p = NULL。如表 L 中无满足条件的结点，则返回 NULL，p 无定义。

```
LinkList Point(LinkList L,ElemType e,int(*equal)(ElemType,ElemType),
LinkList &p){
    int i,j;
    i=LocateElem(L,e,equal);
    if(i){                                  //找到
        if(i==1){                           //是首元结点
            p=NULL;
            return L;
        }
        p=L;
        for(j=2;j<i;j++)
            p=p->next;
        return p->next;
    }
    return NULL;                            //没找到
}
```

可以使用保存在文本文件 lt6－1. txt 中图的数据，创建图 6-8 的邻接表。

算法 6.9 邻接表表示的图的构建算法

```
void CreateGraphF(ALGraph &G)
{  //采用邻接表存储结构,由数据文件构造图 G
   int i,j,k,w;                              //w 是权值
   VertexType va,vb;                         //连接边或弧的两个顶点
   ElemType e;
   char filename[13];
   printf("请输入图的类型(有向图:0,有向网:1,无向图:2,无向网:3):");
   scanf("%d",&G.kind);
   printf("请输入数据文件名:");
   scanf("%s",filename);
   graphlist = fopen(filename,"r");          //以读的方式打开数据文件,并以 gra-
                                               phlist 表示
   fscanf(graphlist,"%d",&G.vexnum);
   fscanf(graphlist,"%d",&G.arcnum);
   for(i =0;i <G.vexnum; ++i)                //构造顶点数组
   {
      fscanf(graphlist,"%s",G.vertices[i].data);
      G.vertices[i].firstarc = NULL;         //初始化与该顶点有关的出弧链表
   }
   for(k =0;k <G.arcnum; ++k)                //构造相关弧链表
   {
      if(G.kind%2)                           //网
         fscanf(graphlist,"%s%s%d",va,vb,&w);
      else                                   //图
         fscanf(graphlist,"%s%s",va,vb);
      i = LocateVex(G,va);                   //弧尾
      j = LocateVex(G,vb);                   //弧头
      e.info = 0;                            //给待插表结点 e 赋值,图无权
      e.adjvex = j;                          //弧头
      if((G).kind%2){                        //网
         e.info = w;
      }
      ListInsert(&G.vertices[i].firstarc,1,e);
                                             //插在第 i 个元素(出弧)的表头
      if((*G).kind > =2){                    //无向图或网,产生第 2 个表结点,并插
                                               在第 j 个元素(入弧)的表头
```

```
        e.adjvex=i;                        //e.info 不变,不必再赋值
        ListInsert(&G.vertices[j].firstarc,1,e);
                                           //插在第 j 个元素的表头
      }
    }
    fclose(graphlist);                     //关闭数据文件
}
```

4. 输出邻接表存储表示的图算法

算法 6.10 输出邻接表表示的图算法

```
void Display(ALGraph G){                    //输出图的邻接表 G
    int i;
    LinkList p;
    switch(G.kind){
        case DG:printf("有向图\n");  break;
        case DN:printf("有向网\n");  break;
        case UDG:printf("无向图\n");  break;
        case UDN:printf("无向网\n");
    }
    printf("%d个顶点:\n",G.vexnum);
    for(i=0;i<G.vexnum;++i)
        printf("%s ",G.vertices[i].data);
    printf("\n%d条弧(边):\n",G.arcnum);
    for(i=0;i<G.vexnum;i++){
        p=G.vertices[i].firstarc;
        while(p){
              printf("%s→%s ",G.vertices[i].data,G.vertices[p->
data.adjvex].data);
              if(G.kind%2)                  //网
                printf(":%d ",p->data.info);
          }
          p=p->nextarc;
        }
        printf("\n");
    }
}
```

5. 查找邻接表表示的图 G 中顶点 v 的第一个邻接点的算法

算法 6.11 邻接表表示的图中查找顶点 v 的第一个邻接点的算法

```
int FirstAdjVex(ALGraph G,VertexType v)
{  //初始条件:图 G 存在,v 是 G 中某个顶点
  //操作结果:返回 v 的第一个邻接顶点的序号。若顶点在 G 中没有邻接顶点,则返回 -1
   LinkList p;
   int v1;
   v1 = LocateVex(G,v);                      //v1 为顶点 v 在图 G 中的序号
   p = G.vertices[v1].firstarc;
   if(p)
      return p -> data.adjvex;
   else
      return -1;
}
```

6. v 是图 G 中某个顶点，w 是 v 的邻接顶点，查找 v 的（相对于 w 的）下一个邻接顶点的算法

算法 6.12 邻接表表示的图中查找顶点 v 的（相对于 w 的）下一个邻接点的算法

```
int NextAdjVex(ALGraph G,VertexType v,VertexType w)
{  //初始条件:邻接表表示的图 G 存在,v 是 G 中某个顶点,w 是 v 的邻接顶点
  //操作结果:返回 v 的(相对于 w 的)下一个邻接顶点的序号
  //若 w 是 v 的最后一个邻接点,则返回 -1
   LinkList p,p1;                           //p1 在 Point()中用作辅助指针
   ElemType e;
   int v1;
   v1 = LocateVex(G,v);                     //v1 为顶点 v 在图 G 中的序号
   e.adjvex = LocateVex(G,w);               //e.adjvex 为顶点 w 在图 G 中的序号
   p = Point(G.vertices[v1].firstarc,e,equal,p1);
                                            //p 指向顶点 v 的链表中邻接顶点为 w 的
                                              结点
   if(! p||! p -> next)                     //没找到 w 或 w 是最后一个邻接点
      return -1;
   else
      return p -> next -> data.adjvex;
                                            //返回 v 的(相对于 w 的)下一个邻接点
                                              的序号
}
```

6.2.7　案例实现——图的邻接表存储表示

【例6-2】　对于图6-8的无向网G，要求从文件中输入顶点和边数据，包括顶点信息、边、权值等。编写程序实现以下功能：

1）构造图的邻接表和顶点集。

2）输出图的各顶点和邻接表。

3）输入一个顶点，输出此顶点所有的邻接点。

【主函数源代码】

```
int main(){
    ALGraph g;VertexType v1,v2;
    CreateGraphF(&g);                         //利用数据文件创建无
                                                向网
    Display(g);                               //输出无向网
    printf("请输入顶点的值:");
    scanf("%s",v1);
    printf("输出无向网G中顶点%s的所有邻接顶点:",v1);
    k=FirstAdjVex(g,v1);
    while(k! =-1){
        strcpy(v2,GetVex(g,k));
        visit(v2);
        k=NextAdjVex(g,v1,v2);
    }
    return 0;
}
```

【程序运行结果】（见图6-15）

```
请输入图的类型(有向图:0,有向网:1,无向图:2,无向网:3): 3
请输入数据文件名: lt6-1.txt
无向网
6个顶点:
武汉 上海 长沙 南京 成都 广州
9条弧(边):
武汉→成都 :2 武汉→长沙 :9
上海→成都 :3 上海→广州 :4 上海→南京 :5 上海→长沙 :2
长沙→南京 :2 长沙→上海 :2 长沙→武汉 :9
南京→广州 :8 南京→上海 :5 南京→长沙 :2
成都→广州 :6 成都→上海 :3 成都→武汉 :2
广州→成都 :6 广州→南京 :8 广州→上海 :4
请输入顶点的值: 武汉
输出图G中顶点武汉的所有邻接顶点: 成都 长沙
```

图6-15　例6-2程序运行结果

本例实现了无向网G的邻接表存储，请读者自行在本例基础上修改实现其他三种类型无向图、有向图、有向网的邻接表存储。

6.3 图的遍历

6.3.1 案例导引

【案例】 自驾游线路查询系统的城市公路图如图 6-16 所示。如何保证旅游的城市不重复，即保证图中的每个城市都旅游过一次，且只能旅游一次呢？

【案例分析】

图的遍历是从图中的任一顶点出发访问图中的所有顶点，且对每个顶点仅访问一次。由于图本身的结构比较复杂，图中任一顶点都可以与其余的顶点相连接，因此，在访问了某个顶点之后，有可能会沿着某条路径又回到该顶点。另外，如果图是非连通的，则从一个顶点出发，仅能访问与此顶点连通的那些顶点，而那些与此顶点非连通的顶点还需选取其余顶点作为出发点来访问。

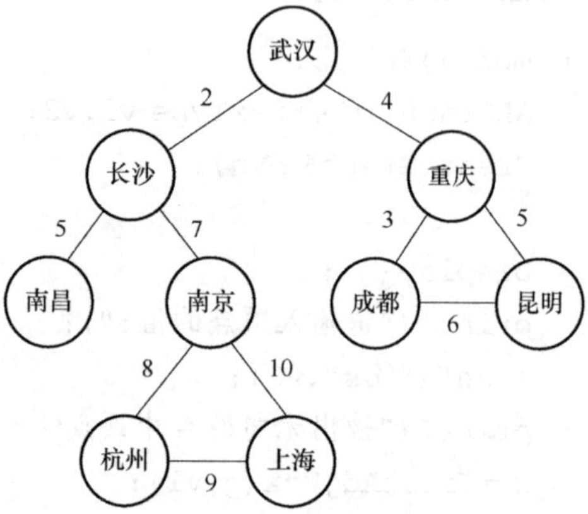

图 6-16 城市公路图

图中的每个顶点都可能与多个顶点相连，在图的遍历过程当中，在访问了一个顶点之后，从与此顶点相连的多个顶点中选取下一个要访问的顶点的策略也很重要。通常按照选取下一个访问顶点的方式的不同，图的遍历方法分为深度优先遍历和广度优先遍历。

6.3.2 深度优先遍历

图的深度优先遍历类似于树的先序遍历，是树的先序遍历的推广。其基本思想如下：

1）从某个顶点 v 出发，访问此顶点。

2）访问一个与 v 邻接的顶点 u 之后，再从 u 出发，访问与 u 邻接且未被访问的顶点 w，依此类推。

3）当到达一个所有邻接顶点都被访问的顶点时，则又从最后被访问过的顶点开始，依次退回到最近被访问的尚有邻接顶点的未被访问过的顶点，从该顶点出发，重复步骤 2）和 3），直到所有被访问过的顶点的邻接顶点都被访问过为止。

以图 6-17 所示的无向图 G 为例，讨论从顶点“武汉”开始的深度优先遍历。

图 6-18 给出了一个深度优先遍历的过程图示，数字代表访问序号。深度优先遍历过程如下：

1）首先访问武汉，武汉的未访问邻接点有长沙和重庆，先访问武汉的邻接点长沙。

2）顶点长沙的邻接点有南昌和南京，先访问南昌。

3）顶点南昌没有未访问邻接点，返回到顶点长沙。

4）顶点长沙的邻接点南京未被访问，访问邻接点南京。

5）顶点南京未访问的邻接点有杭州，访问杭州。

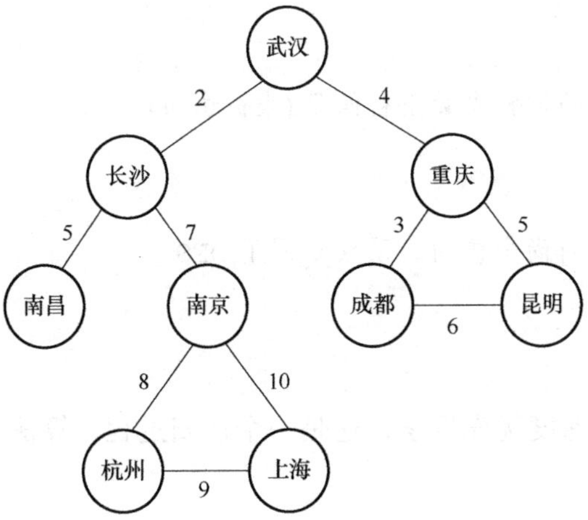

图6-17 无向图G

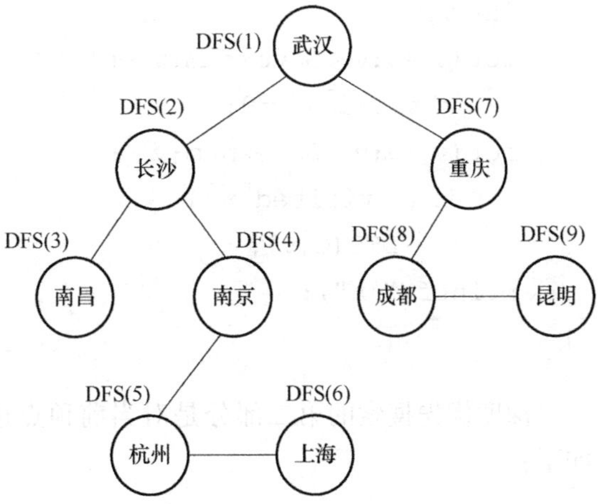

图6-18 图G的深度优先遍历示意图

6）顶点杭州的邻接点上海未被访问，访问上海，上海没有未访问的邻接点，回溯到顶点杭州，杭州没有未访问的邻接点，回溯到顶点南京，南京没有未访问的邻接点，回溯到顶点长沙，长沙没有未访问的邻接点，回溯到顶点武汉。

7）顶点武汉未访问的邻接点还有重庆，访问重庆。

8）顶点重庆的未访问邻接点有成都，访问成都。

9）顶点成都未访问邻接点有昆明，访问昆明。

至此，深度优先遍历过程结束，相应的访问序列为：武汉、长沙、南昌、南京、杭州、上海、重庆、成都、昆明。

在程序里需要在函数体外定义全局访问标志数组，来记录顶点是否被访问过。初始时，所有元素均为0，表示所有顶点未被访问过：

```
int visited[MAX_VERTEX_NUM] = {0};
```

访问每个顶点时，定义输出顶点数据的专用函数：

```
void visit(VertexType i){
   printf("%s ",i);          //VertexType 是 char [16]类型
}
```

以邻接矩阵作为存储结构进行深度优先遍历的算法如下：

深度优先搜索的代码分为两部分，遍历的图可能是非连通图，从一个顶点出发，可能不能遍历所有顶点，故对每个顶点都要检查一次，确定是否被访问过，如果没有，从这个没被访问的顶点出发执行一次深度优先遍历，算法如下：

算法6.13 以邻接矩阵作为存储结构的图深度优先遍历算法

```
void DFSTraverse(Mgraph G)
{  //初始条件:图 G 存在,vi 是顶点的输出函数的指针。
   //操作结果:从第 1 个顶点起,深度优先遍历图 G,并对每个顶点访问一次且仅一次
```

```
    int v;
    for(v=0;v<G.vexnum;v++)
        visited[v]=0;                          //访问标志数组初始化(未被访问)
    for(v=0;v<G.vexnum;v++)
        if(! visited[v])
            DFS(G,v);                          //对尚未访问的顶点v调用DFS
    printf("\n");
}
```

深度优先搜索的第二部分是对当前顶点进行深度优先搜索，这是一个递归过程，算法如下：

```
void DFS(Mgraph G,int v){                      //从第v个顶点出发递归地深度优先遍历
                                                 图G
    int w;
    visited[v]=1;                              //设置访问标志为1(已访问)
    visit(G.vexs[v]);                          //访问第v个顶点
    for(w=FirstAdjVex(G,G.vexs[v]);w>=0;w=NextAdjVex(G,G.vexs[v],
G.vexs[w]))
        if(! visited[w])
            DFS(G,w);                          //对v的尚未访问的序号为w的邻接顶点
                                                 递归调用DFS
}
```

以邻接表作为存储结构进行深度优先遍历的算法与以邻接矩阵作为存储结构图的深度优先遍历算法思想是一致的，只是因为存储结构不同，调用的查找邻接点的算法不同。请读者参考邻接矩阵表示的图的搜索算法完成以邻接表作为存储结构的图的遍历。

分析图的深度优先遍历算法，遍历图的过程实质上是对每个顶点查找其邻接点的过程，所耗费的时间取决于所采用的存储结构。当用邻接矩阵作为图的存储结构时，查找每个顶点的邻接点所需时间为 $O(n^2)$，n 为顶点数，算法时间复杂度为 $O(n^2)$。而当用邻接表作为图的存储结构时，查找每个顶点的邻接点所需时间为 $O(e)$，e 为边（弧）数，对图中的每个顶点最多调用 1 次 DFS 算法，深度优先遍历算法时间复杂度为 $O(n+e)$。

6.3.3 广度优先遍历

广度优先遍历类似于树的按层次遍历的过程。

假设从图中某顶点 v 出发，在访问了 v 之后依次访问 v 的各个未曾访问过的邻接点，然后分别从这些邻接点出发依次访问它们的邻接点，并使“先被访问的顶点的邻接点”先于“后被访问的顶点的邻接点”被访问，直至图中所有已被访问的顶点的邻接点都被访问到。若此时图中尚有顶点未被访问，则另选图中一个未曾被访问的顶点作起始点，重复上述过

程，直至图中所有顶点都被访问到为止。换句话说，广度优先遍历图的过程中以 v 为起始点，由近至远，依次访问和 v 有路径相通且路径长度为 1，2，…的顶点。

图 6-19 给出了图 6-17 的一个广度优先遍历过程，数字代表访问序号。广度优先遍历过程如下：

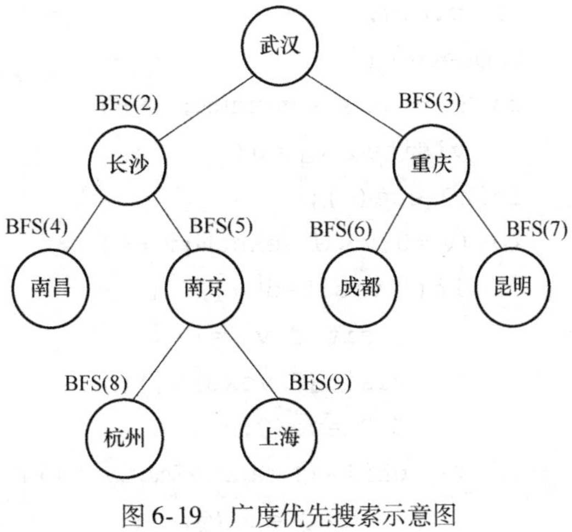

图 6-19 广度优先搜索示意图

1）首先访问武汉，顶点武汉的未访问邻接点有长沙和重庆，访问武汉的第一个未访问邻接点长沙。

2）访问武汉的第二个未访问邻接点重庆。

3）由于长沙在重庆之前被访问，故接下来应访问长沙的未访问邻接点。长沙的未访问邻接点有南昌和南京，依次访问南昌和南京。

4）访问重庆的未访问邻接点。重庆的未访问邻接点有成都和昆明，依次访问成都和昆明。

5）由于南昌在南京之前被访问，接下来应访问南昌的未访问邻接点，南昌没有未访问邻接点。南京的未访问邻接点有杭州和上海，依次访问杭州和上海。杭州和上海没有未访问的邻接点，结束访问。

至此，广度优先遍历过程结束，相应的访问序列为：武汉、长沙、重庆、南昌、南京、成都、昆明、杭州、上海。

图的广度优先遍历需使用辅助数据结构队列，以邻接矩阵作为存储结构描述图的广度优先搜索算法，从初始顶点开始，访问初始顶点，将这个初始顶点入队列。在队列不空的条件下，队头顶点 u 出队，依次检查 u 的所有邻接顶点 w，若 visited [w] 的值为 0，则访问 w，并将 visited [w] 置为 1，同时将 w 入队。重复上述步骤，直到队列为空。

使用第 3 章介绍的循环队列 SqQueue 及其相关算法：

```
void InitQueue(SqQueue &Q);
int QueueEmpty(SqQueue Q);
int EnQueue(SqQueue &Q,QElemType e);
int DeQueue(SqQueue &Q,QElemType &e);
```

要注意队列元素类型 QelemType 为顶点关系类型 VRType：

```
typedef VRType QElemType;
```

以邻接矩阵作为存储结构图的广度优先遍历的算法描述如下。

算法 6.14 以邻接矩阵作为存储结构的图广度优先遍历算法

```
void  BFSTraverse(MGraph G)
{  //初始条件:图 G 存在,visit 是顶点的应用函数
```

```
    //操作结果:从第 1 个顶点起,按广度优先非递归遍历图 G,
    //并对每个顶点调用函数 visit 一次且仅一次
    int v,u,w;
    SqQueue Q;                                 //定义辅助队列 Q
    for(v=0;v<G.vexnum;v++)
        visited[v]=0;                          //全局访问标志数组 visited 初值 0
    InitQueue(Q);                              //置空的辅助队列 Q
    for(v=0;v<G.vexnum;v++)
        if(!visited[v]) {                      //v 尚未访问
            visited[v]=1;                      //设置访问标志为 TRUE(已访问)
            visit(G.vexs[v]);
            EnQueue(Q,v);                      //v 入队列
            while(!QueueEmpty(Q)){             //队列不空
                DeQueue(Q,u);                  //队头元素出队并置为 u
                for(w=FirstAdjVex(G,G.vexs[u]);w>=0;w=NextAdjVex(G,
G.vexs[u],G.vexs[w]))
                    if(!visited[w]){           //w 为 u 的尚未访问的邻接顶点的序号
                        visited[w]=1;
                        visit(G.vexs[w]);
                        EnQueue(Q,w);
                    }
            }
        }
        printf("\n");
}
```

以邻接表作为存储结构的广度优先遍历算法与此类似，这里不再列出。

6.3.4 案例实现——图的遍历

【例 6-3】 以邻接矩阵存储图 6-16 所示的无向网 G 的基本算法的实现，要求从文件输入结点数据，包括顶点信息、边、权值等，编写程序实现以下功能：

1）使用深度优先遍历算法输出遍历序列。

2）使用广度优先遍历算法输出遍历序列。

【主函数源代码】

```
int main(){
    MGraph g;
    CreateGraphF(g);                           //利用数据文件创建图
    Display(g);                                //输出无向图
```

```
    printf("深度优先遍历序列:\n");
    DFSTraverse(g);
    printf("广度优先遍历序列:\n");
    BFSTraverse(g);
    return 0;
}
```

【程序运行结果】（见图6-20）

```
请输入图的类型(有向图:0,有向网:1,无向图:2,无向网:3): 3
请输入数据文件名: lt6-1.txt
无向网
6个顶点9条边。顶点依次是: 武汉 上海 长沙 南京 成都 广州
图的邻接矩阵:
        ∞        ∞        9        ∞        2        ∞
        ∞        ∞        2        5        3        4
        9        2        ∞        2        ∞        ∞
        ∞        5        2        ∞        ∞        8
        2        3        ∞        ∞        ∞        6
        ∞        4        ∞        8        6        ∞
深度优先遍历序列:
武汉 长沙 上海 南京 广州 成都
广度优先遍历序列:
武汉 长沙 成都 上海 南京 广州
```

图6-20 例6-3程序运行结果

以邻接表作为存储结构进行广度优先遍历的算法与以邻接矩阵作为存储结构图的广度优先遍历算法思想是一致的，只是因为存储结构不同，调用的查找邻接点的算法不同。请读者参考上述例题完成以邻接表作为存储结构的图的两种搜索算法。

6.4 最小生成树

6.4.1 案例导引

【案例】 如图6-21所示，以尽可能低的总造价建造若干条高速公路，把六个城市联系在一起。六个城市中，任两个城市之间都可以建造高速公路，根据各条公路的不同造价，如何构造一个交通造价网络？网络中每条边的权值表示该条高速公路的造价，如何使总的造价最低？

【案例分析】 此问题可理解为：在网络的多个生成树中，寻找一个各边权值之和最小的生成树。下面介绍生成树的概念。

若图G是一个连通无向图，当从图中任一顶点出发遍历时，将边集E(G)分成两个集合A(G)和B(G)。其中A(G)是遍历图时所经过的边的集合，B(G)是遍历图时未经过的边的集合。显然，G' = (V,A)是图G的子图，这个子图G'称为连通图G的生成树。

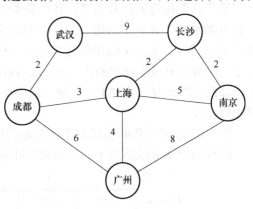

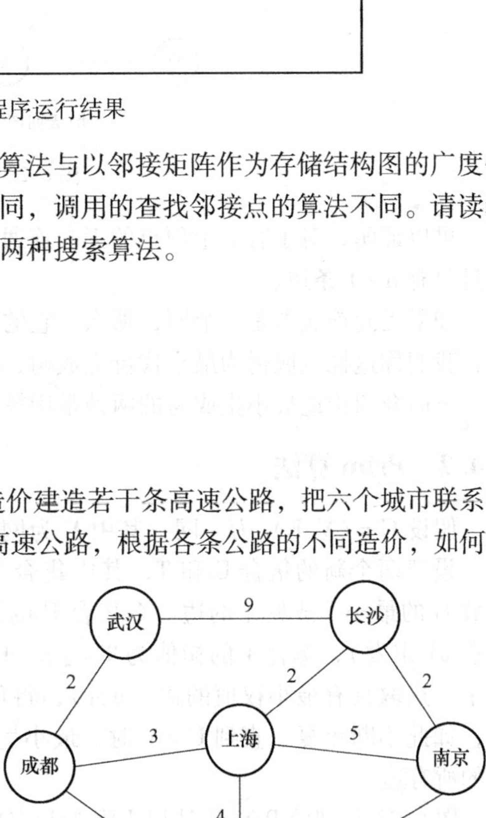

图6-21 城市通信网

按深度优先遍历法对图进行遍历得到的生成树，称为深度优先生成树。按广度优先遍历法进行遍历得到的生成树，称为广度优先生成树。图 6-22 列出了无向图 G 的四个生成树。

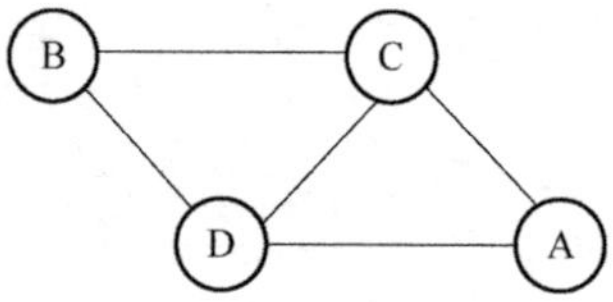

a) 无向图G

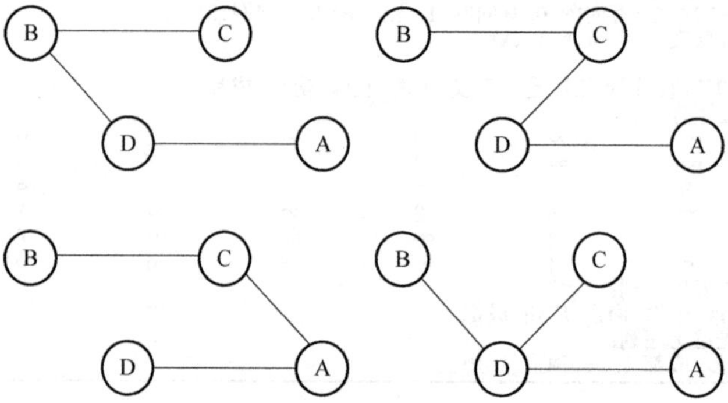

b) 无向图G的四个生成树

图 6-22　图的生成树

可以证明，对于有 n 个顶点的无向连通图，无论它的生成树的形态如何，所有生成树均有且只有 n－1 条边。

如果无向连通图是一个网，那么，它的所有生成树中必有一棵边的权值总和最小的生成树，我们称这棵生成树为最小代价生成树，简称为最小生成树。

下面介绍构造最小生成树的两种常用算法。

6.4.2　Prim 算法

假设 G＝(V,E) 为一网，其中 V 为网中所有顶点的集合，E 为网中所有带权边的集合。设置两个新的集合 U 和 T，其中集合 U 用于存放 G 的最小生成树中的顶点，集合 T 存放 G 的最小生成树中的边。令集合 U 的初值为 U＝{u1}（假设构造最小生成树时，从顶点 u1 出发），集合 T 的初值为 T＝{}。Prim 算法的思想是：从所有 $u \in U$、$v \in V-U$ 的边中，选取具有最小权值的边 (u,v)，将顶点 v 加入集合 U 中，将边 (u,v) 加入集合 T 中，如此不断重复，直到 U＝V 时，最小生成树构造完毕，这时集合 T 中包含了最小生成树的所有边。

图 6-23 是利用 Prim 算法以上海为起点构造图 6-21 的最小生成树的生成过程。

图 6-21 所示的无向网 G，以邻接矩阵存储，G 的顶点存放在如下的数组里：

	0	1	2	3	4	5
G. vexs	武汉	上海	长沙	南京	成都	广州

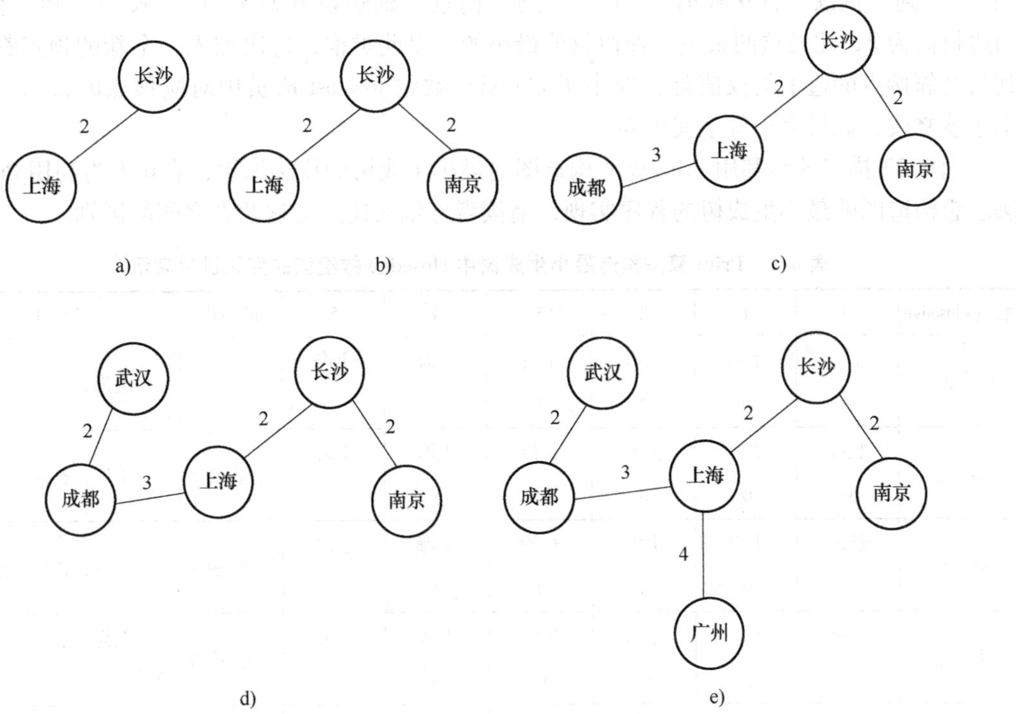

图6-23 利用Prim算法构造图的最小生成树的生成过程

定义在构造最小生成树时存放选取的权值最小的边辅助数组类型：

```
typedef struct min{      //记录从顶点集 U 到 V-U 的代价最小的边的辅助数组定义
    VertexType adjvex;
    VRType lowcost;
}minside[MAX_VERTEX_NUM];
```

回顾一下图的类型定义：

```
typedef char VertexType [16];        //顶点类型
typedef int VRType;                  //顶点关系类型
```

Prim算法是对顶点进行操作，需要定义一个minside类型的closedge辅助数组记录从U到V-U中每个点的最小权值。每次新加入一个点到U时，要重新对辅助数组进行赋值。

如图6-23是从上海出发构造最小生成树，将closedge数组元素的adjvex成员初始化为“上海”，closedge[1].lowcost=0，即表示序号为1的顶点“上海”加入生成树，其他数组元素的lowcost成员初始化为与“上海”关联的权值，如表6-1，网中有6个顶点，则循环要进行5趟，第1趟选出上海-长沙的边加入到最小生成树中，将长沙的序号2存入k中，将closedge[2].lowcost置为0，表示第2号顶点“长沙”’已经加入到生成树中，“上海”到“武汉”的边权值为无穷大，“长沙”到“武汉”的边权值为9，比较这两条边，保留

“长沙”到“武汉”的边权值。“上海”到“南京”的边权值为5，而“长沙”到“南京”的边权值为2，比较这两条边，保留权值最小的，以此类推，每次加入一个新的顶点都要看其与其邻接点的边上的权值是否要小于 closedge 数组 lowcost 成员中对应顶点的权值，如果小于就修改，如果大于等于就舍弃。

图6-23描述的是利用Prim算法构造图的最小生成树的算法思想，表6-1为利用Prim算法思想构造图的最小生成树的程序实现，请读者仔细对比思考这两者之间的区别。

表6-1 Prim算法构造最小生成树中 closedge 数组值的变化过程演示

数组 closedge	0	1	2	3	4	5	最小边	集合U
初始状态	上海 ∞	上海 0	上海 2	上海 5	上海 3	上海 4		{上海}
第1趟	长沙 9	上海 0	上海 0	长沙 2	上海 3	上海 4	上海-长沙	{上海，长沙}
第2趟	长沙 9	上海 0	上海 0	长沙 0	上海 3	上海 4	长沙-南京	{上海，长沙，南京}
第3趟	成都 2	上海 0	上海 0	长沙 0	上海 0	上海 4	上海-成都	{上海，长沙，南京，成都}
第4趟	成都 0	上海 0	上海 0	长沙 0	上海 0	上海 4	成都-武汉	{上海，长沙，南京，成都，武汉}
第5趟	成都 0	上海 0	上海 0	长沙 0	上海 0	上海 0	上海-广州	{上海，长沙，南京，成都，武汉，广州}

定义函数来完成查找 closedge 数组中 lowcost 非0成员最小值的操作。

```
int minimum(minside SZ,MGraph G){                  //求SZ.lowcost的最小正值,并返回其在SZ中的序号
    int i =0,j,k,min;
    while(! SZ[i].lowcost)
        i ++;
    min =SZ[i].lowcost;                            //第一个不为0的值
    k =i;
    for(j =i +1;j <G.vexnum;j ++)
      if(SZ[j].lowcost >0&&min >SZ[j].lowcost) { //找到新的大于0的最小值
          min =SZ[j].lowcost;
          k =j;
      }
```

用 Prim 算法从第 u 个顶点出发构造网 G 的最小生成树 T，输出 T 的各条边。

算法 6.15　以邻接矩阵作为存储结构的图 Prim 算法

```
void MiniSpanTree_PRIM(Mgraph G,VertexType u){
    int i,j,k;
    minside closedge;
    k=LocateVex(G,u);
    for(j=0;j<G.vexnum; ++j) {          //辅助数组初始化
      strcpy(closedge[j].adjvex,u);
      closedge[j].lowcost=G.arcs[k][j].adj;
    }
    closedge[k].lowcost=0;              //初始,U={u}
    printf("最小代价生成树的各条边为:\n");
    for(i=1;i<G.vexnum; ++i){           //选择其余 G.vexnum-1 个顶点
        k=minimum(closedge,G);          //求出 T 的下一个结点:第 k 顶点
        printf("(%s-%s)\n",closedge[k].adjvex,G.vexs[k]);
                                        //输出生成树的边
        closedge[k].lowcost=0;          //第 k 顶点并入 U 集
        for(j=0;j<G.vexnum; ++j)
            if(G.arcs[k][j].adj<closedge[j].lowcost) {
                                        //新顶点并入 U 集后重新选择最小边
                strcpy(closedge[j].adjvex,G.vexs[k]);
                closedge[j].lowcost=G.arcs[k][j].adj;
            }
    }
}
```

6.4.3　案例实现——Prim 算法

【例 6-4】 对于如图 6-21 所示的无向网 G，以邻接矩阵存储，编写程序实现 Prim 算法。

【程序设计说明】

将图的数据存放在文件中，调用 6.2.3 中讲述的创建图的邻接矩阵算法 CreateGraphF( )。

【主函数源代码】

```
int main(){
    MGraph g;
    CreateGraphF(g);                    //利用数据文件创建无向图
    Display(g);                         //输出无向图
```

```
    printf("用普里姆算法从g的第1个顶点出发输出最小生成树的各条边:\n");
    MiniSpanTree_PRIM(g,g.vexs[1]);  //Prim算法从第1个顶点构造最小生
                                        成树
    return 0;
}
```

【程序运行结果】（见图6-24）

```
请输入图的类型(有向图:0,有向网:1,无向图:2,无向网:3): 3
请输入数据文件名: lt6-1.txt
无向网
6个顶点9条边。顶点依次是: 武汉 上海 长沙 南京 成都 广州
图的邻接矩阵:
        ∞          ∞          9          ∞          2          ∞
        ∞          ∞          2          5          3          4
        9          2          ∞          2          ∞          ∞
        ∞          5          2          ∞          ∞          8
        2          3          ∞          ∞          ∞          6
        ∞          4          ∞          8          6          ∞
用普里姆算法从g的第1个顶点出发输出最小生成树的各条边:
最小代价生成树的各条边为:
(上海-长沙)
(长沙-南京)
(上海-成都)
(成都-武汉)
(上海-广州)
```

图6-24　例6-4程序运行结果

Prim算法的时间复杂度与顶点数量有关，是$O(n^2)$。顶点数量少，边数量多的稠密图常使用此算法。

6.4.4　Kruskal算法

Kruskal算法是以边为主导地位，始终选择当前可用的权值最小的边，按照网中边的权值递增的顺序构造最小生成树的方法。它的基本思想是：设无向连通网为$G=(V,E)$，令G的最小生成树为了T，其初态为$T=(V,\{\})$，即开始时，最小生成树T由图G中的n个顶点构成，顶点之间没有一条边，这样T中各个顶点各自构成一个连通分量。然后，按照边的权值由小到大的顺序，考查G的边集E中的各条边。若被考查的边的两个顶点属于T的两个不同的连通分量，则将此边作为最小生成树的边加入T中，同时把两个连通分量连接为一个分量；若被考查边的两个顶点属于同一个连通分量，则舍去此边，以免造成回路。如此下去，当T中的连通分量个数为1时，此连通分量便为G的一棵最小生成树。

图6-25是利用Kruskal算法构造图6-21的最小生成树的生成过程。

Kruskal算法每次都要从剩余的边中选取一个最小的边，通常先对边按权值从小到大排序，并判断两个顶点是否属于同一个集合，Kruskal算法的时间复杂度为$O(eloge)$。

因为Kruskal算法是从所有边中挑选权值最小的边，所以在每次加入边的时候，需要判断是否形成环。Prim算法从连通的边中挑选顶点，Prim算法适合稠密图，而Kruskal算法适合稀疏图。

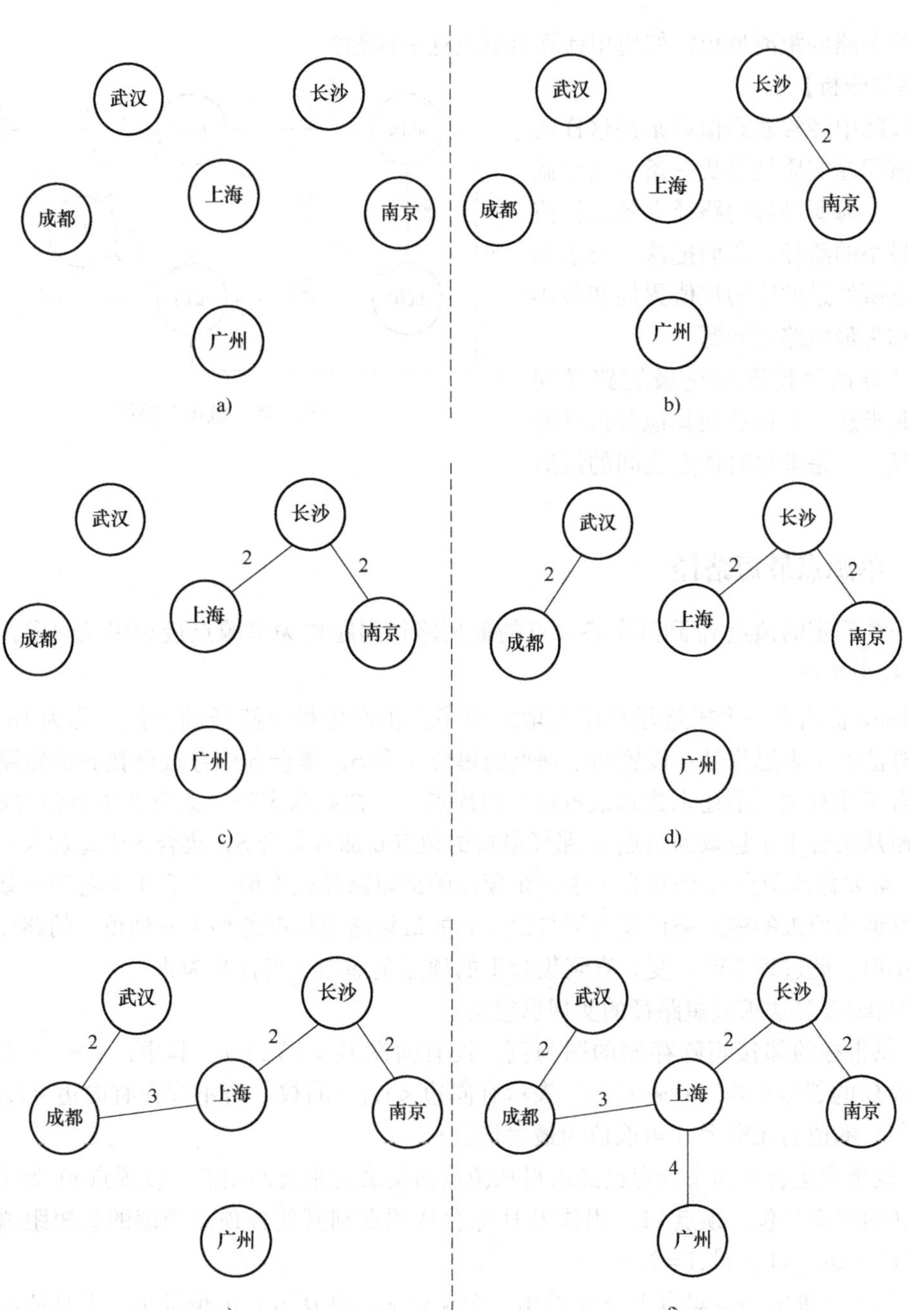

图 6-25　Kruskal 算法构造最小生成树的生成过程

6.5　最短路径

6.5.1　案例导引

【案例】　自驾游线路查询系统的城市公路图如图 6-26 所示。从武汉到上海有若干条通路，问哪条路的距离最短？如何用计算机解决这一问题？

【案例分析】

在实际中经常遇到像本案例这样的问题。该问题实质是寻找一条从顶点武汉到顶点上海所经过的路径上各边权值累加和最小的路径。我们把这一类求图中两顶点所经过的边的权值累加和最小的问题称为最短路径问题。

本节分两种情况讨论最短路径问题：一是求从一个顶点到其他各顶点的最短路径，二是求每对顶点之间的最短路径。

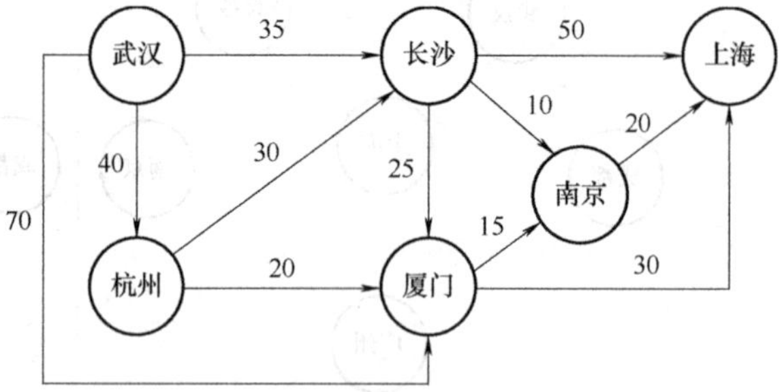

图 6-26　城市公路图

6.5.2　单源点最短路径

从一个确定的顶点 v_0 到其余各顶点的最短路径问题称为单源点最短路径问题，其中出发点 v_0 称为源点。

Dijkstra 提出了一个按路径长度递增的顺序逐步产生最短路径的方法，称为 Dijkstra 算法。该算法的基本思想是：设置两个顶点的集合 T 和 S，集合 S 中存放已找到最短路径的顶点，集合 T 中存放当前还未找到最短路径的顶点。在初始状态时，集合 S 中只包含源点 v_0，然后不断从集合 T 中选取到顶点 v_0 路径最短的顶点 u 加入集合 S，集合 S 中每加入一个新的顶点 u，都要修改顶点 v_0 到集合 T 中剩余顶点的最短路径长度值，集合 T 中各顶点新的最短路径长度值为原来的最短路径长度值与顶点 u 的最短路径长度值加上 u 到顶点的路径长度值中的较小值。此过程不断重复，直到集合 T 的顶点全部加入集合 S 为止。

用 Dijkstra 算法求最短路径的实现思想是：

1）以带权的邻接矩阵存储的图为例，设有向图 G =（V,E），其中，V = {1,2…,n}，***arcs*** 表示 G 的邻接矩阵，arcs[i][j] 表示有向边 <i,j> 的权。若不存在有向边 <i,j>，则 arcs[i][j] 的值为无穷大（可取值为最大整数）。

2）设顶点集合 S 用来保存已经求得从源点出发最短距离的顶点。设顶点 v1 为源点，集合 S 的初始状态只包含顶点 v1。用数组 D 保存从源点到其他各顶点当前的最短距离，其初值为 D[i] = arcs[v1][i], i = 2, …, n。

3）从 S 之外的顶点集合 V-S 中选出一个顶点 w，使 D[w] 的值最小。于是从源点到达 w 只通过 S 中的顶点，把 w 加入集合 S 中，调整 D 中的从源点到 V-S 中每个顶点 v 的距离：从原来的 D[v] 和 D[w] + arcs[v][w] 中选择较小的值作为新的 D[v]。重复上述过程，直到 S 中包含 V 中其余顶点的最短路径。

定义最短距离数组类型 ShortPathTable，ShortPathTable 即是 int[20] 类型，用 ShortPathTable 类型定义 D，D 即是 int [20] 型数组：

```
typedef int ShortPathTable[MAX_VERTEX_NUM];  //最短距离数组
ShortPathTable D;
```

定义辅助数组 final，数组元素初值为 0，表示 v0 到该顶点的最短距离还未求出，数组元素为 1 时，表示 v0 到该顶点的最短距离已求出。

```
int final[MAX_VERTEX_NUM];
```

最终结果是：S 记录了从源点到该顶点存在最短路径的顶点集合，数组 D 记录了从源点到 V 中其余各顶点之间最短路径，final 是最短路径的路径数组，其中 final[i] 表示从源点到顶点 i 之间的最短路径的前驱顶点。表 6-2 中给出了如图 6-26 所示的有向网 G 中源点武汉到其余各顶点的最短路径的求解过程。

表 6-2　图 6-26 有向网 G 中源点武汉到其余各顶点的最短路径的求解过程

步骤		杭州	长沙	厦门	南京	上海	S
初始	D	40	35	70	∞	∞	{武汉}
1	D	40	35	60	45	85	{武汉，长沙}
2	D	40	35	60	45	85	{武汉，长沙，杭州}
3	D	40	35	60	45	65	{武汉，长沙，杭州，南京}
4	D	40	35	60	45	65	{武汉，长沙，杭州，南京，厦门}
5	D	40	35	60	45	65	{武汉，长沙，杭州，南京，厦门，上海}

在表 6-2 中，以武汉为起点，求解最短路径过程如下：

1）初始情况下，以武汉为起点，只有<武汉，杭州>、<武汉，长沙>和<武汉，厦门>三条边，三条边权值分别为 40、35 和 70，所以数组 D 的初始情况为 [40,35,70,∞,∞]，集合 S 中只包括顶点“武汉”。

2）在<武汉，杭州>、<武汉，长沙>和<武汉，厦门>三条边中，权值最小的是<武汉，长沙>这条边，因此，将顶点“长沙”加入到集合 S 中，并修改数组 D，调整 D 中的从武汉到其他顶点的距离，由于存在<武汉，长沙>和<长沙，南京>两条边，这两条边的和为 45，比原来的∞值小，修改武汉到南京的最短路径值为 45。同理，由于存在<武汉，长沙>和<长沙，厦门>两条边，这两条边的和为 60，比原来的值 70 小，修改武汉到厦门的最短路径值为 60。此外，还存在<武汉，长沙>和<长沙，上海>两条边，这两条边的和为 85，比原来的∞值小，修改武汉到上海的最短路径值为 85，此时，数组 D 调整为 [40,35,60,45,85]。

3）在数组 D 中，去除<武汉，长沙>这条边，权值最小的是<武汉，杭州>这条边，因此，将顶点“杭州”加入到集合 S 中，通过计算发现，通过<武汉，杭州>这条路径没有使得武汉通往其他城市的路径权值之和比原来的值小，此时，数组 D 保持不变：[40,35,60,45,85]。

4）在数组 D 中，去除<武汉，长沙>和<武汉，杭州>这两条边，路径长度值最小的是<武汉，长沙>和<长沙，南京>这条路径，因此，将顶点“南京”加入到集合 S 中，通过计算发现，<武汉，长沙>、<长沙，南京>和<南京，上海>这条路径的权值为 65，使得武汉通往上海的路径权值之和比原来的值 85 小，此时，数组 D 调整为：[40,35,60,45,65]。

5）在数组 D 中，去除已经计算好的三条最短路径，路径长度值最小的是<武汉，长沙>

和 <长沙，厦门>这条路径，因此，将顶点“厦门”加入到集合 S 中，通过计算发现，<武汉，长沙>和<长沙，厦门>这条路径没有使得武汉通往其他城市的路径权值之和比原来的值小，此时，数组 D 保持不变：[40,35,60,45,65]。

6）在数组 D 中，去除已经计算好的四条最短路径，路径长度值最小的是<武汉，长沙>、<长沙，南京>和<南京，上海>这条路径，因此，将顶点“上海”加入到集合 S 中，通过计算发现，武汉到上海的这条路径没有使得武汉通往其他城市的路径权值之和比原来的值小，此时，数组 D 保持不变：[40,35,60,45,65]。至此，S 中包含武汉和其余的全部顶点，计算完毕。

定义路径矩阵类型 PathMatrix，PathMatrix 即是 int[20][20] 二维数组类型，用 PathMatrix 定义 P，P 即是 int [20][20] 型数组：

```
typedef int PathMatrix[MAX_VERTEX_NUM][MAX_VERTEX_NUM];
PathMatrix P;
```

如果 P[i][j] =1，则表示“顶点 i（即 vexs[i]））”和“顶点 j（即 vexs[j]）”是邻接点；P[i][j] =0，则表示它们不是邻接点。

定义函数实现邻接矩阵表示的有向网的 Dijkstra 算法，求有向网 G 的 v0 顶点到其余顶点 v 的最短路径 P[v] 及带权长度 D[v]。

算法 6.16 邻接矩阵表示的有向网的 Dijkstra 算法

```
void ShortestPath_DIJ(Mgraph G,int v0,PathMatrix P,ShortPathTable D){
    int v,w,i,j,min;
    int final[MAX_VERTEX_NUM];                 //辅助数组
    for(v=0;v<G.vexnum;++v){
        final[v]=0;                            //设初值为0
        D[v]=G.arcs[v0][v].adj;                //D[]存放v0到v的最短距离,初值
为v0到v的直接距离
        for(w=0;w<G.vexnum;++w)
            P[v][w]=0;                         //设P[][]初值为0,没有路径
        if(D[v]<INFINITY)                      //v0到v有直接路径
            P[v][v0]=P[v][v]=1;                //一维数组p[v][]表示源点v0到v
                                                 最短路径通过的顶点
    }
    D[v0]=0;                                   //v0到v0距离为0
    final[v0]=1;                               //v0顶点并入S集
    for(i=1;i<G.vexnum;++i){                   //其余G.vexnum-1个顶点
    //开始主循环,每次求得v0到某个顶点v的最短路径,并将v并入S集
        min=INFINITY;                          //当前所知离v0顶点的最近距离,设
                                                 初值为∞
        for(w=0;w<G.vexnum;++w)                //检查所有顶点
```

```
        if(! final[w]&&D[w] <min)      //在 S 集之外的顶点中找离 v0 最
                                         近的顶点,
                                       //并将其赋给 v,距离赋给 min
        {
            v =w;min =D[w];
        }
    final[v] =1;                       //将 v 并入 S 集
    for(w =0;w <G.vexnum; ++w)
    //根据新并入的顶点,更新不在 S 集的顶点到 v0 的距离和路径数组
      if(! final[w]&&min < INFINITY&&G.arcs[v][w].adj < INFINI-
TY&&(min +G.arcs[v][w].adj <D[w])){   //w 不属于 S 集且 v0→v→w 的距
                                         离 < 目前 v0→w 的距离
        D[w] =min +G.arcs[v][w].adj;   //更新 D[w]
        for(j =0;j <G.vexnum; ++j)     //修改 P[w],v0 到 w 经过的顶点
                                         包括 v0 到 v
                                       //经过的顶点再加上顶点 w
            P[w][j] =P[v][j];
        P[w][w] =1;
      }
    }
}
```

6.5.3　案例实现——Dijkstra 算法

【例 6-5】　对于如图 6-26 所示的城市公路图 G，以邻接矩阵存储，编写程序实现 Dijkstra 算法。

【程序设计说明】

将图的数据存放在文件中，调用 6.2.3 中讲述的创建图的邻接矩阵算法 CreateGraphF( )。

【主函数源代码】

```
int main(){
    MGraph g;int i,j;
    CreateGraphF(g);                 //利用数据文件创建有向图
    Display(g);                      //输出有向图
    PathMatrix p;                    //定义二维数组,记录最短路径
    ShortPathTable d;                //定义一维数组,记录最短距离
    ShortestPath_DIJ(g,0,p,d);       //以 g 中位序为 0 的顶点为源点,
                                     //求其到其余各顶点的最短距离,存于 d 中
    printf("最短路径数组 p[i][j]如下:\n");
```

```
    for(i=0;i<g.vexnum;++i){
        for(j=0;j<g.vexnum;++j)
            printf("%2d",p[i][j]);
        printf("\n");
    }
    printf("%s到各顶点的最短路径如下:\n",g.vexs[0]);
    for(i=0; i<g.vexnum; i++){
            if(i!=0 && d[i]!=INFINITY) {
                printf("%s-%s:%d\t",g.vexs[0],g.vexs[i],d[i]);
                printf("  路径为:");
                for(j=0; j<g.vexnum; j++){
                    if(p[i][j]==1)
                    printf("%s-",g.vexs[j]);
                }
                printf("\n");
            }
            else if(d[i]==INFINITY)
                printf("%s-%s:不可达\n");
    }
    return 0;
}
```

【程序运行结果】（见图6-27）

```
请输入图的类型(有向图:0,有向网:1,无向图:2,无向网:3): 1
请输入数据文件名: lt6-5.txt
有向网
6个顶点11条边。顶点依次是: 武汉  杭州  长沙  厦门  南京  上海
图的邻接矩阵:
        ∞       40      35      70      ∞       ∞
        ∞       ∞       30      20      ∞       ∞
        ∞       ∞       ∞       25      10      50
        ∞       ∞       ∞       ∞       15      30
        ∞       ∞       ∞       ∞       ∞       20
        ∞       ∞       ∞       ∞       ∞       ∞
最短路径数组p[i][j]如下:
 0 0 0 0 0 0
 1 1 0 0 0 0
 1 0 1 0 0 0
 1 0 1 1 0 0
 1 0 1 0 1 0
 1 0 1 0 1 1
武汉到各顶点的最短路径长度为:
武汉-杭州:40        路径为: 武汉-杭州-
武汉-长沙:35        路径为: 武汉-长沙-
武汉-厦门:60        路径为: 武汉-长沙-厦门-
武汉-南京:45        路径为: 武汉-长沙-南京-
武汉-上海:65        路径为: 武汉-长沙-南京-上海-
```

图6-27 例6-5程序运行结果

6.5.4　每对顶点之间的最短路径

对于有向图，如果要求每对顶点之间的最短路径，当然可以调用 n 次 Dijkstra 算法解决。这里介绍的是 Floyd 算法，Floyd 算法形式上简单，而且十分容易实现。

Floyd 算法的基本思想是：递推产生一个矩阵序列 A_0，A_1，…，A_k，…，A_n，其中 $A_k[i][j]$ 表示从顶点 v_i 到顶点 v_j 的路径上所经过的顶点序号不大于 k 的最短路径长度，初始时，有 $A_0[i][j]=C[i][j]$。当求从顶 v_i 到顶点 v_j 的路径上所经过的顶点序号不大于 k+1 的最短路径长度时，要分两种情况考虑：一种情况是该路径不经过顶点序号为 k+1 的顶点，此时该路径长度与从顶点 v_i 到顶点 v_j 的路径上所经过的顶点序号不大于 k 的最短路径长度相同；另一种情况是从顶点 v_i 到顶点 v_j 的最短路径上经过序号为 k+1 的顶点，那么，该路径可分为两段，一段是从顶点 v_i 到顶点 v_{k-1} 的最短路径，另一段是从顶点 v_{k+1} 到顶点 v_j 的最短路径，此时最短路径长度等于这两段路径长度之和。这两种情况中的较小值，就是所要求的从顶点 v_i 到顶点 v_j 的路径上所经过的顶点序号不大于 k+1 的最短路径。

Floyd 算法的基本思想可用如下迭代公式表述：

$$\begin{cases} A_0[i][j]=C[i][j] \\ A_{k+1}[i][j]=\min\{A_k[i][j],A_k[i][k+1]+A_k[k+1][j]\}\ (0\leqslant k\leqslant n-1) \end{cases}$$

假设有向网的邻接矩阵存储在二维数组 C 中，另设两个二维数组 W 和 P，其中二维数组 W 用于存储矩阵 $A_k(k=0,1,2,\cdots,n-1)$ 的值，二维数组 P 用于存放每个顶点之间最短路径上所经过的顶点的序号。

6.6　拓扑排序

6.6.1　案例导引

【案例】 一个计算机专业的学生必须学习一系列的专业课程，如表 6-3 所示，其中有些课程是基础课，它独立于其他课程，如“高等数学”；而另一些课程必须在学完它的先修课程后才能开始学习。如，在“C 语言”和“离散数学”课程学完之前就不能开始学习“数据结构”。这些先决条件定义了课程之间的领先（优先）关系。

表 6-3　计算机专业的学生学习的专业课程

课程代号	课程名称	先修课
C1	高等数学	无
C2	程序设计基础	无
C3	C 语言	C1，C2
C4	离散数学	C1
C5	数据结构	C2，C3，C4
C6	编译原理	C4，C5
C7	操作系统	C5

这个关系可以用有向图来更清楚地表示，如图 6-28 所示。图中顶点表示课程，有向边

（弧）表示先决条件。若课程 i 是课程 j 的先决条件，则图中有弧 <i,j>。

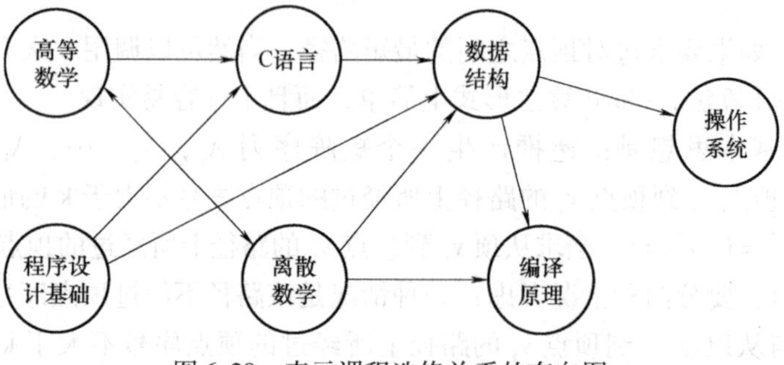

图 6-28 表示课程选修关系的有向图

【案例分析】 这种用顶点表示活动，用弧表示活动间的优先关系的有向图称为顶点表示活动的网（Activity On Vertex Network，AOV 网）。在网中，若从顶点 i 到顶点 j 有一条有向路径，则 i 是 j 的前驱，j 是 i 的后继。若 <i,j> 是网中一条弧，则 i 是 j 的直接前驱；j 是 i 的直接后继。

若某个学生每学期只学一门课程的话，则他必须按有序的顺序来安排学习计划。那么，如何得到这个顺序呢?

6.6.2 拓扑排序的概念

拓扑排序是有向图的一个重要操作。在给定的有向图 G 中，若顶点序列 v_1，v_2，…，v_n 满足下列条件：若在有向图 G 中从顶点 v_i 到顶点 v_j 有一条路径，则在序列中顶点 v_i 必在顶点 v_j 之前，便称这个序列为一个拓扑序列。求一个有向图拓扑序列的过程称为拓扑排序。

AOV 网中用有向图表示一个工程，在这种有向图中，用顶点表示活动，用有向边 $<v_i,v_j>$ 表示活动的前后次序。这种有向图叫作顶点表示活动的 AOV 网。

在 AOV 网中，如果活动 v_i 必须在活动 v_j 之前进行，则存在有向边 $<v_i, v_j>$，AOV 网中不能出现有向回路，即有向环。在 AOV 网络中如果出现了有向环，则意味着某项活动应以自己作为先决条件。

因此，要测一个工程是否可行，就是要查对应的 AOV 网是否有回路。查 AOV 网是否有回路的方法称为拓朴排序。

1）对于 AOV 网，构造其所有顶点的线性序列，此序列不仅保持网中各顶点间原有的先后关系，而且使原来没有先后关系的顶点也建起人为的先后关系，这样的线性序列称为拓扑有序序列。

2）这种构造 AOV 网全部顶点的拓扑有序序列的运算就叫作拓扑排序。

如果通过拓扑排序能将 AOV 网的所有顶点都排入一个拓扑有序的序列中，则该 AOV 网中必定不会出现有向环；相反，如果得不到满足要求的拓扑有序序列，则说明 AOV 网中存在有向环，此 AOV 网所代表的工程是不可行的。

6.6.3 拓扑排序的算法

拓扑排序的算法思想如下：

1）从图中选择一个入度为 0 的顶点且输出它；

2）从图中删掉该顶点及其所有以该顶点为弧尾的弧。

反复执行以上两个步骤，直到所有的顶点都被输出，输出的序列就是这个无环有向图的拓扑序列。图 6-28 的拓扑排序过程如图 6-29 所示。

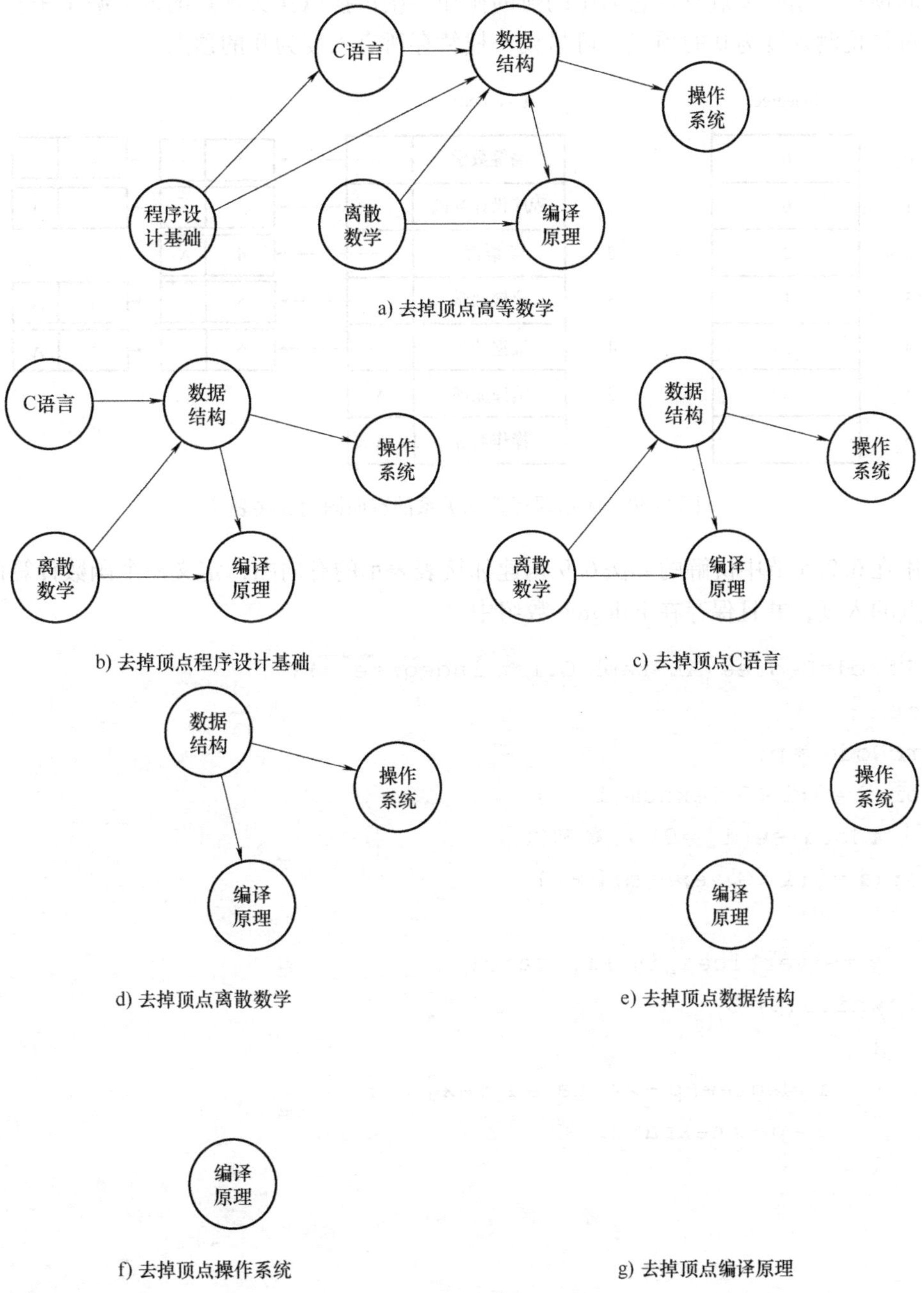

a) 去掉顶点高等数学

b) 去掉顶点程序设计基础　　c) 去掉顶点C语言

d) 去掉顶点离散数学　　e) 去掉顶点数据结构

f) 去掉顶点操作系统　　g) 去掉顶点编译原理

图 6-29　拓扑排序过程

由图 6-29 所得到的拓扑序列为：高等数学，程序设计基础，C 语言，离散数学，数据结构，操作系统，编译原理。

图 6-28 所示的有向图的拓扑序列并不唯一，例如还可以得到其他的拓扑序列：程序设

计基础，高等数学，C 语言，离散数学，数据结构，编译原理，操作系统。

那如何在计算机中实现拓扑排序算法思想呢？可采用邻接表作为有向图的存储结构，如图 6-30 所示，在程序中增加一个存放顶点入度的数组（indegree）。入度为 0 的顶点即为没有前驱的顶点，删除顶点及以它为尾的弧的操作，则可换以弧头顶点的入度减 1 来实现。为了避免重复检测入度为 0 的顶点，可另设一栈暂存所有入度为 0 的顶点。

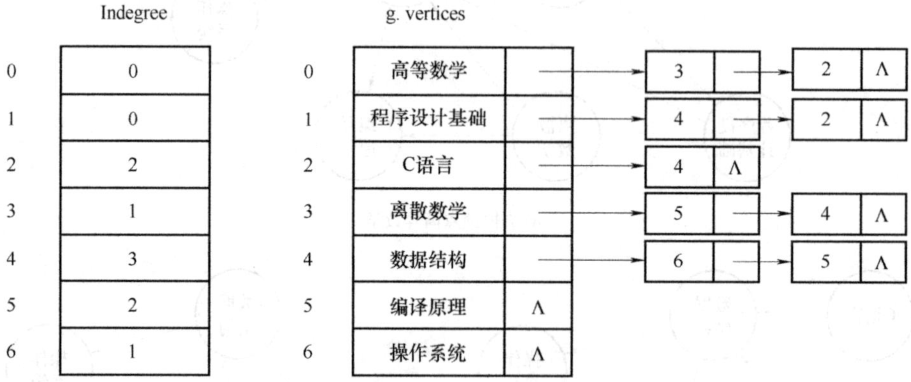

图 6-30　表示课程选修关系的有向图的邻接表

利用在 6.2.5 节中讲解的算法 6.9 构建邻接表表示的有向图，定义一个函数计算图 G 的每个顶点的入度，并且保存在 indegree 数组中。

```
void FindInDegree(ALGraph G,int indegree[]){
   int i;
   ArcNode *p;
   for(i=0;i<G.vexnum;i++)
      indegree[i]=0; //赋初值
   for(i=0;i<G.vexnum;i++)
   {
      p=G.vertices[i].firstarc;
      while(p)
      {
         indegree[p->data.adjvex]++;
         p=p->nextarc;
      }
   }
}
```

拓扑排序需要用到栈可以调用 3.1 节讲到的顺序栈，栈的基本操作算法具体实现见 3.1 节。

```
void InitStack(SqStack &S);                    //构造一个空栈 S
int StackEmpty(SqStack S);                     //判断栈 S 是否为空
```

```
void Push(SqStack &S,SElemType e);      //插入元素 e 为新的栈顶元素
int Pop(SqStack &S,SElemType *e);       //删除 S 的栈顶元素,用 e 返回其值
```

拓扑排序核心思想：首先查找 indegree 数组，将所有入度为 0 的顶点入栈，在栈不空的条件下，每次从栈中取出一个顶点，输出顶点，记录输出的顶点数，同时将该顶点的所有后继顶点入度减 1；如果该后继顶点的入度在减去 1 之后为 0，将这个后继顶点进栈。重复上述步骤，直到栈空。如果输出顶点数与图的顶点数相等，则输出的是一个拓扑序列，表明该图不存在回路。

算法 6.17　邻接表表示的有向网的拓扑排序算法

```
int TopologicalSort(ALGraph G)
{  //有向图 G 采用邻接表存储结构。
   //若 G 无回路,则输出 G 的顶点的一个拓扑序列并返回 1,否则返回 0。
   int i,k,count =0;                          //已输出顶点数,初值为 0
   int indegree[MAX_VERTEX_NUM];              //入度数组,存放各顶点当前入度数
   SqStack S;
   ArcNode *p;
   FindInDegree(G,indegree);                  //对各顶点求入度 indegree[]
   InitStack(S);                              //初始化零入度顶点栈 S
   for(i =0;i <G.vexnum; ++i)                 //对所有顶点 i
      if(! indegree[i])                       //若其入度为 0
         Push(S,i);                           //将 i 入零入度顶点栈 S
   while(! StackEmpty(S)){                    //当零入度顶点栈 S 不空
      Pop(S,&i);                              //出栈一个零入度顶点的序号,并
                                                将其赋给 i
      printf("%s ",G.vertices[i].data);       //输出 i 号顶点
      ++count; //已输出顶点数 +1
      for(p =G.vertices[i].firstarc;p;p =p ->nextarc){
                                              //对 i 号顶点的每个邻接顶点的
                                                入度减 1
         k =p ->data.adjvex;                  //其序号为 k
         if(! (--indegree[k]))                //k 的入度减 1,若减为 0,则将 k
                                                入栈 S
            Push(S,k);
      }
   }
   if(count <G.vexnum) {                      //零入度顶点栈 S 已空,图 G 还有
                                                顶点未输出
      printf("此有向图有回路\n");
      return 0;
```

```
    } else{
        printf("为一个拓扑序列。\n");
        return 1;
    }
}
```

6.6.4 案例实现——拓扑排序

【例 6-6】 编程得到图 6-28 所示的有向无环图的拓扑序列。

【程序设计说明】

将图的数据存放在文件中，调用 6.2.4 中讲述的创建图的邻接表算法 CreateGraphF( )。

【主函数源代码】

```
int main(){
    ALGraph g;
    CreateGraphF(g);                 //利用数据文件创建无向图
    Display(g);                      //输出有向图
    printf ("输出有向图 g 的 1 个拓扑序列:\n");
    TopologicalSort(g);              //输出有向图 g 的 1 个拓扑序列
    return 0;
}
```

【程序运行结果】（见图 6-31）

```
请输入图的类型(有向图:0,有向网:1,无向图:2,无向网:3): 0
请输入数据文件名: lt6-6.txt
有向图
7个顶点:
高等数学 程序设计基础 C语言 离散数学 数据结构 编译原理 操作系统
9条弧(边):
高等数学→离散数学 高等数学→C语言
程序设计基础→C语言 程序设计基础→数据结构
C语言→数据结构
离散数学→编译原理 离散数学→数据结构
数据结构→操作系统 数据结构→编译原理


输出有向图g的1个拓扑序列:
程序设计基础 高等数学 C语言 离散数学 数据结构 编译原理 操作系统 为一个拓扑序列。
```

图 6-31 例 6-6 程序运行结果

6.7 关键路径

6.7.1 案例导引

【案例】 某施工项目主要由 a_1 到 a_{11} 共 11 个任务构成，各个任务的含义及其开始的先后次序表示如表 6-4 所示。

表6-4　施工项目任务表

代　　号	工序名称	工时/天	先前工序
a_1	清理现场	3	无
a_2	准备材料	4	无
a_3	地面施工	5	a_2
a_4	预制墙及房顶桁架	1	a_1
a_5	混凝土地面保养	4	a_1
a_6	立墙架	7	$a_3 a_4$
a_7	装天花板	6	a_5
a_8	油漆	2	a_6
a_9	引道混凝土施工	5	a_6
a_{10}	引道混凝土保养	3	a_9
a_{11}	清理现场，交工验收	7	$a_7 a_8$

这些任务之间的先后次序用表6-4表示不直观，可以用图6-32表示出来。图6-32展示了这些任务之间的前后关系以及每个任务的工期（单位：天），那么完成该施工项目的最短时间是多少天？在不耽误项目总工期的情况下，每个任务最多可以推迟开始的时间是多少天？

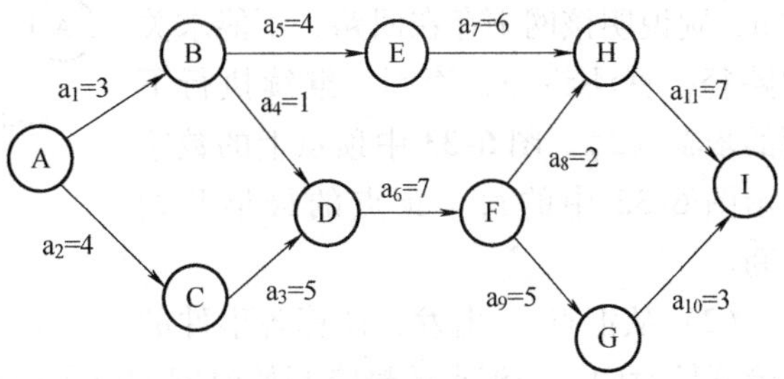

图6-32　项目计划图

【案例分析】　这种用有向图来表示工程计划的方法，是使用顶点表示事件，用弧表示活动，弧的权值表示活动所需要的时间。这种有向图在工程计划和管理中非常有用。

6.7.2　关键路径的概念

通常，用有向图来表示工程计划时有两种方法：

1）用顶点表示活动，用有向弧表示活动间的优先关系，即上节所讨论的AOV网。

2）用顶点表示事件，用弧表示活动，弧的权值表示活动所需要的时间。

我们把用第二种方法构造的有向无环图叫作边表示活动的网，即AOE网（Activity On Edge）。

在实际工作时，人们通常关心两个问题：

1）哪些活动是影响工程进度的关键活动？

2）至少需要多长时间能完成整个工程？

在AOE网中存在唯一的、入度为0的顶点，称为源点；存在唯一的、出度为0的顶点，称为汇点。从源点到汇点的最长路径的长度即为完成整个工程任务所需的时间，该路径称为关键路径。关键路径上的活动称为关键活动。如果这些活动中的任意一项活动未能按期完成，则整个工程的完成时间就要推迟。相反，如果能够加快关键活动的进度，则整个工程可以提前完成。

6.7.3 关键路径算法

求关键路径的步骤如下：

（1）从源点出发，计算各事件的最早开始时间，令起始顶点的最早开始时间为 ve(1) = 0，按拓扑有序求其余各顶点的最早开始时间。若活动 a_i 是弧 <j,k>，持续时间是 dut(<j,k>)，设：

ve(i)：事件 v_i 的最早开始时间，即从起点到顶点 v_i 的最长路径长度。

vl(i)：事件 v_i 的最晚开始时间，即从起点到顶点 v_i 的最短路径长度。

则第 k 个顶点的最早开始时间为

$$ve[k] = \max\{ve[j] + dut(<j,k>)\} \qquad j \in T$$

其中，T 是以顶点 v_k 为头的所有弧的尾顶点的集合（$2 \leqslant k \leqslant n$）。如果得到的拓扑有序序列中的顶点个数小于网中顶点数 n，则说明该网中存在回路，不能求关键路径，算法终止；否则，继续执行下面的步骤（2）。图 6-33 中顶点上的数字表示图 6-32 中的每个顶点的最早开始时间。

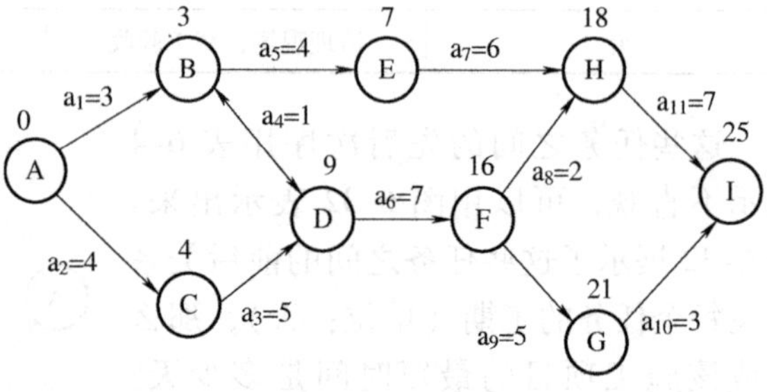

图 6-33 AOE 网中顶点最早开始时间

（2）从汇点 v_n 出发，计算各事件的最晚开始时间。令汇点的最晚开始时间 vl[n] = ve[n]，按拓扑逆序求其余各顶点的最晚开始时间。则第 j 个顶点的最晚开始时间为

$$vl[j] = \min\{vl[k] - dut(<j,k>)\} \qquad k \in S$$

其中，S 是以顶点 v_j 为尾的所有弧的头顶点的集合（$1 \leqslant j \leqslant n-1$）。

图 6-34 中顶点下的数字表示图 6-32 中的每个顶点的最晚开始时间。

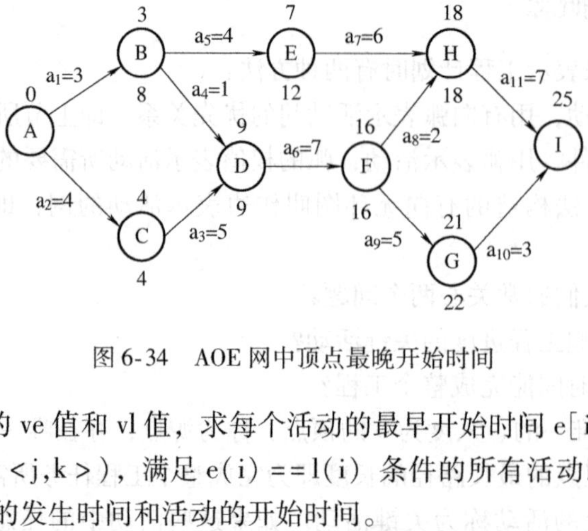

图 6-34 AOE 网中顶点最晚开始时间

（3）根据各事件的 ve 值和 vl 值，求每个活动的最早开始时间 e[i] = ve[j] 和最晚开始时间 l[i] = vl[k] - dut(<j,k>)，满足 e(i) == l(i) 条件的所有活动即为关键活动。表 6-5 给出了 AOE 网中顶点的发生时间和活动的开始时间。

表 6-5　AOE 网中顶点的发生时间和活动的开始时间

顶　点	ve	vl	活　动	e	l	l-e
A	0	0	a_1	0	5	0
B	3	8	a_2	0	0	0
C	4	4	a_3	4	4	0
D	9	9	a_4	3	8	5
E	7	12	a_5	3	8	5
F	16	16	a_6	9	9	0
G	21	22	a_7	7	12	5
H	18	18	a_8	16	16	0
I	25	25	a_9	16	17	1
			a_{10}	21	22	1
			a_{11}	18	18	0

图 6-35 给出了 AOE 网的关键路径（虚线所示）。

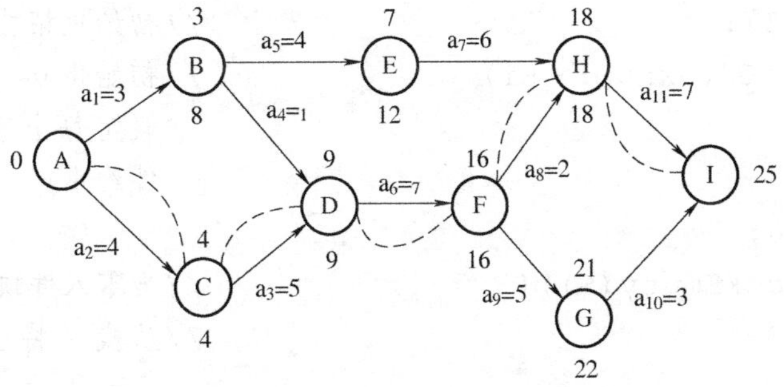

图 6-35　AOE 网的关键路径

注意：当缩短关键路径上关键活动的完成时间到一定程度后，继续缩短则没有任何影响了，因为它可能不是最长的路径了，即不是关键活动了。

关键路径算法实现过程如下：

定义全局数组，记录顶点事件最早发生时间：

```
int ve[MAX_VERTEX_NUM];
```

求出 AOE 网的关键活动的步骤：

1）对于源点 x，置 ve(x) =0。

2）对 AOE 网进行拓扑排序，如发现回路，工程无法进行，退出；否则继续下一步。

3）按顶点的拓扑序列次序依次求其余顶点 v 的 ve(v) 值，定义 SqStack 类型的顺序栈 T 为零入度顶点栈，栈元素类型为 int 型，栈 T 返回有向网 G 的一个拓扑序列：

```
typedef int SElemType;    //栈元素类型
```

有向网 G 采用邻接表存储结构，定义 TopologicalOrder 函数，一边对顶点进行拓扑排序，同时求各顶点事件的最早发生时间全局数组 ve。

```
int TopologicalOrder(ALGraph G,SqStack&T){
    //若 G 无回路,则用栈 T 返回 G 的一个拓扑序列,且函数值为 1,否则为 0
    int i,k,count=0;                          //已入栈顶点数,初值为 0
    int indegree[MAX_VERTEX_NUM];             //入度数组,存放各顶点当前入
                                                度数
    SqStackS;
    ArcNode *p;
    FindInDegree(G,indegree);                 //对各顶点求入度 indegree
                                                [ ],算法见 6.6 节
    InitStack(S);                             //初始化零入度顶点栈 S
    printf("拓扑序列:");
    for(i=0;i<G.vexnum;++i)                   //对所有顶点 i
        if(! indegree[i])                     //若其入度为 0
            Push(S,i);                        //将 i 入零入度顶点栈 S
    InitStack(T);                             //初始化拓扑序列顶点栈
    for(i=0;i<G.vexnum;++i)                   //初始化 ve[ ]=0(最小值,先
                                                假定每个事件都不受其他事
                                                件约束)
        ve[i]=0;
    while(! StackEmpty(S)){                   //当零入度顶点栈 S 不空
        Pop(S,i);                             //从栈 S 将已拓扑排序的顶点
                                                j 弹出
        printf("%s ",G.vertices[i].data);
        Push(T,i);                            //j 号顶点入逆拓扑排序栈 T
                                                (栈底元素为拓扑排序的第 1
                                                个元素)
        ++count;                              //对入栈 T 的顶点计数
        for(p=G.vertices[i].firstarc;p;p=p->nextarc){
                                              //对 i 号顶点的每个邻接点
            k=p->data.adjvex;                 //其序号为 k
            if(--indegree[k]==0)              //k 的入度减 1,若减为 0,则将
                                                k 入栈 S
                Push(S,k);
            if(ve[i]+(p->data.info)>ve[k])    //(p->data.info)是<i,k>
                                                的权值
                ve[k]=ve[i]+(p->data.info);
            //顶点 k 事件的最早发生时间要受其直接前驱顶点 i 事件的
        }//最早发生时间和<i,k>的权值的约束。由于 i 已拓扑有序,故 ve[i]不再改变
```

```
    }
    if(count < G.vexnum){
        printf("此有向网有回路\n");return 0;
    }else
        return 1;
}
```

4）对于汇点 y，置 vl(y) = ve(y)。

5）按顶点的拓扑序列次序之逆序依次求其余顶点 v 的 vl(v) 值。

6）而对 le 的正确计算顺序就是逆拓扑顺序，可以按拓扑序列反向计算。

7）活动 a_k = <vi,vj>的最早可能开始时间 e[k] = ve[i]。

8）活动 a_k = <vi,vj>的最迟开始时间 l[k] = vl[j] - w(<vi,vj>)，只要该活动的实际开始不晚于这个时间，就不会拖延整个工程的工期。

9）当一个活动的时间富余为零时，说明该活动必须如期完成，否则会拖延这个工程的进度。所以，若 $d(a_k) = 0$，即 l[k] = e[k]，则活动 a_k 是关键活动，算法如下：

算法 6.18　邻接表表示的 AOE 网求关键路径的算法

```
int CriticalPath(ALGraph G){          //G 为有向网,输出 G 的各项关键活动
    int vl[MAX_VERTEX_NUM];           //事件最迟发生时间
    SqStack T;
    int i,j,k,ee,el,dut;
    ArcNode *p;
    if(! TopologicalOrder(G,T))       //产生有向环
        return 0;
    j = ve[0];                        //j 的初值
    for(i = 1;i < G.vexnum;i ++)
        if(ve[i] > j)
            j = ve[i];                //j = Max(ve[]) 完成点的最早发生时间
    for(i = 0;i < G.vexnum;i ++)      //初始化顶点事件的最迟发生时间
        vl[i] = j;                    //为完成点的最早发生时间(最大值)
    while(! StackEmpty(T))            //按拓扑逆序求各顶点的 vl 值
        for(Pop(T,j),p = G.vertices[j].firstarc;p;p = p -> nextarc)
        { //弹出栈 T 的元素,赋给 j,p 指向 j 的后继事件 k,事件 k 的最迟发生时间已
确定(因为是逆拓扑排序)
            k = p -> data.adjvex;
            dut = (p -> data.info);   //dut = <j,k> 的权值
            if(vl[k]-dut < vl[j])
            vl[j] = vl[k]-dut;        //事件 j 的最迟发生时间要受其直接后继事
                                        件 k 的最迟发生时间
```

```
    }                                   //和<j,k>的权值约束。由于k已逆拓扑有
                                          序,故vl[k]不再改变
  printf("\ni\tve[i]\tvl[i]\n");
  for(i=0;i<G.vexnum;i++)    //初始化顶点事件的最迟发生时间
  {
     printf("%d\t%d\t%d\t",i,ve[i],vl[i]);
     if(ve[i]==vl[i])
        printf("关键路径经过的顶点");
     printf("\n");
  }
  printf("j\tk\t权值\tee\tel\n");
  for(j=0;j<G.vexnum;++j)    //求ee,el和关键活动
     for(p=G.vertices[j].firstarc;p;p=p->nextarc){
        k=p->data.adjvex;
        dut=(p->data.info);//dut=<j,k>的权值
        ee=ve[j];                   //ee=活动<j,k>的最早开始时间(在j点)
        el=vl[k]-dut;               //el=活动<j,k>的最迟开始时间(在j点)
        printf("%s→\t%s\t%d\t%d\t%d\t",G.vertices[j].data,
G.vertices[k].data,dut,ee,el);
        //输出各边的参数
        if(ee==el)//是关键活动
           printf("关键活动");
        printf("\n");
     }
  return 1;
}
```

应该注意，每个活动的ee和el可以一起计算，算法中得到的所有关键活动可能表示多条关键路径，关键路径可能不止一条边。

6.7.4 案例实现-关键路径

【例6-7】 编程得到图6-32所示的有向网的关键路径。

【程序设计说明】

将图的数据存放在文件中，调用6.2.7节中讲述的创建图的邻接表算法CreateGraphF()。

【主函数源代码】

```
int main(){
  ALGraph h;
  printf("请选择有向网\n");
```

```
    CreateGraph(h);      //构造有向网 h
    Display(h);          //输出有向网 h
    CriticalPath(h);     //求 h 的关键路径
    return 0;
}
```

【程序运行结果】（见图 6-36）

```
请选择有向网
请输入图的类型(有向图:0,有向网:1,无向图:2,无向网:3): 1
请输入数据文件名: lt6-7.txt
有向网
9个顶点:
A B C D E F G H I
11条弧(边):
A→C :4 A→B :3
B→E :4 B→D :1
C→D :5
D→F :7
E→H :6
F→G :5 F→H :2
G→I :3
H→I :7

拓扑序列: A B E C D F H G I
i       ve[i]   vl[i]
0       0       0       关键路径经过的顶点
1       3       8
2       4       4       关键路径经过的顶点
3       9       9       关键路径经过的顶点
4       7       12
5       16      16      关键路径经过的顶点
6       21      22
7       18      18      关键路径经过的顶点
8       25      25      关键路径经过的顶点
j       k       权值    ee      el
A→      C       4       0       0       关键活动
A→      B       3       0       5
B→      E       4       3       8
B→      D       1       3       8
C→      D       5       4       4       关键活动
D→      F       7       9       9       关键活动
E→      H       6       7       12
F→      G       5       16      17
F→      H       2       16      16      关键活动
G→      I       3       21      22
H→      I       7       18      18      关键活动
```

图 6-36　例 6-7 程序运行结果

本章总结

图是一种复杂的非线性结构，具有广泛的应用背景。本章介绍了图的两种存储结构：邻接矩阵、邻接表。由于实际问题的求解效率与采用何种存储结构和算法有密切联系，因此掌握图的各种存储结构和相应的算法十分必要。

图的遍历分为深度优先搜索和广度优先搜索。两种算法的具体实现依赖图的存储结构，在学习中应注意图的遍历算法与树的遍历算法之间的相似和差异之处。

图的应用涉及面广泛，主要有：最小生成树（求最小生成树的两种方法：Prim 方法和 Kruskal 方法）、拓扑排序以及 Dijkstra 和 Floyd 两类求最短路径问题的方法。

习 题 6

一、选择题

1. 任何一个带权的无向连通图的最小生成树（　　）。

A. 只有一棵　B. 有一棵或多棵　C. 一定有多棵　D. 可能不存在

2. 含 n 个顶点的连通图中的任意一条简单路径，其长度不可能超过（　　）

A. 1　B. n/2　C. n－1　D. n

3. 一有向图 G 的邻接表存储结构如图 6-37 所示。现按深度优先遍历算法，从顶点 V_1 出发，所得到的顶点序列是（　　）。

A. V_1，V_3，V_2，V_4，V_5　B. V_1，V_3，V_4，V_2，V_5

C. V_1，V_2，V_3，V_4，V_5　D. V_1，V_3，V_4，V_5，V_2

4. 在无向图中，所有顶点的度数之和是所有边数的（　　）倍。

A. 0.5　B. 1　C. 2　D. 4

5. 在图的邻接表存储结构上执行深度优先搜索遍历类似于二叉树上的（　　）。

A. 先根遍历　B. 中根遍历　C. 后跟遍历　D. 按层次遍历

6. 如图 6-37 在某图的邻接表存储结构上执行广度优先搜索遍历类似于二叉树上的（　　）。

A. 先根遍历　B. 中根遍历

C. 后跟遍历　D. 按层次遍历

7. 在图 6-38 中，从顶点 V_1 出发，按广度优先遍历图的顶点序列是（　　）。

A. V_1，V_3，V_5，V_4，V_2，V_6，V_7　B. V_1，V_2，V_4，V_7，V_6，V_5，V_3

C. V_1，V_5，V_3，V_4，V_2，V_7，V_6　D. V_1，V_4，V_7，V_2，V_6，V_5，V_3

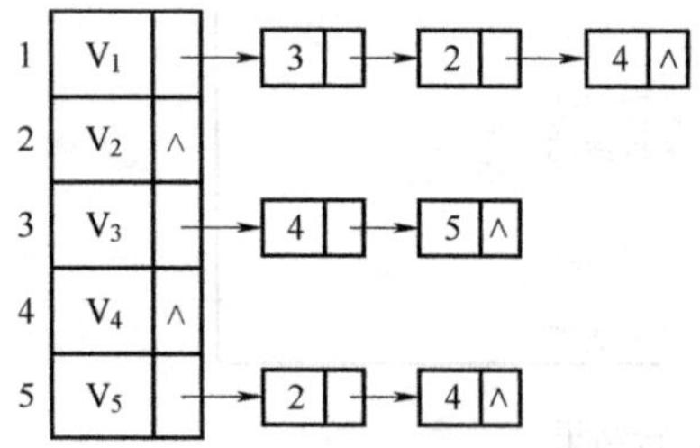

图 6-37　某图的邻接表存储结构

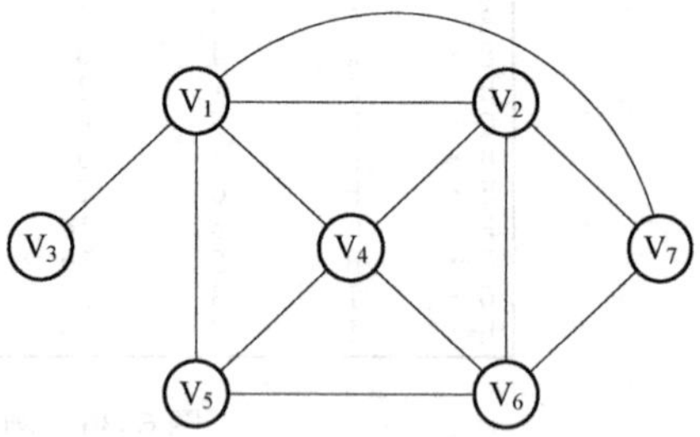

图 6-38　遍历图例

8. 在图 6-38 中，从顶点 V_1 出发，广度遍历图的顶点序列是（　　）。

A. V_1，V_5，V_3，V_4，V_2，V_6，V_7　B. V_1，V_5，V_3，V_4，V_2，V_7，V_6

C. V_1，V_7，V_2，V_6，V_4，V_5，V_3　D. V_1，V_2，V_4，V_7，V_6，V_5，V_3

二、填空题

1. 若顶点的偶对是有序的，此图为________图，有序偶对用________括号括起来；若顶点偶对是无序的，此图为________图，无序偶对用________括号括起来。

2. 设 $x,y \in V$，若 $<x,y> \in E$，则 $<x,y>$ 表示有向图 G 中从 x 到 y 的一条________，x 称为________点，y 称为________点。若 $(x,y) \in E$，则在无向图 G 中 x 和 y 间有一

条__________。

3. 在无向图中，若顶点 x 与 y 间有边（x,y），则 x 与 y 互称__________，边（x,y）称为与顶点 x 和 y 的__________。

4. 一个具有 n 个顶点的完全无向图的边数为__________。一个具有 n 个顶点的完全有向图的弧度数为__________。

5. 无向图的邻接矩阵是一个__________矩阵，有向图的邻接矩阵是一个__________矩阵。

6. 图的存储结构主要有__________和__________两种。

7. 邻接表表示法是借助__________来反映顶点间的邻接关系，所以称这个单链表为邻接表。

8. 遍历的基本方法有__________优先搜索和__________优先搜索两种。

9. 深度优先搜索遍历类似于树的__________遍历，它所用到的数据结构是__________；广度优先搜索遍历类似于树的__________遍历，它所用到的数据结构是__________。

10. 对具有 n 个顶点的图其生成树有且仅有__________条边，即生成树是图的边数__________的连通图。

三、简答

1. 请写出三个无向图（见图 6-39）的邻接矩阵和邻接表。

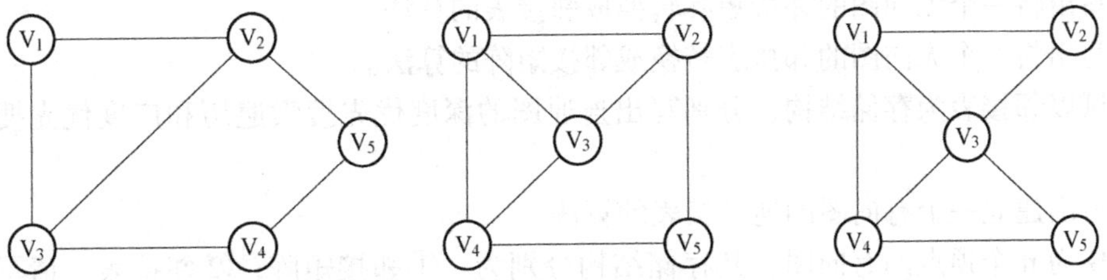

图 6-39　无向图例

2. 求出带权图 6-40 的最小生成树。

3. 给出图 6-41 的邻接矩阵表示。

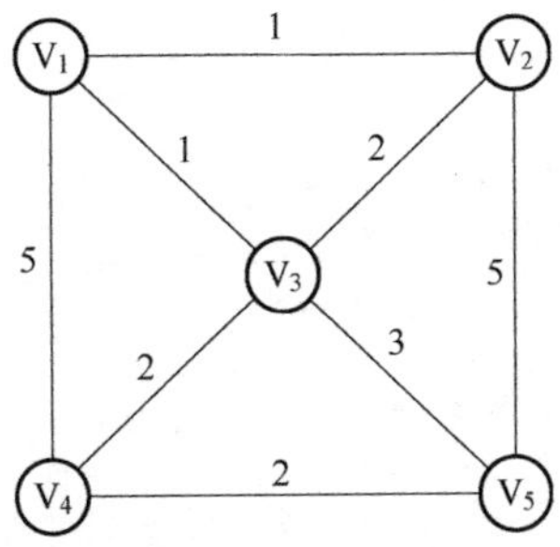

图 6-40　带板图例

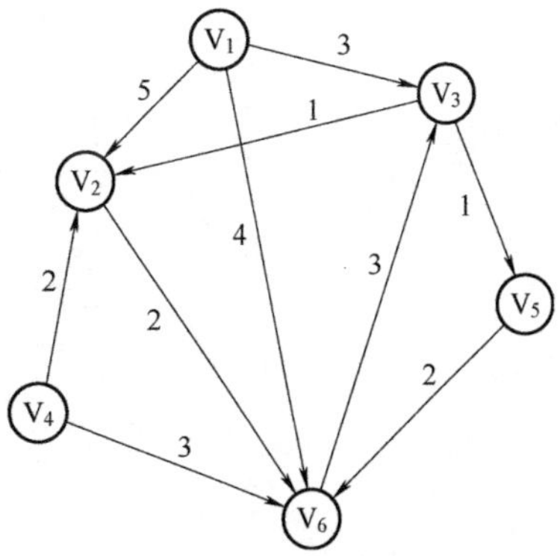

图 6-41　有向图例

4. 已知连通网的邻接矩阵如下，试画出它所表示的连通网及该连通网的最小生成树。

$$\begin{bmatrix} \infty & 1 & 12 & 5 & 10 \\ 1 & \infty & 8 & 9 & \infty \\ 12 & 8 & \infty & \infty & 2 \\ 5 & 9 & \infty & \infty & 4 \\ 10 & \infty & 2 & 4 & \infty \end{bmatrix}$$

5. 图 6-42 所示为一无向连通网络，根据 Prim 算法构造出它的最小生成树。

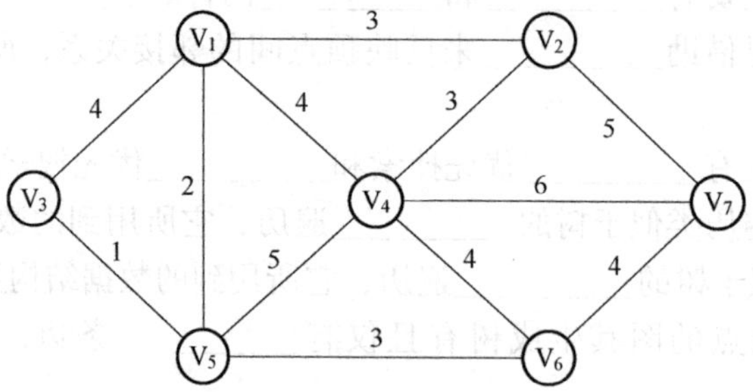

图 6-42 无向连通网络

四、算法设计

1. 写出将一个无向图的邻接矩阵转换成邻接表的算法。

2. 写出将一个无向图的邻接表转换成邻接矩阵的算法。

3. 试以邻接表为存储结构，分别写出连通图的深度优先搜索遍历和广度优先搜索遍历算法。

4. 写出建立一个有向图的逆邻接表的算法。

5. G 为 n 个顶点的有向图，其存储结构分别为：①邻接矩阵；②邻接表。请写出相应存储结构上的计算有向图 G 出度为 0 的顶点个数的算法。

第7章 查 找

知识导航

本章将讨论的问题是信息的查找。查找是数据结构中必不可少的运算。日常生活中，人们几乎每天都要进行“查找”工作。例如，在通信录（见表7-1）中查阅某人的电话号码。

表7-1 通信录

姓名	性别	手机号码	住宅号码	邮箱
白佩玲	女	1345＊＊＊7855	785＊＊96	baipeili＊＊@126. com
陈佑熙	男	1871＊＊＊1598	685＊＊99	chen19＊＊@163. com
李永浩	男	1886＊＊＊6833	697＊＊63	63874＊＊@qq. com
王安城	男	1392＊＊＊6327	657＊＊21	wanganche＊＊@sina. com
…	…	…	…	…

还有，在字典中查阅某个词的读音和含义，快递员送物品要按收件人的快递单号确定位置，等等。其中，“通信录”和“字典”等都可以视为一张查找表，而查找就是在众多信息中找出特定信息的过程。

学习路线

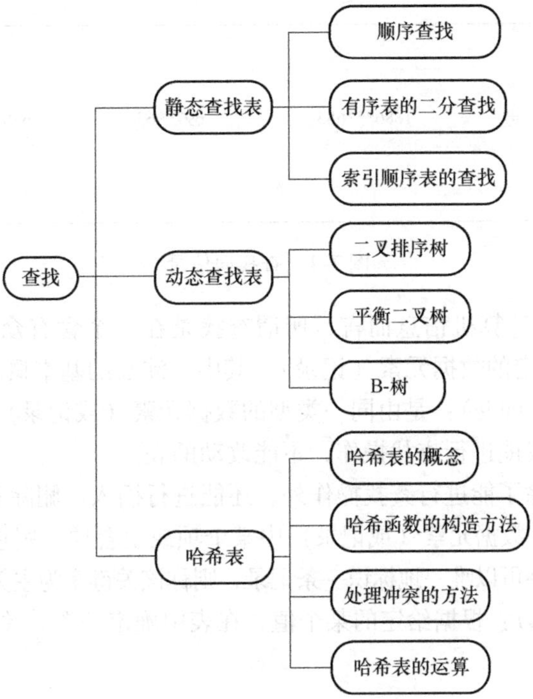

本章目标

知识点	了解	掌握	动手练习
查找的基本概念	★		
静态查找		★	★
动态查找		★	★
哈希表		★	★

7.1 静态查找表

7.1.1 案例导引

【案例】 查找通信录

通信录中记录了每位联系人的姓名、性别、手机号码、住宅号码和邮箱信息。编写一个查找通信录的程序，实现对联系人信息的查找功能，如图 7-1 所示。

姓名	性别	手机号码	住宅号码	邮箱
白佩玲	女	1345 * * * 7855	785 * * 96	baipeil * * * @ 126. com
陈旻辉	男	1871 * * * 1598	685 * * 99	chen1 * * * @ 163. com
李永浩	男	1886 * * * 6833	697 * * 63	6387 * * * @ qq. com
王安城	男	1392 * * * 6327	657 * * 21	wanganch * * * @ sina. com
何天生	男	1589 * * * 2211	654 * * 82	he1 * * * @ 163. com

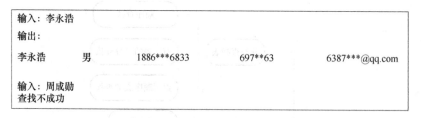

```
输入：李永浩
输出：
李永浩      男      1886***6833      697**63      6387***@qq.com

输入：周成勋
查找不成功
```

图 7-1 查找通信录

【案例分析】 对于计算机信息而言，所谓查找是在一个含有众多数据元素（或记录）的查找表中找出某个特定的数据元素（记录）。其中，涉及的基本概念有以下几个：

1）查找表（search table）：是由同一类型的数据元素（或记录）构成的集合。

2）静态查找表：仅能进行查找操作，不能改动的表。

3）动态查找表：除了能进行查找操作外，还能进行插入、删除和修改操作的表。

4）关键字（key）：数据元素（或记录）中某个项或组合项，用它可以标识一个数据元素（或记录）。如果此关键字可以唯一地标识一条记录，则称该关键字为主关键字，如图 7-2 所示。

5）查找（searching）：根据给定的某个值，在表中确定一个其关键字等于给定值的记录或数据元素。若表中存在这样一个记录，则称查找是成功的，此时查找的结果为给出整个记录的信息，或指示该记录在查找表中的位置；若表中不存在这样的记录，则称查找不成功，此时查找的结果应给出一个“空”记录或“空指针”。

关键字

数据元素（或记录）

姓名	性别	手机号码	住宅号码	邮箱
白佩玲	女	1345***7855	785**96	baipeil***@126.com
陈旻辉	男	1871***1598	685**99	chen1***@163.com
李永浩	男	1886***6833	697**63	6387***@qq.com
王安城	男	1392***6327	657**21	wanganch***@sina.com
何天生	男	1589***2211	654**82	he1***@163.com

图 7-2　查找的相关概念

查找是许多重要计算机程序中最耗费时间的部分，衡量查找算法效率的最主要标准是平均查找长度。平均查找长度是指为确定记录在表中的位置所进行的和关键字的比较的次数的期望值，通常记作 ASL。

对于一个含有 n 个元素的表，查找成功时的平均查找长度可表示为

$$ASL = \sum_{i=1}^{n} P_i C_i$$

其中，P_i 为表中查找第 i 个记录的概率；C_i 为查找第 i 个记录所用到的比较次数。显然，对于不同的查找方法，C_i 可能不同。P_i 很难通过分析给出，一般情形下认为查找每个记录的概率相等。

为讨论方便，本章涉及的关键字类型和数据元素类型统一说明如下：

```
#define MAXSIZE    100
typedef int KeyType;              //根据需要设定数据类型
typedef struct{
    KeyType key;                  //关键字字段
}ElemType;
typedef struct {
    ElemType  r[MAXSIZE];
    int length;                   //表的长度
} SSTable;
```

7.1.2　顺序查找

顺序查找是一种最简单的查找方法。它的基本思想是：从表的一端开始，顺序扫描线性表，依次将扫描到的结点关键字和待查找值 key 相比较，若相等，则查找成功，若整个表扫描完毕，仍未找到关键字等于 key 的元素，则查找失败。顺序查找过程如图 7-3 所示。

顺序查找法既适用于顺序表也适用于链表。若是顺序表，查找可从前往后扫描，也可从后往前扫描；但若采用单链表，则只能从前往后扫描。另外，采用顺序查找的表中的元素可以是无序的。

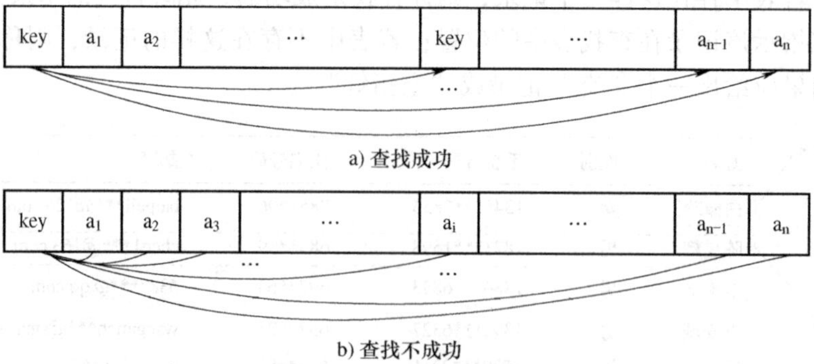

图 7-3　顺序查找过程

算法 7.1　顺序查找算法

```
int Search_Seq (SSTable st,KeyType key){
    int i;
    st.r[0].key=key;                          //st.r[0]单元作为监视哨，
                                                存放待查找关键字
    for(i=st.length;! EQ(st.r[i].key,key;--i);//从后向前在顺序表中查找
    return i;                                 //j=0,找不到;j<>0找到
}
```

算法 7.1 中监视哨兵 r[0] 的作用是为在 for 循环中省去判定防止下标越界的条件 $i\geqslant 1$，从而节省比较的时间。对顺序表而言，$C_i = n - i + 1$。因此，成功时，顺序查找的平均比较长度为

$$ASL = nP_1 + (n-1)P_2 + \cdots + 2P_{n-1} + P_n$$

在等概率查找的情况下，$P_i = 1/n(1\leqslant i\leqslant n)$，故顺序表查找的平均查找长度为

$$ASL_{ss} = \frac{1}{n}\sum_{i=1}^{n}(n-i+1) = \frac{n+1}{2}$$

顺序查找的优点是算法简单且适用面广，且对表中记录的存储结构没有要求。缺点是查找效率低，特别是当 n 较大时不宜采用顺序查找。另外，对于线性链表，只能采用顺序查找。

7.1.3　有序表的二分查找

用户随机输入一个 100 以内的正整数，计算机提示用户是猜大了还是猜小了，用户根据计算机的提示，继续输入下一个数字，直至猜中。这种每次取中间记录查找的方法称为二分查找，如图 7-4 所示。

二分查找也称折半查找，它是一种高效率的查找方法。但二分查找有条件限制：要求表必须用向量作存储结构，且表中元素必须按关键字有序（升序或降序均可）排列。不妨假设表中元素为升序排列。二分查找的基本思想是：首先将待查值 key 与有序表 ST.elem[1] ~ ST.elem[n] 的中点 mid 上的关键字 ST.elem[mid].key 进行比较，若相等，则查找成功；

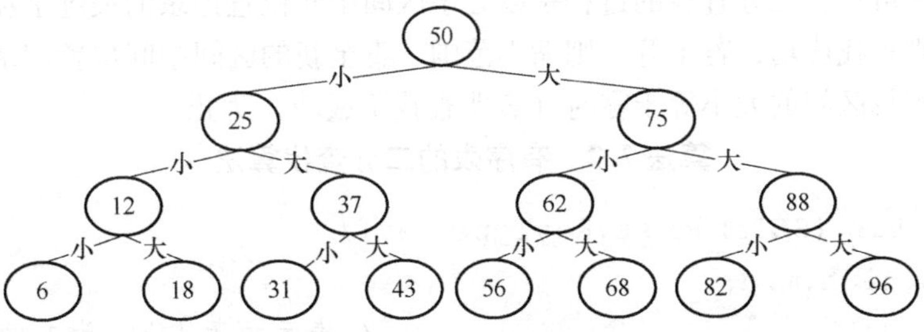

图7-4 二分查找

否则，若 ST. elem[mid]. key > key，则在 ST. elem[1] ~ ST. elem[mid - 1] 中继续查找，若有 ST. elem[mid]. key < key，则在 ST. elem[mid + 1] ~ ST. elem [n] 中继续查找。每通过一次关键字的比较，区间的长度就缩小一半，区间的个数就增加一倍，如此不断进行下去，直到找到关键字为 key 的元素；若当前的查找区间为空表示查找失败。

从上述查找思想可知，每进行一次关键字比较，区间数目增加一倍，故称为二分（区间一分为二），而区间长度缩小一半，故也称为折半（查找的范围缩小一半）。

例如，假设给定有序表中关键字为 {8,17,25,44,68,77,98,100,115,125}，查找 key = 17 和 key = 120 的过程分别如图 7-5 和图 7-6 所示。

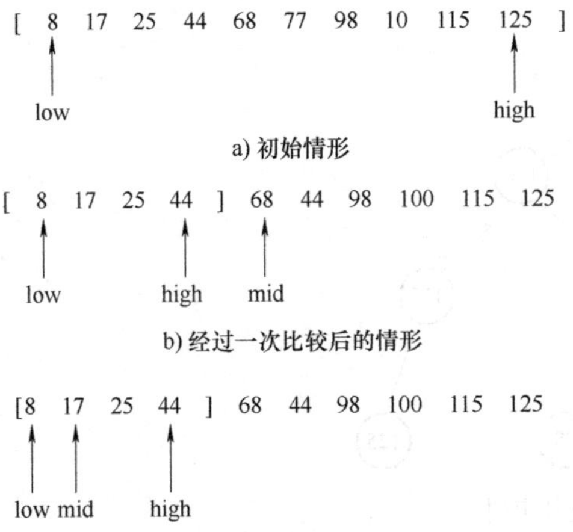

图7-5 查找 key = 17 的情况

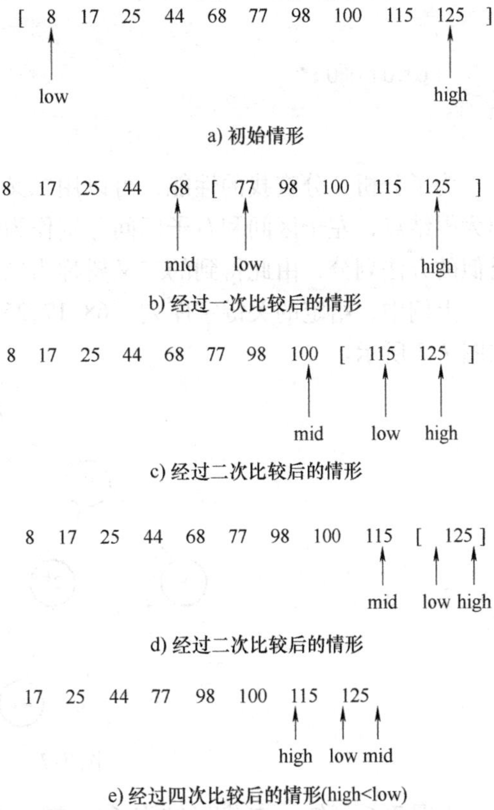

图7-6 查找 key = 120 的过程

从上述例子可见，二分查找的过程是以处于区间中间位置记录的关键字和给定值进行比较，若相等，则查找成功，若不等，则缩小范围，直至新的区间中间位置记录的关键字等于给定值，或者查找区间的大小等于零时（表明查找不成功）为止。

算法 7.2　有序表的二分查找算法

```
int Search_Bin (SSTable st,KeyType key){
    int low,high,mid;
    low =1;                                //表示元素从下标为 1 的单元放起
    high = st.length;                      //表示最后一个元素所在下标
    while(low < =high){                    //low < =high 为继续查找的条件
        mid = (low + high)/2;              //求区间中间位置
        if(EQ(key,st.r[mid].key)           //区间中间位置元素的关键字和所给
                                             关键字比较
            return mid;                    //表示查找成功,返回 mid
        else if(LT(key,st.r[mid].key)      //区间中间位置元素的关键字小于所
                                             给关键字时
            high =mid -1;                  //high 指向 mid 的前一个元素
        else low =mid +1;                  //low 指向 mid 的后一个元素
    }
    return 0;                              //查找不成功,返回 0
}
```

为了分析二分查找的性能，可以用二叉树来描述二分查找过程。把当前查找区间的中点作为根结点，左子区间和右子区间分别作为根的左子树和右子树，左子区间和右子区间再按类似的方法划分，由此得到的二叉树称为二分查找的判定树。

上例中，给定的关键字序列 {68,17,25,44,68,77,98,100,115,125} 的二分查找判定树如图 7-7 所示。

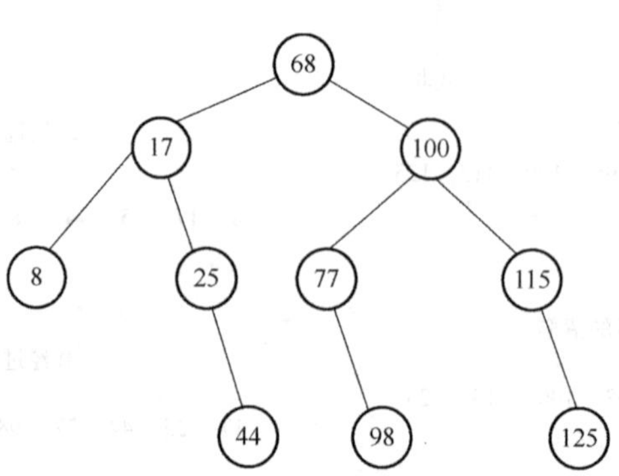

图 7-7　二分查找判定树

由图 7-6 可知，查找根结点 68，需一次查找，查找 17 和 100，各需两次查找，查找 8、25、77、115 各需三次查找，查找 44、98、125 各需四次查找。于是，可以得到结论：二叉树第 k 层结点的查找次数各为 k 次（根结点为第 1 层），而第 k 层结点数最多为 2^{k-1} 个。

假设该二叉树的深度为 h，则二分查找的成功的平均查找长度为（假设每个结点的查找概率相等）

$$ASL = \sum_{i=1}^{n} P_i C_i = \frac{1}{n}\sum_{i=1}^{n} C_i \leqslant \frac{1}{n}(1 + 2 \times 2 + 3 \times 2^2 + \cdots + h \times 2^{h-1})$$

因此，在最坏的情形下，上面的不等号将会成立，并根据二叉树的性质，最大的结点数 $n = 2^h - 1$，$h = \log_2(n+1)$，于是可以得到平均查找长度 $ASL = \frac{n+1}{n}\log_2(n+1) - 1$。

当 n 很大时，$ASL \approx \log_2(n+1) - 1$ 可以作为二分查找成功时的平均查找长度，它的时间复杂度为 $O(\log_2 n)$。

7.1.4　索引顺序表的查找

索引顺序查找是一种性能介于顺序查找和折半查找之间的查找方法。它要求将 n 个数据元素“按块有序”划分为 m 块（m≤n）。每一块中的结点关键字不必有序，但块与块之间必须“按块有序”，即第 1 块中任一元素的关键字都必须小于第 2 块中任一元素的关键字，而第 2 块中的任一元素又都必须小于第 3 块中的任一元素，依此类推。例如，图 7-8 所示就是满足上述要求的存储结构。

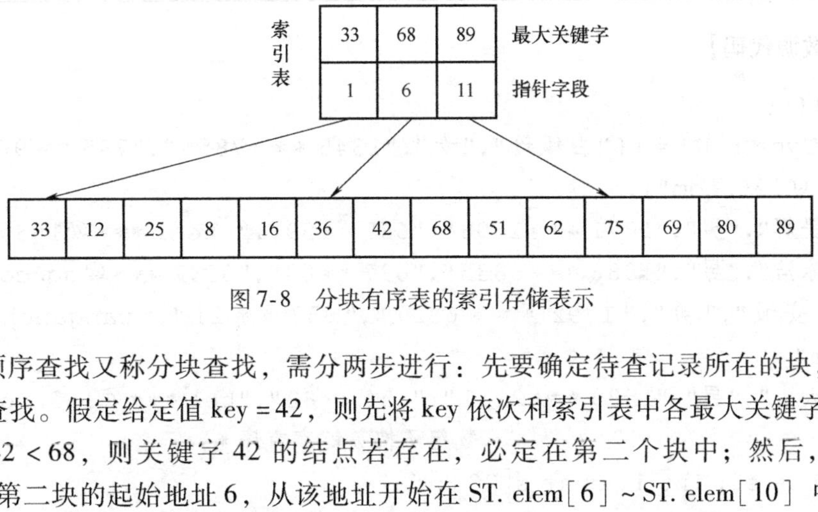

图 7-8　分块有序表的索引存储表示

索引顺序查找又称分块查找，需分两步进行：先要确定待查记录所在的块，然后再在块中顺序查找。假定给定值 key = 42，则先将 key 依次和索引表中各最大关键字进行比较，因为 33 < 42 < 68，则关键字 42 的结点若存在，必定在第二个块中；然后，由 ID[2].addr 找到第二块的起始地址 6，从该地址开始在 ST.elem[6] ~ ST.elem[10] 中进行顺序查找，直到 ST.elem[7].key = key 为止。假如此块中没有关键字等于 key 的结点，则查找失败。

分析查找过程可知，索引表按关键字有序排列，那么在索引表查找时既可以用顺序查找，也可以用二分查找；而在子表中查找时，由于块中记录是任意排列的，因此只能使用顺序查找。

那么，假设 n 个记录的查找表均匀地分为 b 块，每块含有 s 个记录，即 b = n/s；又假设表中每个记录的查找概率是相等的，即每个子表查找的概率为 1/b，子表中每个记录的查找概率为 1/s。

若以二分查找法来确定块，则分块查找成功时的平均查找长度为

$$ASL = ASL_{bn} + ASL_{sq} \approx \log_2(b+1) - 1 + (s+1)/2 \approx \log_2(n/s+1) + s/2$$

若以顺序查找确定块，则分块查找成功时的平均查找长度为

$$ASL = (b+1)/2 + (s+1)/2 = (n/s + s)/2 + 1$$

在表中插入或删除一个结点时，只要找到该结点所属的块，就在该块内进行插入和删除运算。因块内结点的存放是任意的，所以插入或删除比较容易，无须移动大量结点。分块查找的主要代价是增加一个辅助数组的存储空间和将初始表分块排序的运算。

7.1.5 案例实现——顺序查找

【例 7-1】 通信录（见表 7-2）中记录了每个联系人的姓名、性别、手机号码、住宅号码和邮箱信息。编写一个查找通信录的程序，实现对联系人信息的查找功能。

表 7-2 通信录

姓 名	性 别	手机号码	住宅号码	邮 箱
白佩玲	女	1345 *** 7855	785 ** 96	baipeil *** @ 126. com
陈旻辉	男	1871 *** 1598	685 ** 99	chen1 *** @ 163. com
李永浩	男	1886 *** 6833	697 ** 63	6387 *** @ qq. com
王安城	男	1392 **** 327	657 ** 21	wanganch *** @ sina. com
何天生	男	1589 **** 211	654 ** 82	he1 *** @ 163. com

【主函数源代码】

```
int main(){
    ElemType r[N] ={{"白佩玲","女","1345 ***7855","785 **96","bai-
peil ***@126.com"},
    {"陈旻辉","男","1871 ***1598","685 **99","chen1 ***@163.com"},
    {"李永浩","男","1886 ***6833","697 **63","6387 ***@qq.com"},
    {"王安城","男","1392 *** 6327","657 ** 21","wanganch *** @
sina.com"},
    {"何天生","男","1589 ***2211","654 **82","he1 ***@163.com"}
    };                    /*数组不按关键字有序*/
    SSTable st; int i; char s[20];
    Creat_Seq(&st,r,N);   /*由数组 r 产生顺序静态查找表 st*/
    printf("姓名    性别        手机号码        住宅号码        邮箱\n");
    Traverse(st,print);   /*按顺序输出静态查找表 st*/
    printf("请输入待查找人的姓名:");
    gets(s);
    i =Search_Seq(st,s);  /*顺序查找*/
    if(i)    print(st.elem[i]);
    else    printf("没找到\n");
    return 0;
}
```

【程序运行结果】（见图7-9）

```
姓名    性别      手机号码        住宅号码       邮箱
白佩玲   女       1345***7855     785**96        baipeil***@126.com
陈旻辉   男       1871***1598     685**99        chen1***@163.com
李永浩   男       1886***6833     697**63        6387***@qq.com
王安城   男       1392***6327     657**21        wanganch***@sina.com
何天生   男       1589***2211     654**82        he1***@163.com
请输入待查找人的姓名：王安城
王安城   男       1392***6327     657**21        wanganch***@sina.com
```

图7-9 例7-1程序运行结果

7.2 动态查找表

7.2.1 案例导引

【案例】 动态查找通信录。通信录（见表7-2）中记录了每位联系人的姓名、性别、手机号码、住宅号码和邮箱信息。编写一个查找通信录的程序，实现对联系人信息的查找功能，查找的过程中如果待查找记录存在，则显示查找成功；否则，需要将待查找记录插入查找表中。

输入“谢冰冰”，显示查找不成功。插入数据:"谢冰冰","女","1867＊＊＊1189","652＊＊90","xie2＊＊＊@163. com"。插入后的通信录如图7-10所示。

姓名	性别	生机号码	住宅号码	邮箱
白佩玲	女	1345***7855	785**96	baipeil***@126.com
陈旻辉	男	1871***1598	685**99	chen1***@163.com
李永浩	男	1886***6833	697**63	6387***@qq.com
王安城	男	1392***6327	657**21	wanganch***@sina.com
何天生	男	1589***2211	654**82	he1***@163.com
谢冰冰	女	1867***1189	652**90	xie2***@163.com

图7-10 动态查找通信录

【案例分析】 上述表结构本身是在查找过程中动态产生的，这种查找方式是动态查找。那么，当关键字不存在时，如何确定待查找记录插入到查找表中的位置，才能提高查找效率呢？在第7.1.3小节中介绍的折半查找判定树结构可以获得较高的查找效率，因此，动态查找可以利用树形结构来实现。

7.2.2 二叉排序树

1. 二叉排序树的定义

二叉排序树（binary sort tree）是具有下列性质的二叉树（可以是一棵容树）：

1）若左子树不空，则左子树上所有结点的值均小于根结点的值。

2）若右子树不空，则右子树上所有结点的值均大于根结点的值。

3）左、右子树本身又各都是一棵二叉排序树。

图 7-11 所示的树是一棵二叉排序树。

如同二叉树一样，二叉排序树可以采用顺序存储结构和二叉链表存储结构，通常采用后者。

2. 二叉排序树的查找

在二叉排序树上查找元素的过程是从根结点开始的。由于二叉排序树的特性，查找结点采用不回溯的方法。查找过程如下：

1）如果查找树为空，则查找失败。

2）如果查找树非空，将给定关键字 key 与查找树的根结点关键字进行比较。

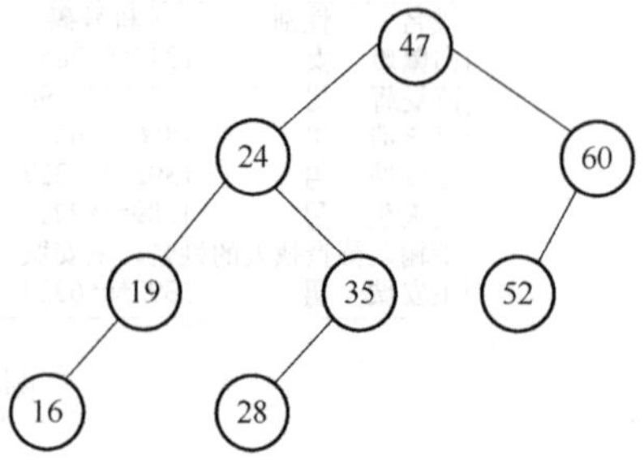

图 7-11 二叉排序树示例

- 如果相等，查找成功，结束查找过程。
- 如果给定关键字 key 小于根结点的关键字，则在左子树中继续查找，转步骤 1)。
- 如果给定关键字 key 大于根结点的关键字，则在右子树中继续查找，转步骤 1)。

例如，在图 7-10 所示的二叉排序树中查找关键字为 28 的结点过程是：根结点 bt ≠ NULL，key = 28，先与二叉排序树 bt 的根结点关键字 47 进行比较，28 < 47，则在其左子树中查找；左子树根结点不为空，与根结点关键字 24 进行比较，28 > 24，则在其右子树中查找；右子树根结点不为空，与根结点关键字 35 进行比较，28 < 35，则在其左子树中查找；左子树不为空，与左子树的根结点关键字 28 进行比较，28 = 28，查找成功并返回该结点的指针。

算法 7.3 二叉排序树的查找算法

```
BiTree SearchBST(BiTree T,KeyType key){
    /*在根指针 T 所指二叉排序树中递归地查找某关键字等于 key 的数据元素,*/
    /*若查找成功,则返回指向该数据元素结点的指针,否则返回空指针。*/
    if(! T||EQ(key,T->data.key))return T; /*查找结束*/
    else if LT(key,T->data.key)/*在左子树中继续查找*/
        return SearchBST(T->lchild,key);
    else return SearchBST(T->rchild,key); /*在右子树中继续查找*/
}
Status SearchBST1(BiTree *T,KeyType key,BiTree f,BiTree *p){
    /*在根指针 T 所指二叉排序树中递归地查找其关键字等于 key 的数据元素,若查找
成功,则指针 p 指向该数据元素结点,并返回 TRUE,否则指针 p 指向查找路径上访问的最
后一个结点并返回 FALSE,指针 f 指向 T 的双亲,其初始调用值为 NULL*/
    if(! *T){/*查找不成功*/
        *p=f;
        return FALSE;
    }else if EQ(key,(*T)->data.key){ /*  查找成功*/
        *p=*T;
```

```
        return TRUE;
    }else if LT(key,(*T)->data.key)
        return SearchBST1(&(*T)->lchild,key,*T,p); /*在左子树中继
续查找*/
    else
        return SearchBST1(&(*T)->rchild,key,*T,p); /*  在右子树中
继续查找*/
}
```

3. 二叉排序树的插入

在二叉排序树中查找关键字为 key 的结点 * p，用 f 指回其双亲结点，若 p 为 NULL，表示插入关键字为 key 的结点作为 * f 的左或右孩子结点，创建关键字为 key 的结点 * p，再插入 * p 结点。

二叉排序树的生成可以看作是在二叉排序树中依次插入结点的过程：从空的二叉树开始，每输入一个结点数据，就调用一次插入算法将它插入到当前已生成的二叉排序树中。设查找的关键字序列为 {66,87,73,45,71,25,92}，则生成二叉排序树的过程如图 7-12 所示。

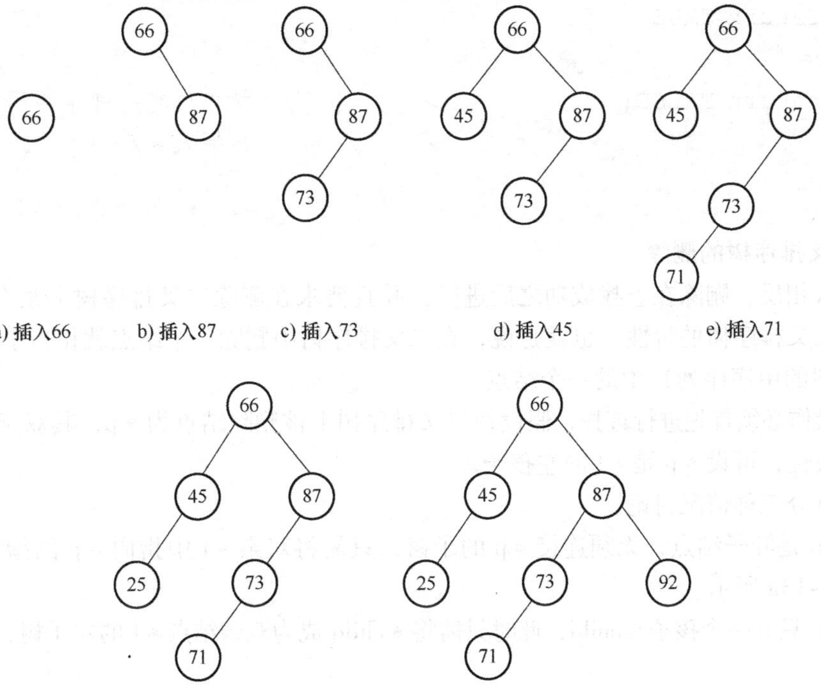

a) 插入66　b) 插入87　c) 插入73　d) 插入45　e) 插入71

f) 插入25　g) 插入92

图 7-12　二叉排序树的生成过程示例

因为二叉排序树的中序序列是一个有序序列，所以对于一个任意的关键字序列构造一棵二叉排序树，其实质是对此关键字序列进行排序，使其变为有序序列。“排序树”的名称也由此而来。

二叉排序树的插入算法如下：

算法 7.4 二叉排序树的插入算法

```
Status InsertBST(BiTree *T,ElemType e){
    /*当二叉排序树T中不存在关键字等于e.key的数据元素时,插入e并返回TRUE,
否则返回FALSE。*/
    BiTree p,s;
    if(! SearchBST1(T,e.key,NULL,&p)){   /*查找不成功*/
        s=(BiTree)malloc(sizeof(BiTNode));
        s->data=e;
        s->lchild=s->rchild=NULL;
        if(! p)
            *T=s;                          /*被插结点*s为新的根结点*/
        else if LT(e.key,p->data.key)
            p->lchild=s;                   /*被插结点*s为左孩子*/
        else
            p->rchild=s;                   /*被插结点*s为右孩子*/
        return TRUE;
    }else
        return FALSE;                      /*树中已有关键字相同的结点,不
                                             再插入*/
}
```

4. 二叉排序树的删除

和插入相反，删除在查找成功之后进行，并且要求在删除二叉排序树上某个结点之后，仍然保持二叉排序树的特性。也就是说，在二叉排序树中删除一个结点就相当于删去有序序列（即该树的中序序列）中的一个结点。

删除操作必须首先进行查找，假设在二叉排序树上被删除结点为 *p，其双亲结点为 *f，且不失一般性，可设 *p 是 *f 的左孩子。

下面可分三种情况讨论：

1）*p 是叶子结点，无须连接 *p 的子树，只需将双亲 *f 中指向 *p 的指针域置空即可，如图 7-13a 所示。

2）*p 只有一个孩子 *child，此时只需将 *child 成为双亲结点 *f 的左子树，如图 7-13b 所示。

3）*p 有两个孩子，在删去 *p 之前，中序遍历该二叉树得到的序列为 $A_1AB_1BC_1CPP_1F\cdots$，在删去 *p 之后，为保持其他元素之间的相对位置不变，可按中序遍历保持有序进行调整。有两种做法：其一是令 *p 的左子树为 *f 的左子树，*c 为 *f 左子树的最右下的结点，而 *p 的右子树为 *c 的右子树；其二是令 *p 的中序遍历直接前驱（或直接后继）替代 *p，然后再从二叉排序树中删去它的直接前驱（或直接后继）。二叉排序树的删除过程如图 7-13c 所示。

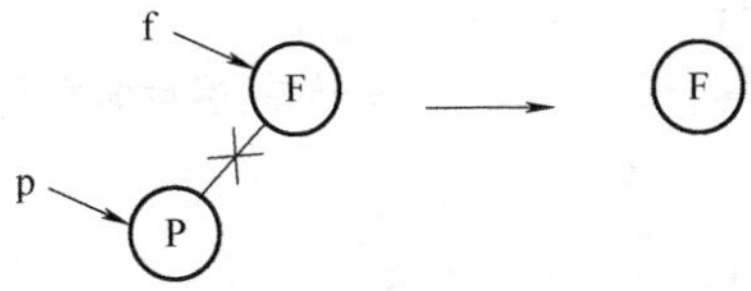

a) 情况1

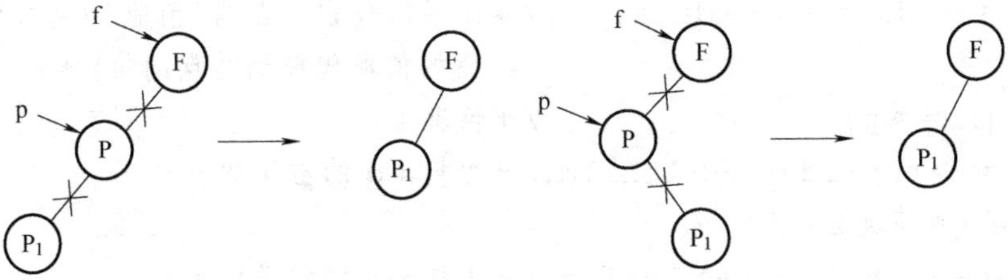

b) 情况2

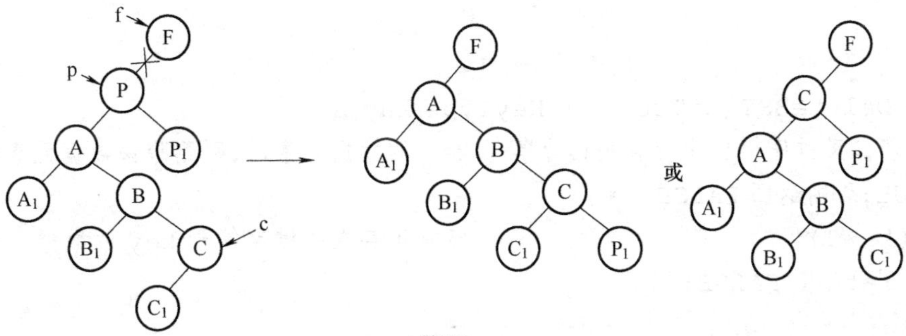

c) 情况3

图7-13　在二叉排序树中删除结点＊p

算法7.5　二叉排序树的删除算法

```
void Delete(BiTree *p){                /*从二叉排序树中删除结点p,并重接它的
                                         左或右子树。*/
  BiTree q,s;
  if(! (*p)->rchild){
    /*p的右子树空则只需重接它的左子树(待删结点是叶子也走此分支)*/
    q=*p;
    *p=(*p)->lchild;
    free(q);
  }else if(! (*p)->lchild){           /*p的左子树空,只需重接它的右子树*/
    q=*p;
    *p=(*p)->rchild;
    free(q);
  }else {                              /*p的左右子树均不空*/
    q=*p;
```

```
        s=(*p)->lchild;
        while(s->rchild){           /*转左,然后向右到尽头(找待删结点的前驱)*/
            q=s;
            s=s->rchild;
        }
        (*p)->data=s->data;         /*s 指向被删结点的"前驱"(将被删结点前
                                        驱的值取代被删结点的值)*/
        if(q! =*p)                  /*情况1*/
            q->rchild=s->lchild;/*重接*q 的右子树*/
        else /*情况2*/
            q->lchild=s->lchild;/*重接*q 的左子树*/
        free(s);
    }
}
Status DeleteBST(BiTree *T,KeyType key){
    /*若二叉排序树 T 中存在关键字等于 key 的数据元素时,则删除该数据元素结点,并
返回 TRUE;否则返回 FALSE。*/
    if(! *T)                        /*不存在关键字等于 key 的数据元素*/
        return FALSE;
    else{
        if EQ(key,(*T)->data.key) /*找到关键字等于 key 的数据元素*/
            Delete(T);
        else if LT(key,(*T)->data.key)
            DeleteBST(&(*T)->lchild,key);
        else
            DeleteBST(&(*T)->rchild,key);
        return TRUE;
    }
}
```

5. 二叉排序树的查找分析

对于每一棵特定的二叉排序树，均可按照平均查找长度的定义来求它的 ASL 值，显然，由值相同的 n 个关键字构造所得的不同形态的二叉排序树的平均查找长度的值不同，甚至可能差别很大。

如图 7-14 所示的三棵二叉排序树由值相同的关键字构成，但是它们的输入顺序不一样：

- 图 7-14a 是按一月到十二月的自然月份序列输入所生成的；
- 图 7-14b 的输入序列为 {July, Feb, May, Mar, Aug, Jan, Apr, Jun, Oct, Sept, Nov, Dec}
- 图 7-14c 的输入序列则是按月份字符串从小到大的顺序排列的。

按ASL的定义，可以分别计算出三棵二叉排序树的平均查找长度：

$ASL(a) = (1 + 2 \times 2 + 3 \times 3 + 4 \times 3 + 5 \times 2 + 6 \times 1)/12 = 3.5$。

$ASL(b) = (1 + 2 \times 2 + 3 \times 4 + 4 \times 5)/12 = 3.0$。

$ASL(c) = (1 + 2 \times 1 + 3 \times 1 + 4 \times 1 + 5 \times 1 + 6 \times 1 + 7 \times 1 + 8 \times 1 + 9 \times 1 + 10 \times 1 + 11 \times 1 + 12 \times 1)/12 = 6.5$。

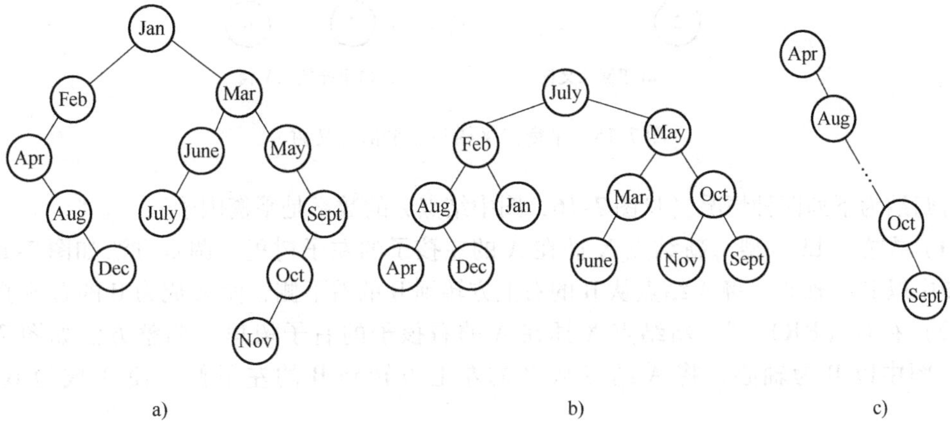

图7-14　由同一组关键字构成的三棵不同形态的二叉排序树

由此可见，在二叉排序树上进行查找时的平均查找长度和二叉树的形态有关。如果二叉树有n个结点，则在最坏的情况下，二叉排序树的平均查找长度为n。在一般情况下，二叉排序树的平均查找长度为$\log_2 n$。图7-14b所示的二叉排序树的平均查找长度最小，而图7-14c所示的二叉排序树的平均查找长度最大。可以看出，在具有相同关键字的二叉排序树中，平均查找长度与深度成正比。那么，在关键字相同的情况下，如何构造深度最小的二叉排序树呢？这就需要在构造的过程当中进行“平衡化”处理，成为平衡二叉树。

7.2.3　平衡二叉树

平衡二叉树（Balanced binary tree）又称为AVL树。它或者是一棵空树，或者是具有下列性质的二叉排序树：左、右子树都是平衡二叉树，且左、右子树高度之差的绝对值不超过1。图7-15a所示为平衡二叉树，而图7-14b所示不是平衡二叉树。

二叉树上所有结点的平衡因子（balance factor，BF）定义为该结点的左子树和右子树高度之差。由平衡二叉树的定义可知，所有结点的平衡因子只能是-1、0和1三个值之一。若一棵二叉树中存在这样的结点，其平衡因子的绝对值大于1，这棵树就不是平衡二叉树，如图7-15b所示的二叉树。引入平衡二叉树的目的是为了提高查找效率。在平衡二叉树上进行查找的时间复杂度是$O(\log_2 n)$。

在平衡二叉树上插入或删除结点后，可能使树失去平衡，因此，需要对失去平衡的树进行平衡化调整。一般情况下，假设二叉排序树上由于插入结点而失去平衡的最小不平衡子树的根结点为A（A是插入结点最近且平衡因子绝对值超过1的祖先结点），则调整该子树的

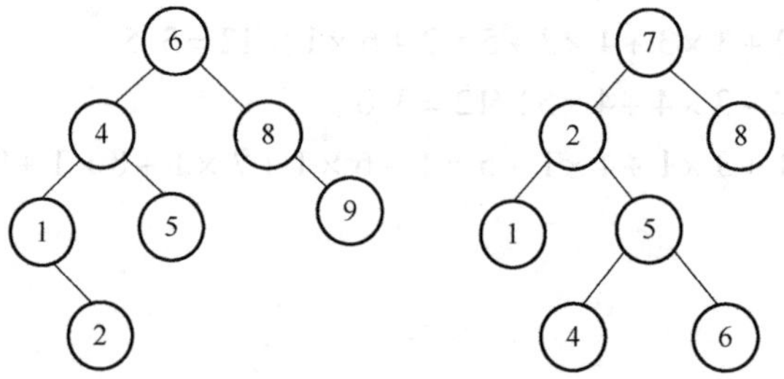

a) 平衡二叉树　　b) 非平衡二叉树

图 7-15　平衡二叉树与非平衡二叉树

规律可归纳为下列四种情况（见图 7-16，图中结点旁的数字是平衡因子）：

（1）左左（LL）型　新结点 X 插在 A 的左孩子的左子树里。调整方法如图 7-16a 所示。图中以 B 为轴心，将 A 结点从 B 的右上方转到 B 的右下侧，使 A 成为 B 的右孩子。

（2）右右（RR）型　新结点 X 插在 A 的右孩子的右子树里。调整方法如图 7-16b 所示。图中以 B 为轴心，将 A 结点从 B 的左上方转到 B 的左下侧，使 A 成为 B 的左孩子。

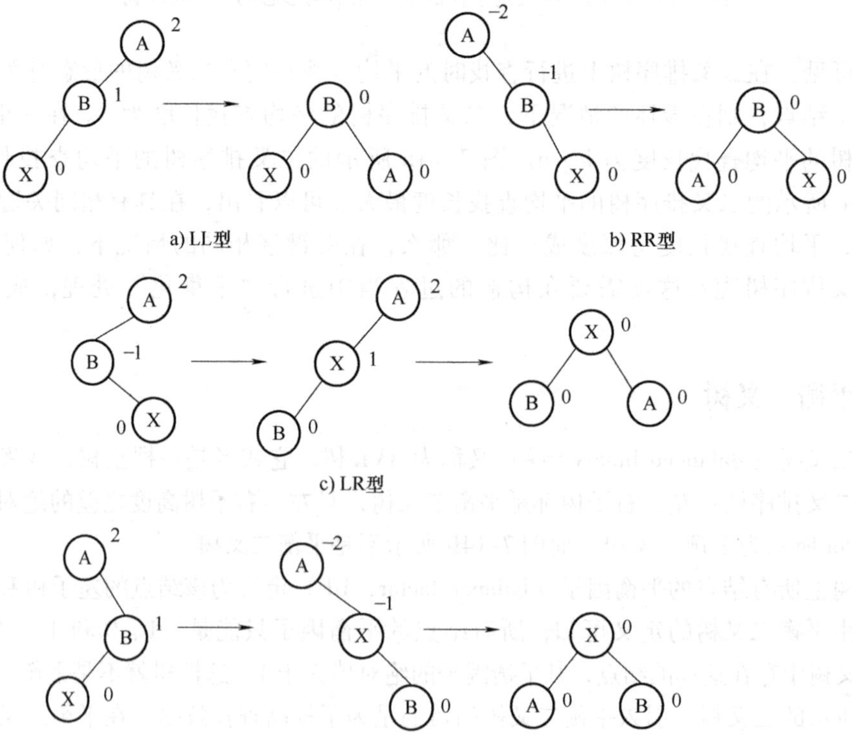

a) LL型　　b) RR型

c) LR型

d) RL型

图 7-16　平衡调整的四种基本类型

（3）左右（LR）型　新结点 X 插在 A 的左孩子的右子树里。调整方法如图 7-16c 所示。分为两步进行：第一步以 X 为轴心，将 B 从 X 的左上方转到 X 的左下侧，使 B 成为 X 的左孩子，X 成为 A 的左孩子；第二步跟 LL 型一样处理（应以 X 为轴心）。

（4）右左（RL）型　新结点 X 插在 A 的右孩子的左子树里。调整方法如图 7-16d 所示。分为两步进行：第一步以 X 为轴心，将 B 从 X 的右上方转到 X 的右下侧，使 B 成为 X 的右孩子，X 成为 A 的右孩子；第二步跟 RR 型一样处理（应以 X 为轴心）。

实际的插入情况可能比图 7-16 要复杂。因为 A、B 结点可能还会有子树。下面举例说明。设一组记录的关键字按以下次序进行插入：4、5、7、2、1、3。其生成及调整成二叉平衡树的过程如图 7-17 所示（图中结点旁的数字为其平衡因子）。

在图 7-17 中，当插入关键字为 3 的结点后，由于离结点 3 最近的平衡因子为 2 的祖先是根结点 5。所以，第一次旋转应以结点 4 为轴心，把结点 2 从结点 4 的左上方转到左下侧，从而结点 5 的左孩子是结点 4，结点 4 的左孩子是结点 2，原结点 4 的左孩子变成了结点 2 的右孩子。第二步再以结点 4 为轴心，按 LL 类型进行转换。这种插入与调整平衡的方法可以编成算法和程序，这里就不再讨论了。

7.2.4 B-树

二叉排序树查找的时间复杂度为 $O(\log_2 n)$，跟树的深度 n 有关系。在大型的数据库存储中，实现索引查找，如果采用二叉排序树进行查找的话，由于结点能存储的数据是有限的，若数据量很大，就会因树的深度过大而造成磁盘 I/O 操作过于频繁，导致效率非常低下。

那么，怎么提高查找效率呢？答案是可以通过减少树的深度来提高效率。其基本思想是采用多叉树结构。只要通过某种较好的树结构尽量减少树的高度，那么便能有效地减少查找存取的次数。这种有效的树结构是一种怎样的树呢？这种结构就是平衡多路查找树结构，即本小节要介绍的 B-树。下面给出 B-树的定义。

一棵 m（$m \geqslant 3$）阶的 B-树是满足如下性质的 m 叉树：

1）每个结点至少包含下列数据域：

$$(j, P_0, K_1, P_1, K_2, \cdots, K_j, P_j)$$

其中，j 为关键字总数，$K_i(1 \leqslant i \leqslant j)$ 是关键字，$P_i(0 \leqslant i \leqslant j)$ 是孩子指针，关键字序列递增有序 $K_1 < K_2 < \cdots < K_j$。对于叶子结点，每个 P_i 为空指针，实际为节省空间，叶子结点可省去指针域 P_i，但必须在每个结点中增加一个标志域 leaf，其值为真时表示是叶子结点，否则为内部结点。在每个内部结点中，假设用 $keys(P_i)$ 来表示子树 P_i 中的所有关键字，则有

$$keys(P_0) < K_1 < keys(P_1) < K_2 < \cdots < K_j < keys(P_j)$$

即关键字是分界点，任一关键字 K_i 左边子树中的所有关键字均小于 K_i，右边子树中的所有关键字均大于 K_i。

2）所有叶子是在同一层上，叶子的层数为树的高度 h。

3）每个非根结点中所包含的关键字个数 j 满足 $\lceil m/2 \rceil - 1 \leqslant j \leqslant m - 1$，即每个非根结点至少应有 $\lceil m/2 \rceil - 1$ 个关键字，至多有 $m - 1$ 个关键字。因为每个内部结点的度数正好是关键字总数加 1，故每个非根的内部结点至少有 $\lceil m/2 \rceil$ 棵子树，至多有 m 棵子树。

4）若树非空，则根至少有 1 个关键字，故若根不是叶子，则它至少有 2 棵子树。根至

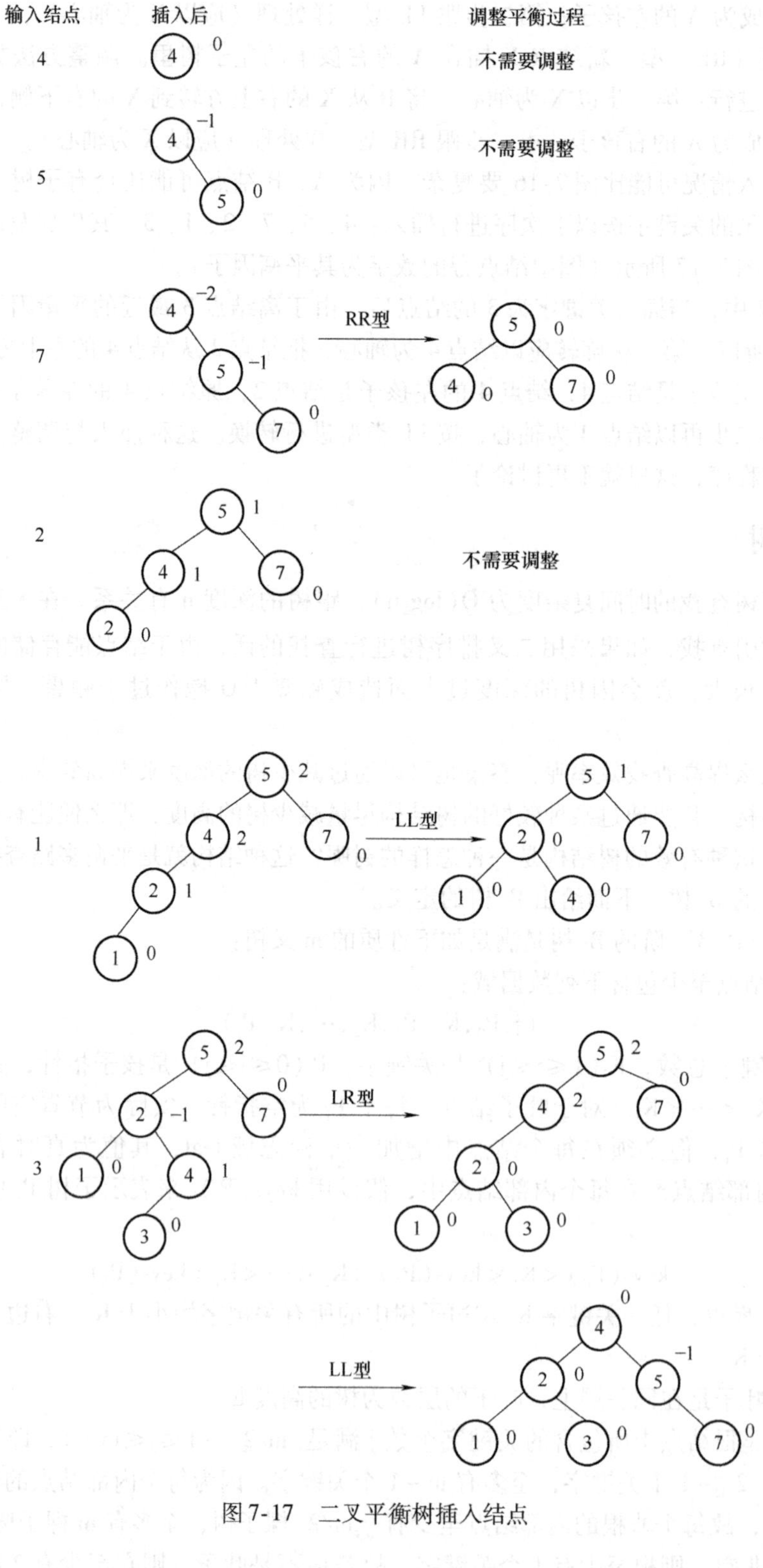

图 7-17　二叉平衡树插入结点

多有 m－1 个关键字，故至多有 m 棵子树。

如图 7-18 所示为一棵 4 阶 B-树。

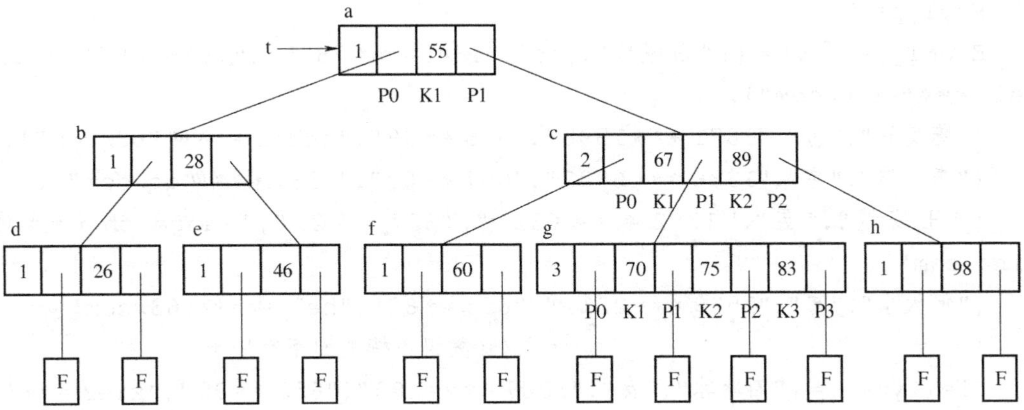

图 7-18 一棵 4 阶的 B-树

对 B－树进行查找的过程和对二叉排序树进行查找的过程类似。因为结点内部的关键字序列是有序的向量 key[1..keynum]，所以与二叉排序树不同的是，在每个结点上确定向下查找的路径不一定是二路（即二叉）的，而是 keynum＋1 路的。故既可以用顺序查找，也可以用折半查找。若在某个结点内找到待查的关键字 K，则返回该结点的地址及 K 在 key[1..keynum] 中的位置；否则，可确定 K 是在某个 key[i] 和 key[i＋1] 之间，此时可在磁盘中读入 son[i] 所指的结点继续查找。这一查找过程直至在某结点查找成功；或直至找到叶子结点且叶子结点中的查找仍不成功时，查找过程失败。例如，在图 7-18 中查找关键字 70 的记录。首先，将 70 与根结点关键字 55 进行比较，70＞55，因此，在根结点的 P1 指针域指向的 c 结点中进行查找，67＜70＜89，然后，在 c 结点的指针域 P1 指向的 g 结点中查找，在 g 结点中查找到关键字 K1，即为 70，查找成功。

显然，在 B－树上的查找有两个基本步骤：在 B－树中查找结点，由于 B－树通常存储在磁盘上，该查找涉及读盘操作，属外查找；在内存中查找，该查找属内查找。因此，查找操作的时间分为：外查找的读盘次数不超过树高 h，故其时间是 O(h)；内查找中，每个结点内的关键字数目 keynum＜m（m 是 B－树的阶数），故其时间为 O(mh)。注意：实际上外查找时间可能远远大于内查找时间。

7.2.5 案例实现——二叉排序树

【例 7-2】 查找通信录

通信录中记录了每位联系人的姓名、性别、手机号码、住宅号码和邮箱信息。编写一个查找通信录的程序，实现对联系人信息的查找功能。查找的过程中如果待查找记录存在，则查找成功；否则，需要将待查找记录插入查找表中。

【主函数源代码】

```
int main(){
```

```
    BiTree dt,p;
    int i;
    KeyType j;
    ElemType r[N] = {{"白佩玲","女","1345***7855","785**96","bai-
peil***@126.com"},
    {"陈旻辉","男","1871***1598","685**99","chen1***@163.com"},
    {"李永浩","男","1886***6833","697**63","6387***@qq.com"},
    {"王安城","男","1392***6327","657**21","wanganch***@
sina.com"},
    {"何天生","男","1589***2211","654**82","he1***@163.com"}
    };                              /*数组不按关键字有序*/
    ElemType m = {"谢冰冰","女","1867***1189","652**90","xie2**8@
163.com"};
    InitDSTable(&dt);               /*初始化二叉排序树,与初始化二叉树的操
                                      作相同*/
    for(i=0;i<N;i++)
        InsertBST(&dt,r[i]);        /*依次插入数据元素*/
    TraverseDSTable(dt,print);      /*遍历二叉排序树,与中序遍历二叉树的操
                                      作同*/
    printf("\n请输入待查找的值:");gets(j);
    p = SearchBST(dt,j);
    if(p){
        printf("表中存在此值。");
        DeleteBST(&dt,j);
        printf("删除此值后:\n");
        TraverseDSTable(dt,print);
        printf("\n");
    }else{
        printf("表中不存在此值\n");
        InsertBST(&dt,m);           /*插入数据元素*/
        printf("插入此值后:\n");
        TraverseDSTable(dt,print);
        printf("\n");
    }
    return 0;
}
```

【程序运行结果】 (见图 7-9)

```
/* 第一次运行程序，表中存在待查找的值，找到后将其删除*/
白佩玲   女     1345***7855     785**96     baipeil***@126.com
陈旻辉   男     1871***1598     685**99     chen1***@163.com
何天生   男     1589***2211     654**82     he1***@163.com
李永浩   男     1886***6833     697**63     6387***@qq.com
王安城   男     1392***6327     657**21     wanganch***@sina.com

请输入待查找的值：李永浩
表中存在此值。删除此值后：
白佩玲   女     1345***7855     785**96     baipeil***@126.com
陈旻辉   男     1871***1598     685**99     chen1***@163.com
何天生   男     1589***2211     654**82     he1***@163.com
王安城   男     1392***6327     657**21     wanganch***@sina.com

/* 再次运行程序，表中不存在待查找的值，插入此值*/

白佩玲   女     1345***7855     785**96     baipeil***@126.com
陈旻辉   男     1871***1598     685**99     chen1***@163.com
何天生   男     1589***2211     654**82     he1***@163.com
李永浩   男     1886***6833     697**63     6387***@qq.com
王安城   男     1392***6327     657**21     wanganch***@sina.com

请输入待查找的值：谢冰冰
表中不存在此值
插入此值后：
白佩玲   女     1345***7855     785**96     baipeil***@126.com
陈旻辉   男     1871***1598     685**99     chen1***@163.com
何天生   男     1589***2211     654**82     he1***@163.com
李永浩   男     1886***6833     697**63     6387***@qq.com
王安城   男     1392***6327     657**21     wanganch***@sina.com
谢冰冰   女     1867***1189     652**90     xie2***@163.com
```

图 7-19 例 7-2 程序运行结果

7.3 哈希表

7.3.1 案例导引

【案例】 日常生活中经常需要查英文字典表，英文字典表见表 7-3，输入英文单词，输出该单词对应的中文含义。

假设需要的英文单词“bank”，一般需要查找的位置就是从字母表中以“b”开头的位置开始查找。为什么不用顺序查找法，直接从字典的后面找？

表 7-3 英文字典表

英文单词	中文含义	索 引
abandon	丢弃	A
absolute	绝对	
apple	苹果	
angry	生气的	
anywhere	任何地方	
autumn	秋天	
⋮	⋮	

（续）

英文单词	中文含义	索　引
bank	银行	B
bill	账单	
biscuit	饼干	
boot	靴子	
⋮	⋮	
cotton	棉花	C
curtain	窗帘	
⋮	⋮	

【案例分析】 因为英文单词在字典中按照字母的顺序进行排列，可以通过“计算”，得出该关键词所在的大致位置，这样就能更快地找到它。这个“计算”过程类似于本节将要介绍的“哈希函数计算”。

前几节讨论的顺序查找、折半查找、二叉排序树及 B－树上的查找，其共同特征为它们均是建立在比较关键字的基础上。查找的效率也依赖于查找过程中所进行的比较次数。如果构造一个查找表，使数据元素的存放位置和数据元素的关键字之间存在某种对应关系，则可以直接由数据元素的关键字得到该数据元素的存放位置，这样的查找表就是哈希表。数据元素的关键字和该元素存放位置之间的映射函数称为**哈希函数**。因此可以说，**哈希表**就是通过哈希函数来确定数据元素存放位置的一种特殊的表结构。

7.3.2　哈希表的概念

假设要存储的数据元素个数为 n，设置一个长度为 m（$m \geq n$）的连续内存单元，分别以每个数据元素的关键字 key 为自变量，通过一个哈希函数把 key 映射到内存单元的某个地址 H（key），并把该数据元素存储在这个内存单元中。

例如，关键字序列为｛11,15,93,46,9,17,3,29｝，哈希函数为 H(key) = key mod 11，建立查找表如图 7-20 所示。

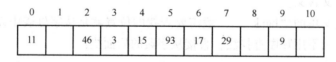

0	1	2	3	4	5	6	7	8	9	10
11		46	3	15	93	17	29		9	

图 7-20　哈希表示例

构造哈希表时存在这样的问题：对于不同的关键字可能得到相同的哈希地址，即 key1 ≠ key2，而 H(key1) = H(key2)，这种现象称为**冲突**。例如，在图 7-20 所示的哈希表中加入关键字 31，则 H(31) = H(9) = 9，产生了冲突。具有相同函数值的关键字对该哈希函数来说称为**同义词**。在构造哈希表时，同义词冲突通常是很难避免的。

显然，一旦哈希表构建好了，在哈希表中进行查找的方法就是：以要查找数据元素的关键字 key 为映射函数的自变量，以建立哈希表时使用的同样的哈希函数 H(key) 为映射函数，得到一个哈希地址。设该地址中数据元素的关键字为 key_i，比较 key 和 key_i，如果相等，则查找成功。否则，以建立哈希表时使用的同样的哈希冲突解决函数得到新的哈希地址比较，如果相等，则查找成功；否则，以建立哈希表时使用的同样的后续哈希冲突函数得到的新地址继续查找，直到查找成功或查找完 m 次未查找到而查找失败为止。

在构造哈希表时，虽然哈希冲突很难避免，但发生冲突的可能性有大有小。哈希冲突主要与三个因素有关：

1）与装填因子 α 有关。所谓装填因子是指表中填入的数据元素个数 n 与表长 m 的比值，即 $\alpha = n/m$。α 越大，表越满，冲突机会也越大。通常取 $\alpha \leqslant 1$。

2）与采用的哈希函数有关。若哈希函数选择得当，就可以使哈希地址尽可能均匀分布在哈希地址空间上，从而减少冲突的发生；否则，就可能使哈希地址集中在某些区域，从而加大冲突发生的可能性。

3）与解决哈希冲突的哈希冲突函数有关。哈希冲突函数选择的好坏也将影响发生哈希冲突的可能性。

7.3.3 哈希函数的构造方法

构造哈希函数的方法很多。哈希函数的选择有两条标准：简单和均匀。前者指哈希函数的计算简单、快速；后者指对于关键字集合中的任一关键字，哈希函数能以等概率将其映射到表空间的任何一个位置上。

常用的构造哈希函数的方法有以下几种：

1. 直接定址法

取关键字或关键字的某个线性函数值为哈希地址，即

$$H(key) = key \text{ 或 } H(key) = akey + b$$

其中，a 和 b 为常数（这种哈希函数叫作自身函数）。若 H(key) 中已经有值了，就找下一个，直到 H(key) 中没有值，就放进去。这种哈希函数计算简单，但是有可能造成内存单元的大量浪费。

例如，已知关键字集合为 {200,400,600,700,800,900}，选取哈希函数为 H(key) = key/100，则存放形式如图 7-21 所示。

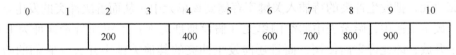

0	1	2	3	4	5	6	7	8	9	10
		200		400		600	700	800	900	

图 7-21 直接定址法数据存放形式

2. 除留余数法

除留余数法是用数据元素的关键字 key 除以哈希表的长度 m，取其余数作为哈希地址，即

$$H(key) = key \% m$$

该方法计算比较简单，适用范围广，是经常使用的一种哈希函数。这种方法的关键是选择好哈希表的长度 m。经验表明，m 最好为素数。例如，可根据关键字子集的大小考虑选取 m 为 7，11，13，17，19 等素数，或选取不包含小于 20 的质因数的合数。

3. 平方取中法

先通过求关键字的平方值扩大相近数的差别，然后根据表长度取中间的几位数作为哈希

函数值。因为一个数的平方值的中间几位数和数的每一位都相关，故由此产生的哈希地址较为均匀。

例如，将一组关键字{0100,0110,1010,1001,0111}取平方后得{0010000,0012100,1020100,1002001,0012321}，若取表长为1000，则可取中间的三位数作为哈希地址集{100,121,201,020,123}。

4. 数字分析法

数字分析法是取关键字中某些取值较均匀的数字作为哈希地址的方法。该方法适合于所有的关键字值已知的情况。数字分析法就是找出数字的规律，尽可能利用这些数据来构造冲突概率较低的散列地址。

从图7-22所示的关键字可以看出，第4、5、6、7位中关键字分布比较均匀。若哈希地址是两位，则可取这4位中的任意两位组合成哈希地址，也可以取其中两位与其他两位叠加求和后，取低两位作为哈希地址，或者选用其他方法。数字分析法仅适用于事先明确知道表中所有关键字数值的分布情况，它完全依赖于关键字集合。如果换一个关键字集合，则要重新进行选择。

9	8	7	5	2	5	0
9	8	7	2	1	0	4
9	8	8	7	3	1	6
9	8	6	8	6	3	2
9	8	6	3	9	2	1
1	2	3	4	5	6	7

图7-22 数字分析法示例

5. 随机数法

选择一个随机函数，取关键字的随机函数值为它的哈希地址，即

$$H(key)=random(key)$$

其中，random为伪随机函数，但要保证函数值在$0\sim m-1$。

7.3.4 处理冲突的方法

通常有两类方法处理冲突：开放定址法和拉链法。前者是将所有结点均匀存放在哈希表中；后者通常将互为同义词的结点链成一个单链表，将单链表的头指针放在哈希表中。

1. 开放定址法

开放定址法就是从发生冲突的那个单元开始，按照一定的次序，从哈希表中找出一个空闲的存储单元，把发生冲突的待插入关键字存储到该单元中，从而解决冲突的发生。

在开放定址法中，哈希表中的空闲单元（假设地址为K）不仅向哈希地址为K的同义词关键字开放，即允许它们使用，而且还向发生冲突的其他关键字开放（它们的哈希地址不为K），这些关键字称为非同义词关键字。例如，设有关键字序列{14,27,40,15,16}，散列函数为H(key)=key mod 13，则14、27和40的散列地址都为1，因此发生冲突，即14、27和40互为同义词，如图7-23a所示。

这时，假设处理冲突的方法是从冲突处顺序往后找空闲位置，找到后放入冲突数据即可。则14放入第1个位置，27只能放入第2个位置，40就只能放入第3个位置，如图7-23b所示。接着往后有关键字15，16要放入散列表中，而15，16的哈希地址分别为2和3，即15应放入第2个位置，16应放入第3个位置，而第2个位置已放入了27，第3个位置已放入了40，故也发生冲突，但这时是非同义词冲突，即15和27与16和40相互之间是非同义词，如图7-23c所示。这时，解决冲突后，15应放入第4个位置，16应放入第5个位置，如图7-23d所示。因此，在使用开放定址法处理冲突的哈希表中，地址为K的单元到底存储的是同义

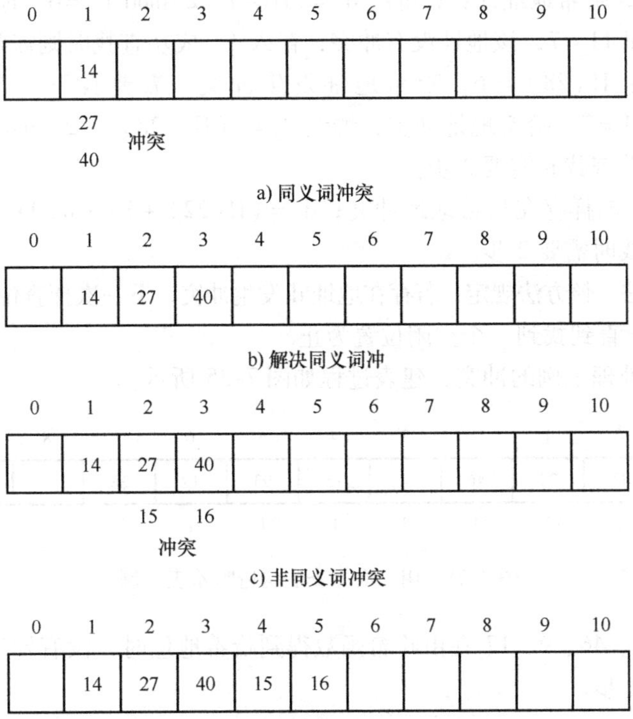

图7-23　用开放定址法构造哈希表示例

词中的一个关键字，还是非同义词关键字，这就要看谁先占用它。

在开放定址法中，解决冲突时具体可使用下面一些方法：

（1）线性探查法　假设哈希表的地址为0 ~ m－1，则哈希表的长度为m。若一个关键字在地址d处发生冲突，则依次探查地址d＋1，d＋2，…，m－1（当达到表尾m－1时，又从0，1，2，…开始探查），直到找到一个空闲位置来装冲突的关键字，这一种方法称为线性探查法。假设发生冲突的地址为$d_0 = H(k)$，则探查下一位置的公式为$d_i = (d_{i-1} + 1) \bmod m (1 \leqslant i \leqslant m-1)$，最后将冲突位置的关键字存入$d_i$地址中。

例如，关键字集合为{11,15,93,46,9,17,4,28,22}，哈希表表长为11，哈希函数为H(key) = key mod 11，用线性探查法处理冲突，构造这组关键字的哈希表。建表过程如图7-24所示。

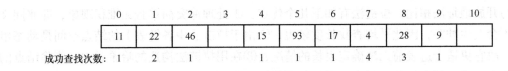

	0	1	2	3	4	5	6	7	8	9	10
	11	22	46		15	93	17	4	28	9	
成功查找次数:	1	2	1		1	1	1	4	3	1	

图7-24　用线性探查法构造哈希表示例

1）11、15、93、46、9、17关键字由哈希函数得到哈希地址时，没有发生冲突，直接存入。成功查找时只需要1步。

2）关键字4：H(4) = 4，哈希地址发生冲突，需寻找下一个空的哈希地址；d_1 = (H

(4) +1)mod 11 =5，哈希地址冲突；继续 d_2 =(H(4) +2)mod 11 =6，地址仍然冲突；继续 d3 =(H(4) +3)mod 11 =7，该地址没有冲突，存入4。成功查找时则需要4步。

3）关键字28：H(28) = 6，哈希地址发生冲突，需要找下一个空闲地址；d_1 = (H(28) +1) mod 11 =7，哈希地址冲突；继续 d_2 = (H (28) +2) mod 11 =8，该地址没有冲突，存入。成功查找时需要3步。

4）关键字22：同样存在哈希地址冲突；d_1 =(H(22) +1) mod 11 =1，该地址没有冲突，存入。成功查找时需要2步。

(2) 二次探查法 该方法规定，若存在地址d发生冲突，下一次探查位置为 $d+1^2$，$d-1^2$，$d+2^2$，$d-2^2$，…，直到找到一个空闲位置为止。

用二次探查法处理上例的冲突，建表过程如图7-25所示。

	0	1	2	3	4	5	6	7	8	9	10
	11	22	46	4	15	93	17	28		9	
成功查找次数:	1	2	1	3	1	1	1	2		1	

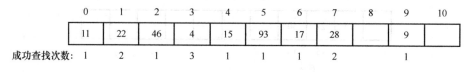

图7-25 用二次探查法构造哈希表示例

1）11、15、93、46、9、17在由哈希函数得到哈希地址时，没有发生冲突，直接存入。成功查找时只需要1步。

2）关键字4：H(4) =4，哈希地址发生冲突；d_1 =(H(4) +1) mod 11 =5，地址仍然冲突；d_2 =(H(4) -1)mod 11 =3，找到空闲位置，存入。成功查找时需要3步。

3）关键字28：H(28) =6，哈希地址发生冲突；d_1 =(H(28) +1) mod 11 =7，找到空闲地址，存入。成功查找时需要2步。

4）关键字22：H(22) =0，哈希地址发生冲突；d_1 =(H(22) +1) mod 11 =1 找到空闲地址，存入。成功查找时需要2步。

2. 拉链法

拉链法解决冲突的做法是将所有关键字为同义词的结点链接在同一个单链表中。若选定的哈希表长度为m，则可将哈希表定义为一个有m个头指针组成的指针数组T[0] ~T[m-1]，凡是哈希地址为i的结点，均插入到以T[i] 为头指针的单链表中。T中各分量的初值均应为空指针。在拉链法中，装填因子α可以大于1，但一般均取α≤1。

例如，已知一组关键字为{26,36,41,38,44,15,68,12,06,51}，则按哈希函数H(key) = key mod 13和拉链法所得的哈希表如图7-26所示。

与开放地址法相比，拉链法有如下几个优点：①处理冲突简单且无堆积现象，即非同义词决不会发生冲突，因此平均查找长度较短；②由于拉链法中各链表上的结点空间是动态申请的，故它更适于造表前无法确定表长的情况；③在用拉链法构造的哈希表中，删除结点的操作易于实现，只要简单地删去链表上相应的结点即可。

上述优点似乎说明拉链法优于开放定址法。然而拉链法亦有缺点：指针需要额外的空间，故当规模较小时，开放定址法较为节省空间，而若将节省的指针空间用来扩大哈希表的规模，可使装填因子变小，这又减少了开放定址法中的冲突，从而提高平均查找速度。

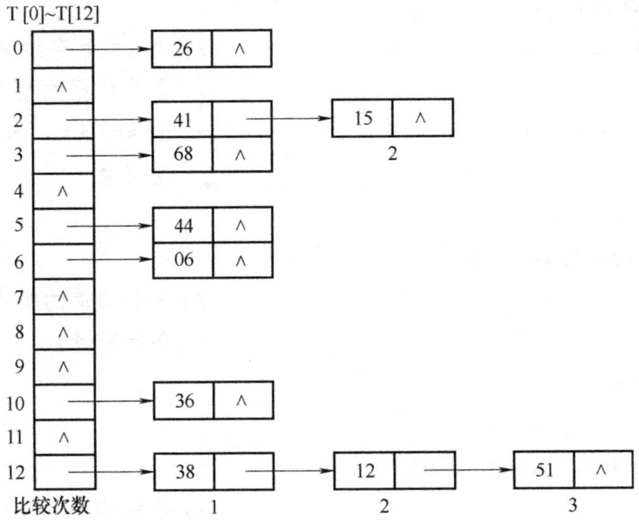

图7-26 拉链法构造哈希表示例

7.3.5 哈希表的运算

哈希表的运算主要有查找、插入和删除。其中主要是查找，这是因为哈希表的目的主要是用于快速查找，且插入和删除均要用到查找操作。

1. 查找

在哈希表上进行查找的过程和构造哈希表的过程基本一致。给定 key 值，根据造表时使用的哈希函数求得哈希地址，若表中此位置上没有数据元素，则查找失败。否则，比较关键字，若和给定值相等，则查找成功；否则根据造表时设定的处理冲突的方法找“下一地址”，直至哈希表某个位置为“空”或者表中所填数据元素的关键字等于给定值时为止。

算法 7.6 哈希表的查找算法

```
#define NULL_KEY 0                                  //0 为无记录标志
#define N 10                                        //数据元素个数
typedef int KeyType;                                //设关键字域为整型
struct ElemType{                                    //数据元素类型
   KeyType key;
   int ord;
};
//开放定址哈希表的存储结构
int hashsize[]={11,19,29,37};                       //哈希表容量递增表,一个合适
                                                      的素数序列
int m=0;                                            //哈希表表长,全局变量
```

```
struct HashTable{
    ElemType *elem;                              //数据元素存储基址,动态分配数组
    int count;                                   //当前数据元素个数
    int sizeindex;                               //hashsize[sizeindex]为当
                                                   前容量
};
unsigned Hash(KeyType K)
{                                                //一个简单的哈希函数(m为表长,
                                                   全局变量)
    return K%m;
}
void collision(int &p,int d)
{                                                //开放定址法的线性探查法处理
                                                   冲突
    p=(p+d)%m;
}
Status Find(HashTable H,KeyType K,int &p){
    //在开放定址哈希表H中查找关键码为K的元素,若查找成功,以p指示待查数据
    //元素在表中位置,并返回SUCCESS;否则,返回UNSUCCESS
    int c=0;
    p=Hash(K);                                   //求得哈希地址
    while(H.elem[p].key! =NULL_KEY&&! EQ(K,H.elem[p].key)){
        //该位置中填有记录.并且关键字不相等
        c++;
        if(c<m)
            collision(p,c);                      //求得下一探查地址p
        else
            return UNSUCCESS;                    //查找不成功(H.elem[p].key
                                                   ==NULL_KEY)
    }
    if EQ(K,H.elem[p].key)return SUCCESS;//查找成功,p返回待查数据元素
                                                   位置
    else return UNSUCCESS;                       //查找不成功(H.elem[p].key
                                                   ==NULL_KEY)
}
```

2. 插入

插入算法首先通过调用查找算法找到插入位置，若在表中找到待插入的关键字或表已满，则插入失败；若在表中找到一个开放地址，则将待插入的数据元素插入其中，即插入成功。

算法7.7 哈希表的插入算法

```
Status SearchHash(HashTable H,KeyType K,int &p,int &c){
  //在开放定址哈希表H中查找关键码为K的元素,若查找成功,以p指示待查数据
  //元素在表中位置,并返回SUCCESS;否则,以p指示插入位置,并返回UNSUCCESS
  //c用以计冲突次数,其初值置零,供建表插入时参考。
  p=Hash(K);                                   //求得哈希地址
  while(H.elem[p].key! =NULL_KEY&&! EQ(K,H.elem[p].key)){
      //该位置中填有记录.并且关键字不相等
      c++;
      if(c<m)
          collision(p,c); //求得下一探查地址p
      else break;
  }
  if EQ(K,H.elem[p].key)return SUCCESS;  //查找成功,p返回待查数据元
                                             素位置
  else return UNSUCCESS;
      //查找不成功(H.elem[p].key==NULL_KEY),p返回的是插入位置
}
Status InsertHash(HashTable &H,ElemType e){
  //查找不成功时插入数据元素e到开放定址哈希表H中,并返回OK;
  //若冲突次数过大,则重建哈希表
  int c,p;c=0;
  if(SearchHash(H,e.key,p,c)) //表中已有与e有相同关键字的元素
      return DUPLICATE;
  else if(c<hashsize[H.sizeindex]/2){   //冲突次数c未达到上限,(c
                                             的阀值可调)
      H.elem[p]=e;//插入e
       ++H.count;
      return OK;
  }
  else{
      RecreateHashTable(H);                 //重建哈希表
      return UNSUCCESS;
  }
}
```

3. 删除

从哈希表中删除记录时，要做特殊处理，需要修改查找的算法。此算法读者可自己实现。

4. 性能分析

插入和删除的时间具取决于查找，故这里只分析查找操作的时间性能。

虽然哈希表在关键字和存储位置之间建立了对应关系，理想情况是无须进行关键字的比较就可找到待查关键字。但是由于冲突的存在，哈希表的查找过程仍是一个和关键字进行比较的过程，不过哈希表的平均查找长度比顺序查找、折半查找等完全依赖于关键字比较的查找要小得多。例如，在图 7-25 和图 7-26 的哈希表中，在结点的查找概率相等的假设下，线性探查法和拉链法查找成功的平均查找长度分别为

$$ASL = (1 \times 6 + 2 \times 2 + 1 \times 3)/10 = 1.3$$

和

$$ASL = (1 \times 5 + 2 \times 2 + 3 \times 1)/10 = 1.2$$

可以看出，线性探查法在处理冲突的过程中易产生结点的二次聚集，如使得哈希地址不相同的结点又产生新的冲突；而拉链法处理冲突不会发生类似情况，因为哈希地址不同的结点在不同的链表中。

7.3.6 案例实现——哈希表

【例 7-3】 设计哈希表。要求：

1）哈希函数采用除留余数法，解决哈希冲突方法采用开放定址法的线性探测法。

2）设计一个测试程序进行测试。要求首先建立哈希表，然后输出所建立的哈希表，并查找某数据元素是否在哈希表中。若存在，则输出数据元素，否则显示“没找到”。

【主函数源代码】

```
int main(){
    ElemType r[N] = {{17,1},{60,2},{29,3},{38,4},{1,5},{2,6},{3,7},
{4,8},{60,9},{13,10}};
    HashTable h;int i,p;Status j;
    KeyType k;
    InitHashTable(h);
    for(i =0;i <N -1;i ++){//插入前 N -1 个记录
        j =InsertHash(h,r[i]);
        if(j ==DUPLICATE)
            printf("表中已有关键字为%d 的记录,无法再插入记录(%d,%d)\n",
r[i].key,r[i].key,r[i].ord);
    }
    printf("按哈希地址的顺序遍历哈希表:\n");
    TraverseHash(h,print);
    printf("请输入待查找记录的关键字:");
    scanf("%d",&k);j =Find(h,k,p);
    if(j ==SUCCESS)print(p,h.elem[p]);
    else printf("没找到\n");
```

```
    return 0;
}
```

【程序运行结果】（见图7-27）

```
/* 第一次运行程序，查找关键字 29 */
表中已有关键字为60的记录，无法再插入记录(60,9)
按哈希地址的顺序遍历哈希表:
哈希地址0~10
address=1 (1,5)
address=2 (2,6)
address=3 (3,7)
address=4 (4,8)
address=5 (60,2)
address=6 (17,1)
address=7 (29,3)
address=8 (38,4)
请输入待查找记录的关键字: 29
address=7 (29,3)
/* 第二次运行程序，查找关键字 32 */
表中已有关键字为60的记录，无法再插入记录(60,9)
按哈希地址的顺序遍历哈希表:
哈希地址0~10
address=1 (1,5)
address=2 (2,6)
address=3 (3,7)
address=4 (4,8)
address=5 (60,2)
address=6 (17,1)
address=7 (29,3)
address=8 (38,4)
请输入待查找记录的关键字: 32
没找到
```

图7-27 例7-3程序运行结果

本章总结

在计算机的数据处理中查找是最常用的运算之一。本章主要介绍静态查找表的查找、动态查找表的查找和哈希表查找。

静态查找表的查找主要包括：顺序查找、折半查找和分块查找。静态查找实现容易。顺序查找是指从表的最后一个数据元素开始依次与指定的值比较，直到第一个元素为止，其查找效率比较低，但适应面广。折半查找应用于有序的顺序表，可以有效地减少比较次数。分块查找是为主表建立一个索引，根据索引确定元素所在的范围，从而有效地提高查找效率。

动态查找表的查找主要包括二叉排序树、平衡二叉树和B-树。这些方法都充分地利用了二叉树或树的特点建立相应的数据结构，然后根据指定的值在二叉树中进行查找。

哈希表（散列表）是利用哈希函数的映射关系直接确定数据元素的位置，大大减少了与元素关键字的比较次数。

习 题 7

一、单项选择题

1. 若查找每个元素的概率相等，则在长度为 n 的顺序表上查找任一元素的平均查找长度为（　　）。

A. n　B. n+1　C. (n-1)/2　D. (n+1)/2

2. 对于长度为 9 的顺序存储的有序表，若采用折半查找法，在等概率情况下的平均查找长度为（　　）的 1/9。

A. 20　B. 18　C. 25　D. 22

3. 对于长度为 18 的顺序存储的有序表，若采用折半查找法，则查找第 15 个元素的比较次数为（　　）。

A. 3　B. 4　C. 5　D. 6

4. 对于顺序存储的有序表 {5,12,20,26,37,42,46,50,64}，若采用折半查找法，则查找元素 26 的比较次数为（　　）。

A. 2　B. 3　C. 4　D. 5

5. 对具有 n 个元素的有序表采用折半查找法，则算法的时间复杂度为（　　）。

A. O(n)　B. $O(n^2)$　C. O(1)　D. $O(\log_2 n)$

6. 在分块查找中，若用于保存数据元素的主表的长度为 n，它被均分为 k 个子表，每个子表的长度均为 n/k，则分块查找的平均查找长度为（　　）。

A. n+k　B. k+n/k　C. (k+n/k)/2　D. (k+n/k)/2+1

7. 在分块查找中，若用于保存数据元素的主表的长度为 144，它被均分为 12 子表，每个子表的长度均为 12，则索引查找的平均查找长度为（　　）。

A. 13　B. 24　C. 12　D. 79

8. 从具有 n 个结点的二叉排序树中查找一个元素时，在平均情况下的时间复杂度大致为（　　）。

A. O(n)　B. O(1)　C. $O(\log_2 n)$　D. $O(n^2)$

9. 在具有 n 个结点的二叉排序树中查找一个元素时，最坏情况下的时间复杂度为（　　）。

A. O(n)　B. O(1)　C. $O(\log_2 n)$　D. $O(n^2)$

10. 在一棵平衡二叉排序树中，每个结点的平衡因子的取值范围是（　　）。

A. -1~1　B. -2~2　C. 1~2　D. 0~1

11. 根据关键字集合 {23,44,36,48,52,73,64,58} 建立哈希表，采用 H(K) = K mod 13 计算哈希地址，则元素 64 的哈希地址为（　　）。

A. 4　B. 8　C. 12　D. 13

12. 根据关键字集合 {23,44,36,48,52,73,64,58} 建立哈希表，采用 H(K) = K mod 7 计算哈希地址，则哈希地址等于 3 的元素个数（　　）。

A. 1　B. 2　C. 3　D. 4

13. 若根据查找表建立长度为 m 的哈希表，采用线性探测法处理冲突，假定对一个元素第一次计算的哈希地址为 d，则下一次的哈希地址为（　　）。

A. d　　B. d+1　　C. (d+1)/m　　D. (d+1) mod m

二、填空题

1. 以顺序查找方法从长度为n的顺序表或单链表中查找一个元素时，平均查找长度为__________，时间复杂度为__________。

2. 对长度为n的查找表进行查找时，假定查找第i个元素的概率为p_i，查找长度（即在查找过程中依次同有关元素比较的总次数）为c_i，则在查找成功情况下的平均查找长度的计算公式为__________。

3. 假定一个顺序表的长度为40，并假定查找每个元素的概率都相同，则在查找成功情况下的平均查找长度__________，在查找不成功情况下的平均查找长度__________。

4. 用折半查找法从长度为n的有序表中查找一个元素时，平均查找长度约等于__________的向上取整减1，时间复杂度为__________。

5. 用折半查找法在一个查找表上进行查找时，该查找表必须组织成__________存储的__________表。

6. 从有序表（12,18,30,43,56,78,82,95）中分别折半查找43和56元素时，其比较次数分别为__________和__________。

7. 假定对长度n=50的有序表进行折半查找，则对应的判定树高度为__________，最后一层的结点数为__________。

8. 假定在索引查找中，查找表长度为n，每个子表的长度相等，设为s，则进行成功查找的平均查找长度为__________。

9. 在索引查找中，假定查找表（即主表）的长度为96，被等分为8个子表，则进行分块查找的平均查找长度为__________。

10. 在一棵二叉排序树中，每个分支结点的左子树上所有结点的值一定__________该结点的值，右子树上所有结点的值一定__________该结点的值。

11. 对一棵二叉排序树进行中序遍历时，得到的结点序列是一个__________。

12. 在一棵二叉排序树中查找一个元素时，若元素的值等于根结点的值，则表明__________；若元素的值小于根结点的值，则继续向__________查找；若元素的值大于根结点的值，则继续向__________查找。

13. 向一棵二叉排序树中插入一个元素时，若元素的值小于根结点的值，则接着向根结点的__________插入；若元素的值大于根结点的值，则接着向根结点的__________插入。

14. 根据n个元素建立一棵二叉排序树的时间复杂度大致为__________。

15. 在一棵平衡二叉排序树中，每个结点的左子树高度与右子树高度之差的绝对值不超过__________。

16. 假定对线性表（38,25,74,52,48）进行哈希存储，采用H(K)=K mod 7作为哈希函数，采用线性探测法处理冲突，则在建立哈希表的过程中，将会碰到__________次存储冲突。

17. 假定对线性表（38,25,74,52,48）进行哈希存储，采用H(K)=K mod 7作为哈希函数，采用线性探测法处理冲突，则平均查找长度为__________。

18. 在线性表的哈希存储中，装填因子α又称为装填系数，若用m表示哈希表的长度，n表示线性表中的元素的个数，则α等于__________。

19. 对线性表（18,25,63,50,42,32,90）进行哈希存储时，若选用 H(K) = K mod 9 作为哈希函数，则哈希地址为 0 的元素有 ________ 个，哈希地址为 5 的元素有 ________ 个。

三、应用题

1. 已知一个顺序存储的有序表为（15,26,34,39,45,56,58,63,74,76），试画出对应的折半查找判定树，并求出其平均查找长度。

2. 假定一个线性表为（38,52,25,74,68,16,30,54,90,72），画出按线性表中元素的次序生成的一棵二叉排序树，并求出其平均查找长度。

3. 假定一个待哈希存储的线性表为（32,75,29,63,48,94,25,46,18,70），哈希地址空间为 HT[13]，若采用除留余数法构造哈希函数，并用线性探测法处理冲突，试求出每一元素在哈希表中的初始哈希地址和最终哈希地址，画出最后得到的哈希表，求出平均查找长度。

4. 假定一个待哈希存储的线性表为（32,75,29,63,48,94,25,36,18,70,49,80），哈希地址空间为 HT[12]，若采用除留余数法构造哈希函数，并用拉链法处理冲突，试画出最后得到的哈希表，并求出平均查找长度。

5. 假定对有序表（3,4,5,7,24,30,42,54,63,72,87,95）进行折半查找，试回答下列问题：

（1）画出描述折半查找过程的判定树。

（2）若查找元素 54，需依次与哪些元素进行比较？

（3）若查找元素 90，需依次与哪些元素进行比较？

（4）假定每个元素的查找概率相等，求查找成功时的平均查找长度。

6. 在一棵空的二叉排序树中依次插入关键字序列为 12,7,17,11,16,2,13,9,21,4，请画出所得到的二叉排序树。

7. 已知长度为 12 的表（Jan,Feb,Mar,Apr,May,June,July,Aug,Sep,Oct,Nov,Dec），试回答下列问题：

（1）试按表中元素的顺序依次插入一棵初始为空的二叉排序树，画出插入完成之后的二叉排序树，并求其在等概率的情况下查找成功的平均查找长度。

（2）若对表中的元素先进行排序构成有序表，再求在等概率的情况下对此有序表进行折半查找时查找成功的平均查找长度。

（3）按表中元素顺序构造一棵平衡二叉排序树，并求其在等概率的情况下查找成功的平均查找长度。

8. 对图 7-28 所示的三阶 B-树依次执行下列操作，画出各步的操作结果。

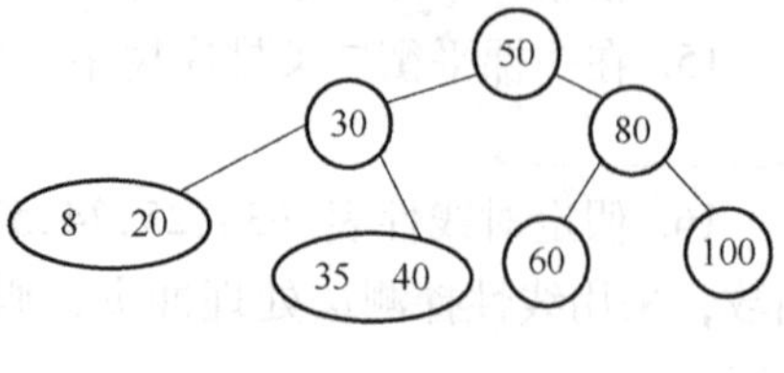

图 7-28 三阶 B-树

（1）插入 90。

（2）插入 25。

（3）插入 45。

（4）删除 60。

9. 设哈希表的地址范围为 0～17，哈希函数 H(key) = key mod 16。用线性探查法处理冲突，输入关键字序列 10,24,32,17,31,30,46,47,40,63,49，构造哈希表，试回答下列问题：

（1）画出哈希表的示意图。

（2）若查找关键字63，需要依次与哪些关键字进行比较？

（3）若查找关键字60，需要依次与哪些关键字进行比较？

（4）假定每个关键字的查找概率相等，求查找成功时的平均查找长度。

10. 设有一组关键字{9,01,23,14,55,20,84,27}，采用哈希函数H(key)=key mod 7，表长为10，用开放定址法的二次探查法处理冲突。要求：对该关键字序列构造哈希表，并计算查找成功的平均查找长度。

11. 设哈希函数H(K)=3 K mod 11，哈希地址空间为0～10，对一组关键字{32,13,49,24,38,21,4,12}按线性探查法和拉链法两种解决冲突的方法构造哈希表，并分别求出等概率下查找成功时和查找失败时的平均查找长度ASL_{succ}和ASL_{unsucc}。

12. 设哈希表的地址范围为0～17，哈希函数H(key)=key mod 16。用线性探查法处理冲突，输入关键字序列10,24,32,17,31,30,46,47,40,63,49，构造哈希表，试回答下列问题：

（1）画出哈希表的示意图。

（2）若查找关键字63，需要依次与哪些关键字进行比较？

（3）若查找关键字60，需要依次与哪些关键字进行比较？

（4）假定每个关键字的查找概率相等，求查找成功时的平均查找长度。

四、算法设计题

1. 试写一个判别给定二叉树是否为二叉排序树的算法，设此二叉树以二叉链表作为存储结构，且树中结点的关键字均不同。

2. 试将折半查找算法改写成递归算法。

第8章 排序

知识导航

排序是数据处理中经常使用的一种重要操作，在应用软件的设计中，有着广泛的应用。

例如，表8-1是一个学生成绩表，其中每个学生记录有学号、姓名、语文、数学、英语和总分的信息。学号、姓名、语文、数学、英语和总分构成了学生记录的6个数据项。在排序时，如果用学号项来排序，则会得到一个有序序列；如果用总分项来排序，则会得到另外一个有序序列。

表8-1 学生成绩表

序号	学号	姓名	语文	数学	英语	总分
1	2018010	王晓佳	70	78	80	228
2	2018002	林一鹏	88	85	92	265
3	2018008	谢宁	90	91	89	270
4	2018012	张丽娟	80	75	86	241
⋮	⋮	⋮	⋮	⋮	⋮	⋮
n	2018034	李小燕	87	82	88	257

排序算法有许多种，不同的排序算法特点不同。学习本章要重点关注两个方面：一个是每种排序算法的思想；另一个是各种排序算法的性能特点。

本章主要介绍内部排序的插入排序、交换排序、选择排序、归并排序和基数排序五类排序算法的基本思想、排序过程、算法实现和性能分析。

学习路线

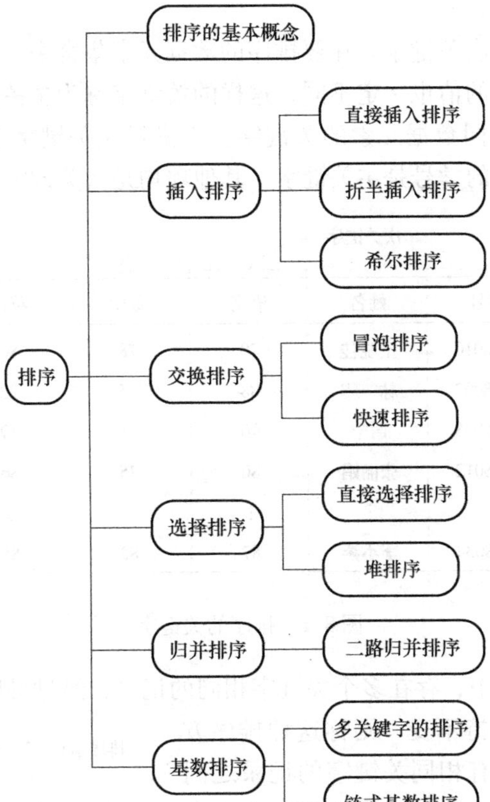

本章目标

知识点	了解	掌握	动手练习
排序的基本概念	★		
插入排序		★	★
交换排序		★	★
选择排序		★	★
归并排序		★	★
基数排序		★	★

8.1 排序的基本概念

排序（sort）就是将一组无序的数据按某个数据项值递增或递减重新排列的过程。在排序问题中，通常将数据元素称为记录。

关键字是要排序的数据元素中的一个数据项，排序是以关键字为基准进行的。例如，对表 8-1 学生成绩表按学号排序时，“学号”项就是排序的关键字；按总分排序时，“总分”项就是排序的关键字。

关键字分主关键字和次关键字。在要排序的数据元素集合中，对于某个关键字来说，数据元素值不同时该关键字的值也一定不同，这样的关键字称为**主关键字**。换句话说，主关键字是能够唯一区分各个不同数据元素的关键字。不满足主关键字定义的关键字就是**次关键字**。表 8-1 学生成绩表中的学号是主关键字，其他项均是次关键字。

主关键字　　次关键字

序号	学号	姓名	语文	数学	英语	总分
1	2018010	王晓佳	70	78	80	228
2	2018002	林一鹏	88	85	92	265
3	2018008	谢宁	90	91	89	270
4	2018012	张丽娟	80	75	86	241
⋮	⋮	⋮	⋮	⋮	⋮	⋮
n	2018034	李小燕	87	82	88	257

图 8-1　排序的关键字

如果在待排序的记录中，存在多个关键字相同的记录，经过排序后这些具有相同关键字的记录之间的相对次序保持不变，则称这种排序方法是稳定的；反之，若具有相同关键字的记录之间的相对次序发生变化，则称这种排序方法是不稳定的。图 8-2a 是稳定的排序方法，图 8-2b 是不稳定的排序方法。

排序前：17，3，25，9，14，20，9，27

排序后：3，9，9，14，17，20，25，27

a) 稳定的排序方法

排序前：17，3，25，9，14，20，9，27

排序后：3，9，9，14，17，20，25，27

b) 不稳定的排序方法

图 8-2　排序方法的稳定性

排序分内部排序和外部排序两种。**内部排序**是指在排序过程中，所有记录全部被放在内存中处理，排序不涉及数据的内、外存交换；**外部排序**是指由于待排序的记录数量太大，不能全部放置在内存中，只能一部分记录放置在内存中，另一部分记录放置在外存中，整个排序过程中要进行内、外存之间多次交换数据才能完成。按所用的策略不同，内部排序方法可以分为五类：插入排序、交换排序、选择排序、归并排序和基数排序。内部排序是外部排序的基础，因此本章只讨论内部排序。

要在繁多的排序算法中，简单地判断哪一种算法最好，以便能普遍适用是困难的。评价一个排序算法的好坏，通常是从执行时间和所需的辅助空间两个方面进行考量。另外，算法本身的复杂程度也要考虑。

排序算法所需的辅助空间并不依赖于问题的规模 n，也就是说，辅助空间为 O(1)，则称之为就地排序。一般来说，非就地排序要求的辅助空间为 O(n)。大多数排序算法的时间开销主要是关键字之间的比较和记录的移动，因此在后面各节讨论排序算法时，将给出有关算法的关键字比较次数和记录的移动次数。有的排序算法其执行时间不仅依赖于问题的规模，还取决于输入实例中数据的状态。因此，对这样的排序算法，给出其最好、最坏和平均三种时间性能评价。

在讨论排序算法的平均执行时间时，均假定在所有可能的输入实例中各个实例均以等概率出现，也就是说，待排序的记录是随机分布的。

为了操作上的方便，本章的排序算法主要采用顺序表作为存储结构，定义如下：

```
typedef struct{
    RedType r[MAX_SIZE +1];         /* r[0]闲置或用作哨兵单元 */
    int length;                     /* 顺序表长度 */
}SqList;                            /* 顺序表类型 */
```

其中，表 8-1 的学生成绩表的记录类型可以定义如下：

```
typedef struct{
    char number[10];         /* 学号,与关键字类型同 */
    char name[9];            /* 姓名(4 个汉字加 1 个串结束标志) */
    int Chinese;             /* 语文 */
    int math;                /* 数学 */
    int English;             /* 英语 */
    int total;               /* 总分 */
    int order;               /* 原始次序 */
}RedType;                    /* 记录类型 */
```

可以根据题目的需要灵活地修改排序的关键字，比如，如果按照语文成绩进行排序，可以定义 key 如下：

```
#define key Chinese     /* 定义关键字为语文成绩 */
```

8.2　插入排序

8.2.1　案例导引

【案例】 对学生成绩表（见表 8-2）中的数据按语文成绩进行升序排序。

表 8-2　学生成绩表

序　号	学　号	姓　名	语　文	数　学	英　语	总　分
1	2018010	王晓佳	70	78	80	228
2	2018002	林一鹏	88	85	92	265
3	2018008	谢宁	90	91	89	270
4	2018012	张丽娟	80	75	86	241
5	2018015	刘家琪	81	77	87	245

（续）

序 号	学 号	姓 名	语 文	数 学	英 语	总 分
6	2018016	成平	76	79	67	222
7	2018022	赵学意	62	84	83	229
8	2018029	江永康	85	93	89	267
9	2018030	郑可欣	73	85	76	234
10	2018034	李小燕	87	82	88	257

【案例分析】 如果是对学生的语文成绩进行排序，经常的做法是序号 2 的林一鹏的语文成绩高于序号 1 的王晓佳的语文成绩，他们在表中的次序不变；序号 2 的学生和序号 3 的学生也是如此；序号 4 的张丽娟的语文成绩比序号 2 和序号 3 的学生的语文成绩都低，比序号 1 的学生的语文成绩要高，序号 4 的学生的记录应该插入到序号 2 的学生的记录之前；后面的排序过程依此类推。

这种排序方法称为插入排序。插入排序的基本思想是：每一趟将一个待排序的记录，按其关键字大小插入到已经排好序的部分记录中的适当位置，直到全部记录插完为止。根据确定插入位置的方法不同，插入排序分为直接插入排序和折半插入排序。希尔排序是对直接插入排序的改进。

8.2.2 直接插入排序

1. 基本思想

直接插入排序的基本思想是：把 n 个待排序的记录看成一个有序表和一个无序表，开始时有序表中只包含一条记录，无序表中包含有 n - 1 条记录，排序过程是每次从无序表中取出一条记录，把它的关键字依次与有序表中记录的关键字进行比较，然后根据比较结果将它插入到有序表中的适当位置，使之成为新的有序表。

图 8-3 所示为采用直接插入法对扑克牌进行排序的过程。

图 8-3a 所示为扑克的初始情况；首先，将第 2 张扑克和第 1 张扑克进行比较，6 < 8，则将两张扑克交换位置，交换之后成为图 8-3b 所示的情况；然后，将第 3 张扑克和第 2 张扑克进行比较，5 < 8，交换两张扑克的位置，然后再将第 2 张扑克和第 1 张扑克比较，5 < 6，则再交换两张扑克的位置，交换之后成为图 8-3c 所示的情况；再将第 4 张扑克牌和第 3 张扑克牌进行比较，9 > 8，不需要交换，成为图 8-3d 的情况，再将第 5 张扑克牌与第 4 张扑克牌进行比较，7 < 9，交换两张扑克牌的位置，再将第 4 张扑克牌和第 3 张扑克牌进行比较，7 < 8，交换两张扑克牌的位置，再将第 3 张扑克牌与第 2 张扑克牌进行比较，7 > 6，不需要交换，最后成为图 8-3e 所示的情况，此时序列已经有序，排序完成。

例如，数组 R 中有 6 条记录的关键字分别为（17,3,25,14,20,9），它的直接插入排序的执行过程如图 8-4 所示。

2. 直接插入的算法实现

为了避免检测是否应插入 R[1] 的前面，在 R[1] 的前面设立记录 R[0]，它既是中间变量，又是监视哨。设（R[1],R[2],…,R[i-1]）是已排序的有序子文件，则插入 R[i] 的步骤是：首先将 R[i] 存放到 R[0] 中；然后将 K_0（即原 R[i] 的关键字 K_i）依次与 K_{i-1}，

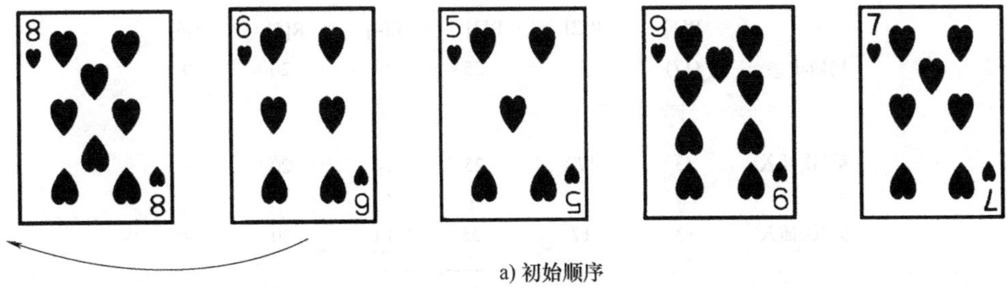

a) 初始顺序

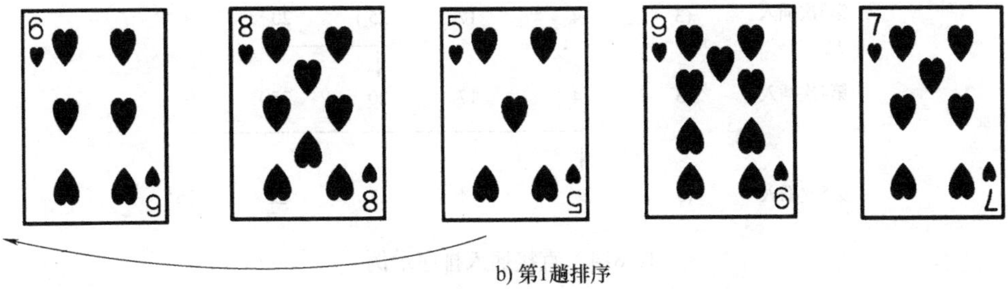

b) 第1趟排序

c) 第2趟排序

d) 第3趟排序

e) 第4趟排序

图 8-3　采用直接插入排序法对扑克牌进行排序的过程

K_{i-2}，…，K_1 进行比较，若 $K_0 < K_j$（$j = i-1, i-2, \cdots, 1$），则 R[j] 后移一个位置，否则停止比较和移动；最后，将 R[0]（即原来待插入的记录 R[i]）移到第 j+1 个位置上。由于 R[i] 的前面有监视哨 R[0]，因此不必每次判断下标 j 是否出界。下面给出直接插入算法的描述：

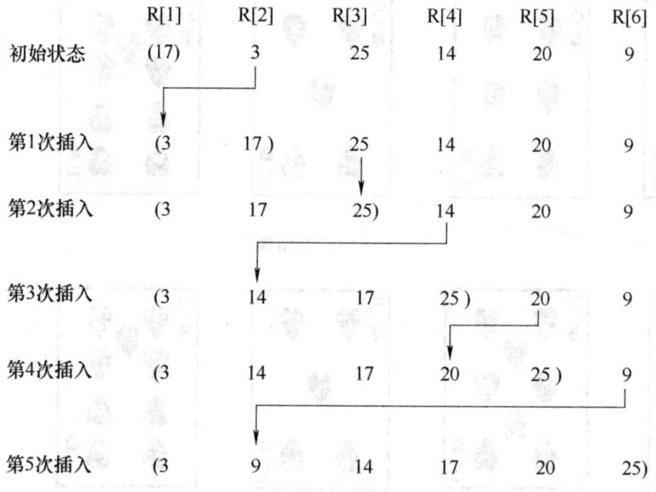

图 8-4 直接插入排序示例

算法 8.1 直接插入算法

```
void InsertSort(SqList &L){                    //对顺序表 L 做直接插入排序。
    int i,j;
    for(i =2;i < =L.length; + +i)
      if LT(L.r[i].key,L.r[i-1].key)          //LT 代表"<",需将 L.r[i]插入
                                                 有序子表
      {
        L.r[0] =L.r[i];                        //复制为哨兵
        for(j =i-1;LT(L.r[0].key,L.r[j].key);--j)
          L.r[j +1] =L.r[j];                   //记录后移
        L.r[j +1] =L.r[0];                     //插入到正确位置
      }
}
```

3. 性能分析

从上面的算法可以看出，在最好的情况下直接插入排序算法的时间复杂度是所有记录的关键字都已经有序，此时外层的 for 循环的循环次数是 $n-1$，而内层的 for 循环的语句执行次数为0，因此，直接插入排序算法在最好的情况下，算法的时间复杂度为 $O(n)$。在最坏的情况下，即所有记录的关键字都是按照逆序排列，则内层 for 循环的比较次数均为 $i+1$ 次，则整个比较次数为 $\sum_{i=2}^{n} i = \frac{(n+2)(n-1)}{2}$，移动次数为 $\sum_{i=2}^{n}(i+1) = \frac{(n+4)(n-1)}{2}$，即在最坏情况下，时间复杂度是 $O(n^2)$。如果记录的关键字是随机排列的，其比较次数和移动次数约为 $1/2+2/2+3/2+\cdots+(n-1)/2 \approx n^2/4$，此时直接插入排序的时间复杂度为$O(n^2)$。

由上述分析可知，当文件的初始状态不同时，直接插入排序所耗费的时间是有很大差异

的。直接插入排序算法所需的辅助空间是一个监视哨，故辅助空间复杂度 $S(n)=O(1)$，也就是说，它是一个就地排序。直接插入排序是稳定的排序方法。

8.2.3　折半插入排序

1. 基本思想

由于插入排序的基本操作是在一个有序表中“查找”插入的位置，然后进行“插入”过程。从 7.1 节中得知，这个“查找”操作，可以采用“折半查找”来实现，可以提高查找效率，由此进行的插入排序称为“折半插入排序”。

折半插入排序的基本思想是：在有序表中采用折半查找的方法查找待排元素的插入位置。其处理过程是：先将第一个元素作为有序序列，进行 $n-1$ 次插入，用折半查找的方法查找待排元素的插入位置，将待排元素插入。

例如，$n=8$，数组 R 的八条记录的关键字分别为（30,13,70,85,39,42,6,20），它的折半插入排序过程如图 8-5 所示。

在图 8-5 中的每趟排序过程中，待插入的元素为 R[i]，$s=1$，$t=i-1$，将待插入的元素 R[i].key 与有序表 R[s] 到 R[t] 的中点 m 上的关键字 R[m].key 进行比较，如果 R[m].key > R[i].key，则 $t=m-1$，否则 $s=m+1$，然后在 R[s] 到 R[t] 中继续查找插入的位置。每通过一次关键字的比较，区间的长度就缩小一半，区间的个数就增加一倍，如此不断进行下去，直到 $s>t$ 为止。最后，将 R[s] 及以后的元素往后移动一个位置，将待插入元素 R[i] 放入到 R[s] 的位置上。

	R[1]	R[2]	R[3]	R[4]	R[5]	R[6]	R[7]	R[8]
初始状态	(30)	13	70	85	39	42	6	20
第1次插入	(13	30)	70	85	39	42	6	20
第2次插入	(13	30)	70)	85	39	42	6	20
⋮				⋮				
第6次插入	(6	13	30	39	42	70	85)	20
第7次插入	(6	13	30	39	42	70	85)	20
	↑ s			↑ m			↑ t	
第7次插入	(6	13	30	39	42	70	85)	20
	↑ s	↑ m	↑ t					
第7次插入	(6	13	30	39	42	70	85)	20
			↑↑↑ s m t					
第7次插入	(6	13	30	39	42	70	85)	20
		↑ t	↑ s					
第7次插入	(6	13	20	30	39	42	70)	85)

图 8-5　折半插入排序示例

2. 折半插入排序的算法实现

算法 8.2 折半插入排序算法

```
void BInsertSort(SqList &L){                //对顺序表 L 作折半插入排序。
    int i,j,m,low,high;
    for(i=2;i<=L.length;++i){
        L.r[0]=L.r[i];                      //将 L.r[i]暂存到 L.r[0]
        low=1;
        high=i-1;
        while(low<=high){                   //在 r[low..high]中折半查找有序插
                                              入的位置
            m=(low+high)/2;                 //折半
            if LT(L.r[0].key,L.r[m].key)
                high=m-1;                   //插入点在低半区
            else
                low=m+1;                    //插入点在高半区
        }
        for(j=i-1;j>=high+1;--j)
            L.r[j+1]=L.r[j];                //记录后移
        L.r[high+1]=L.r[0];                 //插入
    }
}
```

3. 性能分析

折半插入排序算法与直接插入排序算法相比，需要的辅助空间基本一致；时间上，前者的比较次数比后者的最坏的情况好最好的情况坏，两种方法的元素的移动次数相同，因此折半插入排序的时间复杂度仍为 $O(n^2)$。

折半插入排序算法与直接插入排序算法的记录移动一样是顺序的，因此该方法也是稳定的。

8.2.4 希尔排序

1. 基本思想

在待排序的记录较少或待排序的记录较多但记录基本有序的情况下，直接插入排序效率较高。那么，如何利用直接插入排序的思想提高排序的效率呢？可以将待排序的记录分割成若干个小组（逻辑上分组），然后对每一个小组分别进行插入排序。此时，整个待排序的记录已经基本有序，再整体进行插入排序，所作用的数据量比较小（每一个小组），插入的效率比较高。这种排序算法称为希尔排序。

希尔排序又称为“缩小增量排序”，是于 1959 年由 D. L. Shell 提出来的。此方法实质上是一种分组插入方法，其基本思想是：先将整个待排元素序列分割成若干个子序列（由相隔某个“增量”的元素组成的）分别进行直接插入排序，待整个序列中的元素基本有序（增量足够小）时，再对全体元素进行一次直接插入排序。因为直接插入排序在元素基本有序的情况下（接近最好的情况），效率是很高的。因此，希尔排序在时间效率上比前两种方法有较大提高。

先从一个具体的例子来看希尔排序。例如，n = 8，数组 R 中八条记录的关键字分别为（17,3,30,25,14,17,20,9）。图 8-6 给出希尔排序算法的执行过程。增量序列取值依次为 4，2,1。

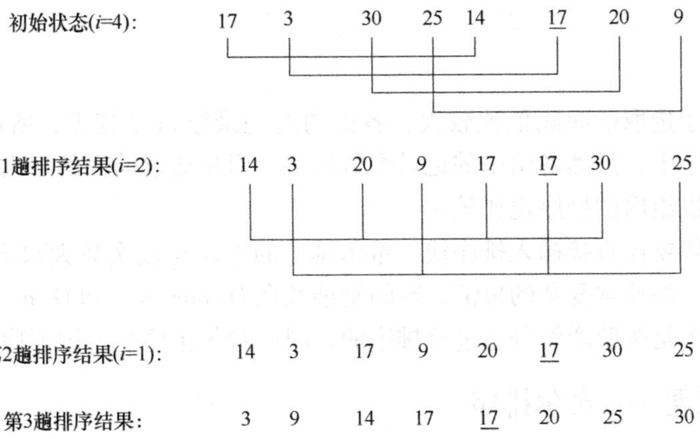

图 8-6　希尔排序示例

2. 希尔排序的算法实现

算法 8.3　希尔排序算法

```
void ShellInsert(SqList *L,int dk) {
    /*对顺序表 L 做一趟希尔插入排序。本算法是和一趟直接插入排序相比,*/
    /*做了以下修改:*/
    /*1. 前后记录位置的增量是 dk,而不是 1;*/
    /*2. r[0]只是暂存单元,不是哨兵。当 j < =0 时,插入位置已找到。*/
    int i,j;
    for(i =dk +1;i < = (*L).length; + +i)
        if LT((*L).r[i].key,(*L).r[i-dk].key)
        { /*需将(*L).r[i]插入有序增量子表 */
            (*L).r[0] = (*L).r[i];/*暂存在(*L).r[0] */
            for(j =i-dk;j >0&&LT((*L).r[0].key,(*L).r[j].key);j- =dk)
                (*L).r[j +dk] = (*L).r[j];/*记录后移,查找插入位置 */
            (*L).r[j +dk] = (*L).r[0];/*插入 */
        }
}
void ShellSort(SqList *L,int dlta[],int t) {/*按增量序列 dlta[0..t-1]
对顺序表 L 做希尔排序。*/
```

```
    int k;
    for(k=0;k<t;++k){
        ShellInsert(L,dlta[k]);/*一趟增量为dlta[k]的插入排序 */
        printf("第%d趟排序结果:\n",k+1);
        print1(*L);
    }
```

3. 性能分析

初始时，由于选取的间隔值比较大，各组内的记录数目比较少，所以组内排序就比较快。在以后的排序中，虽然各组中的记录个数增多，但是通过前面的多次排序，组内的记录已接近有序，所以组内的排序也比较快。

希尔排序一般要比直接插入排序快，希尔排序的平均比较次数大致为 $O(n^{1.3})$，但是希尔排序的分析是一件非常复杂的事情，时间复杂性在 $O(n\log_2 n)$ 和 $O(n^2)$ 之间，

由于希尔排序是按照增量分组进行排序的，因此希尔排序是一种不稳定的排序。

8.2.5 案例实现——希尔排序

【例 8-1】 采用希尔排序的方法对表 8-2 中的数据按语文成绩进行升序排序。

【主函数源代码】

```
int main(){
    RedType d[N]={{"2018010","王晓佳",70,78,80,228,1},
    {"2018010","林一鹏",88,85,92,265,2},{"2018002","谢宁",90,91,89,270,3},
    {"2018010","张丽娟",80,75,86,241,4},{"2018010","刘家琪",81,77,
87,245,5},
    {"2018010","成平",76,79,67,222,6},{"2018010","赵学意",62,84,83,
229,7},
    {"2018010","江永康",85,93,89,267,8},{"2018010","郑可欣",73,85,
76,234,9},
    {"2018010","李小燕",87,82,88,257,10}};
    SqList l;
    int i,dt[T]={5,3,1}; /*增量序列数组*/
    for(i=0;i<N;i+t);
        l.r[i+1]=d[i];
    l.length=N;
    printf("排序前:\n");print1(l);
    ShellSort(&l,dt,T);
    printf("排序后:\n");print1(l);
    return 0;
}
```

【程序运行结果】（见图8-7）

```
排序前:
学号      姓名          语文 英语 数学 总分 原始序号
2018010 王晓佳          70   80   78  228    1
2018010 林一鹏          88   92   85  265    2
2018002 谢宁            90   89   91  270    3
2018010 张丽娟          80   86   75  241    4
2018010 刘家琪          81   87   77  245    5
2018010 成平            76   67   79  222    6
2018010 赵学意          62   83   84  229    7
2018010 江永康          85   89   93  267    8
2018010 郑可欣          73   76   85  234    9
2018010 李小燕          87   88   82  257   10

第1趟排序结果:
学号      姓名          语文 英语 数学 总分 原始序号
2018010 王晓佳          70   80   78  228    1
2018010 赵学意          62   83   84  229    7
2018010 江永康          85   89   93  267    8
2018010 郑可欣          73   76   85  234    9
2018010 刘家琪          81   87   77  245    5
2018010 成平            76   67   79  222    6
2018010 林一鹏          88   92   85  265    2
2018002 谢宁            90   89   91  270    3
2018010 张丽娟          80   86   75  241    4
2018010 李小燕          87   88   82  257   10
第2趟排序结果:
学号      姓名          语文 英语 数学 总分 原始序号
2018010 王晓佳          70   80   78  228    1
2018010 赵学意          62   83   84  229    7
2018010 成平            76   67   79  222    6
2018010 郑可欣          73   76   85  234    9
2018010 刘家琪          81   87   77  245    5
2018010 张丽娟          80   86   75  241    4
2018010 李小燕          87   88   82  257   10
2018002 谢宁            90   89   91  270    3
2018010 江永康          85   89   93  267    8
2018010 林一鹏          88   92   85  265    2

第3趟排序结果:
学号      姓名          语文 英语 数学 总分 原始序号
2018010 赵学意          62   83   84  229    7
2018010 王晓佳          70   80   78  228    1
2018010 郑可欣          73   76   85  234    9
2018010 成平            76   67   79  222    6
2018010 张丽娟          80   86   75  241    4
2018010 刘家琪          81   87   77  245    5
2018010 江永康          85   89   93  267    8
2018010 李小燕          87   88   82  257   10
2018010 林一鹏          88   92   85  265    2
2018002 谢宁            90   89   91  270    3

排序后:
学号      姓名          语文 英语 数学 总分 原始序号
2018010 赵学意          62   83   84  229    7
2018010 王晓佳          70   80   78  228    1
2018010 郑可欣          73   76   85  234    9
2018010 成平            76   67   79  222    6
2018010 张丽娟          80   86   75  241    4
2018010 刘家琪          81   87   77  245    5
2018010 江永康          85   89   93  267    8
2018010 李小燕          87   88   82  257   10
2018010 林一鹏          88   92   85  265    2
2018002 谢宁            90   89   91  270    3
```

图8-7 例8-1程序运行结果

8.3 交换排序

8.3.1 案例导引

【案例】 对学生成绩表8-2中的数据按英语成绩进行排序。

【案例分析】 如果是对学生的英语成绩进行排序，可以两两比较相邻记录的关键字，如果反序则交换，直到没有反序的记录为止，这就是交换排序算法。交换排序包括冒泡排序和快速排序两种方法。

8.3.2 冒泡排序

1. 基本思想

冒泡排序的基本思想是：通过对待排序序列从后向前（从下标较大的记录开始）依次比较相邻记录的关键字，若发现逆序则交换，使关键字较小的记录逐渐从后部移向前部（从下标较大的单元移向下标较小的单元），就像水底下的气泡一样逐渐向上冒。图8-8所示为采用冒泡排序法对扑克牌进行排序。

初始序列如图8-8a所示。

第一趟冒泡排序过程如下：首先，比较第4个记录和第5个记录，由于9>7，则将9和7交换位置，序列变为{8,6,5,7,9}；然后，再比较第3个记录和第4个记录，由于5<7，不需要交换位置，序列保持不变；再比较第2个记录和第3个记录，由于6>5，则将6和5交换位置，序列变为{8,5,6,7,9}；最后，比较第1个记录和第2个记录，由于8>5，则将8和5交换位置，序列变为{5,8,6,7,9}。第一趟冒泡排序结束。最小的记录5这时已在序列的第1个位置上。第一趟冒泡排序结果如图8-8b所示。

第二趟冒泡排序过程如下：首先，比较第4个记录和第5个记录，由于7<9，不需要交换位置，序列保持不变；然后，比较第3个记录和第4个记录，由于6<7，不需要交换位置，序列保持不变；最后，比较第2个记录和第3个记录，由于8>6，则将8和6交换位置，序列变为{5,6,8,7,9}。第2小的记录6这时已在序列的第2个位置上。第二趟冒泡排序结束。第二趟冒泡排序结果如图8-8c所示。

第三趟冒泡排序过程如下：首先，比较第4个记录和第5个记录，由于7<9，不需要交换位置，序列保持不变；然后，比较第3个记录和第4个记录，由于8>7，则将8和7交换位置，序列变为{5,6,7,8,9}。第三趟冒泡排序结束。第3小的记录7这时已在序列的第3个位置上。第三趟冒泡排序结果如图8-8d所示。

第四趟冒泡排序过程如下：首先，比较第4个记录和第5个记录，由于7<9，不需要交换位置，序列保持不变；然后，比较第3个记录和第4个记录，由于7<8，不需要交换位置，序列保持不变。第四趟冒泡排序结束。由于此趟排序过程中没有交换任何记录，证明序列已经有序，不需要再进行后面的排序操作。

因为排序的过程中，各记录不断接近自己的位置，如果一趟比较下来没有进行过交换，就说明序列有序。因此要在排序过程中设置一个标志flag判断记录是否进行过交换，从而减

a) 初始顺序

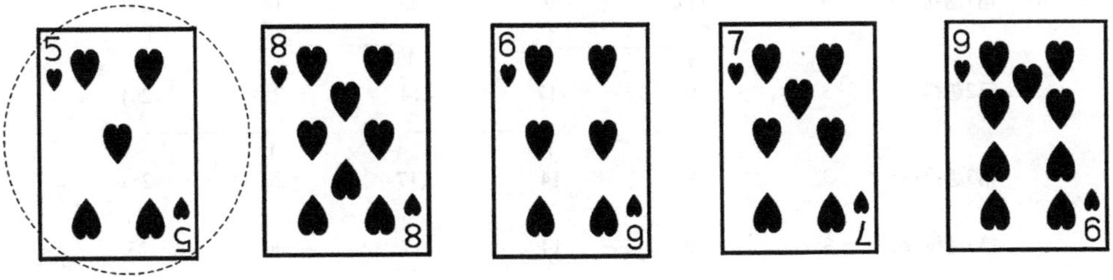

b) 第一趟排序

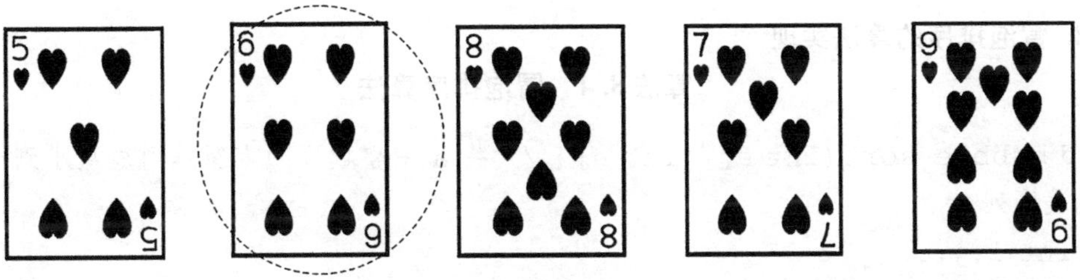

c) 第二趟排序

d) 第三趟排序

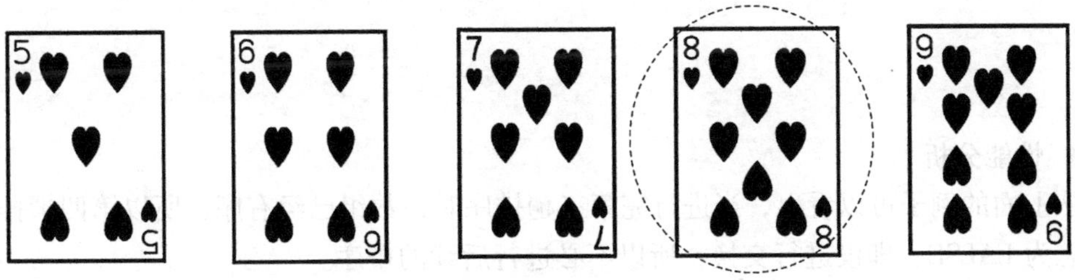

e) 第四趟排序

图 8-8　采用冒泡排序法对扑克牌进行排序

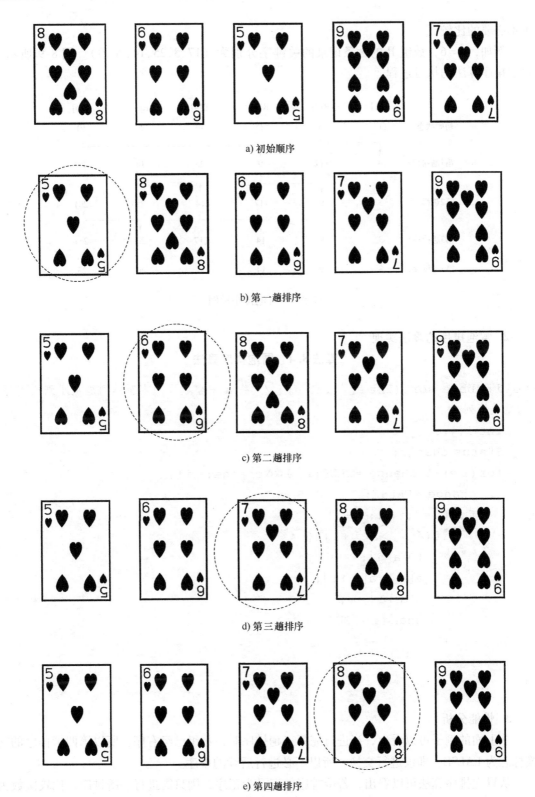

少不必要的比较。

例如，n=6，数组 R 的六条记录的关键字分别为（17,3,25,14,20,9）。图 8-9 所示为冒泡排序算法的执行过程。

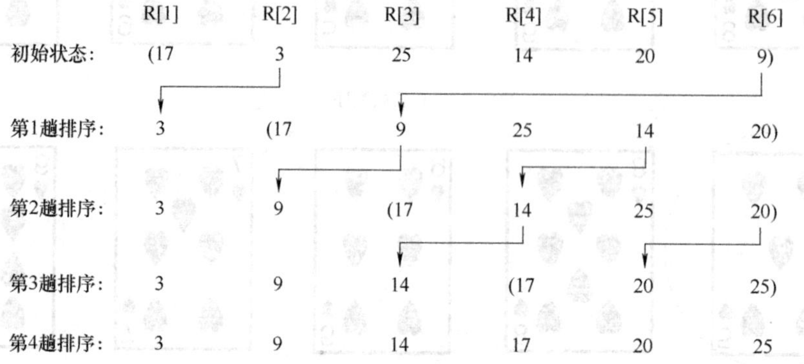

图 8-9 冒泡排序示例

2. 冒泡排序的算法实现

算法 8.4 冒泡排序算法

```
void bubble_sort(int a[],int n){ // 将 a 中整数序列重新排列成从小到大有序的整数序列
    int i,j,t;
    Status change;
    for(i =n-1,change =TRUE;i >1&&change;--i){
        change =FALSE;
        for(j =0;j <i; + +j)
            if(a[j] >a[j +1]){
                t =a[j];
                a[j] =a[j +1];
                a[j +1] =t;
                change =TRUE;
            }
        }
}
```

3. 性能分析

从上面的例子可以看出，当进行完第三趟排序时，数组已经有序，所以第四趟排序的交换标志为 FALSE，即没进行交换，所以不必进行后续的排序。

从冒泡排序算法可以看出，若待排序的记录为正序，则只需进行一趟排序，比较次数为 n-1 次，移动记录次数为 0，即冒泡排序最好的时间复杂度是 O(n)。若待排序的记录为逆序，则需进行 n-1 趟排序，每趟排序要进行 n-i 次关键字的比较，比较次数为 $(n^2-n)/2$，

移动次数为 $3(n^2-n)/2$，因此冒泡排序最坏的时间复杂度为 $O(n^2)$。平均的情况分析稍微复杂些，由于其中的记录移动较多，所以属于内排序中速度较慢的一种。

因为冒泡排序算法只进行记录间的顺序移动，所以是一个稳定的算法。

8.3.3　快速排序

1. 基本思想

冒泡排序的排序效率不高，且每次比较交换的过程中，记录只能向前或者向后移动一个位置，比较和移动的次数较多。那么，能不能以一种有效的方式增大待排序记录移动的距离呢？

快速排序是迄今为止所有内排序算法中速度最快的一种。它的基本思想是：任取待排序序列中的某个记录作为基准（一般取第一个记录），通过一趟排序，将待排记录分为左右两个子序列，左子序列记录的关键字均小于或等于基准记录的关键字，右子序列的关键字则大于基准记录的关键字，然后分别对两个子序列继续进行排序，直至整个序列有序。快速排序是对冒泡排序的一种改进方法，算法中记录的比较和交换是从两端向中间进行的，关键字较大的记录一次就能够交换到后面单元，关键字较小的记录一次就能够交换到前面单元，记录每次移动的距离较远，因而总的比较和移动次数较少。

快速排序的过程为：把待排序区间按照第一个记录（即基准记录）的关键字分为左右两个子序列的过程叫作一次划分。设待排序序列为 R[left] ~ R[right]，其中 left 为下限，right 为上限，left < right，R[left] 为该序列的基准记录，为了实现一次划分，令 i，j 的初值分别为 left 和 right。在划分过程中，首先让 j 从它的初值开始，依次向前取值，并将每一记录 R[j] 的关键字同 R[left] 的关键字进行比较，直到 R[j] < R[left] 时，交换 R[j] 与R[left] 的值，使关键字相对较小的记录交换到左子序列，然后让 i 从 i+1 开始，依次向后取值，并使每一记录 R[i] 的关键字同 R[j] 的关键字（此时 R[j] 为基准记录）进行比较，直到 R[i] > R[j] 时，交换 R[i] 与 R[j] 的值，使关键字大的记录交换到后面子区间；再接着让 j 从 j-1 开始，依次向前取值，重复上述过程，直到 i 等于 j，即指向同一位置为止，此位置就是基准记录最终被存放的位置。此次划分得到的前后两个待排序的子序列分别为 R[left] ~ R[i-1] 和 R[i+1] ~ R[right]。

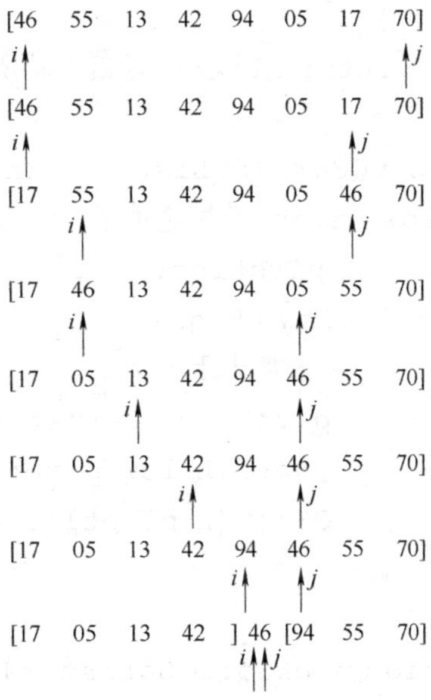

图 8-10　快速排序一次划分示例

例如，给定记录关键字为（46,55,13,42,94,05,17,70），快速排序一次划分如图 8-10 所示。

由图 8-10 可知，通过一次划分，将一个区间以基准值分成两个子区间，左子区间的值小于等于基准值，右子区间的值大于基准值。对剩下的子区间重复此划分步骤，则可以得到快速排序的结果。

2. 快速排序的算法实现

算法 8.5 快速排序算法

```
int Partition(SqList *L,int low,int high){
//交换顺序表 L 中子表 L.r[low..high]的记录,使枢轴记录到位,并返回其所在位置,
//此时在它之前(后)的记录均不大(小)于它。
   RedType t;
   KeyType pivotkey;
   pivotkey=(*L).r[low].key;// 用子表的第一个记录做枢轴记录
   while(low<high){ // 从表的两端交替地向中间扫描
       while(low<high&&(*L).r[high].key>=pivotkey)
           --high;
       t=(*L).r[low];// 将比枢轴记录小的记录交换到低端
       (*L).r[low]=(*L).r[high];
       (*L).r[high]=t;
       while(low<high&&(*L).r[low].key<=pivotkey)
           ++low;
       t=(*L).r[low];// 将比枢轴记录大的记录交换到高端
       (*L).r[low]=(*L).r[high];
       (*L).r[high]=t;
   }
   return low;//返回枢轴所在位置
}
void QSort(SqList *L,int low,int high){ // 对顺序表 L 中的子序列 L.r
[low..high]做快速排序。
   int pivotloc;
   if(low<high)
   { /*长度大于1 */
       pivotloc=Partition(L,low,high);// 将 L.r[low..high]一分为二
       QSort(L,low,pivotloc-1);// 对低子表递归排序,pivotloc 是枢轴位置
       QSort(L,pivotloc+1,high);// 对高子表递归排序
   }
}
void QuickSort(SqList *L){ // 对顺序表 L 做快速排序。
   QSort(L,1,(*L).length);
}
```

3. 性能分析

若快速排序出现最好的情形（左、右子区间的长度大致相等），则结点数 n 与二叉树深度 h 应满足 $\log_2 n < h < \log_2 n + 1$ ，所以总的比较次数不会超过 $(n+1)\log_2 n$。因此，快速排序的最好时

间复杂度应为 $O(n\log_2 n)$。而且在理论上已经证明，快速排序的平均时间复杂度也为 $O(n\log_2 n)$。

若快速排序出现最坏的情形（每次能划分成两个子区间，但其中一个是空），则这时得到的二叉树是一棵单分枝树，得到的非空子区间包含有 $n-i$ 个（i 代表二叉树的层数，$1\leqslant i\leqslant n$）元素，每层划分需要比较 $n-i+2$ 次，所以总的比较次数为 $(n^2+3n-4)/2$。因此，快速排序的最坏时间复杂度为 $O(n^2)$。

快速排序所占用的辅助空间为栈的深度，故最好的空间复杂度为 $O(\log_2 n)$，最坏的空间复杂度为 $O(n)$。快速排序是非稳定的。

8.3.4 案例实现——快速排序

【例 8-2】 采用快速排序法对学生成绩表 8-2 中的数据按英语成绩进行升序排序。

【主函数源代码】

```
  int main(){
  RedType d[N]={{"2018010","王晓佳",70,78,80,228,1},
  {"2018010","林一鹏",88,85,92,265,2},{"2018002","谢宁",90,91,89,270,3},
  {"2018010","张丽娟",80,75,86,241,4},{"2018010","刘家琪",81,77,
87,245,5},
  {"2018010","成平",76,79,67,222,6},{"2018010","赵学意",62,84,83,229,7},
  {"2018010","江永康",85,93,89,267,8},{"2018010","郑可欣",73,85,
76,234,9},
  {"2018010","李小燕",87,82,88,257,10}};
  SqList l;int i;
  for(i=0;i<N;i++)
      l.r[i+1]=d[i];
  l.length=N;
  printf("排序前:\n");print(l);
  QuickSort(&l);
  printf("排序后:\n");print(l);
  return 0;
}
```

【程序运行结果】（见图 8-11）

```
排序前:
学号     姓名      语文 英语 数学 总分 原始序号
2018010 王晓佳     70   80   78   228    1
2018010 林一鹏     88   92   85   265    2
2018002 谢宁       90   89   91   270    3
2018010 张丽娟     80   86   75   241    4
2018010 刘家琪     81   87   77   245    5
2018010 成平       76   67   79   222    6
2018010 赵学意     62   83   84   229    7
2018010 江永康     85   89   93   267    8
2018010 郑可欣     73   76   85   234    9
2018010 李小燕     87   88   82   257   10
```

图 8-11　例 8-2 程序运行结果

```
排序后:
学号     姓名       语文 英语 数学 总分 原始序号
2018010 成平        76   67   79   222   6
2018010 郑可欣      73   76   85   234   9
2018010 王晓佳      70   80   78   228   1
2018010 赵学意      62   83   84   229   7
2018010 张丽娟      80   86   75   241   4
2018010 刘家琪      81   87   77   245   5
2018010 李小燕      87   88   82   257   10
2018010 江永康      85   89   93   267   8
2018002 谢宁        90   89   91   270   3
2018010 林一鹏      88   92   85   265   2
```

图 8-11　例 8-2 程序运行结果（续）

8.4　选择排序

8.4.1　案例导引

【案例】 对学生成绩表 8-2 中的数据按数学成绩进行升序排序。

【案例分析】 如果是对学生的数学成绩进行升序排序，可以先从从待排序的记录中选出关键字最小的记录，放在序列的第 1 个位置，然后选取关键字最第 2 小的记录，放在序列中的第 2 个位置，依此类推，直到全部记录排序完毕，这就是选择排序的思想。

8.4.2　直接选择排序

1. 基本思想

直接选择排序也是一种简单的排序方法。它的基本思想是：第 1 次从 R[1]～R[n] 中选取最小值，与 R[1] 交换；第 2 次从 R[2]～R[n] 中选取最小值，与 R[2] 交换；第 3 次从 R[3]～R[n] 中选取最小值，与 R[3] 交换；…；第 i 次从 R[i]～R[n] 中选取最小值，与 R[i] 交换；…；第 n－1 次从 R[n－1]～R[n] 中选取最小值，与 R[n－1] 交换。总共通过 n－1 次，得到一个按关键字从小到大排列的有序序列。图 8-12 所示为采用直接选择排序法对扑克牌进行排序的过程。

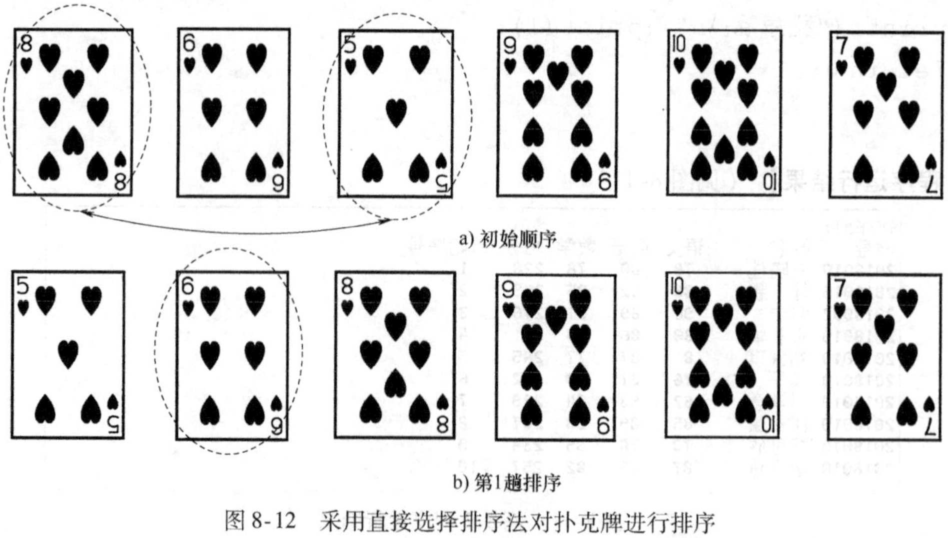

a) 初始顺序

b) 第1趟排序

图 8-12　采用直接选择排序法对扑克牌进行排序

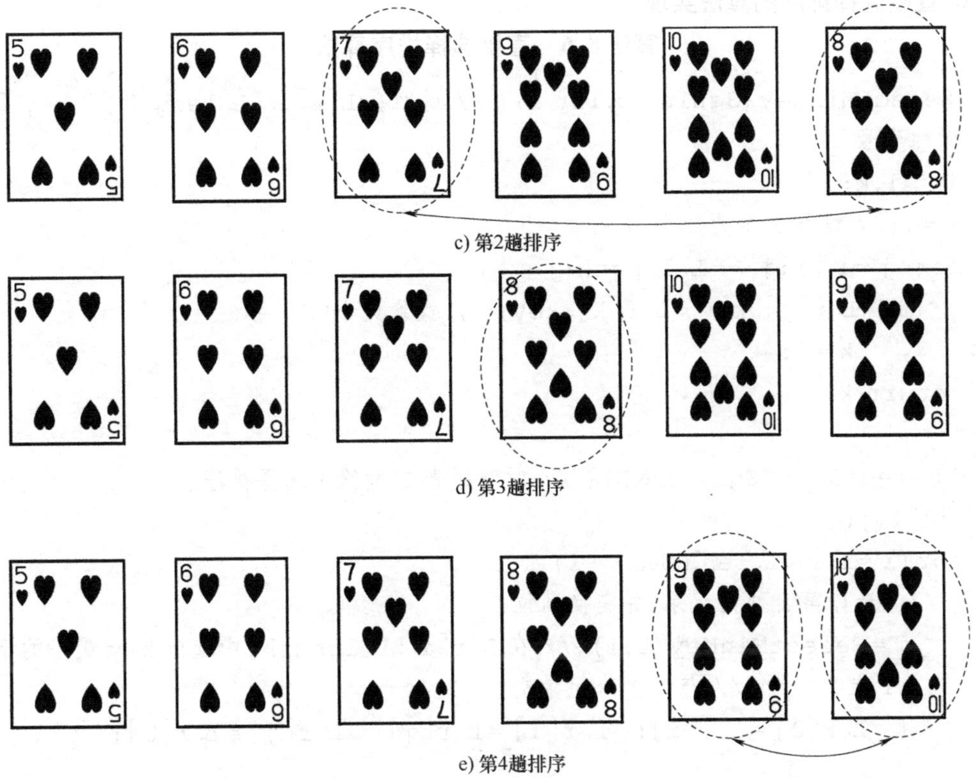

c) 第2趟排序

d) 第3趟排序

e) 第4趟排序

图 8-12　采用直接选择排序法对扑克牌进行排序（续）

例如，给定 n = 8，数组 R 中的八条记录的关键字为（8,3,2,1,7,4,6,5），则直接选择排序过程如图 8-13 所示。

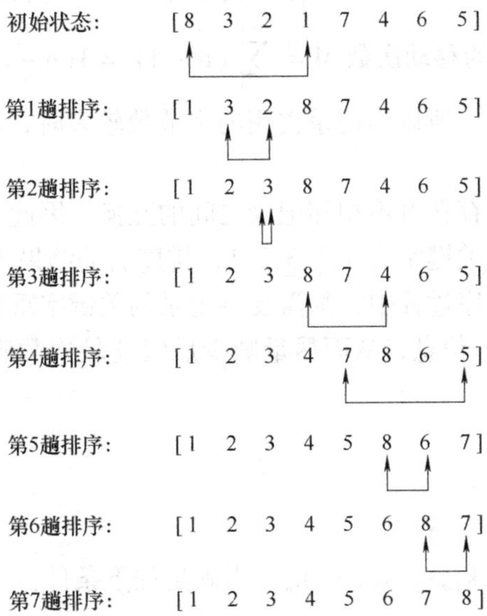

图 8-13　直接选择排序示例

2. 直接选择排序的算法实现

算法 8.6 直接选择排序算法

```
int SelectMinKey(SqList L,int i){ // 返回在L.r[i..L.length]中key最小的记录的序号
    int j,k;
    k=i;// 设第i个为最小
    for(j=i+1;j<=L.length;j++)
        if(L.r[j].key<L.r[k].key) // 找到更小的
            k=j;
    return k;
}
void SelectSort(SqList &L){ // 对顺序表L做简单选择排序。
    int i,j;
    for(i=1;i<L.length;++i)
    { // 选择第i小的记录,并交换到位
        j=SelectMinKey(L,i);// 在L.r[i..L.length]中选择key最小的记录
        if(i!=j) // 与第i个记录交换
        { L.r[0]=L.r[i]; L.r[i]=L.r[j]; L.r[j]=L.r[0]; }
    }
}
```

3. 性能分析

显然，无论初始状态如何，在直接选择排序中，共需要进行 n-1 次选择，每次选择需要进行 n-i 次比较（$1 \leqslant i \leqslant n-1$），而每次交换最多需 3 次移动，因此，总的比较次数 $C = \sum_{i=1}^{n-1} 3 = (n^2-n)/2$，总的移动次数 $M = \sum_{i=1}^{n-1}(n-i) = 3(n-1)$。由此可知，直接选择排序法的时间复杂度为 $O(n^2)$，所以当记录占用的字节数较多时，通常比直接插入排序法的执行速度要快一些。

由于在直接选择排序中存在着不相邻记录之间的互换，因此，直接选择排序是一种不稳定的排序方法。例如，给定关键字为 3,7,$\underline{3}$,2,1，排序后的结果为 1,2,$\underline{3}$,3,7。

直接选择排序在每趟排序过程中，都需要将记录的关键字重新再进行比较。那么能否利用首趟的 n-1 次比较所得的信息，从而尽量减少后续比较次数呢？堆排序就是在直接选择排序法的基础上进行改进的。

8.4.3 堆排序

1. 堆的定义

若有 n 个记录的关键字 $k_1, k_2, k_3, \cdots, k_n$，当满足如下条件：

$$\begin{cases} k_i \leqslant k_{2i} \\ k_i \leqslant k_{2i+1} \end{cases}$$

或
$$\begin{cases}k_i \geqslant k_{2i}\\ k_i \geqslant k_{2i+1}\end{cases}$$

其中，$i=1,2,\cdots,\lfloor n/2 \rfloor$，则称此n个记录的关键字$k_1,k_2,k_3,\cdots,k_n$为一个堆。

若将此关键字按顺序组成一棵完全二叉树，则第一个式子称为小顶堆或小根堆（二叉树的所有结点值小于或等于左、右孩子的值），第二个式子称为大顶堆或大根堆（二叉树的所有结点值大于或等于左、右孩子的值）。如图8-14所示为大顶堆和小顶堆示例。

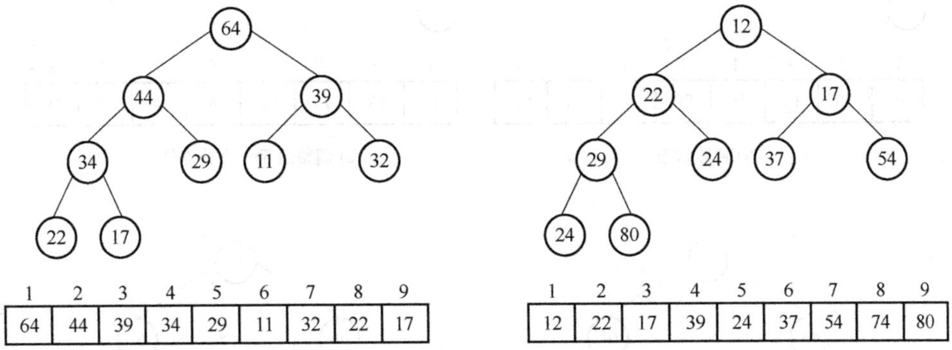

a) 大顶堆　　b) 小顶堆

图8-14　大顶堆和小顶堆示例

若n个元素的关键字$k_1,k_2,k_3,\cdots,k_n$满足堆的定义，且让结点按$1,2,3,\cdots,n$顺序编号，根据完全二叉树的性质（若i为根结点，则左孩子为2i，右孩子为2i+1）可知，堆排序实际与一棵完全二叉树有关。若将关键字初始序列组成一棵完全二叉树，则堆排序可以包含建立初始堆（使关键字变成能符合堆的定义的完全二叉树）和利用堆进行排序两个阶段。

2. 基本思想

将关键字$k_1,k_2,k_3,\cdots,k_n$表示成一棵完全二叉树，然后从第$\lfloor n/2 \rfloor$个关键字开始筛选，使由该结点作根结点组成的子二叉树符合堆的定义，然后从第$\lfloor n/2 \rfloor-1$个关键字开始重复刚才的操作，直到第一个关键字为止。这时候，该二叉树符合堆的定义，初始堆已经建立。

接着，可以按如下方法进行堆排序：将堆中第一个结点（二叉树根结点）和最后一个结点的数据进行交换（k_1与k_n），再将$k_1 \sim k_{n-1}$重新建堆，然后k_1和k_{n-1}交换，再将$k_1 \sim k_{n-2}$重新建堆，然后k_1和k_{n-2}交换，如此重复下去，每次重新建堆的记录个数不断减1，直到重新建堆的记录个数仅剩一个为止。这时堆排序已经完成，则关键字$k_1,k_2,k_3,\cdots,k_n$已排成一个有序序列。

若排序是从小到大排列，则可以用建立大顶堆实现堆排序；若排序是从大到小排列，则可以用建立小顶堆实现堆排序。

例如，假设待排序的序列是{19,68,$\underline{19}$,16,90,4,61,96}，建立大顶堆的过程如图8-15所示。

对序列{19,68,$\underline{19}$,16,90,4,61,96}进行堆排序的过程如图8-16所示。

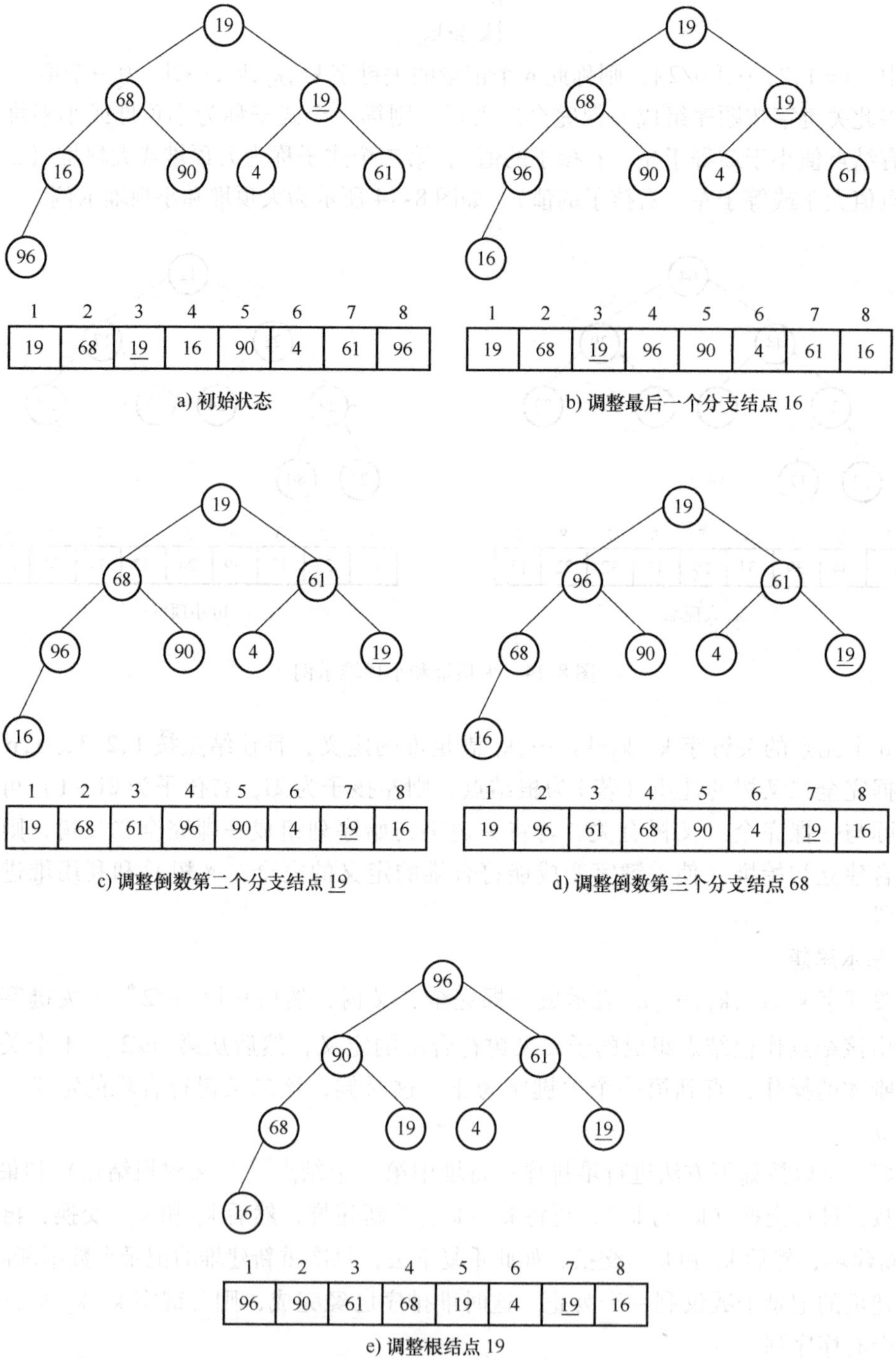

a) 初始状态
b) 调整最后一个分支结点 16
c) 调整倒数第二个分支结点 19
d) 调整倒数第三个分支结点 68
e) 调整根结点 19

图 8-15　大顶堆建堆过程

从图 8-16n 可知，将其结果按完全二叉树形式输出，则得到的结果为 4,16,19,19,61,68,90,96，即为堆排序的结果。

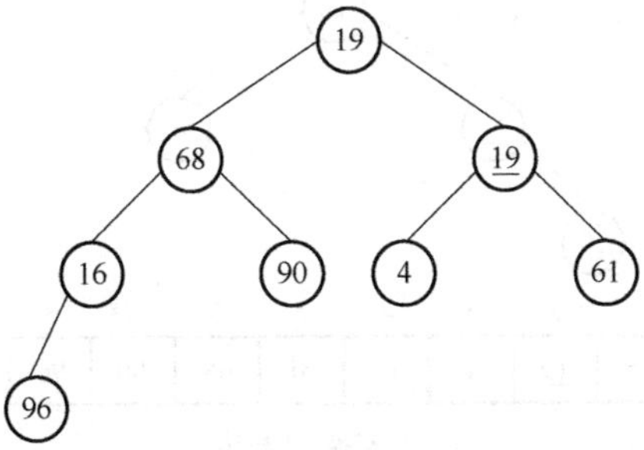

1	2	3	4	5	6	7	8
19	68	19	16	90	4	61	96

a) 初始无序

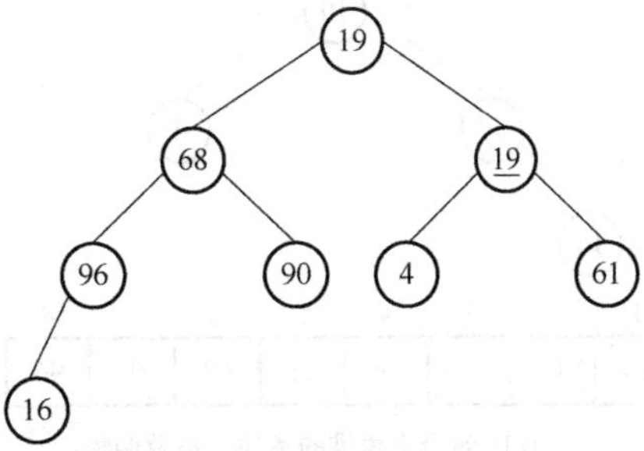

1	2	3	4	5	6	7	8
19	68	19	96	90	4	61	16

b) 调整最后一个分支结点 16

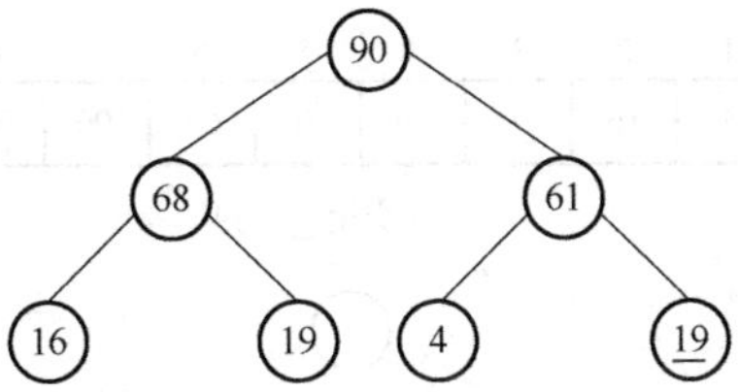

1	2	3	4	5	6	7	8
90	68	61	16	19	4	19	96

c) 调整 16

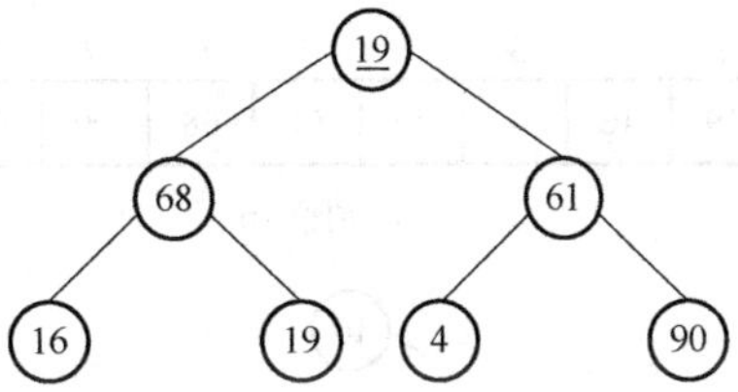

1	2	3	4	5	6	7	8
19	68	61	16	19	4	90	96

d) 交换 90 与 19

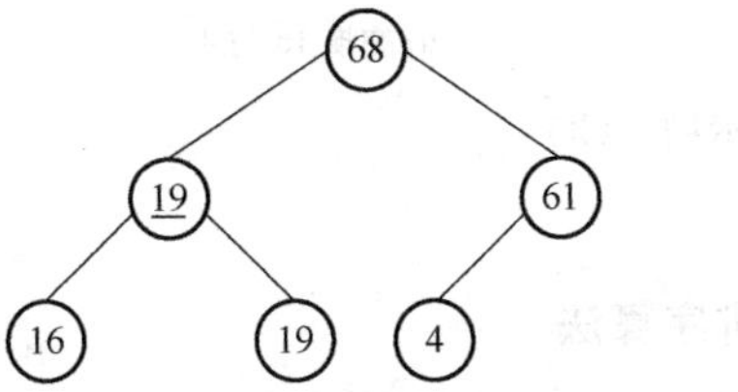

1	2	3	4	5	6	7	8
68	19	61	16	19	4	90	96

e) 调整 19

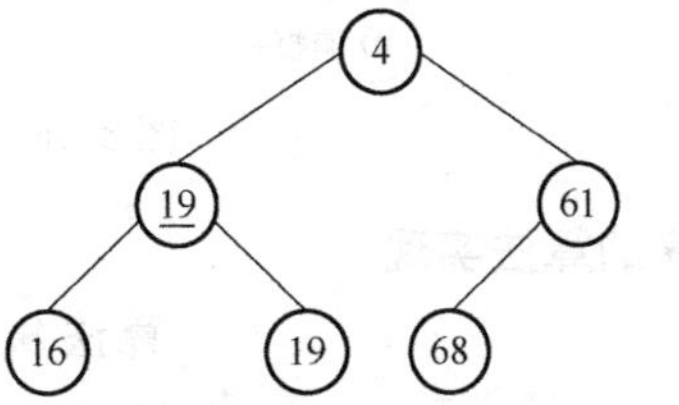

1	2	3	4	5	6	7	8
4	19	61	16	19	68	90	96

f) 交换 68 与 4

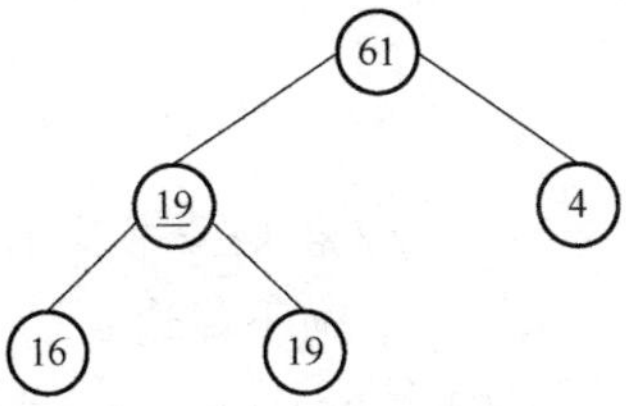

1	2	3	4	5	6	7	8
61	19	41	16	19	68	90	96

g) 调整 4

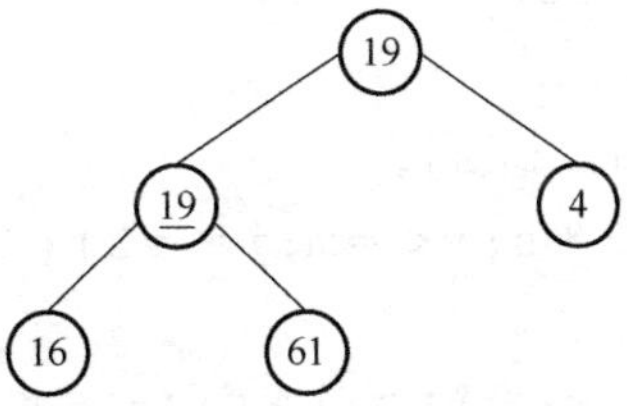

1	2	3	4	5	6	7	8
19	19	4	16	61	68	90	96

h) 交换 61 与 19

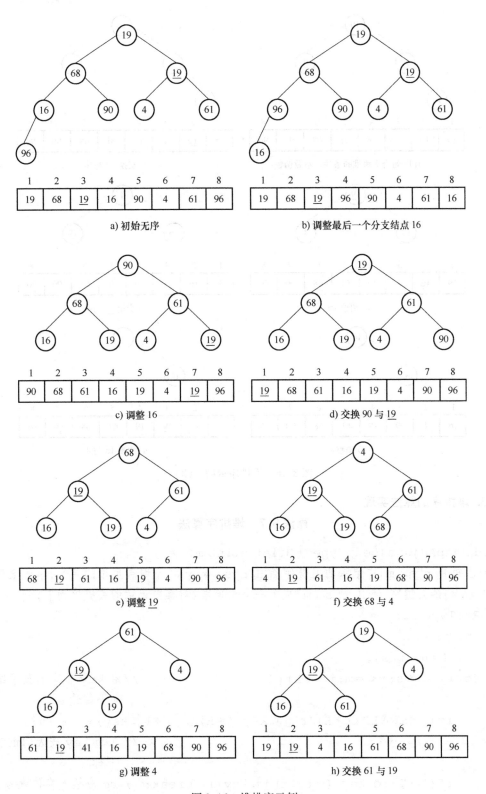

图 8-16　堆排序示例

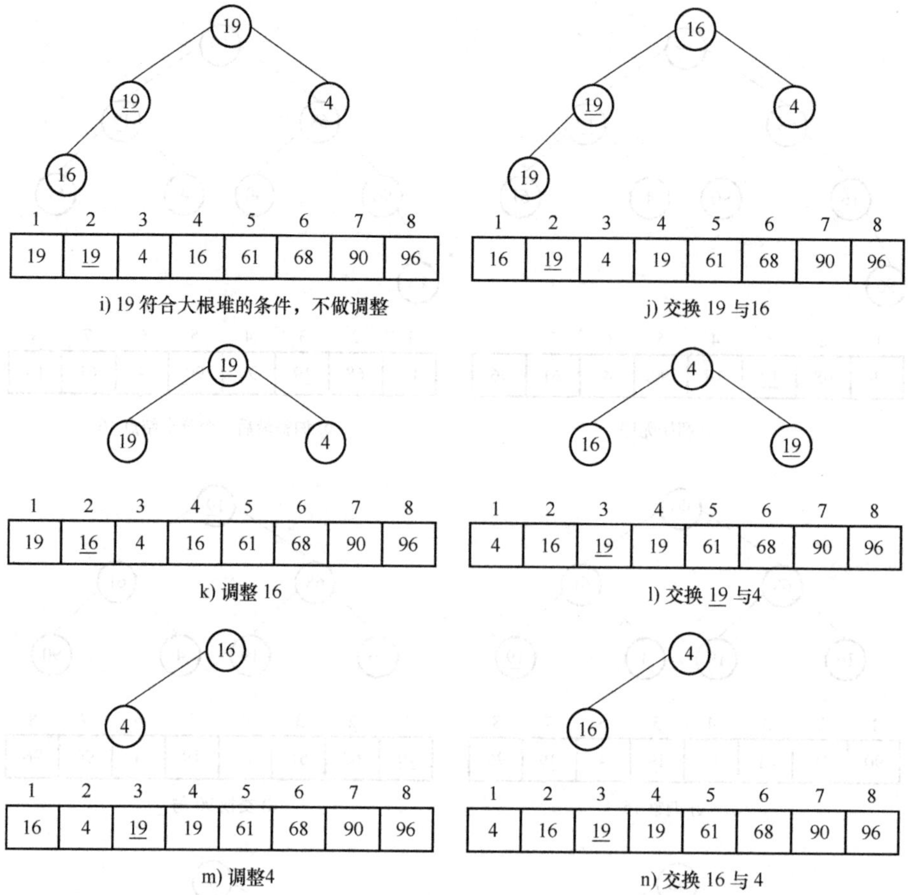

图8-16 堆排序示例（续）

3. 堆排序的算法实现

算法8.7 堆排序算法

```
void HeapAdjust(HeapType *H,int s,int m)
{// 已知H.r[s..m]中记录的关键字除H.r[s].key之外均满足堆的定义,本函数调整
//H.r[s]的关键字,使H.r[s..m]成为一个大顶堆(对其中记录的关键字而言)
    RedType rc;
    int j;
    rc = (*H).r[s];
    for(j =2*s;j<=m;j*=2){                              //沿key较大的孩子结点
                                                          向下筛选
        if(j<m&&LT((*H).r[j].key,(*H).r[j+1].key))  ++j;
                                                        //j为key较大的记录的
                                                          下标
        if(!LT(rc.key,(*H).r[j].key))  break; // rc应插入在位置s上
        (*H).r[s] = (*H).r[j];
```

```
            s =j;
        }
        (*H).r[s] =rc;/*插入 */
}
void HeapSort(HeapType *H){// 对顺序表 H 进行堆排序。
    RedType t;
    int i;
    for(i =(*H).length/2;i >0;--i) // 把 H.r[1..H.length]建成大顶堆
        HeapAdjust(H,i,(*H).length);
    for(i =(*H).length;i >1;--i)
    {//将堆顶记录和当前未经排序子序列 H.r[1..i]中最后一个记录相互交换
        t =(*H).r[1];(*H).r[1] =(*H).r[i];  (*H).r[i] =t;
        HeapAdjust(H,1,i-1);//将 H.r[1..i-1]重新调整为大顶堆
    }
}
```

4. 性能分析

堆排序的时间主要由建立初始堆和反复重建堆这两个部分的时间开销构成。在整个堆排序中，共需要进行 $n+\lfloor n/2 \rfloor-1$ 次筛选运算，每次筛选运算进行双亲和孩子或兄弟结点的关键字的比较和移动次数都不会超过完全二叉树的深度，所以，每次筛选运算的时间复杂度为 $O(n\log_2 n)$，故整个堆排序过程的时间复杂度为 $O(n\log_2 n)$。

堆排序占用的辅助空间为1（供交换元素用），故它的空间复杂度为 $O(1)$。由于建初始堆所需的比较次数较多，所以堆排序不适于记录数较少的文件。堆排序是一种不稳定的排序方法，例如，给定排序码2，1，$\underline{2}$，它的排序结果为1，$\underline{2}$，2。

8.4.4 案例实现——堆排序

【例8-3】 采用堆排序的方法对学生成绩表8-2中的数据按英语成绩进行升序排序。

【主函数源代码】

```
int main(){
    RedType d[N] ={{"2018010","王晓佳",70,78,80,228,1},
    {"2018010","林一鹏",88,85,92,265,2},{"2018002","谢宁",90,91,89,
270,3},
    {"2018010","张丽娟",80,75,86,241,4},{"2018010","刘家琪",81,77,
87,245,5},
    {"2018010","成平",76,79,67,222,6},{"2018010","赵学意",62,84,83,
229,7},
    {"2018010","江永康",85,93,89,267,8},{"2018010","郑可欣",73,85,
76,234,9},
```

```
    {"2018010","李小燕",87,82,88,257,10}};
    HeapType h;int i;
    for(i=0;i<N;i++)
        h.r[i+1]=d[i];
    h.length=N;
    printf("排序前:\n");print(h);
    HeapSort(&h);
    printf("排序后:\n");print(h);
    return 0;
}
```

【程序运行结果】 （见图 8-17）

```
排序前:
学号     姓名     语文 英语 数学 总分 原始序号
2018010 王晓佳    70   80   78  228    1
2018010 林一鹏    88   92   85  265    2
2018002 谢宁      90   89   91  270    3
2018010 张丽娟    80   86   75  241    4
2018010 刘家琪    81   87   77  245    5
2018010 成平      76   67   79  222    6
2018010 赵学意    62   83   84  229    7
2018010 江永康    85   89   93  267    8
2018010 郑可欣    73   76   85  234    9
2018010 李小燕    87   88   82  257   10

排序后:
学号     姓名     语文 英语 数学 总分 原始序号
2018010 成平      76   67   79  222    6
2018010 郑可欣    73   76   85  234    9
2018010 王晓佳    70   80   78  228    1
2018010 赵学意    62   83   84  229    7
2018010 张丽娟    80   86   75  241    4
2018010 刘家琪    81   87   77  245    5
2018010 李小燕    87   88   82  257   10
2018002 谢宁      90   89   91  270    3
2018010 江永康    85   89   93  267    8
2018010 林一鹏    88   92   85  265    2
```

图 8-17 例 8-3 程序运行结果

8.5 归并排序

8.5.1 案例导引

【案例】 对学生成绩表 8-2 中的数据按总分进行排序。

【案例分析】 如果是对学生的总分进行排序，可以将学生的记录划分成若干子序列，然后将若干个已排序的子序列合并成一个有序的序列，这就是归并排序。归并排序有二路归并和多路归并，二路归并一般用于内排序，多路归并一般用于外部磁盘数据的排序。一般情况下，归并排序是指二路归并排序，它是最简单的一种归并排序。

8.5.2　归并排序的过程

1. 基本思想

假设初始序列含 n 个记录，则可看成是 n 个有序的子序列，每个子序列的长度是 1，然后两两归并，得到⌈n/2⌉个长度为 2 或 1 的有序子序列；再两两归并，如此重复，直至得到一个长度为 n 的有序序列为止，这种排序方法称为二路归并排序。

图 8-18 所示是对扑克牌进行归并排序的过程。

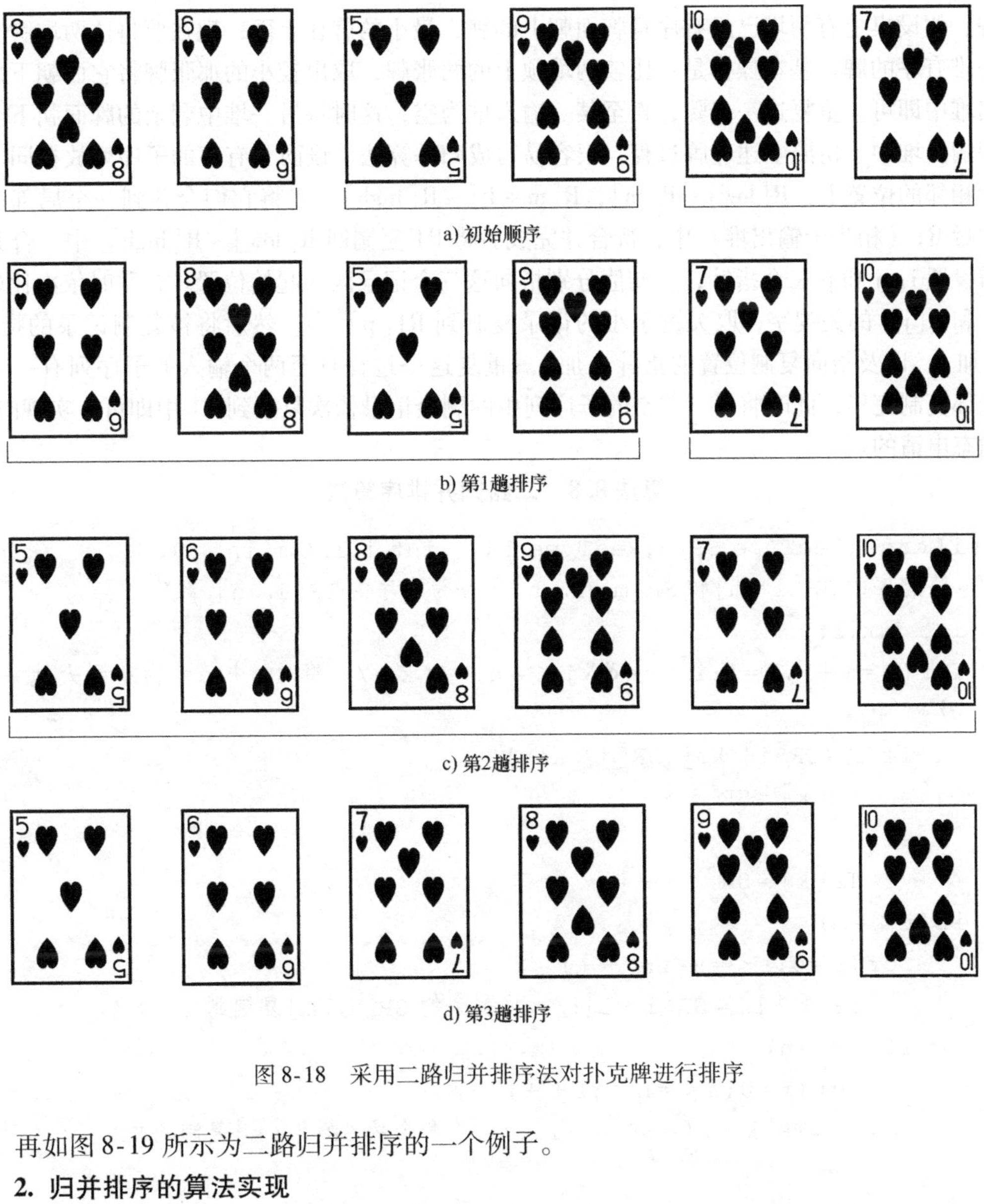

图 8-18　采用二路归并排序法对扑克牌进行排序

再如图 8-19 所示为二路归并排序的一个例子。

2. 归并排序的算法实现

二路归并排序中的核心操作是将两个有序序列合并成一个有序序列。该过程类似于玩扑

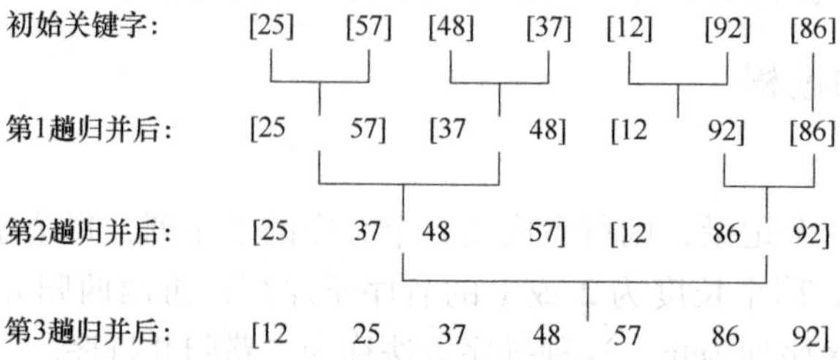

图 8-19 二路归并示例

克牌：假设桌上有两堆已经有序且牌面朝上的牌，最小的牌在上面，现在要将这两堆牌合并成一堆有序的牌。基本操作是：比较两堆顶上的两张牌，取出较小的那张牌将它面朝下放到输出堆中即可。重复这一步骤，直至某一输入堆为空，这时将另一堆中剩余的牌面朝下全部放到输出堆中。仿照上述理牌过程，很容易写成归并算法。设两个有序的子序列放在同一向量中相邻的位置上：R[low]~R[m]，R[m+1]~R[high]，先将它们合并到一个局部的暂存向量 R1（相当于输出堆）中，待合并完成后将 R1 复制回 R[low]~R[high] 中。合并过程需设置 i、j 和 p 三个指针，其初值分别指向这三个记录区的起始位置。合并时依次比较 R[i] 和 R[j] 的关键字，取关键字小的记录复制到 R1[p] 中，然后将被复制记录的指针 i 或 j 加 1，以及指向复制位置的指针 p 加 1。重复这一过程直至两个输入的子序列有一个已经全部复制完毕，此时将另一非空的子序列中的剩余记录依次复杂到 R1 中即可。实现时 R1 是动态申请的。

算法 8.8 二路归并排序算法

```
void Merge(RedType SR[],RedType TR[],int i,int m,int n)
{ /*将有序的SR[i..m]和SR[m+1..n]归并为有序的TR[i..n] */
   int j,k,l;
   for(j=m+1,k=i;i<=m&&j<=n;++k) /*将SR中记录由小到大地并入TR */
      if LQ(SR[i].key,SR[j].key)
         TR[k]=SR[i++];
      else
         TR[k]=SR[j++];
   if(i<=m)
      for(l=0;l<=m-i;l++)
         TR[k+l]=SR[i+l];/*将剩余的SR[i..m]复制到TR */
      if(j<=n)
         for(l=0;l<=n-j;l++)
            TR[k+l]=SR[j+l];/*将剩余的SR[j..n]复制到TR */
}
void MSort(RedType SR[],RedType TR1[],int s,int t)
```

```
{ /*将SR[s..t]归并排序为TR1[s..t]。*/
    int m;
    RedType TR2[MAX_SIZE +1];
    if(s = =t)
        TR1[s] =SR[s];
    else{
        m = (s +t)/2;/*将SR[s..t]平分为SR[s..m]和SR[m +1..t] */
    MSort(SR,TR2,s,m);/*递归地将SR[s..m]归并为有序的TR2[s..m] */
    MSort(SR,TR2,m +1,t);/*递归地将SR[m +1..t]归并为有序的TR2[m +
1..t] */
    Merge(TR2,TR1,s,m,t);/*将TR2[s..m]和TR2[m +1..t]归并到TR1
[s..t] */
    }
}
void MergeSort(SqList *L){ /*对顺序表L做归并排序。*/
    MSort((*L).r,(*L).r,1,(*L).length);
}
```

归并排序的基本过程由相对独立的两个步骤组成：

1）构造若干有序子序列（记录的），通常称外存中这些记录有序子序列为“归并段”。

2）通过“**归并**”，逐步扩大有序子序列（记录的）的长度，直至整个记录序列按关键字有序为止。

在给出二路归并排序算法之前，必须先解决一趟归并问题。在某趟归并中，设各子序列长度为length（最后一个子序列的长度可能小于length），则归并前R[1]~R[n] 中共有 [n/length] 个有序的子序列：R[1]~R[length]，R[length+1]~R[2length]，…，R[([n/length]-1)*length+1]~R[n]。调用归并操作将相邻的一对子序列进行归并时，必须对子序列的个数可能是奇数以及最后一个子序列的长度小于length这两种情况进行特殊处理：若子序列长度为奇数，则最后一个子序列无须和其他子序列归并；若子序列为偶数，则要注意最后一对子序列后一个子序列的区间上界是n。

由图8-19可看出，二路归并排序须调用“一趟归并”对R[1]~R[n] 进行 $\lceil \lg n \rceil$趟归并，每趟归并后，有序子序列的长度均扩大一倍。

3. 性能分析

归并排序是一种稳定的排序，对长度为n的序列，需进行lgn趟二路归并，每趟归并的时间为O(n)，故其时间复杂度无论是在最好的情况下还是在最坏的情况下均是O(nlgn)；因为需要一个辅助向量来暂存两个有序序列归并的结果，故其辅助空间复杂度为O(n)。

8.5.3 案例实现——归并排序

【例8-4】 采用归并排序的方法对表8-2中的数据按总分进行升序排序。

【主函数源代码】

```
int main(){
    RedType d[N] = {{"2018010","王晓佳",70,78,80,228,1},
    {"2018010","林一鹏",88,85,92,265,2},{"2018002","谢宁",90,91,89,
270,3},
    {"2018010","张丽娟",80,75,86,241,4},{"2018010","刘家琪",81,77,
87,245,5},
    {"2018010","成平",76,79,67,222,6},{"2018010","赵学意",62,84,83,
229,7},
    {"2018010","江永康",85,93,89,267,8},{"2018010","郑可欣",73,85,
76,234,9},
    {"2018010","李小燕",87,82,88,257,10}};
    SqList l; int i;
    for(i=0;i<N;i++)
        l.r[i+1]=d[i];
    l.length=N;
    printf("排序前:\n");print(l);
    MergeSort(&l);
    printf("排序后:\n");print(l);
    return 0;
}
```

【程序运行结果】（见图 8-20）

```
排序前:
学号      姓名      语文  英语  数学  总分  原始序号
2018010  王晓佳     70    80    78   228    1
2018010  林一鹏     88    92    85   265    2
2018002  谢宁       90    89    91   270    3
2018010  张丽娟     80    86    75   241    4
2018010  刘家琪     81    87    77   245    5
2018010  成平       76    67    79   222    6
2018010  赵学意     62    83    84   229    7
2018010  江永康     85    89    93   267    8
2018010  郑可欣     73    76    85   234    9
2018010  李小燕     87    88    82   257   10

排序后:
学号      姓名      语文  英语  数学  总分  原始序号
2018010  成平       76    67    79   222    6
2018010  王晓佳     70    80    78   228    1
2018010  赵学意     62    83    84   229    7
2018010  郑可欣     73    76    85   234    9
2018010  张丽娟     80    86    75   241    4
2018010  刘家琪     81    87    77   245    5
2018010  李小燕     87    88    82   257   10
2018010  林一鹏     88    92    85   265    2
2018010  江永康     85    89    93   267    8
2018002  谢宁       90    89    91   270    3
```

图 8-20　例 8-4 程序运行结果

8.6 基数排序

8.6.1 案例导引

【案例】 对学生成绩表 8-2 中的数据按总分进行排序。

【案例分析】 学生的总分是一个三位整数，因此，这个关键字看作是个位、十位、百位三个关键字，每个关键字都在 0 ~ 9 之内，可以分别按照个位、十位、百位进行排序，这种排序方法称为基数排序。

基数排序是一种借助“多关键字排序”的思想来实现“单关键字排序”的内部排序算法。基数排序法又称“桶子法”（bucket sort），顾名思义，它是透过关键字值的部份资讯，将要排序的元素分配至某些“桶”中，借以达到排序的作用。

8.6.2 多关键字的排序

什么是多关键字排序问题？例如，在进行高考分数处理时，除了需要对总分进行排序外，不同的专业对单科分数的要求也不同，因此尚需在总分相同的情况下，按用户提出的单科分数的次序要求排出考生录取的次序。

一般情况下，假设有 n 个记录的序列 $\{R_1,R_2,\cdots,R_n\}$，且每个记录 R_i 中含有 d 个关键字（$K_{i0},K_{i1},\cdots,K_{id-1}$），则称序列 $\{R_1,R_2,\cdots,R_n\}$ 对关键字（$K_{i0},K_{i1},\cdots,K_{id-1}$）有序是指，对于序列中任意两个记录 R_i 和 R_j（$1\leqslant i<j\leqslant n$）都满足下列（词典）有序关系：

$$(K_{i0},K_{i1},\cdots,K_{id-1})<(K_{j0},K_{j1},\cdots,K_{jd-1})$$

其中，K_0 被称为“最主”位关键字，K_{d-1} 被称为“最次”位关键字。

实现基数排序的方式可以采用最低位优先法（least sgnificant digital，LSD）或最高位优先法（most sgnificant digital，MSD）。LSD 的排序方式由关键字值的最右边开始，而 MSD 则相反，由关键字值的最左边开始。

先对 K_0 进行排序，并按 K_0 的不同值将记录序列分成若干子序列之后，分别对 K_1 进行排序，依此类推，直至最后对最次位关键字排序完成为止。

先对 K_{d-1} 进行排序，然后对 K_{d-2} 进行排序，依次类推，直至对最主位关键字 K_0 排序完成为止。

排序过程中不需要根据“前一个”关键字的排序结果，将记录序列分割成若干个（“前一个”关键字不同的）子序列。

例如，学生记录含三个关键字：系别、班号和班内的序列号。其中，以系别为最主位关键字。LSD 的排序过程见表 8-3。

表 8-3 LSD 的排序过程

无序序列	3,2,30	1,2,15	3,1,20	2,3,18	2,1,20
对 K_2 排序	1,2,15	2,3,18	3,1,20	2,1,20	3,2,30
对 K_1 排序	3,1,20	2,1,20	1,2,15	3,2,30	2,3,18
对 K_0 排序	1,2,15	2,1,20	2,3,18	3,1,20	3,2,30

MSD 和 LSD 只约定按什么样的“关键字次序”来进行排序，而未规定对每个关键字进行排序时所用的方法。若按 MSD 进行排序，必须将序列逐层分割成若干子序列，然后对各个子序列分别进行排序；而按 LSD 进行排序时，不必分成子序列，对每个关键字都是整个序列参加排序，但对 K_i（$0 \leqslant i \leqslant d-2$）进行排序时，只能用稳定的排序方法。另一方面，按 LSD 进行排序时，在一定的条件下，也可以不利用前几节所述各种通过关键字间的比较来实现排序的方法，而是通过若干次“分配—收集”来实现排序。

8.6.3 链式基数排序

假如多关键字的记录序列中，每个关键字的取值范围相同，则按 LSD 法进行排序时，可以采用**“分配—收集”**的方法，其好处是不需要进行关键字间的比较。

对于数字型或字符型的**单关键字**，可以看成是由多个数位或多个字符构成的**多关键字**，此时可以**采用**这种**“分配-收集”**的办法进行排序，称作基数排序法。

例如，实现关键字序列（588,281,360,531,287,335,056,199,128,023,281）的链式基数排序的过程如图 8-21 所示。

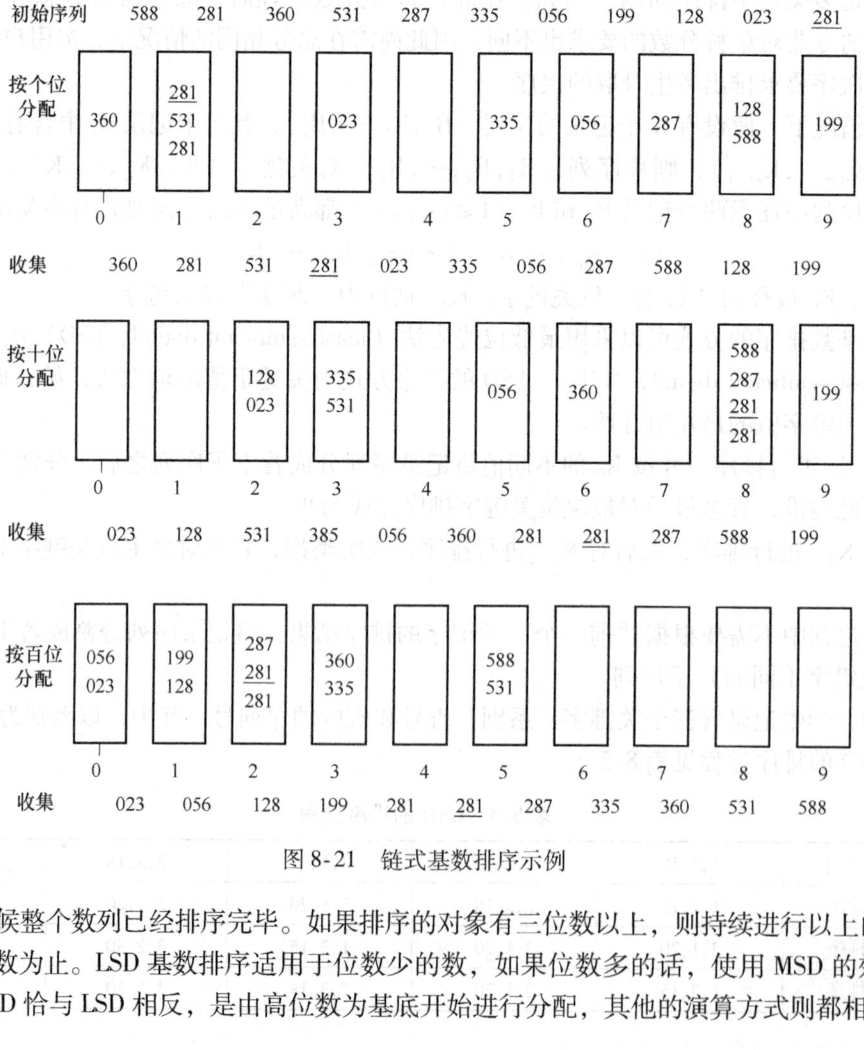

图 8-21 链式基数排序示例

这时候整个数列已经排序完毕。如果排序的对象有三位数以上，则持续进行以上的操作直至最高位数为止。LSD 基数排序适用于位数少的数，如果位数多的话，使用 MSD 的效率会比较好。MSD 恰与 LSD 相反，是由高位数为基底开始进行分配，其他的演算方式则都相同。

设单关键字的每个分量的取值范围均是 $C_0 \leqslant K_j \leqslant C_{rd-1}$ $(0 \leqslant j < d)$，可能的取值个数 rd 称为基数。基数的选择和关键字的分解因关键字的类型而异，若关键字是十进制整数，则按个、十等位进行分解，基数 rd = 10，$C_0 = 0$，$C_9 = 9$，d 为最长整数的位数；若关键字是小写的英文字符串，则 rd = 26，C_0 = 'a'，C_{25} = 'z'，d 为字符串的最大长度。

在计算机上实现基数排序时，为减少所需的辅助存储空间，应采用链表作为存储结构，即链式基数排序，具体作法如下：

1）待排序记录以指针相连，构成一个链表。

2）“分配”时，按当前“关键字位”所取值，将记录分配到不同的“链队列”中，每个队列中记录的“关键字位”相同。

3）“收集”时，按当前关键字位取值从小到大将各队列首尾相连构成一个链表。

4）对每个关键字位均重复2）和3）两步。

要保证基数排序是正确的，就必须保证除第一趟外各趟的排序是稳定的，因此我们采用链队做为各箱的存储结构。

算法8.9 基数排序算法

```
void Distribute(SLCell r[],int i,ArrType f,ArrType e)
   {/*静态链表L的r域中记录已按(keys[0],...,keys[i-1])有序。本算法按 */
      /*第i个关键字keys[i]建立RADIX个子表,使同一子表中记录的keys[i]
相同。*/
      /*f[0..RADIX-1]和e[0..RADIX-1]分别指向各子表中第一个和最后一个
记录 */
      int j,p;
      for(j=0;j<RADIX;++j)
         f[j]=0;/*各子表初始化为空表 */
      for(p=r[0].next;p;p=r[p].next){
         j=ord(r[p].keys[i]);/*ord将记录中第i个关键字映射到
[0..RADIX-1] */
         if(!f[j])   f[j]=p;
         else    r[e[j]].next=p;
         e[j]=p;/*将p所指的结点插入第j个子表中 */
      }
   }
int succ(int i) /*求后继函数 */
{  return ++i;  }

void Collect(SLCell r[],ArrType f,ArrType e)
{/*本算法按keys[i]从小到大地将f[0..RADIX-1]所指各子表依次链接成 */
   /*一个链表,e[0..RADIX-1]为各子表的尾指针。*/
   int j,t;
```

```
    for(j=0;! f[j];j=succ(j));  /*找第一个非空子表,succ为求后继函
数*/
    r[0].next=f[j];
    t=e[j];/*r[0].next指向第一个非空子表中第一个结点*/
    while(j<RADIX-1)
    {  for(j=succ(j);j<RADIX-1&&! f[j];j=succ(j));/*找下一个非空
子表*/
          if(f[j]) /*链接两个非空子表*/
          {  r[t].next=f[j];      t=e[j];  }
    }
    r[t].next=0;/*t指向最后一个非空子表中的最后一个结点*/
}
void RadixSort(SLList *L)
{/*L是采用静态链表表示的顺序表。对L做基数排序,使得L成为按关键字*/
    /*从小到大的有序静态链表,L.r[0]为头结点。*/
    int i;
    ArrType f,e;
    for(i=0;i<(*L).recnum;++i)
       (*L).r[i].next=i+1;
    (*L).r[(*L).recnum].next=0;/*将L改造为静态链表*/
    for(i=0;i<(*L).keynum;++i)
    { /*按最低位优先依次对各关键字进行分配和收集*/
      Distribute((*L).r,i,f,e);/*第i趟分配*/
      Collect((*L).r,f,e);/*第i趟收集*/
      printf("第%d趟收集后:\n",i+1);
      printl(*L);
      printf("\n");
    }
}
```

显然，箱子初始化的时间是 O(rd)，在每一趟箱排序中，分配的时间是 O(n)（不计求第 j 位数字的时间，因为在多关键字或字符串情形下，此时间为 O(1)），收集的时间为 O(n+rd)（在链式的基数排序中，时间可减少到 O(rd)）。因此，d 趟排序中分配和收集的时间为 O(d(2n+rd))（相应地链式的基数排序时间为 O(d(rd+n)))。显然，初始化的时间可忽略，若 d 为常数，而 rd 为常数或为 O(n) 时，基数排序的时间是线性的，即 O(n)，一般情况下的确如此。基数排序所需的辅助存储空间为 O(n+rd)。显然，基数排序是稳定的。

8.6.4 案例实现——基数排序

【例 8-5】 采用基数排序的方法对表 8-2 中的数据按总分进行升序排序。

【主函数源代码】

```
int main(){
RedType d[N]={{"2018010","王晓佳",70,78,80,228,1},
{"2018010","林一鹏",88,85,92,265,2},{"2018002","谢宁",90,91,89,270,3},
{"2018010","张丽娟",80,75,86,241,4},{"2018010","刘家琪",81,77,
87,245,5},
{"2018010","成平",76,79,67,222,6},{"2018010","赵学意",62,84,83,
229,7},
{"2018010","江永康",85,93,89,267,8},{"2018010","郑可欣",73,85,
76,234,9},
{"2018010","李小燕",87,82,88,257,10}};
SLList l; int i;int *adr;
InitList(&l,d,N);
printf("排序前(next 域还没赋值):\n");print(l);
RadixSort(&l);
printf("排序后(静态链表):\n");print(l);
adr=(int*)malloc((l.recnum)*sizeof(int));
Sort(l,adr);
Rearrange(&l,adr);
printf("排序后(重排记录):\n");print(l);
return 0;
}
```

【程序运行结果】（见图8-22）

```
排序后(静态链表):
keynum=3 recnum=10
keys=228 2018010 王晓佳 70 80 78 228 1 7
keys=265 2018010 林一鹏 88 92 85 265 2 8
keys=270 2018002   谢宁 90 89 91 270 3 0
keys=241 2018010 张丽娟 80 86 75 241 4 5
keys=245 2018010 刘家琪 81 87 77 245 5 10
keys=222 2018010   成平 76 67 79 222 6 1
keys=229 2018010 赵学意 62 83 84 229 7 9
keys=267 2018010 江永康 85 89 93 267 8 3
keys=234 2018010 郑可欣 73 76 85 234 9 4
keys=257 2018010 李小燕 87 88 82 257 10 2

排序后(重排记录):
keynum=3 recnum=10
keys=222 2018010   成平 76 67 79 222 6 1
keys=228 2018010 王晓佳 70 80 78 228 1 7
keys=229 2018010 赵学意 62 83 84 229 7 9
keys=234 2018010 郑可欣 73 76 85 234 9 4
keys=241 2018010 张丽娟 80 86 75 241 4 5
keys=245 2018010 刘家琪 81 87 77 245 5 10
keys=257 2018010 李小燕 87 88 82 257 10 2
keys=265 2018010 林一鹏 88 92 85 265 2 8
keys=267 2018010 江永康 85 89 93 267 8 3
keys=270 2018002   谢宁 90 89 91 270 3 0
```

图8-22 例8-5程序运行结果

本章总结

综合比较本章所述的几种排序方法，现将其总结为表 8-4。

表 8-4 各种排序方法比较

排序方法	最好时间	平均时间	最坏时间	辅助空间	稳定性
直接插入	O(n)	$O(n^2)$	$O(n^2)$	O(1)	稳定
折半插入	O(n)	$O(n^2)$	$O(n^2)$	O(1)	稳定
直接选择	$O(n^2)$	$O(n^2)$	$O(n^2)$	O(1)	不稳定
冒泡	O(n)	$O(n^2)$	$O(n^2)$	O(1)	稳定
希尔		$O(n^{1.25})$		O(1)	不稳定
快速	$O(n\log_2 n)$	$O(n\log_2 n)$	$O(n^2)$		不稳定
堆	$O(n\log_2 n)$	$O(n\log_2 n)$	$O(n\log_2 n)$	O(1)	不稳定
归并	$O(n\log_2 n)$	$O(n\log_2 n)$	$O(n\log_2 n)$	O(n)	稳定
基数	$O(d\cdot n+d\cdot rd)$	$O(d\cdot n+d\cdot rd)$	$O(d\cdot n+d\cdot rd)$	O(n+rd)	稳定

由表 8-4 可以得出如下几个结论：

1. 从时间复杂度比较

从平均时间复杂度来考虑，直接插入排序、冒泡排序、直接选择排序是三种简单的排序方法，平均时间复杂度都为 $O(n^2)$，而快速排序、堆排序的平均时间复杂度都为 $O(n\log_2 n)$，希尔排序的平均时间复杂度介于这两者之间。若从最好的时间复杂度考虑，则直接插入排序和冒泡排序的时间复杂度最好为 O(n)，其他的最好情况的时间复杂度同平均的相同。若从最坏的时间复杂度考虑，则快速排序的为 $O(n^2)$，直接插入排序、冒泡排序、希尔排序的同平均的相同，但系数大约增加一倍，所以运行速度将降低一半，最坏情况对直接选择排序、堆排序影响不大。

对记录个数较多的排序，可以选快速排序、堆排序、归并排序；记录个数较少时，可以选简单的排序方法。

2. 从空间复杂度比较

尽量选空间复杂度为 O(1) 的排序方法，其次选空间复杂度为 $O(\log_2 n)$ 的快速排序方法。

3. 从稳定性比较

直接插入排序、折半插入排序、冒泡排序归并排序、基数排序是稳定的排序方法，而直接选择排序、希尔排序、快速排序、堆排序是不稳定的排序方法。

4. 从算法性比较简单

直接插入排序、折半插入排序、冒泡排序、直接选择排序都是简单的排序方法，算法简单，易于理解，而希尔排序、快速排序、堆排序都是改进型的排序方法，算法比简单排序要复杂得多，理解较难。

5. 一般选择规则

1）当待排序记录的个数 n 较大，关键字分布是随机的，而对稳定性不做要求时，则采用快速排序为宜。

2）当待排序记录的个数n较大，关键字分布可能会出现正序或逆序的情况，且对稳定性不做要求时，则采用堆排序为宜。

3）当待排序记录的个数n较小，记录基本有序或分布较随机，且要求稳定时，则采用直接插入排序为宜。

4）当待排序记录的个数n较小，对稳定性不做要求时，则采用直接选择排序为宜；若关键字不接近逆序，也可以采用直接插入排序。冒泡排序一般很少采用。

因为不同的排序方法适应不同的环境和要求，所以选择合适的排序方法应综合考虑下列因素：

1）待排序的记录数目n。

2）记录的大小（规模）。

3）关键字的结构及其初始状态。

4）对稳定性的要求。

5）语言工具的条件。

6）存储结构。

7）时间和辅助空间复杂度等。

综上所述，在本章讨论的所有排序方法中，没有哪一种是绝对最优的。有的适用于n较大的情况，有的适用于n较小的情况，因此，在实际应用时需根据不同情况适当选择，甚至可将多种方法结合起来使用。

习　题　8

一、单项选择题

1. 若对n个元素进行直接插入排序，在进行第i趟排序时，假定元素r［i+1］的插入位置为r［j］，则需要移动元素的次数为（　　）。

A. j-i　　B. i-j-1　　C. i-j　　D. i-j+1

2. 若对n个元素进行直接插入排序，则在任一趟排序的过程中，为寻找插入位置而需要的时间复杂度为（　　）。

A. $O(1)$　　B. $O(n)$　　C. $O(n^2)$　　D. $O(\log_2 n)$

3. 在对n个元素进行直接插入排序的过程中，共需要进行（　　）趟。

A. n　　B. n+1　　C. n-1　　D. 2n

4. 对n个元素进行直接插入排序的时间复杂度为（　　）。

A. $O(1)$　　B. $O(n)$　　C. $O(n^2)$　　D. $O(\log_2 n)$

5. 在对n个元素进行冒泡排序的过程中，第一趟排序至多需要进行（　　）对相邻元素之间的交换。

A. n　　B. n-1　　C. n+1　　D. n/2

6. 在对n个元素进行冒泡排序的过程中，最好的情况下的时间复杂度为（　　）。

A. $O(1)$　　B. $O(\log_2 n)$　　C. $O(n^2)$　　D. $O(n)$

7. 在对n个元素进行冒泡排序的过程中，至少需要（　　）趟完成。

A. 1　　B. n　　C. n-1　　D. n/2

8. 在对 n 个元素进行快速排序的过程中，若每次划分得到的左、右两个子区间中元素的个数相等或只差一个，则整个排序过程得到的含两个或两个元素的区间个数大致为（　　）。

A. n　　B. n/2　　C. $\log_2 n$　　D. 2n

9. 在对 n 个元素进行快速排序的过程中，第一次划分最多需要移动（　　）次元素，包括开始把基准元素移动到临时变量的一次在内。

A. n/2　　B. n - 1　　C. n　　D. n + 1

10. 在对 n 个元素进行快速排序的过程中，最好的情况下需要进行（　　）趟。

A. n　　B. n/2　　C. $\log_2 n$　　D. 2n

11. 在对 n 个元素进行快速排序的过程中，最坏的情况下需要进行（　　）趟。

A. n　　B. n - 1　　C. n/2　　D. $\log_2 n$

12. 在对 n 个元素进行快速排序的过程中，平均时间复杂度为（　　）。

A. O(1)　　B. $O(\log_2 n)$　　C. $O(n^2)$　　D. $O(n\log_2 n)$

13. 在对 n 个元素进行快速排序的过程中，最坏情况下的时间复杂度为（　　）。

A. O(1)　　B. $O(\log_2 n)$　　C. $O(n^2)$　　D. $O(n\log_2 n)$

14. 在对 n 个元素进行快速排序的过程中，平均空间复杂度为（　　）。

A. O(1)　　B. $O(\log_2 n)$　　C. $O(n^2)$　　D. $O(n\log_2 n)$

15. 在对 n 个元素进行直接插入排序的过程中，算法的空间复杂度为（　　）。

A. O(1)　　B. $O(\log_2 n)$　　C. $O(n^2)$　　D. $O(n\log_2 n)$

16. 对下列四个序列进行快速排序，各以第一个元素为基准进行第一次划分，则在该次划分过程中需要移动元素次数最多的序列为（　　）。

A. 1,3,5,7,9　　B. 9,7,5,3,1

C. 5,3,1,7,9　　D. 5,7,9,1,3

17. 假定对元素序列 7,3,5,9,1,12,8,15 进行快速排序，则进行第一次划分后，得到的左区间中元素的个数为（　　）。

A. 2　　B. 3　　C. 4　　D. 5

18. 在对 n 个元素进行直接选择排序的过程中，需要进行（　　）趟选择和交换。

A. n　　B. n + 1　　C. n - 1　　D. n/2

19. 在对 n 个元素进行堆排序的过程中，时间复杂度为（　　）。

A. O(1)　　B. $O(\log_2 n)$　　C. $O(n^2)$　　D. $O(n\log_2 n)$

20. 在对 n 个元素进行堆排序的过程中，空间复杂度为（　　）。

A. O(1)　　B. $O(\log_2 n)$　　C. $O(n^2)$　　D. $O(n\log_2 n)$

21. 假定对元素序列 7,3,5,9,1,12 进行堆排序，并且采用小顶堆，则由初始数据构成的初始堆为（　　）。

A. 1,3,5,7,9,12　　B. 1,3,5,9,7,12

C. 1,5,3,7,9,12　　D. 1,5,3,9,12,7

22. 假定一个初始堆为 1,5,3,9,12,7,15,10，则进行第一趟堆排序后得到的结果为（　　）。

A. 3,5,7,9,12,10,15,1　　B. 3,5,9,7,12,10,15,1

C. 3,7,5,9,12,10,15,1　　D. 3,5,7,12,9,10,15,1

23. 若对 n 个元素进行归并排序，则进行归并的趟数为（　　）。

A. n　　B. n-1　　C. n/2　　D. $\lceil \log_2 n \rceil$

24. 若一个元素序列基本有序，则选用（　　）方法较快。

A. 直接插入排序　　B. 简单选择排序

C. 堆排序　　D. 快速排序

25. 若要从1000个元素中得到10个最小值元素，最好采用（　　）方法。

A. 直接插入排序　　B. 简单选择排序

C. 堆排序　　D. 快速排序

26. 若要对1000个元素排序，要求既快又稳定，则最好采用（　　）方法。

A. 直接插入排序　　B. 归并排序

C. 堆排序　　D. 快速排序

27. 若要对1000个元素排序，要求既快又节省存储空间，则最好采用（C）方法。

A. 直接插入排序　　B. 归并排序

C. 堆排序　　D. 快速排序

28. 在平均情况下速度最快的排序方法为（　　）。

A. 简单选择排序　　B. 归并排序

C. 堆排序　　D. 快速排序

二、填空题

1. 每次从无序子表中取出一个元素，把它插入到有序子表中的适当位置，此种排序方法叫作__________排序；每次从无序子表中挑选出一个最小或最大元素，把它交换到有序表的一端，此种排序方法叫作__________排序。

2. 每次直接或通过基准元素间接比较两个元素，若出现逆序排列时就交换它们的位置，此种排序方法叫作__________排序；每次使两个相邻的有序表合并成一个有序表的排序方法叫作__________排序。

3. 在直接选择排序中，记录比较次数的时间复杂度为__________，记录移动次数的时间复杂度为__________。

4. 对 n 个记录进行冒泡排序时，最少的比较次数为__________，最少的趟数为__________。

5. 快速排序的平均时间复杂度为__________，在最坏情况下的时间复杂度为__________。

6. 若对一组记录46,79,56,38,40,80,35,50,74进行直接插入排序，当把第8个记录插入到前面已排序的有序表时，为寻找插入位置需比较__________次。

7. 假定一组记录为46,79,56,38,40,84，则利用堆排序方法建立的初始小顶堆为____________________。

8. 假定一组记录为46,79,56,38,40,84，在冒泡排序的过程中进行第一趟排序后的结果为____________________。

9. 假定一组记录为46,79,56,64,38,40,84,43，在冒泡排序的过程中进行第一趟排序时，元素79将最终下沉到其后第__________个元素的位置。

10. 假定一组记录为46,79,56,38,40,80，在对其进行快速排序的过程中，共需要

__________趟排序。

11. 假定一组记录为46,79,56,38,40,80，在对其进行快速排序的过程中，含有两个或两个以上元素的排序区间的个数为__________个。

12. 假定一组记录为46,79,56,25,76,38,40,80，在对其进行快速排序的第一次划分后，右区间内元素的个数为__________。

13. 假定一组记录为46,79,56,38,40,80，在对其进行快速排序的第一次划分后的结果为__________________。

14. 假定一组记录为46,79,56,38,40,80,46,75,28,46，在对其进行归并排序的过程中，第二趟归并后的子表个数为__________________。

15. 假定一组记录为46,79,56,38,40,80,46,75,28,46，在对其进行归并排序的过程中，第三趟归并后的第二个子表为__________________。

16. 假定一组记录为46,79,56,38,40,80,46,75,28,46，在对其进行归并排序的过程中，供需要__________趟完成。

17. 在时间复杂度为 $O(n\log_2 n)$ 的所有排序方法中，__________排序方法是稳定的。

18. 在时间复杂度为 $O(n^2)$ 的所有排序方法中，__________排序方法是不稳定的。

19. 在所有排序方法中，__________排序方法采用的是二分法的思想。

20. 在所有排序方法中，__________方法采用的是完全二叉树的结构。

21. 在所有排序方法中，__________方法采用的是两两有序表合并的思想。

22. __________排序方法使关键字值大的记录逐渐下沉，使关键字值小的记录逐渐上浮。

23. __________排序方法能够每次使无序表中的第一个记录插入到有序表中。

24. __________排序方法能够每次从无序表中顺序查找出一个最小值。

三、应用题

1. 已知一组记录为46,74,53,14,26,38,86,65,27,34，给出采用直接插入排序法进行排序时每一趟的排序结果。

2. 已知一组记录为46,74,53,14,26,38,86,65,27,34，给出采用冒泡排序法进行排序时每一趟的排序结果。

3. 已知一组记录为46,74,53,14,26,38,86,65,27,34，给出采用快速排序法进行排序时每一趟的排序结果。

4. 已知一组记录为46,74,53,14,26,38,86,65,27,34，给出采用直接选择排序法进行排序时每一趟的排序结果。

5. 已知一组记录为46,74,53,14,26,38,86,65,27,34，给出采用堆排序法进行排序时每一趟的排序结果。

6. 已知一组记录为46,74,53,14,26,38,86,65,27,34，给出采用归并排序法进行排序时每一趟的排序结果。

四、算法设计题

1. 编写一个双向冒泡的排序算法，即相邻两趟向相反方向冒泡。

2. 试以单链表为存储结构实现直接选择排序的算法。

参考文献

[1] 张铭，王腾蛟，赵海燕. 数据结构与算法［M］. 北京：高等教育出版社，2008.

[2] 严蔚敏，吴伟民. 数据结构：C语言版［M］. 北京：清华大学出版社，2012.

[3] 陈媛，何波，卢玲，等. 算法与数据结构［M］. 2版. 北京：清华大学出版社，2016.

[4] 张乃孝，陈光，孔猛. 算法与数据结构：C语言描述［M］. 3版. 北京：高等教育出版社，2011.

[5] 廖荣贵. 数据结构与算法［M］. 北京：清华大学出版社，2004.

[6] 王宇川，郭建东. 数据结构：用C语言描述［M］. 北京：中国水利水电出版社，2008.

[7] 史九林，陶静，孙颖. 数据结构基础［M］. 北京：机械工业出版社，2008.

[8] 杨晓光. 数据结构实例教程［M］. 北京：清华大学出版社，2008.

[9] 袁平波. 数据结构实验指导［M］. 合肥：中国科学技术大学出版社，2010.

[10] 陈越. 数据结构［M］. 2版. 北京：高等教育出版社，2016.